건축문화와 디자인

Architecture and Design

건축문화와 디자인

1판 1쇄 인쇄 2011년 9월 1일
1판 1쇄 발행 2011년 9월 5일

지은이 | 임 만 택
발행인 | 김 병 계
발행처 | 도서출판 보문당
등록 | 1990년 6월 15일(제1-1066호)
주소 | 서울시 마포구 신수동 448-6 우) 121-110
전화 | 704-7025 / 704-0635 FAX | 704-2324
홈페이지 | www.bomoondang.co.kr
전자우편 | bmdpub@naver.com

정가 20,000 원

ISBN 978-89-8413-184-2 (93540)

건축문화와 디자인

Architecture and Design

임 만 택 지음

普 文 堂

머리말

문화(Culture)에는 몇 가지의 정의가 있는데, 대체적으로 인간이 사회의 구성원으로 획득하는 행동의 복합된 총체이다. 사회조직(연령별그룹 · 지역사회 · 혈연조직 등을 포함)마다 고유의 문화가 있고, 조직의 구성원이 되는 것은 그 문화에 적응하는(신체화) 것이기도 하다. 사람은 동시에 복수의 조직에 소속하는 것이 가능하고, 다른 조직에 공통하는 문화가 존재하기도 한다.

사고 · 감정 · 의 · 식 · 주 · 기계 · 제도 등이 하나의 세트로서 집단의 문화가 구성되고, 이들의 구성 제요소는 언어 · 가치 · 사회 · 기술의 4분야로 대별된다. 각 분야는 각각 독자적인 기능과 상대적인 자율성을 가짐과 아울러 상호 관련을 가지면서 보충하여 채우고, 하나의 전체로서의 통합을 가지고 있다.

문화는 사회를 구성하는 사람들에 의해 습득 · 공유 · 전달되는 행동양식 내지 생활양식의 총체이다. 언어 · 습속 · 도덕 · 종교, 여러 가지 제도 등은 그 구체적인 예이다. 문화상대주의에서 각각의 인간집단은 개별의 문화를 가지고, 개별문화는 각각 독자적 가치를 가지고, 그 사이에서 고저 · 우열의 차이는 없다.

건축(Architecture)은 문화, 예술상의 개념이면서 물리적, 공학적인 의미를 지니고 있다. 건물(Building)과 건축작품(Piece of Architecture 또는 Work of Architecture)은 다르다. 단순히 사람이 안에 있을 정도의 공간을 이루는 것은 대부분 건물이지만, 건축은 미적 매력을 활용하여 설계된 건물을 의미한다.

건축문화(Architectural Culture)는 예술과 기술을 중심으로 모든 분야의 지식을 종합한 인간의 행위이고, 세계 각 지역에서 기후풍토에 걸맞는 아름답고 쾌적한 건축공간이 성립하여 왔다. 그 의미에서 건축은 당연히 문화 그것이고, 세계화가 진행하는 가운데 건축이나 도시공간에 관해서는 국가나 지역 고유성도 중요하게 인식되고 있다.

건축이란 인간이 그 내부공간에서 활동하기 위한 구조물을 계획, 설계, 시공 그리고 사용하기에 이르기까지의 행위 과정 전체 또는 일부이다. 또는 그와 같은 행위에 의하여 만들어진 구조물(건축물)이다.

건축은 미의 영역과 기술의 영역에 걸치는 인류의 문화이다. 건축기술은 그 건축을 지원하는 점에서 건축예술이라고 할 수 있는 것이다. 「건축」은 정신적 기능(상징적 기능)과 무관계하지 않다. 건축은 「인간정신의 발현이다」고 하는 의미에서 예술이므로 인간에 의해 만들어지는 모든 공간은 마땅히 「건축」이어야 하는 의미이다.

디자인(Design)은 설계를 할 때에 형태, 특히 도안이나 모양을 계획, 레이아웃하는 것이며, 예술, 미술적인 의미를 포함한다. 인간이 창출하는 것은 특정의 목적을 가지고, 거기에 적합하도록 디자이너(설계자)의 손에 의해 계획되는 것이다. 결국 디자인은 어떤 문제를 해결하기 위하여 사고 · 개념을 바탕으로, 그것을 여러 가지 매체에 부응하여 표현하는 것이라고 해석된다.

이와 같이 문화 · 건축 · 디자인의 제문제를 건축문화 측면에서 다룬 본서의 내용은 인류가 창출한 풍부한 건축문화 공간을 돌아보고, 지속가능한 디자인에 적응할 수 있는 동시에 공간에의 구상력을 기르도록 도모한다.

2011년 8월
저자

차 례

Chapter 1 건축 문화

1. 문화 ········· 12
2. 건축 ········· 23
3. 건축 양식 ········· 28
4. 동아시아 건축의 특성 ········· 34
5. 프리츠커 건축상 ········· 39

Chapter 2 건축과 예술

1. 예술의 발달 ········· 46
2. 건축의 발달 ········· 48
3. 건축과 예술 ········· 51
4. 환경예술 ········· 57

Chapter 3 풍 토

1. 풍토 ········· 76
2. 지역과 도시 ········· 78
3. 건축과 풍토 ········· 81
4. 건강에 영향을 미치는 주요 기상 요소 ········· 87
5. 기상변화의 주요인 ········· 89

Chapter 4 풍 수

1. 풍수사상의 취락입지 원리 ········· 100

2. 『택리지』의 가거지 원리 …… 104
3. 명당공간과 건축의 중정 …… 107
4. 환경계획에의 시사 …… 114
5. 하회마을의 풍수 …… 116

Chapter 5 건축과 민속

1. 샤머니즘의 개념 …… 122
2. 샤머니즘의 기본구조 및 체계 …… 123
3. 민간신앙과 무속의 관계 …… 127
4. 건축공간구성과 무속 …… 128
5. 마을공간구성과 무속 …… 133

Chapter 6 건축과 장소

1. 장소의 개념 …… 144
2. 공간과 장소 …… 145
3. 장소의 본질 …… 156

Chapter 7 건축척도

1. 건축비례 …… 160
2. 인간척도의 개념 …… 164
3. 신체척 …… 165
4. 보행척 …… 170
5. 감각척 …… 173
6. 시간척 …… 176
7. 공간지각과 시각거리 …… 177
8. 입체각량 …… 187
9. 비례론 · 계측론 · 척도론 …… 188

Chapter 8 생활공간

1. 환경으로서의 생활공간 ····· 196
2. 생활공간의 질 ····· 201
3. 노인을 위한 주거환경 ····· 207
4. 노인주택의 기본이념과 계획기준 ····· 216
5. 노인복지시설 ····· 221

Chapter 9 한옥 건축

1. 한옥의 평면 ····· 226
2. 한옥의 구성요소 ····· 229
3. 한옥의 건축재료 ····· 237
4. 온돌 ····· 241
5. 한옥건축의 설계 방향 ····· 250
6. 한옥건축의 공사 도구 ····· 251
7. 목공사의 치목순서/단계 ····· 252
8. 뼈대의 조립 ····· 254
9. 한옥의 건축과정 ····· 256

Chapter 10 전통 주거

1. 한국의 주거형태 ····· 262
2. 민속마을의 입지 특성 ····· 269
3. 제외국의 전통주거 ····· 282

Chapter 11 문화 유산

1. 건축문화재의 개념 및 종류 ····· 290
2. 한국의 종교건축 ····· 299
3. 세계문화유산 ····· 306

4. 건축문화재의 보전전략 ···· 314
5. 건축문화재의 방재계획 ···· 328

Chapter 12 건축 디자인 방법

1. 건축계획과 설계 ···· 336
2. 친환경건축의 디자인 ···· 342
3. 공공디자인 ···· 352
4. 배리어프리 ···· 360
5. 유니버설 디자인 ···· 361
6. 노멀라이제이션 ···· 364
7. 건축 디자인의 평가 ···· 366

Chapter 13 전시공간 디자인

1. 박물관의 기능 ···· 372
2. 박물관의 종류 ···· 373
3. 박물관의 전시 ···· 376
4. 박물관 건축의 시설 및 설비 ···· 387

Chapter 14 사무소건축 디자인

1. 사무소건축의 전개 ···· 406
2. 사무소의 형태 ···· 408
3. 대체 업무(Alternative Officing) ···· 412
4. 근무 형식 ···· 418
5. 사무소의 공간 원형 ···· 420
6. 사무소의 환경 ···· 422
7. 하이테크와 인텔리전트 빌딩 ···· 425
8. 사무소 건축의 새로운 모습 ···· 427

Chapter 1

건축 문화

문화(Culture)는 일반적으로 한 사회의 주요한 행동 양식이나 상징 체계를 말한다. 문화란 사회사상, 가치관, 행동양식 등의 차이에 따른 다양한 관점의 이론적 기반에 따라 여러 가지 정의가 존재한다.

문화는 음악, 미술, 문학, 연극, 영화와 같은 예술 분야에서 두드러지게 나타난다. 사람들은 상품으로서 대중문화, 유행가와 같은 것들을 소비함으로써 문화를 접하기도 한다. 인류학 사회 전반의 기술, 예술, 관습, 양식 등 보다 광범위한 것들을 가리키는 용어로서 문화를 정의한다. 그러나 현대 사회에서 소비재로서의 문화 상품은 문화의 다른 분야에 막대한 영향을 미치고 있다.

인류학자들은 정형화할 수 있고 기호로서 의사소통할 수 있는 모든 인간의 능력을 문화로서 정의한다. 한편, 동물학에서는 문화를 동물 생태계에서 위치하고 있는 인류의 행동 양식으로 이해하기도 하며, 고고학은 역사적 유적에 집중한다. 또한 사회인류학은 사회 제도와 인간의 상호관계로서, 문화인류학에서는 규범과 가치로서 문화를 다룬다.

문화를 구성하는 요소에는 언어 · 관념 · 신앙 · 관습규범 · 제도 · 기술 · 예술 · 의례 등이 있다. 문화의 존재와 활용은 인간 고유의 능력, 즉 상징적 사고(언어의 상징화)의 능력에서 기인한다.

건축문화는 사회 · 경제의 발달과 아울러 거주자의 생활양식의 변화와 삶의 질의 추구에 부응하여 바뀌어지고 있으나 민족의 고유한 전통적인 관습이나 의식 등의 문화는 건축에서 계승되고 발전하고 있다.

1. 문 화

1.1 문화의 개념

문화라는 용어는 라틴어의 cultura에서 파생한 culture를 번역한 말로 본래의 뜻은 경작(耕作)이나 재배(栽培)였는데, 나중에 교양 · 예술 등의 뜻을 가지게 되었다. 영국의 인류학자 E.B.타일러(Edward Burnett Tylor)는 저서 『원시문화 Primitive Culture』(1871)에서 문화란 "지식 · 신앙 · 예술 · 도덕 · 법률 · 관습 등 인간이 사회의 구성원으로서 획득한 능력 또는 습관의 총체"라고 정의를 내렸다.

일반적으로 문화는 ① 구미풍(歐美風)의 요소나 현대적 편리성(문화생활 · 문화주택 등), ② 높은 교양과 깊은 지식, 세련된 생활, 우아함, 예술풍의 요소(문화인 · 문화재 · 문화국가 등) ③ 인류의 가치적 소산으로서의 철학 · 종교 · 예술 · 과학 등을 가리킨다. ③의 경우는 독일의 철학이나 사회학에 전통적인 것이며, 인류의 물질적인 소산을 문명이라 부르고 문화와 문명을 구별하고 있다.

①과 ②의 경우는 문화가 없는 인류가 과거에 존재하였고, 현재도 존재하고 있다는 것이다. 그러나 현재의 사회과학, 특히 문화인류학에서는 미개(未開)와 문명(文明 : 高문화)을 가리지 않고, 모든 인류가 문화를 소유하며 인류만이 문화를 가진다고 생각한다. 여기에서 문화란 인류에서만 볼 수 있는 사유, 행동의 양식(생활방식) 중에서 유전에 의하는 것이 아니라 학습에 의해서 소속하는 사회(협동을 학습한 사람들의 집단)로부터 습득하고 전달받은 것 전체를 포괄하는 총칭이다.

글로벌 세계 대백과사전에서는 주로 자연과 대립해서 쓰인다고 하였다. 인간을 제외한 자연은 객관적 · 필연적으로 생기나, 이러한 자연을 소재로 하여 목적의식을 지닌 인간의 활동으로 실현되는 과정을 '문화'라 한다. 이러한 과정의 소산을 특히 '문화재'라 부른다. 즉 종교 · 예술 · 과학 · 문학 등의 구체적 형상을 '문화재'라고 한다. 또한 '문화'와 '문명'을 대비시켜 쓰는 경우도 있다. 문화는 비교적 내부적인 것, 문명은 비교적 외부적인 것을 가리키나, 그 구별은 엄밀하지 않다.

이집트 기자의 대피라미드와 대스핑크스문화는 사상, 의상, 언어, 종교, 의례, 법이나 도덕 등의 규범, 가치관과 같은 것들을 포괄하는 "사회 전반의 생활양식"이라고 할 수 있다.[1)]

1) Jary, D. and J. Jary. 1991. The HarperCollins Dictionary of Sociology, p.101.

가치관, 행동 양식 등의 차이에 따라 다양한 관점을 가진 이론 기반에 따라 여러 가지 정의가 존재한다. 에드워드 버네트 타일러[2]는 1871년 그의 사회인류학 저서에서 "문화 또는 문명이란 제 민족의 양식을 고려할 때 한 사회의 구성원이 갖는 법, 도덕, 신념, 예술, 기타 여러 행동 양식을 총괄하는 것이다."라고 정의한 바 있다.[3]

글로벌 세계 대백과사전에서는 주로 자연과 대립해서 쓰인다고 하였다. 인간을 제외한 자연은 객관적 · 필연적으로 생기나, 이러한 자연을 소재로 하여 목적의식을 지닌 인간의 활동으로 실현되는 과정을 '문화'라 한다. 이러한 과정의 소산(所産)을 특히 '문화재'(文化財)라고 한다. 즉 종교 · 예술 · 과학 · 문학 등의 구체적 형상을 '문화재'라고 한다. 또한 '문화'와 '문명'을 대비시켜 쓰는 경우도 있다. 문화는 비교적 내부적인 것, 문명은 비교적 외부적인 것을 가리키나, 그 구별은 엄밀하지 않다.[4]

유네스코에서는 2002년 "문화는 한 사회 또는 사회적 집단에서 나타나는 예술, 문학, 생활양식, 더부살이, 가치관, 전통, 신념 등의 독특한 정신적, 물질적, 지적 특징"으로 정의하였다.

문화는 일반적으로 고상한 것, 일부의 사람이 향유하는 것으로 이해되고 있는 것 같다. 그러나 오늘날에는 문화를 그와 같이 다룰 수는 없다. 문화는 대체로 학술 · 예술 · 기술 · 운동의 분야를 포함하고, 대중이 참여하고 즐기는 것이 되고 있다. 문화활동은 거기에 참여하는 사람들이 정신적 · 육체적 에너지를 발산하는 것이라고 할 수 있다. 이와 같이 문화는 인류의 활동에 의하여 창조되고 전개된다. 문화는 살아있는 것이다.

1.2 문화와 문명

서양에서는 18세기에서 19세기에 이르러 형성된 유럽의 문화를 일반적인 문화로 인식하는 경우가 있다. 이는 문화를 문명과 동일시 하는 동시에 서구의 문명을 문화의 전범으로 파악하는 서구우월주의에 의한 것으로 지적되고 있다. 이러한 반성에서 모든 인류의 문화를 내재적 시각으로 연구하려는 문화상대주의가 시작되었다.

문명이 어떠한 결과물을 제시한다는 점에서 시대 또는 시기적으로 뚜렷한 변화와 차이를 확인할 수 있다는 점에서 보다 물질적 성향을 보이는 것 같다. 고대 문명들과 그 문명들의 진보와 변화들을 우리는 고고학을 통해서 그리고 다양한 전시물과 건축물을 통해서 확인할 수

2) 에드워드 버네트 타일러(1832년~1917년), 영국의 인류학자.
3) Tylor, E.B. 1974. Primitive culture: researches into the development of mythology, philosophy, religion, art, and custom.
4) 글로벌 세계 대백과사전, 〈사상 · 학문〉 문화.

있다.

이에 비하여 문화는 외부에서 보면 그것은 특별한 의미를 갖지 못하고 있을지라도 그것을 내부를 통해서 본다면 수많은 의미를 생성하고 있기도 한다는 점에서 보다 정신적인 또는 집단적인 정서적 측면을 많이 갖고 있는 것 같다.

또한 문화는 결과물로서가 아니라 생활 또는 삶을 영위하는 과정과 관계에서 더욱 의미를 갖고 있고, 길고 긴 시간 속에서 그 의미가 변화되고 만들어지기도 하기 때문에 뚜렷하게 확인하기 보다는 어렴풋이 그리고 윤곽으로 확인할 수 있을 것이다. 그 희미한 모습을 보다 확연하게 만들기 위해서 고고학적 발견들을 다른 관점에서 검토하고, 일상에서의 생활을 담고 있는 자료들을 연결시키고 이어지도록 만들어야 할 것이다. 그렇기 때문에 문화는 바깥에서 바라본다면 특별한 의미를 갖지 않게 되지만 내부에서 바라보거나 참여자가 된다면 다양하고 풍부한 의미를 지니게 될 것이다.

하나의 사물은 또는 물질은 그 물질로서만 존재하는 것이 아니라 그것에 담겨진 풍부한 의미와 아울러 그 의미의 변화 속에서, 그리고 삶의 과정과 관계 속에서 어떤 진전과 변화를 보이는 것인지를 확인해야 하고, 그 변화 속에서의 인상과 풍경들을 찾아내야 할 것이다. 즉 문화와 문명은 따로 존재하는 듯하면서도 긴밀한 연결을 보이고 있다.

1.3 문화의 구분

문화는 여러 기준에 의해서 분류되기도 한다.

- 종교적 구분 : 한 사회의 대다수가 믿는 종교에 따라 문화를 구분하는 방법으로 이슬람 문화, 기독교 문화, 불교 문화, 힌두교 문화 등으로 분류한다.
- 언어적 구분 : 사용되는 언어에 따라 문화를 구분하는 방법으로 영어 문화권, 프랑스어 문화권, 스페인어 문화권, 포르투갈어 문화권, 아랍어 문화권 등으로 분류한다.
- 지역적 구분 : 역사적 정치적 의미에 의해 동아시아 문화, 중동 문화, 유럽 문화와 같이 지역을 기준으로 분류한다.

기타 젓가락 문화권, 유목 문화권과 같이 생활양식을 기준으로 구분하기도 한다.

1.4 한국의 정신문화

우리나라는 지리적으로 동부 아시아에 위치하고 문화적으로는 한자문화권(漢字文化圈)에 속한다. 고대부터 삼국, 고려, 조선을 거쳐 현대에 이르는 동안 많은 정신적 사고(思考)와 문화를 이루어 왔으며 도교 · 불교 · 유교 등 여러 사상을 포용하면서 발전을 거듭해 왔다.

사상적으로는 삼국시대에 고구려가 불교를 수용한 이후 고려시대에 이르러서는 불교가 국교로 되는 과정을 거친다. 그러나 고려 말기에 이르러 불교의 폐단과 새로운 사상을 갈망해 온 사대부들의 영향으로 조선시대의 유교는 불교를 대신하여 민중의 생활을 이끌어 온 사상적 지주로서 종교적 권위를 행사하였다. 또한 조선사회에서 유교는 계급조직을 바탕으로 한 질서의 확보와 국가적인 통일성의 유지에 대단히 중요한 역할을 하였다.

기독교는 19세기 말 서구 선교사들의 선교활동이 시작된 이후 성장하여 정의 구현, 생명존중, 사랑(agape)의 실천 등을 통하여 진리에 합당한 삶을 추구하고 있다.

(1) 도교문화

한국의 도교는 다른 종교와 달리 특별히 교단을 형성하지는 않았다. 그러나 도교는 한국의 역사 속에서 봉건 권력이나 지식인뿐 아니라 민간신앙에도 심대한 영향을 주었다.

일반적으로 도교의 역사는 삼국시대의 중국도교 유입이나 고려시대의 의례 중심의 도교, 그리고 조선 중엽의 여러 인물의 행적이나 저술에서 드러나는 수련적 도교, 즉 내단(內丹)을 중심으로 설명된다. 그러나 이에 비해 한국 도교의 원류를 고유의 신선사상에서 찾는 입장도 있다. 즉 단군신화를 비롯한 건국신화를 신선사상의 표현으로 보거나 중국 도교의 발생이 해동(海東)의 신선사상의 영향을 받았음을 강조하는 입장이 그것이다. 이러한 주장은 조선 중엽에 조여적(趙汝籍)이 『청학집 靑鶴集』을 저술하며, 조선 단학(丹學)의 계보를 밝히는 데서 잘 드러난다. 조여적은 조선 단학의 계보가 광성자(廣成子)-명유(明由)-환인(桓因)-환웅(桓雄)-단군-문박(文朴)-영랑(永郞)-보덕(普德)-도선(道詵)-최치원(崔致遠)-위한조(魏韓朝)-편운자(片運子)를 거쳐 자신으로 이어졌다고 주장했다. 이는 신빙성은 없으나 조선 중기 도교적 수련에 관심을 지닌 지식인들의 민족의식과 연관된 것으로 보여 주목된다. 이와 같은 입장은 『조선도교사 朝鮮道敎史』를 쓴 이능화(李能和)에게서도 두드러지며 오늘날에도 많은 호응을 받고 있으나 그 사실 여부는 아직 밝혀지지 않고 있다.

한국 도교의 시발은 624년(영류왕 7)에 당(唐) 고조가 고구려에 도사(道士)를 파견하여 천존상(天尊像)을 보내고 『도덕경』을 강론하게 한 일이다. 이전에도 중국의 오두미교를 고구려인들이 신앙했다는 기록은 있으나 그 자세한 내용은 알 수 없다. 643년(보장왕 2)에는 연개소문이 도교를 들여와 천하의 도술을 다 갖추어야 한다는 건의를 하여 당으로부터 숙달(叔達)

등의 도사와 『도덕경』을 들여오고 도교를 유교나 불교보다 우위에 둠으로써 고구려의 지배적인 종교가 되었다. 이로 인해 승려 보덕(普德)이 백제 땅이던 완산주(完山州)의 고대산(孤大山)으로 이주하는 등 불교측의 거센 반발이 일기도 했다. 신라에서는 김유신(金庾信)이나 그의 증손인 김암(金巖) 등이 도교적 방술에 능통했다는 기록이 있으나, 이보다는 신라 하대 유당학인(留唐學人)들에 의한 수련도교(修練道敎)의 유입이 보다 중시된다. 도교가 극성하던 당에 유학한 신라 하대의 지식인들 중 김가기(金可紀) · 최승우(崔承祐)와 승려 자혜(慈惠)는 천사(天師) 신원지(申元之)의 알선으로 종리권(鍾離權)으로부터 여러 도서(道書)와 구결(口訣)을 전수받고 수련하여 단(丹)을 이루었다. 이 중 김가기는 중국의 도교전적인 『운급칠첨』 중 속선전(續仙傳)에 의하면 신라로 돌아오지 않고 당에서 백주등선(白晝登仙)했다고 하며 유당학인인 최치원과 이청(李淸)에게 구결을 전수하였다. 최승우와 자혜는 신라에 돌아와 후인들에게 도요(道要)를 전수하였다. 이로써 한국에 처음으로 중국의 수련적인 도교가 전해져 이후의 도맥(道脈)을 형성하였고, 이러한 한국 도맥의 서술은 조선 중엽에 한무외(韓無畏)가 저술한 『해동전도록 海東傳道錄』에 의한 것으로 그 실제적인 전승과 내용은 신빙성이 약하다.

(2) 불교문화

불교는 처음에 우리에게 하나의 외래종교였음에 틀림없다. 그러나 불교는 단순한 종교로서의 기능만 보여준 것은 아니고, 전반적인 문화현상으로서 우리 민족문화의 모체역할을 하였다고 할 수 있다.

서기전 6세기 쯤에 인도에서 발생한 불교는 이후로 인도의 온갖 문화를 함께 수용, 포용하며 하나의 문화권을 형성하였으며, 서역제국을 거쳐 서기 1세기쯤 중국으로 전해져 고유문화와 풍토 속에서 독특한 중국의 불교를 형성시키고 그와 같은 중국의 불교문화가 바로 이 땅으로 전래된 것이 4세기쯤의 일이었다.

중국으로부터 들어온 불교문화는 육로를 통해서 고구려에 전해졌고 바다를 건너서 백제 땅으로 전하여졌다.

고구려에서 받아들인 불교문화는 주로 전진을 비롯한 북방중국의 불교문화였으며, 백제는 주로 동진을 비롯한 남쪽중국의 불교문화를 받아들였다. 신라는 처음 고구려로부터 불교문화가 들어왔고, 그 뒤에는 백제와 중국(남조, 수, 당) 등지에서도 전래되었다.

우리 민족의 사상과 문화 및 민속에 영향을 미치며 한국문화 형성과 발전에 지대한 공헌을 하고, 한국인의 삶에 있어서 인간과 세계의 궁극적 의미에 대한 탐구가 철학적 체계를 확보한 것은 불교를 통해서였으며, 아울러 우주의 장엄한 질서에서 느껴진 경외감이 숭고한 예술적 표현을 획득할 수 있었다. 범속한 일상에 제례의 정연함과 놀이의 즐거움이 정착되기 시작한 것도 불교와의 접촉을 통해 이루어졌다.

삼국시대에 불교문화를 받아들이기 전에는 이렇다 할 고유한 민족문화를 갖고 있지 못하였다. 한편으로 자연숭배신앙이나 그러한 문화의 형태 속에서 생활을 영위하던 당시의 우리 겨레는 외래의 종교이며 새로운 사상을 동반한 불교문화를 받아들이게 되어 민족의 고대신앙이나 고유관습 등 종래의 문화와 잘 융화되어 훌륭한 민족문화로 형성되었던 것이다.

현재 우리 문화에 남아있는 문화의 대부분이 불교문화유산이고, 그것에 의하여 불교의 핵심사상이 우리 문화권에 수용되면서 자연의 원리에 순응하는 문화적 표현의 결정체를 우리는 너무나 익숙하게 그리고 당연하게 받아들이고 있다.

불교문화유산은 불교문화의 차원을 넘어 한국인의 문화유산이라는 측면에서 불교문화유산을 잘 보존해야 하는 막중한 책임의식을 가져야 할 것이다. 그렇게 하는 것이 한국인의 정서와 정신문화의 맥을 잇는 길이다.

(3) 유교문화

유교의 기본윤리인 삼강오륜은 전통사회의 일상적 실천원리로서 가장 중요한 역할을 했다. 삼국시대부터 『효경 孝經』이 중요시되면서 효(孝)의 덕목이 일찍부터 확립되었으며, 충(忠)의 규범은 국가 성장기의 강한 시대적 요구에 부응했다. 화랑의 세속오계(世俗五戒 : 忠 · 孝 · 勇 · 信 · 仁)도 유교윤리가 중심을 이루고 있다. 삼강(三綱 : 忠 · 孝 · 烈)의 규범은 조선 초기 세종 때의 『삼강행실도 三綱行實圖』를 통해 모범적 인물들이 포상되고 사회적으로 장려되었다. 3강과 5륜의 규범이 대중 속에 널리 확산되어 사회윤리로 정립되면서, 전통사회의 도덕규범과 가치관의 근거로서 강한 영향력을 발휘하였다. 조선시대의 도학이념은 의리정신을 유교윤리의 표준으로 확인하여, 절의(節義)가 숭상되고 불의에 대한 강인한 저항정신을 실현했으며, 청백(淸白)의 풍속과 염치(廉恥)의 도덕성이 사회기강의 핵심을 이루었다. 다만 지나친 도덕적 순수성의 추구로 물질적 가치와 욕망의 현실성이 무시되는 문제점은 실학파의 실용적 관심을 통해 그의 보완이 탐색되기도 한다.

유교사회에서 풍속의 교화에 중요한 역할을 하는 것으로 예법의 제도를 들 수 있다. 일상생활에서 사양(辭讓)의 예법을 비롯한 각종 유교예절이 삼국시대이래 시행되어 풍속을 이루었으며, 이 때문에 '동방예의지국'(東方禮義之國)이라 불려왔다. 특히 『주자가례 朱子家禮』가 들어온 뒤로, 조선시대에는 이에 따른 의례절차의 모든 법식이 대중 속에 확산되어 실천되었다. 유교의례가 대중생활 속에 확산되면서 전통사회는 미풍양속을 확립했으나, 반면 의례의 형식주의에 빠지는 폐단을 일으켰던 것도 사실이다. 유교의 사회제도는 신분계급의식과 장자(長子) 중심의 종법(宗法)제도를 기초로 한다. 사대부(良班) · 중인 · 양인 · 천인의 신분에 따른 차별이 엄격하여, 사회적 진출과 통혼(通婚)의 범위가 한정되며, 의복과 언어까지도 차이를 두는 상하의 수직적 계층질서를 형성한다. 조상에 대한 제사권은 장자만이 지닐 수 있고, 남녀 사이도 실질적으로 남자 중심의 차별을 바탕으로 한 수직적 질서를 확립한다. 유교사회는 가족제도에 기초하며, 군신관계의 모범을 부자관계에서 찾았다. 대가족 형태인 가문을 지키기 위해 친족 중심의 공동체의식을 강화함으로써, 전통사회에 안정의 기초를 확보해주었다. 국가도 가족의 확산으로 인식함으로써 사회의 유기적 공동체 의식을 확보하지만, 폐쇄적 문벌주의로 서로 대립하여 분파적 대립을 일으킬 위험도 있다. 유교의 정치이념은 권력에 의존하는 것이 아니라, 민심 속에서 천명을 발견하고, 덕으로 백성을 교화하는 민본(民本)사상과 덕치(德治)주의에 근거한다. 따라서 백성의 교화에 도덕을 앞세우며, 법률은 유교의 기본윤리를 확립하는 수단으로 제정된다. 지배층과 백성과의 원활한 의사소통을 위해 언로(言路)를 넓히고, 그 임무를 전담시키기 위해 언관(言官)의 비중을 높여놓았다. 또한 임금도 경전을 비롯한 유교 교육을 받는 경연(經筵)제도를 통해 유교이념에 입각한 정치를 실현하고자 노력하였다. 또한 유교 교육을 받은 사람만 과거(科擧)를 통하여 관직으로 나아갈 수 있게 했고, 관리의 업적이 유교적 통치목표에 따라 평가되게 함으로써 전통사회는 치밀하게 유교정신으로 다스려지도록 하였다. 유교문화는 한자의 문자생활을 통해 중국 문화의 신속한 수용으로 가능할 수 있었다. 그러나 한자는 대중의 문맹화를 초래하였고, 더구나 우리 언어의 고유한 세계를 한자에 예속시킴으로써 문화적 예속성을 초래하게 하였다. 한문의 시가(詩歌)는 우리의 고유 음률과 어긋남에 따라, 중국문화를 지향하는 사대부 문화와 우리의 고유문화를 보존하는 서민 문화 사이의 이질성을 보여주게 된다.

(4) 기독교문화

그리스도의 원어(原語)는 크리스티아노스(Christianos)라는 그리스어에서 유래하는데, 그 뜻은 '그리스도를 따르는 사람'이다. 그러므로 그리스도교의 기점과 근거는 바로 예수 그리스도로서, 예수는 하느님의 아들이며 인류의 구원자로 믿는 것을 신앙의 근본교의로 삼는다.

그리스도교의 하느님은 인간과 인격적 관계를 맺은 신으로서, 그 자신이 3위의 인격을 가지고 있다. 곧 성부(聖父) · 성자(聖子) · 성령(聖靈)의 3위로서, 이 셋은 각기 독립적인 위격(位格)이면서도 별개의 존재가 아니고 3위로써 하나의 하느님을 이룬다고 하는 것이 그리스도교의 삼위일체 교리이다. 3위는 하나의 하느님이 인간에게 자신을 드러내는 양식(樣式)의 차이로, 아버지로서의 하느님은 역사의 주인이요 심판자로서 구약성서를 통하여 자신을 드러내었다. 아들로서의 하느님은 사람이 되어 세상에 살았고, 또 죽었다가 부활하여 지금도 살아 있는 예수그리스도이며, 성령으로서의 하느님은 역사 속에서 항상 새로운 생명의 힘으로 작용하고 활동하는 영적 존재이다.

이와 같은 삼위일체의 신앙 위에서 예수 그리스도를 믿는 사람들로 이루어진 종교가 곧 그리스도교이다. 그리스도는 이 세상에 드러난 하느님의 사랑의 구체적인 형상으로서, 그의 본질은 역시 사랑이다. 그리스도는 그의 아버지인 하느님의 구원사업에 함께 참여하여, 이 세상에서 자신을 낮추고 죽음에 이르기까지 사랑을 구현하였으며, 그의 사랑의 삶과 죽음과 부활에 의하여 인간은 하느님의 구원을 약속받았다. 이것이 그리스도교 교의(教義)의 핵심이며, 본질을 이루는 원리이다.

한국의 기독교는 여러 가지 교단으로 나뉘는데, 로마 카톨릭(Roman Catholic, 천주교), 정교회(正教會, Orthodox Church), 성공회(聖公會, Anglican, Episcopal), 개신교(改新教, Protestant Church)이다.

한국의 로마 카톨릭교회, 또는 한국의 천주교회는 조선 시대에 이승훈이 18세기에 로마 카톨릭을 처음 들여올 때부터 한국의 기독교 역사는 시작되었다. 조선 중엽에서 말기 사이에 마테오 리치(Matteo Ricci, 1552~1610)의 《천주실의》를 통해 '서학'이라는 학문으로서 전래되었으며, 이후 점차 신도가 늘어 외부의 선교 활동 없이 자치 교회를 세우는 데에 이르렀다. 조선 정부는 로마 카톨릭교회를 전통적인 유교 문화를 파괴하는 것으로 여겨 개항 이전까지 로마 카톨릭교회를 탄압했지만, 한국의 로마 카톨릭교회는 그러한 박해에도 불구하고 오늘날까지 끊임없이 성장해 오고 있다.

한국정교회는 러시아 정교회 선교사들에 의해 19세기 말엽 선교가 시작되어 전래되었다. 1900년 1월 한국에 입국한 러시아 정교회 선교사 크리산토스 쉐헷콥스키 대신부가 같은 해 2월 17일 첫 번째 성찬예배를 집전, 이로써 한국정교회가 시작되었다.

대한성공회는 한국의 성공회관구이다. 신학적으로 진보적이어서 한국 기독교 장로회와 더불어 한국 기독교계에서 진보적인 교회로 불린다. 고교회파 전통의 잉글랜드 선교사들에 의해 전래되었다.

개신교는 16세기의 종교 개혁으로 로마 카톨릭 교회에서 분리되어 새롭게 생겨난 교회들을 두루 일컫는 말이다. 개신교는 중세 말(16세기 초) 독일의 신학자 마르틴 루터(Martin Luther, 1483~1546)가 95개조 반박문으로 로마 카톨릭교회의 타락을 고발한 것에서부터 시작하며, 개신교의 신학적 바탕을 제공한 신학자 장 칼뱅(Jean Calvin, 1509~1564)의 종교개혁에서 비롯된다. 미국, 캐나다, 호주 등에서 온 기독교 근본주의 전통의 장로교, 감리교, 침례교 선교사들에 의해 전래되었다.

1.5 문화환경

문화환경은 '문화를 위한 환경'(environment for culture)과 '문화화된 환경'(environment through culture)으로 구분할 수 있다. 전통문화나 예술문화는 '문화를 위한 환경'으로 볼 수 있으며, 공간문화나 생활문화 등은 '문화화된 환경'으로 구분할 수 있다.

문화환경의 영역은 네 가지로 구획된다. 그리고 각각의 구획된 영역 안에 문화환경의 형태가 배치된다.

문화환경의 형태로서 첫 번째는 정적인 시설영역이다. 예컨대 공연장이나 전시장, 공원 등과 같은 다양한 시설들이 여기에 포함된다. 두 번째는 면적인 지역영역이다. 여기에는 문화환경으로 조성된 '문화지구'나 '관광특구', '특화거리' 등 다양한 유형이 존재한다. 세 번째는 무형이지만 지역의 문화환경 조성에 막대한 영향력을 행사하는 '축제 · 이벤트 영역'이 있다.

또한 문화환경은 그 대상권역이 광역권, 권역권, 생활권 등으로 구분된다. 광역권은 전국 혹은 도시를 초월한 단위의 수용자를 대상으로 한 환경－국제적 규모나 전국적 단위－을 말하며, 권역권은 도시 내의 모든 사람들이 이용하거나 수용할 수 있는 환경, 그리고 생활권은 인접한 지역의 주민들이 주로 이용하는 환경을 말한다. 그리하여 설치목적, 규모 등에 따라 문화환경은 표 1과 같이 구분된다.

표 1_ 문화환경의 규모별 구성

	광역권	권역권	생활권
공간적 범위	서울전역·전국규모	5대 권역	각 자치구별
설치 유형	대규모 특수목적	중규모 문화생태성(전문화)	소규모 편의성
설치 목적	상징성	접근성	일상성

이와 같이 문화환경의 영역은 매우 포괄적인 영역을 포함한다. 그것은 문화의 개념과 관련하여 역사문화와 전통문화, 예술문화, 대중문화, 생활문화, 하위문화, 공간문화, 지역문화 등 다양한 문화현상을 포괄한다. 더불어 문화환경은 '문화를 위한 환경'과 '문화화된 환경'으로 분류되며, 그 유형에 따라 '점적 시설', '면적 지역', '동적 축제/이벤트' 등으로 분리된다. 그리고 다시 그 형태와 규모에 따라 광역권과 권역권 및 생활권 환경으로 구분된다(표 2).

표 2 _ 문화환경의 다양한 유형 및 형태

분 류			점적 시설	면적 시설	동적 축제 / 행사
문화를 위한 환경	예술	공연	공연장	문화지구 마을단위 미술관 예술공원	예술축제
		전시	미술관, 박물관		
		창작	창작스튜디오, 연습실		
		체육	스타디움, 스포츠시설	체육공원, 여가공간	체육행사
	전통	역사	문화재	고궁, 문화재보호구역	역사유물전시회
		전통	지방문화원	한옥마을, 역사보전지구	전통문화행사
문화화된 환경	생활	여가	공원, 운동장 등	산, 하천	시민의 날 행사
		생활	쇼핑센터, 상가, 영화관	쇼핑몰 등	상가축제
		향수	문화예술회관 등	문화의 거리	발표회, 학예회
		공동체	구민회관, 주민자치센터	지역문화시설, 밀집지역	발표회
		교육	도서관, 어린이집	어린이놀이터, 문화놀이터	발표회, 행사
	공간	정체성	특화시설	특화거리	거리축제
		미학	거리 미관/경관	걷고 싶은 거리, 미관지구	예술축제
		관광	기념품 가제 등	관광특구	관광축제
		랜드마크	오페라하우스	남산, 한강 등	월드컵·하이서울페스티벌 등 상징축제

출처 : 나노삼 외, 문화환경이 지역가치에 미치는 영향 연구, 서울시정개발연구원, p.26, 2006.

1.6 문화적 요소의 도입

문화행정에 있어 「문화」는 생활문화의 풍요로움에의 기대, 즉 문화는 자신들의 일상생활에서 비롯되고, 또 문화를 창조하는 등 시대적 배경에서 이루어진다. 이것은 경제나 기술 중심의 행정에서 인간다움을 목표로 하는 것을 의미하고 있다. 문화행정에는 정보 · 교류 등 시민활동, 공공건축, 커뮤니티운동 등 생활환경정비가 있고, 그 문화적 요소 도입방법의 하나로 「1%시스템 사업」을 검토할 수 있다.

「문화적 요소 도입 1%시스템」은 1945년 프랑스 문화장관 앙드레 말로의 제창에 의하여 공공시설물에 있어 그 건설비의 1%를 장식 · 회화 등에 지출하는 省令이 제정, 실시된 것에서 비롯된다. 그 목적은 주위환경에 어울리는 공공건축물을 건설함과 동시에 건설비의 1%를 반드시 미술 · 공예 · 장식에 사용하는 것으로 화가, 조각가, 염직가, 조형가 등 예술가에게 발표의 기회와 경제적 원조를 제공하는 데 있다.

한국에서는 문화예술진흥법에 의해 건축주가 건축하려는 건축물에 일정비용의 일정비율에 해당하는 금액을 미술장식품에 사용하도록 하고 있다. 미술장식품은 신규 건축물이나 증축되는 건축물의 해당 적용시설 면적이 1만 제곱미터 이상의 건축물에 설치하는 조각, 회화, 부조, 공예 등을 특정한 장소에 설치한다.

특별시와 광역시의 경우 공동주택은 1/1,000~7/1,000이며, 공동주택외 시설은 연면적 1만 제곱미터 이상 2만 제곱미터 이하인 건축물에는 건축비용의 7/1,000, 연면적 2만 제곱미터 초과 건축물에는 연면적 2만 제곱미터에 사용되는 건축비용의 7/1,000에 해당하는 금액+2만 제곱미터를 초과하는 연면적에 대한 건축비용의 5/1,000에 해당하는 금액을 미술장식에 사용하도록 하고 있다.

일본에서는 1979년부터 사업화하여 현재 都道府県庁, 都道府県教育庁教育委員会, 政令指定都市를 포함한 105 행정기관 중에서 문화적 요소 도입 1%시스템 사업을 시행하고 있다. 문화적 요소 도입 1%시스템의 범위는 장식, 전시물, 인테리어, 엑스테리어, 건물의 형이나 색채 등 디자인에 이르기까지 광범위하게 나타나고 있다(표 3).

표 3 _ 문화적 요소 도입 기법과 포함 범위

구분	내용
장 식	浮彫, 스테인드 글라스, 벽화, 바닥화, 장식난간
전시물	조각, 회화, 판화
인테리어	전시공간, 담화 로비, 유희실
	조명기구
엑스테리어	옥외무대, 녹지도로, 광장, 포켓파크, 산책로
	수목, 碑, 놀이 도구, 벤치, 시계탑, 상징탑
기 타	지역의 특색있는 외관 디자인·마감재의 시방

출처 : 日本建築學會編, 地域施設の計劃, 丸善株式會社, 1995, p.81.

문화적 요소 도입에는 공공건축, 커뮤니티의 정비 등 역사적 건조물, 전통행사, 문화유산의 계승, 문화적 장식(벽화) 전시물(조각 · 회화)의 설치, 화랑 · 극장, 꽃 · 수목 · 도로 · 수변 등 환경정비, 지역산업, 전통공예, 관광 등 지역에 밀착한 지역건설 등의 하드의 측면과, 「문화」

의 본래적 목적인 정보 · 교류 등 공개 토론회(forum) · 이벤트(event) 활동, 커뮤니티 정보지의 발간, 음악홀 · 미술박물관, 집회 · 교류장소의 정비 등의 소프트의 측면도 있고, 이들에 대한 활동도 동시에 추진되어야 한다.

2. 건 축

2.1 건축의 개념

건축이란 인간이 활동하기 위한 공간을 내부에 갖춘 구조물을 계획, 설계, 시공 그리고 사용하기에 이르기까지의 행위의 과정전체, 또는 일부이다. 또한, 그와 같은 행위에 의하여 축조된 구조물을 가리키는 경우도 있다. 다만, 본래 후자는 건축물이라고 하는 것이 적절하다.

건축이란 Architecture의 역어인데, Architecture는 개개의 건물이 아니라 건물을 축조하는 행위(과정, 기술)를 가리킨다. 개개의 건물(Building)을 나타내는 경우에는「건축물」이라고 하지만, 실제에는 혼동되어 사용되는 경우도 많다. 또한, 예술적인 작품을 건축이라고 하는 사람도 있는데, 이것도 Architecture-Building의 구별과는 관계 없다.

로마시대의 건축가 마르쿠스 비트루비우스 폴리오(Marcus Vitruvius Pollio)가 저술한『건축십서 De achitectura』는 10권으로 구성된 일종의 건축학 논문이며, 로마건축의 집대성이라고 할 만하다. 도시계획과 건축일반론, 건축재료, 신전, 극장 · 목욕탕 등 공공건물, 개인건물, 운하와 벽화, 시계 · 측량법 · 천문학, 토목도구 및 군사용 도구 등 건축기술과 관련된 거의 모든 것을 다루고 있다. 여기서는 그리스 건축에서 상당부분 영향을 받았는데 규칙적인 비례와 대칭구조, 고전적 형식미를 강조하였다. 그는 마치 새나 벌이 둥지를 짓듯이 건축은 자연의 모방으로 생각해서 건축재료는 자연에서 나와야 하며 인간에게 휴식처가 되어야 한다고 생각하였고, 건축구조는 세 가지 본질을 반드시 갖추어야 한다고 하였는데 그것은 견고함(firmitas), 유용성(utilitas) 그리고 아름다움(venustas)이다.

르 꼬르뷔지에(Le Courbusier, 1887～1965)는 건축은 형태, 볼륨, 색채, 음향, 음악이며 중요한 예술의 종합이라고 정의하면서 건축설계는 다음의 과정을 밟는다고 하였다.

① 대지와의 통합, ② 인큐베이션 기간 후의 즉각적이고 자발적인 착상, ③ 드로잉과 기능, 구조, 디테일 해결 등의 느린 수행

건축은 인간이 한서와 풍우 및 공격으로부터 신체를 지키기 위하여 주택을 만들고, 또한 신을 모시고, 조산을 장사지내기 위하여 기념물을 만들면서부터 시작하였다. 그 까닭에 건축술은 원시시대부터 인간의 물질적 요구와 정신적 요구의 쌍방을 만족하기 위하여 도움되어 왔다고 할 수 있다. 매일의 생활에 쫓긴 수렵시대에는 이들 두 가지에 대한 배려에는 각별한 차이가 없는 것으로 여겨지지만, 문명의 발전과 생활의 여유가 눈에 띄게 됨에 따라 신이나 조상에 관한 기념물에는 보다 내구력이 있는 것을 정성들여 만들었을 것으로 여겨진다. 또한 인간이 큰 집단이나 부락을 형성함에 따라 질서유지를 위한 계층차가 생기고, 수장이나 유력자의 주택이 보다 훌륭하게 건축된 것도 자연스러운 결과이었다. 이와 같이 종교건조물은 물론 세속적인 건물에서도 건축의 규모, 재료의 선택, 구축법의 정성들임, 장식의 풍부함 등에 따라 실용품으로서의 건축의 필요를 넘어 여러 가지의 고안이 이루어지고, 건축은 그 건물의 소유자나 관계자의 권위와 재력, 사회적 지위나 책임감, 생활의 철학과 이상, 문화 · 문명의 추진자로서의 의욕이나 실행력을 눈에 보이는 형태에서 표현하게 되었다. 건축의 상징성은 종교건조물이나 지배자의 궁전 · 저택에만 적용되지 않고, 서민이 거주하는 상가나 농가에도 존재한다. 그것은 반복되어 시도된 건축기술상의 고안에서부터 검소하지만 견실하며 내구성이 있고, 어떤 가족구성이나 생활형태에도 비교적 편리하게 사용할 수 있는 형식과 형태가 자연히 갖추어져 각각의 나라와 지역이나 시대의 인간생활의 현실과 이상을 동시에 나타내는 생활철학의 거울이 되어왔기 때문이다. 사람들이 어떤 검소한 건물에서도 양식성을 가진 민가에 한정하지 않은 매력이나 의미 깊이를 느끼는 것은 이 때문이다. 또한 건축은, 예를 들어 일개인의 소유물에서도 반드시 도시나 촌락의 일부가 되므로 그 시가지, 그 마을의 공유의 소유물이 되는 숙명을 가지고 있다. 아름다운 종교건조물이나 공공건축, 또한 훌륭한 민가나 시가지는 그 도시의 자랑이 되고, 향토의 표식으로서 주민의 애향심이나 단결심을 불러일으킨다. 이와 같이 건축은 인간생활의 가장 현실적 · 구체적인 무대장치 및 배경이 되고, 가장 종합적 · 항구적인 문화 · 문명의 증거가 될 흔적으로서 후세에도 계속 나타날 가능성을 내포하고 있다.

건축의 대상을 크게 보면 지역계획 · 도시계획 · 경관디자인 등의 종합적인 환경디자인 구축, 커뮤니티 형성까지에 관련하고, 외벽이나 개구부, 작게는 실내의 가구, 자질구레한 도구에 이르는 전반까지에 관련한다. 그러나, 통상은 일정의 부지를 단위로 하여 파악된다.

한국의 건축법 제2조에서는 「건축이란 건축물을 신축 · 증축 · 개축 · 재축하거나 건축물을 이전하는 것을 말한다」고 정의하고 있다.

건축은 한 사회에서 필요로 하는 실제적인 요구와 표현욕구를 충족시키는 건물을 설계하고 짓는 예술, 또는 그 기술이다. 이와 같은 요구사항들을 해석하고 구조적 · 미학적 변수들을 복합적으로 배열하여 하나의 건축물 형태로 엮어내는 사람들이 바로 건축가이다. 건축가들이 원칙으로 삼는 것은 외부공간을 분명하게 정하고 내부공간을 나누어 칸을 짓는 것이다. 또한 이들은 장식의 미학적인 요인들과 구조의 복잡한 기술적인 해결책도 제시해야 한다. 이 2가지 요소가 통합될 때 건축은 한 사회의 문화적 · 상징적 이상을 보여준다.

건축작품은 몇 가지 기준에 맞아야 한다. 사회가 요구하는 용도에 알맞아야 하며, 안정성이 있어야 하고, 형태를 통해 설계자의 경험과 개념을 전달해야 한다. 그러나 건축물의 안정성이라는 기준은 변함이 없지만, 용도를 충족시킨다거나 설계자의 개념을 전달한다는 기준은 건물의 기능에 따라 중요한 정도가 달라진다. 예를 들어, 공장의 기능은 주로 실용적인 데 있고 개념을 전달하는 일은 비교적 덜 중요하지만 교회나 정부 청사 같은 건물은 실용성과 개념 · 상징의 전달이 똑같이 중요하다.

2.2 건축의 이념과 기술의 변천

건축물을 만드는 인간의 행위 또는 그 행위로 만들어 낸 건축물, 일반적으로 건축물은 생활장소로서 직접적으로 인간의 생활에 관계되며, 그 기술도 인간의 생활을 궁극의 목적으로 하는 행위이다. 따라서 건축(architecture)은 건축물을 만드는 행위를 통하여 생존하고 생활하는 인간존재의 모든 국면에 관여하고 책임을 지는, 인간에게 밀착된 주체적 행위로서의 기술이다.

건축물은 그 형태가 생활목적에 적합하도록 주어진 소재를 가지고 고정된 공간으로 구성된다. 지진이나 눈 · 비 등에 오래 견딜 수 있고, 화재에도 안전하며 쾌적하고 편리한 공간으로 구성되어야 하고, 또한 아름다운 구조물이며 시설이어야 한다. 건축물은 도시나 자연의 넓은 공간에 세워지므로 환경과 조화된 연관성이 필요하다.

따라서 건축은 건축군과 거리의 조화를 창출해 내는 도시조형(urban design), 도시 전체를 조직하는 도시계획, 정원과 공원을 설계하는 조원(造園)기술 등과 관계가 깊다. 건축은 넓은 지역에 걸친 생활환경의 거시적인 전체 맥락을 근거로 하여 조형성 · 편리성 · 안전성 · 사회성 · 경제성 등의 다양한 관점에서 계획하며, 이러한 여러 기술과 상호 협력하여 이루어진다. 또한 토목기술과도 밀접한 관계가 있는데 도로나 교량 · 철도 · 항만 · 댐 등의 토목시설은 건축물에 비해서 규모가 크다는 차이는 있지만 다 함께 지상에 고정된 물리적 구조물이라는 의미에서 공통된다.

2.3 종합기술로서의 건축

한국어의 건축이라는 말은 서구의 architecture(영어), Architektur(독어)의 역어로서 이 현대 서구어는 그리스어의 architektonik techn에서 유래한다. 건축가 architect의 용어의 연원도 architektn에 있다.

Architektn이란 시원 · 원리 arch를 아는 기술자 tektn을 가리킨다. arch는 수위, 상위, 통합의 의미도 있다. 따라서 architektn란 세상사의 원리 · 원인을 아는 사람, 또한 기술자들을 통솔 · 통합하는 장인, 기술자를 말한다. 건축물을 만드는 이른바 건축가는 단순히 한 기술자가 아니라 원리를 분별할 줄 아는 종합기술자로서 건축물을 만든 것이다. 기술 techn이라는 용어도 본래는 보편적으로 원인을 알고 세상사를 창출한다는 의미이다. 오늘날 예술-기술이 분리된 협의의 기술이 아니라 양자의 구별 이전의, 제작 poisis이라는 의미의 광의의 기술이고, 오히려 단순히 수단이라고 하여도 좋은 것이었다. 예술-기술이 괴리하여 원리를 놓친 혼미하는 현대건축의 다양성의 원척도를 찾아 건축을 정통적으로 이해하기 위해서도 고전에서 훌륭한 내력을 지닌 건축의 종합적 개념을 뒤돌아볼 필요가 있다.

이러한 건축의 원리는 몇 가지가 열거된다. 플라톤은 제작에 대하여 이성적인 창조자가 원리로서의 이데아(idea)에 기준하여 무질서한 소재에 수적 질서를 주는 만유형성이라고 하였다. 아리스토텔레스는 이 고려방식에 따라 제작의 제원리를 이해하고, 자연이나 기술 등 모든 생성 · 소멸하는 개개의 현상에는 4가지의 원리 · 원인이 관련되어 있다고 명확하게 말하였다. 자연이나 인공의 사물이 존재하는 것은 그것이 혼돈으로 한 〈소재〉에서 생성되고, 생성은 기동하는 힘에 〈의해〉, 본질적인 형태, 원형에 〈따르고〉, 질서있는 완성, 좋은 종국의 상태를 〈목표로 삼았기〉 때문이다. 기동력(여기서는 작자), 형태, 목적, 재료가 개개의 사물의 생성 · 존재에 빠뜨릴 수 없는 4가지 요인이라고 하였다. 건축은 원리를 이해하는 장인의 종합기술이므로 건축가는 개개의 건축물에 대하여, 또는 자기가 관계하는 건축기술에 대하여 이 4원리를 알고 통합하는 기술자이다.

2.4 건축기술에서의 소재와 형태

소재란 그 자체로는 무의미한 덩어리이지만 질서 있는 형태로서 형성될 수 있는 가능성을 지니고 있다. 나무 · 돌 · 철 · 벽돌 등은 각각 고유한 모습을 취해야만 그 특성이 충분히 발휘된다. 나무는 기둥이나 대들보의 형식으로 특성을 발휘할 수 있고, 돌이나 벽돌은 벽 모양으로 쌓아야 하며 특히 벽돌은 그 재료의 특성이 벽에 아치형입구를 만드는 데 적당하다.

그렇지만 현대건축에서 많이 사용되는 철근콘크리트는 다른 소재와는 달리 그 특성이 중성적(中性的)이므로 어떠한 형태의 요구에도 적당하여 몰소재적(沒素材的)인 각종 형태의 자의적(恣意的)인 선택이 가능하다.

현대 초기의 건축사조(思潮)에서 이른바 기능주의라든가 구조주의를 내세우는 입장에서는 형태의 규정은 소재와는 별도로 기능 · 역학적인 구조의 요인에 충실해야 한다고 주장하지만, 고전 건축의 형태에서는 재료의 잠재능력에 제어당한다는 필연성뿐만 아니라 형태 그 자체 속에서도 제약이 가해져 있었다. 그것은 형태의 수적 · 양적인 비례관계의 조화에 관한 원리에서 비롯되었다.

『건축십서(建築十書)』에서 거론된 균형(symmetria)의 건축원리는 우주의 커다란 조화 속에 겸허하게 참여하는 지상의 건축물에서 가장 중요한 원리로 이해되었으며, 서양에서는 현대에까지 강한 영향력을 행사하고 있다. 말하자면 균형에 의해 건축의 질서가 보장되는 것이다. 수비적(數比的)인 이 건축관은 음악에서의 질서인 조화에서 본받았다고도 할 수 있다. 이러한 형태통일의 질서란 단적으로 선(善)이라고 생각하였다.

건축기술의 목적으로서 그 제작과정을 이끌어가는 가치는 포괄적으로 선한 것이었다. 예를 들어 그리스에서는 일반적으로 통일가치로서의 전이 보다 적극적으로 주제화되어 선으로서의 질서가 건축물의 생성을 이끌어 나갔다. 건강이라든가 쾌적, 미(美)라는 하나하나의 가치는 모두 최선의 활동으로 통일된다고 강조되었다. 그러나 여기에서의 미란 흔히 선 · 미라는 것으로 받아들여지고 있었다. 또한 비트루비우스 폴리오는 〈건축가의 창조행위는 잠재하는 것을 발견하는 일에 관련되며, 필연성을 지니지만 자유스러운 행위이다〉라고 하였다.

고전적인 생각에서 보통 건축가는 제작하는 건축물의 바깥에 서서, 말하자면 방관적으로 고안하고 제작한다. 이에 대해 자연계에서는 생성하는 힘이 자연물에 내재한다. 자연은 내재하는 힘, 즉 〈맹목적인 의도〉에 따라 생성을 목표로 한다. 이처럼 건축기술자는 자연을 모방하여 스스로 만들려고 하는 물건 속에 당사자로서 내재하며 스스로 자신이 그곳에 살면서 필연적인 물건으로서의 건축물을 창조하지 않으면 안 된다.

2.5 공간구성으로서의 건축

최근 건축에서 공간의 착목이 현저하다. 건축기술의 제원리의 하나인 형태원리 또는 배치원리에서의 전개로 건축의 핵심을 단적으로 공간-구성으로 다룬 견해이고, 인간존재의 통찰에 바탕하여 건축기술을 기본적으로 재검토하는 입장에 따르고 있다. 건축물은 소재를 형태부여에 의해 구성되고 있는데, 그 형태의 각부는 언제나 여기저기, 상과 하의 특정 배치를 규정하고 있다. 이 위치 관계는 어디까지나 공간의 기본구조인데, 건축에서 공간을 말하는 경우 공간은 일의적으로 이해되고 있다고는 할 수 없다. 먼저 건축물을 구성하는 소재, 돌이나 벽돌이 차지하는 영역을 물리적 공간이라고 하는 경우가 있고, 소재가 점유하는 이 공간에서 건축물은 통상 공기가 충만하는 내부공간을 가지고, 거기에 물체로서의 인간이 안으로 들어가고, 운동한다. 일반적으로 목조의 내부공간은 개방적이고, 석조의 그것은 폐쇄적이다. 이 의미에서 건축공간은 대부분 각종의 용도로 그 영역에 주어진 목적 · 기능에서 사물적 공간으로도 칭한다. 극장, 예배당의 공간, 사무공간 등 각종의 용도에 의해 고유의 공간형태가 만들어지고 있다. 또한 건축공간은 삼차원의 입체적 구성의 확대이고, 자주 수학적 · 기하학적 공간차원으로도 고려되고, 이 의미에서의 공간표상의 공준(公準), 즉 무한, 연속, 등질의 장소에서의 추상적인 삼차원 형태로 보는 경우도 있다. 건축물은 이 공간차원에서 입방체, 직방체, 각추(角錐), 각주(角柱), 원통 등의 형태에 한정되어 추상적으로 표상된다. 피라미드나 마천루, 맞배지붕이나 현대건축의 수평지붕의 형태 등이 그 예이다.

3. 건축 양식

건축양식은 기원전 이집트의 피라미드(Pyramid)에서 시작되어 고대 그리스의 신전, 로마시대의 돔건축이나 원형투기장, 중세에서부터 현대까지 실로 흥미 깊은 건물이 건설되고 있다. 그리스의 아크로폴리스의 언덕에 세워진 파르테논신전(Parthenon)[5] 등 그리스 건축은 비례관

5) 파르테논은 '군신(軍臣) 아테네 여신의 방'이라는 뜻이다. 국가의 힘과 이상을 대내외에 알리고자 했던 이 신전은 아크로폴리스(높은 도시라는 의미)에 파란 하늘을 배경으로 지은 하얀 대리석의 장엄한 건축이다. 명확한 구조와 완벽한 균형 및 비례를 보이는 이 신전은 아테네인이 믿었던 조화로운 우주적 질서를 반영한다.

▲그림 1 _ Pyramid of Khafra

▲그림 2 _ The Parthenon

계가 이용되어 건설되어 있다(그림 1~2).

그리스 문화와 헬레니즘 문화를 이어받은 비잔틴제국은 그리스정교를 바탕으로 독특한 문화를 발전시켰다. 중세 건축의 비잔틴문화 건축 양식은 정사각형의 벽 위에 원형의 돔을 올려놓은 웅장한 비잔틴 양식이 발달하였다. 성당의 내부는 화려한 대리석과 성인들의 모자이크로 장식하였다. 대표적 건축물은 성 소피아 성당이다. 비잔틴문화는 그리스 고전 문화를 잘 보존하여 이를 서유럽에 전달하는 다리 역할을 하였다. 비잔틴문화는 슬라브 족에게 전해져 러시아와 동유럽 문화의 바탕이 되었다.

AD 330년, 콘스탄티누스(Constantinus, 재위 306~337년)가 로마 제국의 수도를 오늘날 터키의 수도 이스탄불(Istanbul)인 비잔티움(Byzantium)으로 옮기면서 영광스런 로마시대는 막을 내렸다. 동로마 제국의 황제로 등극한 콘스탄티누스는 열렬히 기독교를 신봉했으며 폐허가 된 비잔티움의 이름을 콘스탄티노플(Constantinople)로 바꾸고 새로운 수도로 정비한다. 이후 1453년까지 동로마 제국, 즉 '비잔틴 제국'은 중세 미술의 황금기를 열었다. 비잔틴 제국의 수도 콘스탄티노플은 도시 전체가 세계문화 유산이다. 이곳에서 비잔틴 미술의 정수인 '하기아 소피아 성당(Hagia Sophia, Ayasofya)'을 만날 수 있다.

이민족이 여러 차례 침략해 오자, 콘스탄티누스 황제는 콘스탄티노플에 거대한 규모의 하기아 소피아 성당을 지어 국위를 과시하고자 하였다. 이 성당은 도중(404년)에 소실되어 537년 유스티니아누스 황제(Justinian, 재위 482~565년)의 새로운 구상에 따라 재건되었다. 세계문화유산이며 세계 8대 불가사의 중 하나로도 꼽힌다. 하기아 소피아 성당은 대리석, 시멘트, 벽돌로 지어졌으며 전체 성당의 크기는 세로 82m, 가로 73m, 높이 55m이다. 세계 최대의 정교회 성당으로 지금은 박물관으로 사용하고 있다.

'아야소피아'라고도 불리는 하기아 소피아 성당은 유스티니아누스 황제의 감독 아래 532년

▲**그림 3**_Hagia Sophia, Ayasofya의 외관

▲**그림 4**_Hagia Sophia, Ayasofya의 내부

2월 23일에 공사를 시작해 537년에 완공되었다. 유스티니아누스 황제는 400여 년 동안 세계 최대의 도시임을 자랑했던 콘스탄티노플에 제국의 위용에 걸맞은 전무후무한 성전을 짓기 위해 당대에 유명한 트랄레스의 건축가 안데미우스(Anthemieus of Tralles)와 밀레투스의 기하학자 이시도루스(isidourus of Mulet)를 고용하였다.

비잔틴 건축 양식의 최고봉인 하기아 소피아 성당은 '성스러운 지혜'라는 의미로 로마시대 카라카라 황제의 목욕탕(Terme di Caracalla, Baths of Caracalla, AD 212~216년)과 같은 로마 건축의 거대한 스케일과 동방의 신비로운 분위기를 융합시킨 건물이다. 로마 제국 시대의 직사각형 바실리카 위에 둥근 모양으로 된 천정, 즉 돔(Dorm)을 올려놓은 형태로 지어졌다. 지상 55m에 놓인 거대한 돔 장식은 그 무게를 지탱하기 위해 주위에 여러 개의 작은 돔을 두고 있다.

하기아 소피아 성당을 전체적으로 보면 여러 개의 돔 장식이 삼각형을 이루며 분포해 있다. 4개의 아치가 정사각형 모양을 형성하며 돔을 지탱하는 구조는 처음 시도된 것이다. 이전 두꺼운 벽으로 돔의 하중을 지탱하게 한 로마건축과는 달리 내부가 넓고 확 트인 느낌이 드는 혁신적인 구조이다. 여기에 40여 개의 창문이 돔의 하단을 둘러싸고 분포해 마치 후광을 주는 느낌이 들어 종교 건축물로서의 신비감을 주고 있다.

하기아 소피아 성당은 풍부하고 섬세한 장식이 특징이다. 그리스도와 성모마리아 상의 화려한 모자이크와 십자가, 금색 바탕에 식물의 모티브를 그린 모자이크가 그 예이다. 또 시간이 흐르면서 값비싼 대리석 장식이 더해져 화려함이 배가 되었다.

1453년 5월 29일, 콘스탄티노플을 함락한 오스만 제국의 술탄 메메드(Sultan Mehmed) 2세는 곧바로 하기아 소피아 성당으로 향했다. 그는 콘스탄티노플 함락을 기념하기 위해 성당의 흙을 자신의 머리에 뿌리고 "이제 그리스도인이 믿는 하느님은 없고, 알라만 존재한다"고 선언하면서 성당을 몰수하고 앞으로는 이슬람교 사원인 모스크(Mosque)로 사용할 것을 명령했다. 그 후 성당 내부의 십자가가 떼어지고 성화는 석회 칠로 덮였으며, 이슬람교 사원건축의 특징인 네 개의 첨탑(minaret)이 증축되었다. 이름도 '아야소피아 자미'로 바뀌고, 술탄이 매주 금요일 예배마다 방문해 오스만 제국에서 가장 중요한 모스크로 여겨졌다.

1923년, 오스만 제국이 무너지고 터키 공화국이 수립되자 그리스를 중심으로 유럽 각국이 하기아 소피아 성당의 종교적인 복원과 반환을 요구하였다. 그러나 터키 정부가 하기아 소피아 성당을 인류 공동의 문화유산으로 정하고, 916년 동안 성당으로 그 역할을 하다 481년 동안 이슬람 사원으로 사용되었으나 그 안에서 기독교든 이슬람이든 종교적 행위를 모두 금지해 1934년부터 '아야소피아 박물관(Ayasofya Muzesi)'으로 변경하였다.

이후 기독교 교회의 표본이라고 할 수 있는 하기아 소피아 성당에서 영감을 받아 돔 장식을 한 교회들이 앞다퉈 지어졌다. 이탈리아 베네치아에서 러시아에 이르는 지역의 많은 대성당이 하기아 소피아 성당의 돔 구조를 모방하고 있다.

이와 같은 유사한 건물의 대부분은 세계문화유산으로 등록되었는데, 특히 서양의 건축양식으로서 가장 존재감을 자랑하고 있는 것은 고딕(Gothic)양식이고, 유럽의 대성당 등이 대표적 건축물로서 도시의 상징이 되고 있다.

프랑스 파리 시테 섬에 있는 노트르담 대성당의 야경파리의 노트르담 대성당(프랑스어 : Cathédrale Notre-Dame de Paris)은 프랑스 파리의 시테 섬의 동쪽 반쪽에 있는 고딕 양식의 대성당이다. 이 대성당은 지금 파리 대주교좌 성당으로 사용되고 있는데 프랑스의 유명한 건축가인 비올레르뒤크(Viollet-le-Duc)에 의해 파괴된 상태에서 보호되어 복구되었다. "노트르담"은 "우리의 귀부인"이라는 뜻의 프랑스어다(성모마리아를 의미함). 노트르담 대성당은 최

▲그림 5 _ Cathedrale Notre Dame의 정면

▲그림 6 _ Cathedrale Notre Dame의 측면

초의 고딕 성당 가운데 하나이며, 고딕 전 시대에 걸쳐 건설하였다. 대성당의 조각들과 스테인드글라스는 자연주의의 영향을 많이 받았으며, 이는 초기 로마네스크 건축에서 부족한 세속적인 외관을 더해준다.

노트르담 대성당은 세계에서 최초로 벽날개를 사용한 건물이기도 하다. 이 대성당은 원래 성가대석과 중랑(中廊) 주변에는 벽날개가 있도록 설계되지 않았다. 공사가 시작되고(고딕양식에서 유행한) 꽤 얇은 벽들이 점점 높아지면서 커다란 균열이 벽이 밖으로 밀릴 때 생겼다. 그래서 성당의 건축가들은 바깥벽 주변에 지지벽을 만들었고, 그 뒤에 비슷한 방법으로 추가되었다.

공사는 국왕 루이(Louis) 7세 시대인 1163년에 시작되었고, 독특한 탑 두 개와 서쪽 정면을 건설하는 일은 약 1200년에 시작되었는데, 일반적인 건설 과정과는 달리 중랑(中廊)이 완성되기 전이었다. 건설 과정에서 많은 건축가가 일했으며, 이는 서쪽 정면과 두 탑의 각각 다른 높이와 다른 양식에서 발견된다. 두 탑은 1245년경에 완성되었으며, 대성당은 1345년경에 완성되었다. 성당 안은 9,000명을 수용할 수 있는 규모이다. 1790년경 프랑스 혁명의 급진적인 시기에 노트르담 대성당은 반기독교 사상에 의해 많은 성상이 손상되거나 파괴되었다. 19세기에의 다방면에 걸친 복원 작업이 완료되어 대성당은 이전의 모습을 되찾았다.

고딕양식의 건축물은 로마네스크(Romanesque)와 르네상스(Renaissance)의 중간 시기, 이른바 12세기에서 15세기의 긴 세월을 거쳐 건축된 것이다. 로마네스크양식은 반원 아치와 중후한 벽체의 성당건축으로 10세기에서부터 12세기, 주로 수도원건축에서 그 모습을 볼 수 있다. 고딕양식의 대표적인 대성당건축은 피타고라스음률과 동일한 비율로 건립되었다고 한다. 이 무렵부터 유명한 그레고리오 성가(Gregorian Chant)가 제창으로 연주된다.

이어서 르네상스양식에서는 인체비례와 음악조화가 건물에 영향을 주었다고 한다. 바로크(Baroque)양식은 현란호화로우며 장대화려한 곡선이 특징인데, 이 시기 음악은 복수의 선율을 동시에 조합시킨 기법에 의한 대위법이 주류가 되고, 성악에서 독립한 기악이 교회음악의 중심이 된다.

고전주의의 도래와 아울러 건축과 음악에 장식의 중요성이 감소되는데, 그 후 로코코(Rococo) 양식에서는 이른바 프랑스를 중심으로 한 섬세하며 우아하고 아름다운 미술공예품이 출현하여 베르사유(프랑스어 : Château de Versailles)궁전과 같은 대표적인 궁전건축이 건립된다. 음악은 기악에 의한 투명감이 있는 우아하고 아름다우며 감상적 표정의 궁정음악이 활성화된 시기이다.

베르사유궁전의 기원은 17세기 전반 수렵을 즐겼던 루이 13세가 고요한 마을에 불과했던 이곳을 수렵장으로 만들고 작은 성을 지은 것에서 비롯한다. 그 후 루이 14세가 1661년 건축가 르보(Louis Le Vau), 실내장식가 르 브룅(harles Le Brun), 정원조경사 르 노트르(Andre Le Notre) 등을 초빙하여 50년이라는 긴 세월과 어마어마한 비용을 들여 궁전을 건축하였다. 1668년 건물 전체를 증축하여 외관을 가로축 부분이 앞으로 튀어나온 U자형 궁전으로 개축하였고, 1672년 왕궁을 이곳으로 옮겼다. 이 후 베르사유는 왕국의 수도로서 정치, 문화, 사교의 중심이 되었다. 루이 14세 시대는 황금시대를 이루었으므로 베르사유의 명성은 높았으며, 빛나는 고전주의 문화의 전당으로서 자리잡았다. 1680년대 다시 커다란 건물 2동을 증축하고 남쪽과 북쪽에 별관과 안뜰을 추가하여 전체길이가 680m에 이르는 대궁전을 이루었다. 이때 정원 쪽에 있던 주랑을 '거울의 방'이라는 호화로운 회랑으로 만들고, 궁전 중앙에 있던 방을 '루이 14세의 방'으로 꾸몄다. 거울의 방은 길이 73m, 너비 10.5m, 높이 13m인 회랑으로서 거울이 17개의 아케이드를 천장 부근까지 가득 메우고 있고 천장은 프레스코화로 뒤덮여 있다.

프랑스식 정원의 걸작인 정원에는 루이 14세의 방에서 서쪽으로 뻗은 기본 축을 중심으로 꽃밭과 울타리, 분수 등이 있어 주위의 자연경관과 조화를 이루고 있다. 기본 축을 따라 라톤의 분수, 아폴론의 분수, 십자 모양의 대운하 등을 배치하였다. 대운하 북쪽 끝에는 이탈리아식 별궁인 그랑 트리아농(Grand Trianon, 건축기간 1670~1687년)과 프티 트리아농(Petit Trianon, 건축기간 1762~1768)이 루이왕조의 장려함과 섬세한 양식으로 세워져 있다. 1979년 유네스코에서 세계문화유산으로 지정하였다.

▲그림 7 _ Château de Versailles의 외관

▲그림 8 _ Château de Versailles의 예배당

4. 동아시아 건축의 특성

한국의 건축문화는 동양건축문화에 속하는 것으로 동양건축문화의 3대 계통인 중국계, 인도계, 이슬람교계 중에서도 중국계에 속하는 건축문화이다.

중국계 건축문화는 고대에 주로 한민족에 의하여 시작되었으며, 중국 본토를 중심으로 발전하여 아시아 각 지방에 전파되었다. 동쪽으로는 한국을 거쳐 일본으로, 북쪽으로는 몽고, 서쪽으로는 신강, 남쪽으로는 인도지나 반도 및 태국 등 여러 나라를 포함한 광대한 지역에 전파되어 발전한 것이다.

중국계 건축문화는 고대에서부터 수천년간 연면하게 발전되었으며, 그 발전과정에 있어 인도 불교의 문화영향을 비롯하여 계속적으로 서방문화의 전파영향을 받아왔음에도 불구하고, 처음부터 가지고 있던 건축문화의 특성을 일관성 있게 발전시킴으로써 수천년간 고유한 건축문화의 특성을 계속 보존하고 있는 것은 특이한 현상이라고 본다. 그 건축양상은 서양건축과는 판이하게 차이가 날 뿐 아니라, 같은 동양 건축문화에 속하는 인도계 및 이슬람교계 건축문화와도 다른 특성을 가지고 있다.

일본의 건축문화는 縄文(약 1만 6,500년 전(기원전 145세기)에서 약 3,000년 전(기원전 10세기)·弥生(약 기원전 10세기 중경에서 3세기 중경까지)에 시작되어 고대·중세·근세로 계승되고, 일본 독자적 고유의 것으로 고려되있다.

한국, 중국의 건축과 비교하여 동아시아 건축의 공통성, 보편성에서의 건축문화는 왕권의 상징으로서의 궁전, 사원 등의 종교시설, 그리고 주택에서 대표되고 있다.

조선왕조(1392～1910)의 도성인 한성(서울)은 풍수사상에 따라 사방을 산으로 둘러싸인 장소에 입지하였다. 정궁의 경복궁은 남북으로 긴 배치이지만 성벽은 지형에 따라 곡선상으로 되어 있다. 궁전 내부는 중국에서 배워 朝庭을 앞에, 침전을 뒤에 배치하고 있다. 경복궁의정전은 근정전에서 왕실의 큰 행사나, 각종 의식에 이용되었다. 경복궁 남정문인 광화문은 하부의 석축부에 3연의 아치를 설치하고, 상부에 중층의 누각을 건립하고 있다.

일본 궁전의 본보기로서는 당의 장안이 알려져 있지만, 북경 자금성의 경우 남북을 관통하는 중축선상에 天安門·端門·午門·太和門 및 황제즉위, 詔書(천황이 발표하는 문서)의 반포 등 중요한 국가식전을 거행하는 정청정전의 태화전이 정면에 그 위용을 보인다.

평안궁의 궁전기능을 계승한 京都御所는 임시의 里内裏(평안시대 이후 平安宮内裏 이외의 저택을 천황의 재소(皇居)로 이용한 것을 가리킨다)이었던 것이 상태화한 것이다. 현재의

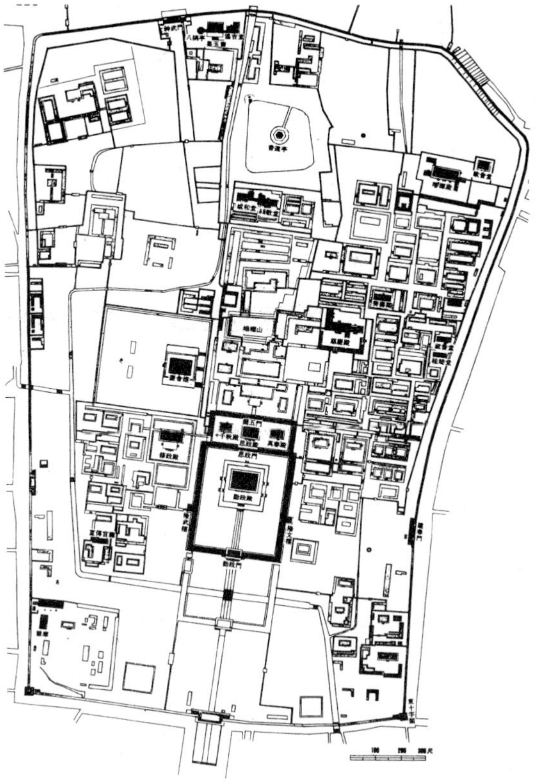

▲그림 9 _ 경복궁 배치도

▲그림 10 _ 경회루

▲그림 11 _ 근정전

위치에 정해진 것은 1331년이며, 그 후 몇 번 화재재건을 거치고, 현존의 주요건물은 1855년에 재건되었다. 京都御所 남면의 정문에 해당하는 建礼門은 문짝을 좁혀 전후에 2본씩의 기둥을 세워 四脚門이라는 平安時代 귀족주택의 격식이 높은 문의 형식을 유지하고 있다.

일본의 종교건축은 사원과 신사가 중심이었지만, 중국이나 한국에 신사건축은 없다.

한국에서는 도시지역에 불교사원은 적고, 공자를 제사지내는 廟建築은 각지에 만들어졌다. 큰 주택(양반주택)의 뒤쪽 廟建築에 그 집의 조상을 제사지내고, 불단에서 조상을 제사지내는 일본과는 상당히 다르다.

중국에서는 유교가 황제의 권위, 사회의 질서 · 조직 등에 이론적인 설명을 주었다. 황제는 조상을 제사하는 종묘와, 하늘에 기원하는 천단, 땅의 제신에 제사지내는 사직을 건설하였다. 불교는 3세기에 인도에서 중국으로 전해졌는데, 중국의 유교적인 세계를 바꿀 정도의 영향을 준 것은 아니었다.

▲**그림 12** _ 京都御所의 외측에서의 建礼門

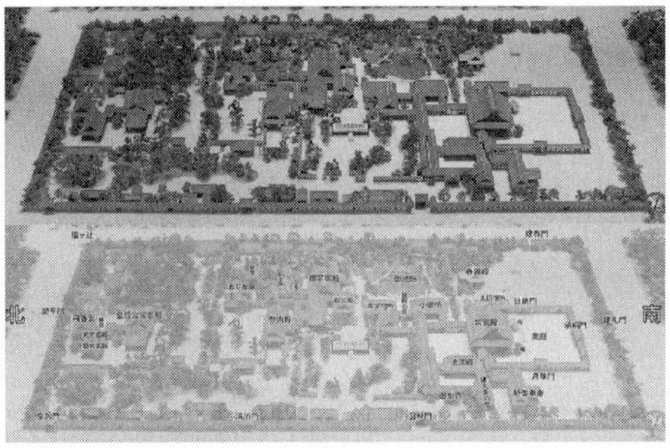

▲**그림 13** _ 京都御所(모형)

일본 중세 이후의 불당은 안쪽까지의 길이가 깊은 평면이 특징이다. 사찰 · 궁전 등에 이용되는 노송나무의 껍질을 조밀하게 겹쳐 지붕이나 천장을 붙인 구조도 중국 · 한국의 불교건축과는 상당히 다르다.

일본의 사원건축에는 중국 당에서 가져온 고대 이래의 일본 고유양식과, 鎌倉時代(일본 무인정권 시대의 제1기, 1192~1333년)에 새로이 당시의 중국 송에서 도입된 큰 불상 양식(天竺양식), 선종(禅宗)양식(당 양식)이라는 3가지 형식(양식)이 있다. 한국에도 주심포계, 다심포계로 불리는 형식(양식)이 있고, 각각 중국에서 도입되었다. 이들 한국, 일본 건축의 연원이었던 중국은 광대하고, 지역에 의한 건축 형태는 상당히 다채롭다. 구조적으로 보아도 중국의 건축은 북과 남에서 상당히 다르다.

불교건축에서 이용되는 탑도 일본과 한국 · 중국에서는 모든 형태가 다르다. 일본에서 층탑이라고 불리는 오중탑, 삼중탑 등은 내부중심에 심주(心柱)가 있고, 바닥은 없어 오를 수 없다. 중국에서는 내부에 바닥이 있어 상층까지 올라가는 형식이 일반적이다. 또한 밀교(7세기 후반 인도에서 성립한 대승 불교의 한 파. 대일경과 금강정경에 의하여 일어났다)사원에서 이용되는 다보탑이라는 형식도 일본 독자적이고, 한국이나 중국에는 없다.

주택은 지배층과 서민층에서 크게 다르다. 중국의 지배층은 사합원(四合院, 쓰허위안)이라는 좌우대칭에서 중정을 둘러싼 주택형식을 계승하였다. 사합원은 중국 화북지방의 전통 가옥 건축양식이다. 중국의 화북지방 이북 및 서북지방에 많이 보이지만, 특히 베이징 시가에서는 쓰허위안이 후퉁(胡桐 · 골목길)에 접해 있어서 옛날 그대로의 풍경을 보여주는 것으로 유명하다.

풍수지리의 영향으로, 대략적인 건물과 문의 배치가 정해져 있다. 또, 지방에 따라 안뜰의 넓이, 벽의 두께 등이 다르다. 베이징의 쓰허위안의 경우, 요나라 때 기본적인 구조를 형성하였고, 그 후의 금, 원, 명, 청, 시대를 지나 현재와 같은 구조가 되었다.

▲그림 14 _ 중국의 사합원

▲그림 15 _ 한국의 한옥

한국의 조선시대 주택 유형은 상류주택과 서민주택으로 뚜렷이 구분할 수 있으나, 부분적으로 서로 영향을 주고받는 과정을 통해서 발전하였다.

상류주택은 물리적인 기능보다는 가정생활의 전통적인 개념이나 사회계급에 따른 인문적 배경이 주거건축 구성에 영향을 미쳐 풍수지리와 양택의 개념이 매우 중요하게 취급되었다.

배치는 북쪽에 산을 등지고 남쪽이 넓게 터져 있으며 왼쪽으로부터 앞쪽을 강이 구비치면서 흐르는 곳을 택하여 주거의 중요부분을 남향과 동남향으로 배치하는 것을 가장 좋게 여겼다. 주거공간은 거주자의 신분과 성별에 따라 크게 세 가지 영역으로 확실히 구획되어 사용된다. 첫째 대문 · 노비숙소 · 창고인 행랑채와 행랑마당, 둘째 주로 남자 주인의 거처로 쓰이는 사랑채와 사랑마당, 그리고 여자들과 유아들의 점유공간인 안채와 안마당이 그것이다. 이 3개의 공간구획은 점차 강한 폐쇄성을 이루며 서로 연관되어 배치되었다.

구조는 일반적으로 석축기단 위에 목구조로 세우며, 지붕은 주로 합각지붕을 이루고, 행랑채와 일부 부속건물은 맞배지붕 또는 우진각지붕으로 이었다.

조선 전기부터 가사규제(家舍規制)가 계속되어 신분계급에 따른 주택 규모와 형식이 제한되었으나 후기에 이르러서는 유명무실해지고 궁전의 침전건축(寢殿建築)을 모방하거나 서민들도 상류주택을 모방하였다.

민가는 자연과 풍토에의 대응을 보다 중요시하여 간략한 목구조와 초가로 이루어지는 형식이며, 지역별 특성에 따라 각기 그 유형을 달리한다. 즉 함경형(咸鏡型)과 서북형(西北型), 중부형과 서울형, 그리고 남부형으로 구분되는 이 유형들은, 주로 북부의 것이 밭 전자(田)형의 평면으로 정주간이 특색이며, 중부의 것들은 ㄱ자형에 대청이 중심을 이루고, 남부의 것은 ㅡ자형에 마루와 툇마루로서 중 · 북부보다 개방적인 것이 특징이다. 이들은 대체로 3~5칸의 규모로서 더 큰 작업공간과 부속사들을 갖추고 있었다.

일본 고대의 침전조(寢殿造)는 중국의 영향하에 성립한 것으로 여겨지는데, 좌우대칭의 구성은 무너지고 있다. 침전조는 평안시대(경도의 평안경에 중심도시가 위치한 시대. 8세기의 말에서 12세기말까지)의 귀족주택의 양식이다. 침전(正殿)으로 불리는 중심적인 건물이 남쪽의 장원에 면하여 건립되고, 동서에 対屋이라 불리는 부속건물을 배치하여 그들을 渡殿으로 잇고, 또한 동서의 対屋에서 渡殿을 남측에 돌출하여 그 끝에 釣殿을 설치하였다.

① 寢殿, ② 北對, ③ 細殿, ④ 東對, ⑤ 東北對, ⑥ 侍所, ⑦ 渡殿, ⑧ 中門廊, ⑨ 釣殿

▲**그림 16**_전형적인 침전조인 東三条殿 복원모형

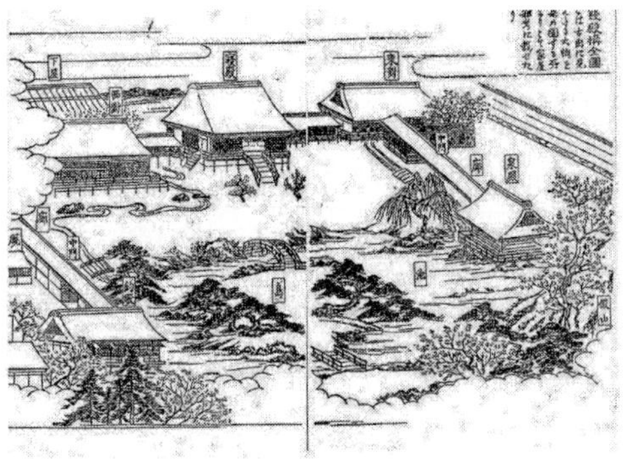

▲**그림 17**_寝殿構(宮殿調度図解(1905년) 동경 : 六合館書店刊)

동서남북의 방위에 각각 상징적인 의미를 지니고, 세계가 그러한 의미 체계에서 이루어져 있다고 여기는 것은 중국문화의 영향권에서는 친숙함의 계획원리이다. 건축이나 도시를 계획할 때에는 세계를 구성하는 각 요소는 그러한 질서에 따라 배치되고 있다. 예를 들면 중국의 도성이나 주택의 배치는 북이 상위가 되고, 동이 서에 우월하도록 건물이나 사람이 배치된다. 따라서, 중요한 선조의 묘가 남쪽에 배치되는 것은 허용되지 않고, 천자는 북에 남면하여 입지하고, 동측에 입지하는 자의 관위는 항상 서측에 입지하는 자보다 낫다.

아프리카의 원형주거, 몽골의 겔(Gel)에서는 주거의 깊숙한 안쪽에 가장이나 장로의 자리가 있고, 우측에 남자의 영역, 좌측에 여자의 영역을 배치하고 있는 것은 잘 알려져 있다. 또 약간 복잡한 실배치를 하는 동남아시아의 가옥에서도 이 원칙은 변하지 않는다. 남자의 공간이나 제사의 장소는 항상 오른쪽으로 연결짓고, 반대로, 여자의 공간이 되는 취사장은 왼쪽이 되도록 한다.

그런데 중국(한족)만은 좌우(필기하는 어순자체가 그것을 나타내고 있지만)의 가치가 역전하고 있다. 이것은 남면하여 입지하는 것을 시점의 중심에, 동 측, 좌측을, 서측 즉, 우측에 우월하는 관념의 결과로 생각되지만, 중국의 영향을 받은 일본에서도 도성의 계획이나 궁정 행사에서는 항상 좌측이 우측의 상위에 배치된다.

고상주거에서 동남아시아에서는 지붕속=천상계, 고상위=인간계, 바닥밑=지하계의 3가지 세계를 고상주거가 통합하고 있다. 중국건축의 우주론(cosmology)의 특징은 공간단위를 반복하는 것에서 깊숙한 안쪽으로 갈수록 천상계에 접근하는 등 수평적인 관념에 있다. 거기에 대하여 고상주거에 보이는 우주론은 문사 그대로 수직적인 관념이다. 가옥이나 가옥부지의 구성 방식이 중국과 동남아시아에서 다른 것은 이러한 관념의 차이에 기인한다고 할 수 있다.

5. 프리츠커 건축상

프리츠커 건축상(Pritzker Architecture Prize)은 1979년 제이 프리츠커(Jay A. Pritzker)가 만들고 프리츠커 가문이 운영하는 이 상은, 현재 세계 최고의 건축상이다.

1979년부터 수상자를 내온 프리츠커 건축상은 종종 건축계의 노벨상이라는 수식어와 함께 소개되기도 하는데, 미국 프리츠커 가문의 하이야트 재단(Hyatt Foundation)에서 운영하는 국제 건축상이다. 해마다 "건축예술을 통해 재능과 비전, 책임의 뛰어난 결합을 보여주어 구축된 환경과 인류에 건축 예술을 통해 일관되고 유의미한 기여를 하는 현존 건축가(a living architect whose built work demonstrates a combination of those qualities of talent, vision and commitment, which has produced consistent and significant contributions to humanity and the built environment through the art of architecture)"를 선정하여 시상하고 있다.

1979년도의 첫 수상자인 필립 코텔유 존슨(Philip Cortelyou Johnson, 1906.7.8~2005.1.25)은 영향력 있는 미국 건축가이었다. 그의 빽빽하고 둥근 틀의 유리와 함께 존슨은 수십 년간 미국 건축에서 가장 눈에 띄는 사람이었다.

5.1 이두아르두 소뚜 드 모우라(Eduardo Souto de Moura)

2011년도의 수상자인 포르투갈의 이두아르두 소뚜 드 모우라(Eduardo Souto de Moura)는 1952년 포르투갈 북부의 포르투(Porto) 출신으로, 지금의 포르투 대학 건축학교(Faculdade de Arquitectura da Universidade do Porto)의 전신인 포르투 조형 예술 학교(Escola Superior de Belas Artes do Porto)에서 건축을 수학했다. 프랑스 에꼴 드 보자르(Ecole de Beaux-Arts)의 역사와 비슷한 맥락으로, 포르투갈도 건축학교가 대학교 단과대학으로 독립하기 전에는 조형 예술 학교에 속해 있었다.

소뚜 드 모우라는 포르투 조형 예술 학교에서 페르난도 타보라의 제자였으며 알바로 시자 비에라(1992년 프리츠커 건축상 수상)의 사무실에서 일을 시작했다. 1981년 포르투 문화 센터 공모전에서 당선한 이후에는 독립적인 자신의 작업을 해오고 있지만 꾸준하게 선대 건축가와 소통하기를 놓지 않고 있다. 이제는 포르투갈에서 타보라와 시자 비에라의 맥을 이어 자신의 작품 세계를 구축하는 다음 세대 건축가로 자리하고 있다.

1980년 브라가 시장 프로젝트를 시작으로, 에두아르두 소투 드 모라는 그 동안 60여 개 이상의 프로젝트를 진행했다. 주택, 극장, 쇼핑센터, 사무용 건물, 미술관, 체육 시설, 지하철 등 다양한 건축물들이 고국 포르투갈을 중심으로, 스페인, 이탈리아, 독일, 영국, 스위스 등에 세워졌다.

에두아르두 소투 드 모라의 작업은 모더니즘의 자장권 아래 있다는 평가를 받는다. 심지어 포스트모더니즘의 파고가 드높았던 1980년대, 갓 건축계에 발을 내디딘 시절에도 그는 당대의 유행과는 무관하게 자신만의 길을 꾸준히 걸어갔다. 종종 "네오 미시안(neo Miesian)"이라 불릴 만큼, 그의 작업에서 미스 반데 로에의 영향력이 엿보이기도 한다. 그러나 그는 끊임없이 독창성을 모색해 왔으며, 특히 여러 소재들의 독창적인 사용 방식, 예상치 못한 색채의 활용 등이 두드러진다.

그의 대표적인 작품 중에는 '유로2004'의 포르투갈 개최를 맞이하여 2003년, 브라가에 세워진 축구 경기장(Estádio Municipal de Braga)이 있다. 축구장을 짓기 위해 마련된 부지는 그 자체로 커다란 화강암 덩어리라고 할 만한 산등성이라서 콘크리트를 타설하기 어려운 상황이었다. 소뚜 드 모우라는 산의 일부만을 깎아내고 현으로 그 화강암 절벽에 고정(anchor)시켜 경기장 구조를 지지하는 방식을 찾아내었다. 그가 건축을 두 번째 자연(2nd Nature)으로 정의하고 있는 것을 실현한 설계이기도 하다. 자연과 인간이 만든 구조물이 공존 공생하는 한 가지 방식을 보여준 것이다.

▲그림 18 _ 브라가 축구경기장

▲그림 19 _ 파울라 레구 미술관

프리츠커 건축상의 심사위원단은 브라가의 축구 경기장을 "억세고 엄청나면서도 강력한 풍광 속에서 편안하게 안착한" 건축이라고 평가하고 있다.

파울라 레구(Paula Rêgo Museum, 1935~)는 2011년 여성의 해를 맞이하여 영국의 가디언지에서 뽑은 세계 여성 예술인 100에 선정되기도 한 포르투갈 화가이다. 2009년 그녀의 이야기와 작품을 상설 전시하는 미술관, 이야기의 집(Casa das Histórias da Paula Rego)이 소뚜드 모우라의 설계로 포르투갈 남부 까즈까이스(Cascais)에 문을 열었다. 까즈까이스는 리스본 서쪽 해안가에 위치한 조용한 도시로, 파울라 헤구의 미술관은 옛 까즈까이스 등대로부터 얼마 떨어져 있지 않으면서도 오래된 나무에 둘러싸여 숲 속에 자리한 느낌을 가지고 있다.

소뚜 드 모우라는 다양한 높낮이를 갖고 있는 덩어리들이 그를 둘러싸고 있는 오래된 나무들 사이에서 리듬을 만들어내는 개념으로 파울라 헤구 미술관을 시작했다고 밝히고 있다. 붉은 색 콘크리트가 숲의 푸른 색과 강력한 대비를 만들어 내면서 두 개의 커다란 피라미드 덩어리들은 단순하면서도 강력한 흡입력을 갖는다. 부지가 갖고 있는 환경에 의도적으로 이질적인 개입을 시도함으로써 인공적이고 자연적이라는 상반된 가치들 사이에서 유희(遊戲)하는 공간을 만들고 있다. 지루할 틈을 주지 않겠다는 의지가 반영된 작품이다.

5.2 세지마 가즈요 니시자와 류에(妹島和世와 西澤立衛)

2010년도의 수상자인 일본의 妹島和世(Kazuyo Sejima)는 1956년에 태어나 1981년 伊東豊雄建築設計事務所에 입소 후 1987년에 자신의 妹島和世建築設計事務所를 설립하고, 1995년에 西澤立衛(Ryue Nishizawa)와 SANAA(Sejima And Nishizawa And Associates)를 설립하였다.

미니멀리즘(minimalism)[6], 세련성, 상세한 부분에 이르는 높은 완성도를 특징으로 하는 그 작풍이 갑자기 주목을 모았다. 妹島가 설계하는 건축물은 어느 것이나 이러한 특징이 관철되고 있다.

妹島는 아시아, 유럽, 미국 등에서 미술관의 설계를 하고 있다. 대표작에는 스페인의 발렌시아 근대미술관, 長野県의 小笠原資料館, 金澤21세기미술관, 뉴욕의 New Museum of Contemporary Art 등이 있다. 그의 작품은 미술관뿐만 아니라 주택과 상업건축에서도 이루어지고 있다. 그녀의 건축설계의 신조는 「사람들이 사용하며 즐기는 건축의 창조로서 안과 밖의 공간이 구별 없이 건축과 이용하는 사람이 혼합되는 공간을 목표」로 하고 있다.

공동수상자인 西澤 立衛(1966년~)는 일본의 건축가로서 横浜国立大学大学院 Y-GSA교수이고, (주)SANAA, (주)西澤立衛建築設計事務所 대표이다.

西澤 개인의 설계활동을 시작하면서 妹島와의 공동사무소 SANAA을 병행하고, 공동연구와 개인을 양립하는 활동의 형태를 도모한다. 妹島와의 공동작품에서는 岐阜県立国際情報科学芸術 Academy Multimedia 작업장(1997, 日本建築学会作品賞)과 M-HOUSE(1997) 등 많은 작품을 발표하였는데, 西澤 개인으로서의 작품은 적다. 몇 가지의 주택과 전시공간의 설치미술(installation art)뿐이다.

▲그림 20 _ New museum of Contemporary Art

▲그림 21 _ 파울라 레구 미술관

西澤의 주택작품 Weekend House(1998)는 단순한 정방형의 폐쇄된 검은 상자이고, 창이 거의 없다. 거기에 3개의 광정(채광을 위한 중정)을 마련하고, 균질한 내부공간의 성격으로

6) 극도로 단순한 형태의 표현과 즉자적·객관적인 접근을 특징으로 한다. ABC 아트라고도 불리는 미니멀 아트는 러시아의 화가 카지미르 말레비치가 흰색 바탕에 검은색 4각형을 그린 구성(1913)에서 처음으로 나타났던 현대미술의 환원주의적 경향이 절정에 이른 것이다. 음악과 시각예술 두 분야에서 미니멀리즘은 예술형태의 가장 본질적인 요소를 탐구하려는 시도였다.

변화를 준다. 이 주택에서는 창에서 밖의 풍경을 보는 것이 아니라 내부 광정의 유리를 통하여 외부의 자연이 애매하게 비친다. 또한 그것은 천장의 플라스틱 시트에 비치고, 밖의 풍경이 실내에서 증폭된다. 西澤은 간접적인 영상과 실물이 혼합하고, 생활이 이음매 없이 연속하는 공간을 목표로 하였다.

西澤은 근대건축이 남긴 가능성을 추구하는 것과 같이 약간의 조작에 의해 근대적인 공간을 왜곡하여 이질적인 것으로 변용시킨다. 외관은 건조하지만 디자인의 방기는 아니다. 내부에서 공간을 왜곡하고 있다. 市川 아파트의 프로젝트(2001, 千葉県)도 직사각형의 윤곽이지만, 각 주호는 심하게 꾸불꾸불한 벽에 의해 분할되고 있다.

미국 뉴욕 맨해튼의 '뉴 뮤지엄(New museum of Contemporary Art, 가운데 하얀 건물)'은 2007년 개관하였는데, 뉴욕타임스는 "뉴욕이 문화가 살아 숨 쉬는 도시라는 우리의 믿음을 되살려주는 건물"이라고 평가하였다.

그 부지는 북쪽, 동쪽, 남쪽과 건물의 중앙 축의 서쪽 상자의 위치에 대해 21.64m 길이 34.33m의 규모이다. SANAA는 구조적으로 외주를 확장하지 않고 많은 공간을 채웠다. 일곱 사각형 큐브로 구성된 이 7층 건물에 외부에서는 획일적인 구조로 보이게 하고, 내부에서는 활력이 될 수 있도록 채광을 도입하였다. 채광은 획일적이고, 어둡고, 환기 없는 많은 박물관의 환경과는 다른 분위기를 만들 수 있다. 패널은 작품의 햇빛 손상을 방지하는데 민감하고 조절 가능하도록 도모하였다.

새 박물관은 양식의 훌륭한 단순성, 높이 54m의 "우아하고 도시 특유하고", 바워리 스트리트(Bowery Street)의 상업 성격을 반영하여 지역에 통합을 모색하고 있다. 이 건물은 구조의 외주를 확장하지 않고 더 많은 공간을 확보할 수 있어 지역 개발 디자인의 대응 기능을 한다. 그 상자는 엠파이어스테이트 빌딩처럼 일관된 기준에서 뒤쪽으로 이동하지 않지만, 조각처럼 불규칙하게 구성되어 있다.

'21세기 미술관'은 2004년 개관하였는데 스페인 빌바오의 구겐하임 미술관과 함께 대표적 현대 건축물로 꼽힌다. 金澤21세기미술관의 각 전시실은 현대미술의 전시에 적합한 하얀 벽면의 공간(white cube)이고, 개개의 전시실은 각각 독립한 입방체로써 원형의 관내에 배치되어 있다. 그리하여 전람회마다 순로는 대략 결정되어 있지만, 감상자는 어느 쪽에서도 좋아하는 전시실에서 자유롭게 감상하는 것이 가능하다. 건축설계경기에서 당선된 설계자인 妹島和世와 西澤立衛(SANAA)는 개관 후에 실제로 전시를 행하는 학예원으로부터 세계의 미술관의 전시실을 모델로 정방형과 장방형, 원형 등 여러 가지 형식의 이상적인 전시실의 제안을 받았다. 그들 전시실을 집락과 같이 각각 독립시켜 배치하고, 천장과 원형의 유리의 외벽으로 마감하고 있다.

외벽과 마찬가지로 각 개소에 유리가 다용되어 있기 때문에 관내의 전망이 대단히 좋다. 중앙의 유료 공간에서도 건물외부의 공원이나 도로를 볼 수 있기 때문에 개방적이다. 무료 공간의 1층과 지하 1층에는 시민 갤러리가 있고, 시내의 예술단체나 학교의 전람회, 신문사 주최의 전람회 등에 대여되고 있다. 또한 지하 1층에는 극장이나 방문객용 주차장, 작품반입구나 수장고 등 미술관의 뒤쪽 스페이스가 넓다.

Chapter 2

건축과 예술

건축이란 건축물을 만드는 인간의 행위 또는 그 행위에 의해 만들어진 건축물을 말한다. 즉 한 측면에서는 건축하는 행위의 물리적인 소산이고, 또한 한 측면에서는 건축물을 산출하는 기술이기도 하다. 건축물은 생활의 장소로서 직접 인간의 생활에 관련되고, 그 기술도 인간생활을 궁극의 목적으로 하는 행위이다. 따라서 건축은 건축물을 만드는 행위를 통하여 생존하고 생활하는 인간존재의 모든 국면에 걸치고, 그 전체에 관여하여 책임을 지고, 어디까지나 인간에게 밀착한 주체적 행위로서의 기술이다.

예술이란 사용된 매개물이나 제작물의 형태에 의해서 전통적으로 범주화된 몇 가지 표현양식 중의 하나를 지칭하기도 한다. 따라서 회화 · 조각 · 영화제작 · 무용 등 여러 가지 미적 표현양식들을 개별적으로 예술이라고 하며, 이 모든 것을 통틀어서 또한 예술이라 부르기도 한다. 예술이라는 용어는 더 나아가 어떤 특정한 대상이나 환경, 경험을 하나의 미적 표현의 실례로 두드러지게 내세우는 경우에 쓰이기도 하는데, 예를 들면 "그런 드로잉이나 태피스트리는 예술이다"라고 할 수도 있다.

건축예술이라고 하는 것은 건축기술을 의미하는 것임과 아울러 건축기술은 건축예술이라고도 할 수 있다. 이 관계는 현시대에도 성립하고, 건축에서 「아름다움」이라는 것은 어디까지나 결과로서 현실에 형태가 되어 창출되는 것이다. 이와 같이 건축에서의 아름다움은 기술을 아낌없이 철저적으로 사용함으로써 기술이 미술로 변환하는 것이라고 여겨진다.

1. 예술의 발달

1.1 미술 · 회화

「미」의 문자는 원래 「크고 멋진 羊」을 의미하였다. 거기에서 「훌륭하다, 아름답다」의 의미를 나타내게 되었다. 「미주(美酒)」라는 것은 「훌륭한 술」이다.

「미」는 영어에서 beauty라고 하는데, 유래는 라틴어의 bellus(아름답다)로 거슬러 올라간다. 라틴어에서 「선」을 의미하는 bonum은 bellus와 어원적으로 관련하고 있다. 「아름다운 것」은 「착한 것」이고, 「착한 것」은 동시에 「아름답다」고 하는 고려방식, 또한 여기에서 「진」이라는 용어를 추가하여 「진 · 선 · 미」의 이상적인 방법을 추구한 것이 그리스인이었다.

Bonum(선)의 형용사 bonus(착하다)는 영어에서 보너스라고 발음하는데, 한국인에게는 「상여금」이라는 의미에서 잘 알려진 용어이다. 한편, bellus(아름답다)의 명사형은 이론적으로는 bellum가 되는데, 이것은 「미」가 아니라 「전쟁」을 의미한다. 결국 bellus의 명사형은 없다. 「미」를 의미하는 명사로는 별도 어원의 decor나 venustas가 이용된다.

로마의 건축가 비트루비우스는 건축의 3요소로서 유용성(utilitas), 견고함(firmitas) 그리고 아름다움(venustas)을 들었는데, 그는 기능, 구조, 미의 3요소가 우수한 건축을 창출하는 조건으로 고려한 것이다. 즉 venustas는 「미의 여신」 비너스(영어에서는 Venus)에서 유래하는 용어이다.

「회화」는 「미」를 표현하는 예술의 한 양식으로 간주하는데, 라스코(Lascaux)나 알타미라(Altamira cave)의 동굴회화의 예를 들 것도 없이 인류는 문자의 발명 이전부터 그림을 그려왔다. 「회화」에 상당하는 영어의 「picture」는 라틴어의 pictura－「채색한다」고 하는 동사 pingo에서 만들어진 명사형－에서 유래한다.

1.2 예 술

예술(藝術)은 학문 · 종교 · 도덕 등과 같은 문화의 한 부문으로, 예술 활동(창작, 감상)과 그 성과(예술 작품)의 총칭이다. 예술은 사람들을 결합시키고 사람들에게 감정이나 사상을 전달하는 수단이 된다. 과학도 같은 구실을 하기는 하나, 과학은 주로 개념으로 설명하고 예술은 미적 형상(美的形象)으로 설명한다. 예술의 중심 개념은 '아름다움'으로서, 만약 미가 결핍되거나 상실되면 예술이라고 할 수 없다. 그러나 아름다움만으로는 예술이라고 할 수 없으며 어떤 '형상'에 의해 표현되어야만 한다. 예술관을 크게 나누면 아이디얼리즘 또는 로맨티시즘과 리얼리즘이 된다. 전자를 대표하는 사람은 헤겔로서 '미'는 예술가의 주관적 공상이라고 보는 데 대해, 후자를 주장하는 자는 아리스토텔레스로서 미를 자연의 모방, 또는 재현이라고 본다. 이 대립은 오늘날까지 계속되고 있다.

전통적으로 예술은 순수예술과 교양예술로 나뉘며 후자는 언어 · 표현력 · 추론 등의 표현기술과 관련되어 있다(→인문학). 프랑스어 보자르(beaux-arts)의 번역어인 미술은 순수한 심미적 목적, 즉 미(美) 그 자체와 더욱 관련이 있다. 또 미와 결합된 많은 표현형태들에서도 실용적 목적과 관계가 있는 것이 있는데, 그 예로 도자기공예 · 건축 · 금속공예 · 광고디자인 등을 들 수 있다. 순수한 미적인 목적을 가진 한 끝에서 순전히 실용적인 목적을 지닌 다른 한 끝까지 펼쳐져 있는 연속체에서 각기 다른 영역을 차지하고 있는 여러 예술들을 생각하는 것이 이해에 도움이 된다. 이러한 목적의 양극화는 관련된 용어인 예술가와 장인에도 반영되어 있다. 장인은 실용주의자들에게 많은 관심을 기울이는 사람으로 이해된다. 그러나 이러한 양극화를 하나의 경직된 도식으로 파악해서는 결코 안 된다. 한 가지 예술형식에서조차 그 동기나 착상은 여러 가지로 다를 수 있다. 그러므로 도공이나 직물공들은 이를테면 샐러드 그릇, 담요 등 매우 기능적이며 동시에 아름다운 작품을 만들 수도 있고, 또는 높은 심미적 평가 이외의 어떤 것도 기대하지 않고 창작에 임할 경우도 있을 것이다.

또다른 전통적인 예술의 분류체계로는 문학(시 · 희곡 · 소설 등), 시각예술(회화 · 데생 · 조각 등), 그래픽아트(회화 · 데생 · 디자인 등 평면적 표현형태들), 장식미술(에나멜공예 · 가구디자인 · 모자이크 등), 조형미술(조각 · 모델링 등), 공연예술(연극 · 무용 · 음악 등), 음악(작곡 등), 건축(실내장식 포함) 등이 있다.

예술(art)이란 표현자 또는 표현물과 감상자가 상호 작용하여 정신적 · 감각적인 변동을 할 수 있는 활동이다. 특히 표현자측의 활동으로 파악하는 측면이 강하고, 그 경우 표현자가 감상자에게 압력을 가하기 위한 수단, 매체, 대상 등의 작품이나 그 과정을 예술이라고 한다. 표현자가 감상자에게 전하고자 하는 내용은 신념, 사상, 감각, 감정 등 여러 가지이다.

「권위있게 인정된 고상한 활동」이 예술이라고 오해되는 경우가 있지만, 사실은 그렇지 않다. 권위란 예술작품을 세상에 보급시킨다든지, 후세에 남긴다든지 예술활동을 권장하는 것을 목적으로 한 조직이고, 그리하여 특히 그 가치가 있는 예술작품을 인지하는 것만으로 예술을 정의하고 있는 것은 아니다.

그리스어의 「$\tau\varepsilon\chi\nu\eta$ techné」나 그 역어로서의 라틴어의 「ars」, 독일어의 「Kunst」 등은 본

디 단지 「인공」이라는 의미이고, 본디 「기술」이라는 역어가 해당되는 것이었다. 현재의 예술의 개념은 근대까지 단순한 기술과 특히 구별하는 경우 「좋은 기술, 아름다운 기술」(schöne Kunst 등)로 표현되고, 오히려 제2차적인 것이고, 나중에 예술의 뜻이 근본이 되는 첫째 사항이 되었다.

어느 활동이나 작품이 예술인가 아닌가에 대하여 반드시 누군가가 동의하는 기준이 있다고는 할 수 없다. 표현자측에서는 그 압력을 가하여 자기의 창조성이 발휘되는 것, 감상자측에서는 그 압력을 가하는 데 무엇인가의 작용을 받는 것 등이 예술이 성립하는 요건이 된다. 이에 관하여 표현자측에서는 자기의 작품을 구성하는 데 있어 선인의 영향을 받는다든지, 이미 양식이 결정되어 있는 표현방법, 매체를 이용한다든지 하는 것은 흔히 이루어지므로 반드시 표현 내용이 완전히 자기의 창조성에만 있다고는 할 수 없다. 또한 감상자측이 그 표현이 전제로 하고 있는 양식의 암호를 알지 못한다고 압력을 가할 수는 없다.

2. 건축의 발달

2.1 예술로서의 건축

건축예술의 최대의 특색은 다른 제예술의 대부분이 자연이나 인체의 모사에서 출발하고 있는데 대하여 거의 최초부터 추상예술이었다. 그러나 자연이나 인체의 특성은 건축의 표현력에 깊이 관련되어 있다. 즉 건축의 질량감(mass)은 인체에 대하여 클수록 강한 감명이나 매력을 초래한다. 반대로 작은 건물을 아름답게 보이는 데에는 그만큼 미묘한 세부의 마감이 필요하다. 공간(space)은 자주 건축예술만이 가진 일대 특색이 되지만, 그것은 단지 벽, 바닥, 천장에 둘러싸인 공기에 지나지 않는 추상적 공간에 의미가 있지 않고, 둘러싸인 벽, 바닥, 천장에 시공된 의장에 의해 그 공간의 표현이 나타나는 것이다. 공간은 또한 중정이나 광장과 같이 주위만 둘러싸이고, 상방만 천공에 개방된 경우에도 주위의 의장이 그 공간의 성격을 결정하고 있다. 이것은 열주(colonnade)나 아케이드나 격자와 같은 벽이 아닌 것에 둘러싸인 공간이 독특한 성격을 가진 것에서도 알 수 있다. 구성(composition)이란 건축 각 부분의 삼차원적인 조합의 조화인데, 그 효과는 비례(proportion)와 scale(인간과의 대비에서 결정하는 크기)에 의존하고 있다. 비례는 전체와 부분, 부분과 부분과의 크기의 비율이고, 그리스 건축에 기원을 가진 고전양식에서는 비교적 단순한 수학적 비례체계가 전 부분을 포괄하고 있는 점이 존중되지만, 보다 직관적인 비례체계를 가진 양식도 적지 않다. 스케일은 인간적인 척도의 건축에의 적용이다. 건축에서는 건물의 크기가 어느 정도 커지면 비례적으로는 변할 수 없는 치수가 있고, 그것은 계단 1단의 높이(디딤높이)와 디딤판이나 난간, 성채 등의 높이이다. 출입구나 창의 크기나 계단높이도 일반주택에서는 인간적인 스케일을 나타내고 있지만, 종교건축에서는 오히려 고의로 초인간적 스케일을 이용하고, 인접 건물에서 스케일을 줌에 따라 신과 부처의 위대성을 나타낸다. 재질감(texture)은 재료의 귀중함에 따라 지배되고, 뛰어난 자연재료의 질감은 건축의 가치를 한층 높여주고, 열악한 재료도 다루는 방법에 따라 그 나름의 매력을 나타낼 수 있다.

프랑스의 철학자 Alain(1868~1951)은 철이나 콘크리트와 같은 주조재료는 재료로서의 개성이 부족하여 어떤 형태에서도 자유롭게 만들기 위하여 천연재료와 같은 매력을 가질 수 없지만, 이것은 벽돌이나 기와나 타일을 제외한 모든 인공재료에 공통된 성질이며, 그 때문에 디자인상의 특별한 배려가 필요하다. 건축의 색채는 재료 자체의 색채 외에 도료, 도금, 모자익, 벽화, 문양 등에 의해 부가할 수 있지만, 풍화나 노후에 의해서도 독특한 채색을 띠고, 매우 복잡한 효과를 나타낸다. 광선은 건축의 표정을 더욱 풍부하게 하는 요소이며, 태양의 비추는 방식은 건물 외관의 처리나 창이나 출입구의 축조방식, 실내의 채광법에 영향을 주고, 훌륭한 건축가는 광선효과를 교묘하게 이용하고 있다. 또한 사계의 변화, 아침 · 낮 · 저녁의 빛의 변화가 첨가되어 보는 사람을 즐겁게 하는 것도 드물지 않다. 건축은 인간생활의 대부분의 측면과 무엇인가의 관련을 가지고 있고, 그 구성부품도 수만점 이상이라는 복잡다양한 구성물이다. 자고로 여러 철학자, 미학자가 건축미학의 구축을 시도하여 완성하지 못한 최대의 이유는 아마 이 극도의 복잡성과 다양성 때문이다.

2.2 건축의 예술성과 도구성

종합기술로서의 건축에서 찾을 수 있는 선과 미라고 하는 근본적이고 통일적인 가치는 이미 비트루비우스 폴리오의 건축관에서 보다 표면적으로 분화되었다. 건축은 견고함(firmitas), 유용성(utilitas) 그리고 아름다움(venustas)의 기본적인 3가지의 가치로 성립된다고 한다. 이들 가치의 상호관계에 대한 지적은 현대에까지 이르는 건축에 대한 시각을 강하게 규정하였으며, 건축은 분화된 3가지 가치의 내밀적(內密的)인 관련성에서 존재한다.

근 · 현대에서는 일반적으로 예술과 기술의 세계가 관계없이 분열되었는데, 이들은 다시 통일되어야 한다. 18~19세기의 생활형태가 급격히 다양화 · 세분화된 시점에서, 그 이전에는 오히려 미분화(未分化)로 융화되어 있었던 건축의 도구성(道具性)과 예술성이 별개로 주제화되었다.

즉 생활용기로서의 건축의 도구적 기능이 그 자체로서 주목받았으며, 이것은 해명되어야 할 정도로 비대하기 시작하였다. 건축에서의 유용성의 가치란 이미 아리스토텔레스도 말하고 있는 것처럼 건강성 · 쾌적성 · 효용성 · 편리성의 내용을 간직하고 있다. 현대에 와서는 여기에 안전성까지 추가되어 각각 별도로 분석된다.

건축이 전일적(全一的)인 세계에서 유리되는 것은 시대와 함께 피할 수 없는 일이었으나, 그런 속에서도 건축의 여러 가치간의 관계를 새삼 끄집어내려는 견해가 미와 용의 관계를 중심으로 나타난 것은 당연한 일이었다.

이른바 기능주의(functionalism)라고 하는 합리적인 근 · 현대건축사조의 대두이다. 기능주의는 「형태는 기능을 따른다(Form follows function)」라는 명제로서 요약되며, 건축물에는 각각 고유한 역할 · 기능을 합목적적으로 다하는 각각의 고유한 형태가 일의적(一義的) · 단능적(單能的)으로 선택되어야 한다고 주장한다.

건축가는, 형태가 사용상 용도에 필연적으로 의존하고 표현에 있어서도 그 유용성의 기능을 웅변적으로 설명하지 않으면 안 된다고 믿었다. 이와 같은 명제는 건축의 도구성과 예술성의 관계를 기능과 형태와의 선행 · 의존관계로서 일방적으로 규정하고 있다. 바꾸어 말하면 건축에서의 가치의 다원적인 분열, 모순에 직면하여 그러한 사태를 어떤 일원론(一元論) 밑에서 수렴시키려 하는 것이다.

건축가의 새로운 정신은 위와 같은 사상적인 골격에 따르면서, 한편으로는 근대의 기계에, 다른 한편으로는 생물체의 형태와 기능과의 관계를 융화라는 점에 착안하여, 건축기술은 이것들을 겸허하게 따라야 한다고 주장하였다. 이는 대체적으로 건전한 주장이었지만 기능주의의 지나친 국제적인 전파로 인해 본래 건축이 각각 고유하고 독자적인 곳에 뿌리를 두고 그곳으로부터 생성된다고 하는 건축의 특성에 관계되는 한 가지 사실을 잃어버린 경향이 있다.

3. 건축과 예술

3.1 음악 양식

오케스트라(orchestra)의 어원은 그리스의 각지에 남아있는 원형야외극장의 반원형 스페이스, 이른바 무대와 객석 사이의 명칭이다. 원형극장은 계단모양으로 된 객석 구석구석까지 음이 도달하도록 설계되어 현재와 같이 음향확성장치가 없는 시대에 수천명이 음악이나 연극 등을 즐겼던 것 같다.

그리고 음악과 건축의 관계에서 가장 주목할 수 있는 건물은 베네치아(Venezia)에 입지한 산 마르코(S. Marco)대성당이다. 십자형의 평면에서 중앙부에 돔, 전형적인 크로스 돔(Cross-Domed)형식의 비잔틴(Byzantine)건축이다. 여러 시대의 건축양식을 채용하여 완성된 성당인데, 르네상스시대, 이 성당의 오르간 연주자는 세계 정상의 음악가이었다고 한다.

당시에는 희귀한 2대의 오르간이 좌우대칭으로 설치되어 있었다. 그리고 이 성당에서 8명의 연주자가 좌우에 4명씩 배치되어 연주된 곡이 최초의 오케스트라곡이라고 한다. 구체적으로는 가브리에리(G. Gabrieli, 1554~1612) 작곡의 「피아노와 포르테의 소나타(Sonata pian'e forte)」이다.

악보상 비로소 악기지정이 이루어지고, 음량변화의 기호가 기보(記譜)된 것이 이유이다. 당시의 악기는 음량변화가 적고, 연주인수의 증감으로 피아노와 포르테를 표현하였다. 또한 antiphony라고 하는 교대로 연주하는 교주(交奏)가 연주표정을 풍부하게 하는 것으로 알려져 있고, 좌우대칭의 오르간 설치의 스페이스에 의해 음악연주와 건축물이 융합한 최초의 형태라고 할 수 있다. 이와 같이 음악은 건물의 조건 중에서 창조된 것임을 이해할 수 있다.

▲그림 1 _ Milano Duomo

▲그림 2 _ Basilica di San Marco

음악양식은 1600년을 경계로 크게 변화하여 이른바 polyphony라는 다성음악에 의한 성악의 시대에서 monophony라는 단성음악인 기악의 시대로 변천을 거친다. 간단히 설명하면 악보에 나오는 주제(motive)가 모두 선율로서의 역할을 하는 양식에서 하나의 명확한 선율로 반주가 부수하는 양식으로 변화하여 왔다.

그리고 시대나 민족에 의해 다른 발달을 해온 음계의 존재도 중요하다. 음계는 음악을 지배하는데, 여기서는 음률이라는 음의 진동수 비율에 의해 물리적, 수학적으로 규정되는 3종류의 음률, 피타고라스음률, 순정음률, 평균율에 대하여 살펴본다.

피타고라스음률은 기원전 6세기경 그리스인 피타고라스(Pythagoras)가 진동수의 정수비를 발견하고, 현(弦)의 길이와 비율을 이용하여 나타낸 것이다. 완전음정이 되는 1도(1 : 1), 8도(1 : 2), 5도(2 : 3), 4도(3 : 4)라는 완전히 협화하는 음정을 실현하고, 이 비율이 건축물에도 응용된 것이라고 한다. 피타고라스음률은 기원전부터 15세기까지 사용되었다.

그 후 음악의 발달에 따라 완전음정 외에 3도나 6도 음정도 협화할 필요에서 11세기부터 15세기에 걸쳐 순정음률이라는 음계가 사용되었다. 1600년 이후에는 평균율이라는 옥타브 8도를 12등분하는 음계가 일반적이 되고, 17세기부터 현대까지 주류가 되고 있다.

3.2 건축과 예술

건축분야에서 미국의 공헌이라고 할 수 있는 것은 마천루이다. 높이 우뚝 솟은 마천루의 대담한 선은 자본주의의 에너지의 상징이 되었다. 새로운 건축기법과 엘리베이터의 발명에 의해 가능해진 마천루의 제1호는 1884년 시카고에 건설되었다.

▲그림 3_Frank Lloyd Wright에 의한 Walter H. Gale House, 1893. National Register of Historic Places.

▲그림 4_Frank Lloyd Wright에 의한 Solomon R. Guggenheim Museum, New York City, New York, 1959.

초기의 우아한 마천루의 대부분은 미국에서 최초의 위대한 근대건축가 루이스 헨리 설리번(Louis Henry(Henri) Sullivan, 1856~1924)의 설계에 의한 것이었다. 설리번의 가장 우수한 제자이었던 프랭크 로이드 라이트(Frank Lloyd Wright, 1869~1959)는 주로 개인주택과 주택에서 사용되는 가구를 설계하였다. 라이트의 주택은 넓은 공간을 충분하게 사용한 것이었다. 그러나 라이트의 작품에서 가장 유명한 것의 하나는 공공건물인 뉴욕의 구겐하임미술관이다.

제2차세계대전 전에 미국에 이주한 유럽의 건축가는 국제적인 양식을 마련하고, 이것이 건축계에서 주류가 되었다. 그 중에서도 가장 큰 영향력을 가지고 있다고 보이는 것은 월터 그로피우스(Walter Adolph Georg Gropius, 1883~1969)와 미스 반 데어 로에(Ludwig Mies van der Rohe, 1886~1969)이며, 이 두 사람은 독일의 유명한 건축디자인학교, 바우하우스(Bauhaus)의 교장으로 근무하였다. 이 양식의 건물은 기하학 디자인에 바탕한 것으로 미국 기업사회의 기념비적 존재로서 칭찬되는 한편, 「유리상자」라고 비판되는 적도 있었다. 미카엘 그래브스(Michael Graves, 1945년~)와 같은 미국의 젊은 건축가는 이러한 단순한 상자와 같은 디자인을 거부하고, 전통건축을 생각하는 아름다운 윤곽과 대담한 장식의 「포스트모던」 양식의 건물을 설계하였다.

크라이슬러 빌딩(Chrysler Building)은 윌리엄 밴 앨런(William Van Alen, 1883~1954)의 설계에 의한 1930년부터 1931년까지 세계 최고층 건물이었다. 1800년대의 시카고파에서 이미 초고층건축의 맹아를 경험한 미국 건축계에 의해 자동차메이커, 클라이슬러社의 재력을 과시

▲그림 5 _ William Van Alen에 의한 크라이슬러 빌딩(Chrysler Building)

▲그림 6 _ Shreve, Lamb and Harmon에 의한 엠파이어 스테이트 빌딩

하고, 미국적 단순한 벼락부자적 발상의 산물에 지나지 않는다고 해도 과언이 아닐까. Art deco(장식미술)풍, 이집트풍을 도입하고, 319m라고 하는 세계에서 가장 높은 건물을, 다음해의 엠파이어 스테이트 빌딩의 완성까지의 잠깐동안 과시하고 있음에 지나지 않는다.

엠파이어 스테이트 빌딩(Empire State Building)은 시어브, 램 앤 하몬(Shreve, Lamb and Harmon)의 설계에 의해 뉴욕시에서 1931년에 지어진 건물이다. 102층에 높이는 381m이며 안테나 탑을 포함할 경우 443.2m이다. 이 건물은 1931년부터 1972년까지 세계무역센터가 지어지기 전에는 세계에서 가장 높은 건물이었다. 세계무역센터가 무너지고 나서는 다시 뉴욕시에서 가장 높은 건물이 되었다. 이 빌딩을 정점으로 하는 마천루군은 20세기 전반 뉴욕의

▲**그림 7**_Walter Adolph Georg Gropius에 의한 The Bauhaus Building in Dessau, Germany, 1925~1926.

▲**그림 8**_Walter Adolph Georg Gropius에 의한 Gropius House(1938) in Lincoln, Massachusetts

▲**그림 9**_Ludwig Mies van der Rohe에 의한 IBM Building, Chicago, IL, USA

▲**그림 10**_Ludwig Mies van der Rohe에 의한 860-880 Lake Shore Drive, Chicago, Illinois (1949~1951).

비즈니스 기능의 집중을 단적으로 대변해 주는 상징이다.

최근에 이르러 건축분야에서의 컴퓨터의 활용 영향은 에너지 보호나 활용의 편리성, 1990년대 초의 길어지는 불황, 파멸적인 지진이나 홍수, 또한 9.11 사건 등과 더불어 디자인 문제에 한층 더 역점을 둔 결과를 초래하였다. 지금은 미국건축의 성숙기이고, 미국은 건축디자인의 수입국이라기보다 수출국이 되었다.

3.3 건축과 음악

건축과 음악은 2차원으로 창조되면서 건축은 공간예술이고 음악은 시간예술이다. 건축은 트레이싱 페이퍼라는 지면에 안길이도 폭도 없는 공간좌표로서의 점과 선을 그린다(현대는 오로지 PC에 의해 이루어지지만). 그러나 과거에는 삼차원의 수평단면이 그려지고 각각의 점과 선에 폭도 있고, 안길이도 있었다. 음악은 오선지라는 지면에 음정을 나타내는 수평선 시간좌표로서의 수직선인 소절선을 써 넣는다. 이윽고 거기에는 복수의 소절이 하나의 선율을 구성하여 시간이라는 안길이가 분명히 있게 된다.

공간예술로서의 건축이 관찰자의 이동적 시점에 의하여 흐름을 감지하듯이 음악이 공간의 형식이라면 음악적 공간에서의 흐름이 있어야만 한다. 음악의 공간성은 연속되는 음 사이를 연결해주는 잔향의 효과에 주로 의존한다. 그리하여 악보상의 음악에는 잴 수 있는 거리가 생겨나고 이러한 점에서 음악적 스펙트럼은 단순한 점이(gradation)가 아닌 공간적 차원으로 감지되는 것이다.

공간적 측면에서의 음악은 운동성을 건축으로부터 유추할 수 있고, 시간적 측면에서의 건축은 화음적 구성을 음악으로부터 유추할 수 있다.

건축과 음악의 상관성에서 음악은 한편으로는 건축적 형식미의 예술이고, 또 한편으로는 시적 관념의 예술이며, 어느 정도까지 주어진 제재를 표현하는 예술이다. 음악의 형식적 부분에 있어서는 대부분 균형적으로 반복되며 각 부분이 조화를 이루고 있는 점에서 건축과는 결정적인 유사점을 갖고 있으며, 음악은 건축양식의 법칙에 의하여 설계된 건축물의 총형식과는 완전히 동일한 것이다. 음악이 비예술적인 목적 없는 음의 유희물이 아니기 위하여 적어도 건축적인 형식적 형태의 균형은 유지해야 하며, 이 형태에는 정신이 깃들어 있어야 한다. 형식과 내용 측면에서 건축은 보다 형식적이고, 음악은 보다 내용적이다.

경험은 두 가지의 기본적인 측면을 가지고 있다. 즉 개인적인 측면과 일반적인 측면이다. 언어에서와 마찬가지로 이 두 가지 측면은 서로 혼합된다. 개인적 경험은 일반적으로 이해하는 용어, 과정, 태도에서도 얻어진다. 또한 일반적인 방법으로서는 분위기를 느끼고, 어떤 형태를 만드는 방법이나 느낌을 자극하고, 또 어떤 이미지를 연상시킨다.

- 재료(Material)
- 분위기(Climate)
- 제스처(Gesture) : 상승 · 하강, 직선 · 곡선, 지속적 · 불연속적, 부드러움 · 거칠음 등을 음악과 건축이 만들어낼 수 있는 모양과 움직임의 일부분이다.
- 은유 · 연상(Metaphor · Association)
- 디자인(Design)

음악의 구성요소인 음 · 선율 · 화성 · 짜임새 · 음색에 맞추어 건축의 구성요소를 점 · 선 · 면 · 재질 · 색채로 정의하고, 또한 음악형식의 구성원리인 통일 · 반복 · 대조 · 균형 · 비례에 맞추어 건축에서도 통일 · 반복 · 대조 · 균형 · 비례의 구성원리를 정의한다(표 1).

표 1_건축과 음악의 미적 구성인자

구성요소		구성원리	
음 악	건 축	음 악	건 축
리듬(rhythm)	점(point)	통일	통일
선율(melody)	선(line)	반복	반복
화성(harmony)	면(surface)	대조	대조
짜임새(timbre)	재질(texture)	균형	균형
음색(tone color)	색채(color)	비례	비례

건축과 음악의 구성요소와 구성원리는 서로 비슷한 특성을 가지고 있고, 건축은 시각적 · 공간적으로, 음악은 청각적 · 시간적으로 그 특성의 차이를 보이고 있다(표 2).

표 2_건축과 음악의 구성원리의 특성

구성원리	건 축	음 악
통일	근접, 반복, 연속	근접, 반복, 연속
반복	완전한 반복, 불완전한 반복	불변적 반복, 변형적 반복
대조	주제안에서의 부제, 서로 상반된 요소의 만남	불변적 요인에 대한 가변적 요인, 긴장과 이완
균형	대칭적 균형, 비대칭적 균형	대칭적 균형, 비대칭적 균형
비례	수, 길이, 간격, 크기의 비례	수, 길이, 간격의 비례

4. 환경예술

환경예술(environment(al) art)은 환경과의 관계에서 전개되는 예술작품 또는 표현활동이다. 역사상의 모든 표현활동은 환경예술이라고도 하는데, 여기서는 20세기의 새로운 예술의 움직임에 한하여 3가지로 분류하여 살펴본다.

4.1 공공환경에서의 조형

미래파(미래주의 futurismo)가 미술관에서의 작품의 해방과 환경의 조각을 주창하고, 구성주의자들이 조형예술(plastic art)의 변화가에의 해방을 제창한 이후 세계 각지에서 전개되어 온 공공환경에의 조형작품 적응을 위한 운동, 정책이다.

미래주의는 20세기 초두 이탈리아에서 일어난 예술운동이다. 미래파라고도 한다. 이 운동은 1909년 2월 20일, 시인 마리네티(Filippo Tommaso Marinetti, 1876~1944)가 파리의 『피가로(Le Figaro)』지에 「미래주의선언」을 발표한 것에 발단한다. 이에 호응하여 밀라노의 보치오니(Umberto Boccioni, 1882~1916), 카라(Carlo Carrà, 1881~1966), 루소로(Luigi Russolo, 1885~1947), 파리의 세베리니(Gino Severini, 1883~1966), 로마의 바라(Giacomo Balla, 1871~1958) 등의 미술가가 이듬해 1910년 2월 11일 밀라노에서 「미래주의화가선언」에 약간 늦은 「기법선언」에 연서에 의해 명확한 운동의 형태를 갖추게 되었다.

미래주의의 사상적 입장은 제1차세계대전을 앞둔 1910년대 초두의 불안한 이탈리아의 사회정세, 즉 자유주의적인 부르주아(bourgeois)와 발흥하는 노동자계급의 반발, 식민지확장정책과 국수주의적인 기운과 같은 상황을 배경으로 전통적인 문화, 회고적인 취미와 정면에서 대립하고, 급속히 진보한 기계문명을 적극적으로 예술에 도입하여 전혀 새로운 미학을 확립하는 것이었다.

1920년대에는 멕시코에서 디에고 리베라(Diego Rivera), 다빗 알파로 시케이로스(David Alfaro Siqueiros), 호세 클레멘테 오로스코(Jose Clemente Orozco) 등이 벽화(wall painting)운동을 추진하였다.

벽화 예술은 많은 사람들이 볼 수 있는 공간에 놓여진 벽에 그리는 미술로서 기념적인 내용이나 개인적인 내용, 사회적인 내용 모두를 담는다는 점에서 전통적인 공공 예술의 개념에 들어간다. 기념 조각이나 벽화, 도시 개발의 일환으로 대규모적인 공간에 짜여 들어간 미술을 의미하며, 최근에는 보다 환경과 연관된 적극적인 역할이 기대되고 있다.

멕시코 벽화는 최근에 제기되는 조각 공해의 의미와는 거리가 있으며, 전통적인 독자적 예술 작품의 의미에서도 조금 벗어난다. 멕시코의 벽화 예술은 세계 서양 예술 사조와도 동떨어져 있었던 특수한 공공예술이었다.

미국에서는 대공황(the Great Depression) 하의 1935년 대통령 루스벨트가 New Deal정책의 일환으로 WPA(Works Progress Administration, 사업촉진국)을 설치하고, 곤궁한 예술가의 구제와 예술진흥을 목적으로 공공건축물의 장식에 종사하는 기회를 주었다(연방미술계획(Federal Art Project)). 동년, 프랑스와 스웨덴에서는 공공건축비의 1%를 예술장식비로 하는 제도가 발족하여 제2차세계대전 후에는 유네스코에서도 57년의 국제조형가회의에서 건축비

▲**그림 11**_Diego Rivera에 의한 Detroit Industry, North Wall, 1932~33. Detroit Institute of Arts.

▲**그림 12**_Diego Rivera에 의한 Detroit Industry, South Wall, 1932~33. Detroit Institute of Arts.

▲**그림 13**_David Alfaro Siqueiros에 의한 "El pueblo a la universidad, la universidad al pueblo", National Autonomous University of Mexico, 1952~1956.

▲**그림 14**_David Alfaro Siqueiros에 의한 in Tecpan

의 2%를 조형작품의 비용으로 사용하는 것이 바람직하다고 결의하였다. 이러한 공공환경조형은 사회 · 문화정책의 일환이고, 단순히 조형물을 건축에 부가하는 것이 아니라 60년대의 스톡홀름의 지하철역이나 80년대의 파리재개발에 보이는 것처럼 환경의 전체계화 중에서 사람들의 합의에서 추진되는 것이다. 81년 뉴욕의 Federal Plaza에 설치된 미국의 조형작가 세라(Richard Serra, 1935~)의 철에 의한 거대한 조각이 그 위험성을 둘러싸고 소송에까지 발전하고, 89년에는 철거된 사건이 발생하는 등 공공환경조형의 방식에 문제를 던졌다.

▲**그림 15**_Jose Clemente Orozco에 의한 Section, Dartmouth mural (1932~1934)

▲**그림 16**_Jose Clemente Orozco에 의한 Departure of Quetzalcoatl, Dartmouth mural

▲**그림 17**_Richard Serra에 의한 Fulcrum 1987, 55-foot freestanding sculpture of Cor-ten steel near Liverpool Street station, London

▲**그림 18**_Richard Serra에 의한 The Matter of Time at the Guggenheim Museum Bilbao

4.2 자연환경에 관련되는 조형

공해가 문제가 되어 환경에의 관심이 높아진 1960년대 말부터 증가된, 자연환경과의 관련에서 이루어지는 조형활동이다. 예를 들면 지면에 돌이나 나무를 진열하는 대지예술(Land Art나 Earth Work)은 오늘날에는 Installation의 이름으로 일반화하고 있다.

(1) 대지예술의 특징

대지예술(land art)이란 바위, 흙, 나무, 철 등의 「자연의 소재」를 이용하여 사막이나 평원 등에 작품을 구축하는 미술의 장르, 또는 그 작품이다. 규모가 큰 것은 대지예술(earth art), 어스워크(earthworks) 등이라고도 하는데, 그 구별은 엄밀하지 않다.

나스카의 지상그림(Lines and Geoglyphs of Nasca)이나 피라미드 등은 태고의 대지예술이라고 할 수 있는 것인데, 현대적 의미에서 대지예술을 구상한 최초기의 작가로는 통상 Isamu Noguch(일본명 : 野口 勇, 1904~1988)의 이름을 들게 된다. 그는 이미 1933년의 단계에서 고분이나 고대유적, 일본정원 등에서 착상을 얻어 「지구」를 조각의 소재로 하는 것을 제안하고 있었다. 뉴욕의 Isamu Noguchi미술관(Noguchi Museum)에는 「화성에서 보인 조각」의 모형(1947년)이 남아있다. 그 계획은 성토로 거대한 「얼굴」을 그린 것으로 이것이 실현되었다면 Noguchi는 아마 최초의 대지예술 제작자가 되었을 것이다. 그가 1930년대부터 제안하여 어린이의 놀이터가 된 인공의 신, 「Play Mountain」은 그의 사후 삿포로시의 Mocrenuma Park에서 실현하고 있다.

그 후 대지예술은 1960년대 후반 미국의 조각가들에 의해 하나의 미술조류, 미술장르로서 매우 단기간 중에 확립된다. 1968년 뉴욕의 드완 갤러리(Dwan Gallery)에서 열린 그룹전 "Earthworks"는 그 움직임을 가속시킨 중요한 이벤트이었다.

▲그림 19 _ Play Mountain(Moerenuma Park)

▲그림 20 _ Robert Smithson에 의한 Spiral Jetty

1960년대부터 미국의 상업주의적인 미술의 동향에 반발하는 형태에서 예술가들이 옥외, 특히 광대한 사막지대를 캠퍼스로 대규모적인 작품을 만들었다. 대지에 사람에 의한 흔적을 남기는 예술을 총칭하여 부른다. 로버트 스미드슨(Robert Smithson)은 1970년 미국 유타주의 호소에 암석이나 흙으로 나선계의 제방을 축조하였다. 이 시기 마이클 하이저(Michael Heizer)는 네바다 주의 협곡에 도랑을 30m의 길이로 파고, 흙을 상호 이동시켰다. 또한 거대한 원을 그리고 있다.

대지예술 본래의 의미에서 작품은 대지에 직접 구축되는 것이지만, 작가에 따라서는 규모를 축소한 작품을 옥내에 설치하는 경우도 있다. 그러한 작품도 마찬가지로 대지예술이라고 하는 경우가 있는데, 통상의 Installation art 작품과의 차이는 작가가 대지예술작가로서 인정되어 있는가의 여부에서 이제 와서는 작품 그것에 의해 양자는 구별할 수 없다.

대지예술은 그 본질에서 설치장소에 고유(Site-specific Art)라는 특징을 가진다. 다른 한편 이 특징을 공유하는 것으로 환경예술(environmental art)이라고 부른 경우도 있다. 이것은 대지예술과 같은 의미에서 사용되는 경우도 있어 혼란이 보이지만, 통상 환경미술이라고 하는 것은 홋카이도의 Moerenuma Park이나 일본 중부지방의 기후현의 양로천명반전지(양로공원 내의 테마파크)와 같이 도시공간의 한 부분이 「미적」관점에서 종합적으로 제작된 「작품」 내지는 태양의 탑(1970년에 大阪府 吹田市에서 개최된 일본만국박람회(EXPO'70 · 大阪万博)의 회장에 예술가 岡本太郎가 제작한 예술작품인 건조물)과 같이 내장이나 조명은 물론 오감에

▲**그림 21** _ 岡本太郎에 의한 Tower of the Sun, Osaka, Japan

▲**그림 22** _ Andy Goldsworthy에 의한 One of the Three Cones sculpture at The Neuberger Museum of Art in Purchase, New York

관련되는 모든 요소가 일체로 설계 · 건축된 작품이다. 그렇지만 앤디 골드스워지(Andy Goldsworthy, 1956~)나 크리스토(Christo, 1935~)의 작품 등에는 이 어느 것이라고 할 수 있는 것도 있어 양자의 엄밀한 구별은 역시 어렵다. 크리스토 자신은 자기의 작품을 대지예술이라고 간주하고 있지 않다.

(2) 사상적 배경

대지예술을 동시대의 미술사조에서 검토하는 것은 어렵지 않다. 첫째, 대지예술 초기의 작가들은 Minimal Art(장식적 · 설명적인 부분을 가능한 한 얇게 깎아 심플한 형태와 색채를 사용하여 표현한 조각이나 회화이며, 1950년대 후반에 출현하여 1960년대를 통하여 주로 미국에서 전개되었다)의 세례를 받은 조각가들이었다. Dwan Gallery의 "Earthworks展"에는 모리스(Robert Morris, 1931~). 루이트(Sol LeWitt, 1928~2007), 안드레(Carl Andre 1935~) 등도 출품하였다. Robert Smithson이나 데 마리아(Walter De Maria)의 작품 「형태」의 단순성은 작품의 거대함이 그것을 강조한 것이 아니라 적극적으로 추구된 것이다. 둘째, 작품의 아이디어가 작품의 가치를 결정하는 것에서 실제 제작과정은 제3자에게 위탁하는 발상은 개념예술(Conceptual art · 1960년대부터 1970년대에 걸쳐 세계적으로 이루어진 전위예술운동)의 발상이기도 하다. 그리고 최후로 최소한의 가공에 의한 「자연의 소재」에의 희망은 아르데 포베라(Arte Povera, 『가난한 예술』은 이탈리아의 미술평론가 큐레이터인 제르마노 첼란트(Germano Celant)에 의해 1967년에 명명된, 이탈리아에서 시작된 전위 미술 운동. 흙덩이, 나뭇조각, 끈, 쇳조각 따위의 잡동사니 소재를 이용한 입체적 미술 작품이 특징이다)는 이러한 개별의 미술사조에 첨가하여 보다 큰 시대사조와의 관계를 지적하면, 그 거대함에의 집착에 케네디(John Fitzgerald "Jack" Kennedy, 1917~1963) · 존슨(Lyndon Baines Johnson, LBJ, 1908~1973)정권하에서 미국의 확대주의를 간파하고, 미술관에 들어갈 수 없어 매매도 곤란한 점에서는 대자본에 지원된 미술관이나 갤러리 등 기성질서에의 반항, 대자연에의 회귀, 과학기술에의 불신 등 당시의 FlowerChildren(히피)의 지향성과 동일성이 있다. 젊은이들의 베트남반전운동의 최성기에 "Earthworks"展은 기획되고 있었다.

대지예술이 그 원점에서 반체제주의적, 반엘리트주의적인 것을 가지고 있던 것에서도 현실문제로서 그 거대함을 유지하는 데에는 막대한 자금이 필요하게 된다. 빈정거림에도 그것을 제공한 것은 기존 체제의 측이었다. Dwan은 Robert Smithson이나 Michael Heizer들의 중요한 후원기관(patron)이기도 하였다. 「The Lightning Field」은 뉴욕의 디아재단(Dia Center for the Arts)

의 위촉작품인데, 동재단은 현재 건축중의 「City」와 「Roden Crater」에도 자금을 제공하고 있다.

또한 그 대부분의 작품은 그 근처의 도시에서 차를 빌려 몇 시간 가지 않으면 도달하지 못한다. 「The Lightning Field」에는 디아재단이 숙박시설을 병설하고 있는데, 「가능한 긴 체류」가 권장되는 작품이다. 이들은 작품감상의 면에서도 결코 만인에게 열려진 것은 아니다.

(3) 대표적인 대지예술가

대표적인 대지예술가로서 Robert Smithson, Michael Heizer(1941～), Walter de Maria(1935～)들이 있다. Robert Smithson은 호안에 암석을 이용하여 전체 길이 약 450m에 달하는 거대한 나선을 그린 『나선형의 제방』(1970, 유타주 Great Salt Lake 호안)에서 Michael Heizer는 U자형의 절벽을 마주보도록 하여 2개의 거대한 구덩이를 판 『Double Negative』(1969～1970, 네바다주)에서, 그리고 Walter de Maria는 황야에 정연하게 늘어선 무수한 유뢰(誘雷)로 번개를 유도하고, 그 모습을 작품으로 한 『섬광의 장소』(1977, 뉴멕시코주)에서 각각 알려진다. 그 밖에 주요한 예술가로서는 Dennis Oppenheim(1938～), Nancy Holt(1938～)들이 있다.

그들의 작품은 자연에 대한 낭만적인 감정에서 생긴 것도 있다. 그렇지만 실제에는 작자들의 자연에 대한 태도는 그렇게 단순한 것은 아니다. 자연과의 관계를 중요하게 고려하고 있더라도 그것은 결코 손을 안 댄 자연의 아름다움에 회귀하는 것은 아니기 때문이다. 그것은 그들의 작품이 계곡이나 호수와 같은 자연환경에 개입하여 명백한 인공물을 만든다는 점에서 오히려 「환경파괴」에 가까운 것을 보더라도 분명하다.

그러면 대항문화(Counterculture)[1]의 거센 바람이 휘몰아친 60년대 후반의 미국에서 이러한 작품은 대체로 무엇을 목표로 한 것인가. 그 대답의 하나는 미술관이나 갤러리 등 예술에 관련되는 제도에 대한 비판이다. 결국 예술을 이루어진 처음부터 권위화하고, 또한 새로운 매력을 가진 상품으로서 소비하는 미술관이나 갤러리라는 「제도」에 대항하는 방법으로서, 물리적으로 그러한 공간에 수용되지 못한 작품이, 나아가서는 작품이 만들어진 장소와 일체화하여 비로소 가치를 가지게 되는 것이 목표가 된 것이었다. 이 점에서 Earthwork는 동시기의 Body Art(예술가의 신체를 소재로 사용하는 미술)이나 Conceptual Art와 동일한 문제의식을 공유하고 있다(인간의 신체에 의한 행위나 사고는 미술관이나 갤러리가 독점적으로 「가두어

1) Counterculture는 사회의 주류(mainstream)를 형성하는 지배적인 문화에 대치되는 반권위적인 문화의 총칭이다. 젊은이, 여성, 소수민족 등의 「사회적 약자」가 주요 담당자인 점에서 대중적인 하위문화를 엘리트주의적인 상위문화에 대치하여 이와 같이 칭하는 경우도 있다. 대부분 근대사회에서 일어날 수 있는 현상이지만, 규모나 영향력의 크기라는 측면에서 다른 것을 압도하고 있으므로 1960년대 미국에서 융성을 이룬 젊은문화에서 그 대표적인 예를 보는 의견이 널리 일반화되어 있다.

두는」 것이 가능하지 않다). 또한 원이나 직선 등 기하형태가 이용되는 것은 작품 그 자체 외에는 아무 것도 표현하지 못하는 Minimal art(1960년대 중반 미국에서 대두한 추상적인 회화 또는 입체작품의 한 경향)의 자세를 계승하고 있다.

Installation은 본래 「설치, 가설」을 의미하는데, 미술의 영역에서는 화랑 또는 옥외의 임의의 공간에 조각이나 입체 또는 그 외의 사물을 설치하는 것에 의해 중층적인 「의미공간」을 창출하는 행위를 가리키는 용어로 이용되고 있다. Installation의 맹아로서 기제품을 거의 손을 사용하지 않고 전시한, 마르셀 뒤샹(Marcel Duchamp, 1887~1968)의 이른바 「ready-made」의 제작품이나, 크루트 슈비터스(Kurt Schwitters, 1987~1948)의 「Merzbau」를 드는 것은 가능할 것이다. 또한 포장용 상자의 복제(replica)를 만들어 전람회장에 쌓아 화랑공간을 상품창고로 바꾼 대중예술(pop art)의 앤디 워홀(Andy Warhol, 1928~1987), 대지나 사막, 호수나 산골짜기 등의 자연에 직접 제의하여 작품을 창출하는 이른바 Earth Work, 또한 기하학적인 추상을 극한에까지 추진하고, 회화나 조각을 본질적인 요소로 환원한 Minimal Art(특히 건축적인 스케일을 갖춘 조각) 등에도 Installation적 기법이 이미 밝혀졌다.

1970년대 후반부터 현저해진 이 Installation의 기법은 사물과 그 주변 환경과의 상호작용에 의하여 하나의 작품으로는 창출할 수 없는, 어느 「메시지성을 띤」 전체를 창출하는 것을 목표로 하는 데, 그 대표자로서는 비디오의 영상장치를 다루는 백남준(Nam June Paik, 1932~2006), 러시아의 아파트의 거실이나 폐교를 재현한 일리야 카바코브(Ilya Kabakov, 1933~), 애리조나의 사막지대에 터널을 파들어가는 제임스 터렐(James Turrell, 1943~), 기록사진에 의

▲**그림 23**_Marcel Duchamp에 의한 Nude Descending a Staircase, 1912.

▲**그림 24**_Marcel Duchamp에 의한 Roue de bicyclette (Bicycle Wheel), 1913/1964.

▲그림 25 _ Kurt Schwitters에 의한 Das Undbild, 1919, Staatsgalerie Stuttgart

▲그림 26 _ Kurt Schwitters에 의한 The Merzbau, Hanover, 1933.

하여 공문서보관소(archive)와 같은 작품을 창출하는 크리스티앙 볼탕스키(Christian Boltanski, 1944~) 등의 작가를 빠뜨릴 수 없다.

익명의 인간의 여러 가지 기억과 연결된 생의 흔적이라고 일컫는 것을 환기시키고, 이러한 Installation의 기법의 큰 특색은 농밀한 이야기를 감춘 삼차원적 이미지가 일정 공간을 채우고, 또한 여러 가지 미디어(회화, 조각, 사진, 비디오, 음향 등)를 자유로이 횡단하는, 그 뛰어난 「이종교배(異種交配)」방식에 있다. 임의의 공간에 임의의 사물을 설치하는 Installation의 방법은 자기의 창작 현장을 닫혀진 사적인 아틀리에(atelier)에서 열려진 공공공간으로 치환하는 작자들의 의도를 여실히 보여준 것이라고도 할 수 있다. Installation 작자들의 예술적 의사는 설치하는 「행위」에 의해 비로소 실현되기 때문이다. 이 점에서 Installation은 본래적인 의미인 「설치」하는 행위를 불가결의 기초로 하고, 또한 불가피적으로 「철거」를 수반하는 영위인 것이다.

스미드슨(Robert Smithson, 1938~)의 『나선형 방파제』에서는 파도에 부서져 그 행위의 결과는 흔적도 없고, 기록만이 남아있다. 스미드슨의 기념적인 토루(earthwork) Spiral Jetty (1970)는 유타(Utah)의 Great Salt Lake에 위치한다. 부지에서 검은 현무암과 흙을 사용하여 길이 1,500피트의 코일과 반투명의 붉은 물에 반시계 방향으로 늘린 폭 15피트를 만들었다. 나선 방파제(Jetty)는 1999년 예술가의 사유지(Estate)에서의 선물로서 Dia Art Foundation에 의해 얻어졌다. 완성에서 수년 후 「Spiral Jetty」은 호수의 수위가 상승하여 수몰되어 현재는 존재하지 않는다.

Spiral Jetty의 작품은 최초부터 남기는 것을 목적으로 만들어진 것은 아니다. 이것은 당시 미술의 제작방식과는 전혀 반대이었다. 그는 자연을 수단이 아니라 긴 시간틀에서 변화하는 정보로 파악하고, 자연환경 중에 Spiral Jetty를 도입하여 새로운 생태계가 창출되는 것을 확인하고자 하는 시도이었다.

그에 의해 자연이란 황야와 인간이 거주하여온 전원, 도시적인 범위이었다. 그는 폐기된 채석장이나 오래된 노천광산이었던 곳을 Earth Art의 장소로 이용하는 데에 관심을 가지고 있었다.

1966년에 그는 선구적인 시론『Entropy와 새로운 Monument』를 썼다. 거기에서 그는 질서가 아니라 무질서, 즉「물리학자가『엔트로피』또는『에너지 잃어버림』이라고 하는 것에 의해「새로운 종류의 기념물」을 달성하였다」고 그가 생각하는 종류의 예술에 대하여 설명하고 있다. 부조리한 것에의 그의 관심은 그를「반뉴톤적」시간과 포스트 아인슈타인적 공간에서「무구조」를 수용하는 예술의 예찬으로 유도하고 있다.

그의 작품의 핵심은 엔트로피 개념에 있다. 질서에서 혼돈으로, 혼돈에서 질서로 양의적인 법칙성의 검증이 창조와 파괴 그리고 인공과 자연의 좁은 해협과 외해의 경계에 탐구되었다.「엔트로피」라는 개념에서 인공물과 자연물을 대비시켜 그 쌍방에 항상적인 안정이 없는 점을 제시하였다.

예술가가 스튜디오나 갤러리의 밖으로 나가면 그곳에는 세계가 그 모든 무한성과 복잡성을 가지고 대기하고 있다. 가장 중요한 대지 예술가들은 혼란과 복잡성이 제공하는 물질적(또는 지각적) 경험과 시적 가능성의 변증법이 가진 의미로 인식하고 있었다.

기존의 틀 중에서 미술이 소비되는 것에 대한 반발이었다. 이것은 미국의 상업주의적인 예술에 대한 반발이었다고 할 수 있다. 또한 대지 예술(Earthwork)을 다룬 작가의 대부분이 Minimalism(minimal art · 1960년대에 활발해진 조형예술이다. 예술가의 자기비판이나 예술작품의 비인칭적 외관, 단순성을 추구하고, 모든 장식을 제거한「최소한의 예술」에 의해 자기표출을 시도하였다. Primary structure는 입방체 · 원통 등 기본적인 기하학적 형태를 이용하여 작자의 손이 거의 가해지지 않은 발주에 의한 입체작품이다. 1960년대에 대두하여 Minimal art로 전개한다) 표현에 한계를 느끼고, 갤러리를 떠났었다. 또한 그는 자연에 대한 문제에 대해서도 관심을 가지고 있었다. 이것도 그가 갤러리를 떠난 큰 이유가 되고 있다.

(4) 기타의 대지의 예술가

1) Michael Heizer

풍경과 질량과 이동의 여러 힘에 의해 쪼개지고, 또한 형성되고 있음과 동시에 역설적인 공허함, 그 고유의 없음에 관철되고 있는 광대한 지질학적인 무대로 보고 있다. 대표작은 「이중 부정에의 견해」이다.

이중 부정(Double Negative)은 Overton(Nevada)의 가까이에서 Mormon Mesa(또는 Virgin River Mesa)의 Moapa Valley에 위치한 부지의 한 부분이다. 이 중 Negative는 예술가 M. Heizer에 의해 1969년에 완료되었다.

그 작품은 대지, 폭 30피트(9.1m), 깊이 50피트(15m)와 길이 1,500피트(460m)의 긴 협곡에서 이루어진다. 그리고 240,000톤의 흙의 치환에 의해 만들어진다. 2개의 협곡은 자연협곡(거기에서 파낸 재료는 내버려졌다)의 어느 측에도 걸쳐있다. 타이틀의 「부정」은 이와 같이 작품을 구성하는 자연과 인공 부정적인 스페이스 두 가지를 의미한다. 작품은 기본적으로 거기에 없는 것, 바꾸어 놓은 것으로 이루어진다.

작품은 현대미술관(The Museum of Contemporary Art)에 현재 소유되어 있고, 로스안젤스(MOCA), 그리고 사륜구동차량 또는 오토바이로 접근할 수 있다.

▲그림 27 _ Michael Heizer에 의한 Isolated Mass/Circumflex (#2), site-specific sculpture, 1968~72.

▲그림 28 _ Michael Heizer에 의한 A view into Double Negative. From the North end looking south. 1969.

2) Walter De Maria

불가시성이라는 아이디어에 관심을 가지고 작품을 제작한다. 대지예술은 작품 중에 실제로 들어간다. 결국은 시간 중에 있는 작품이 된다. 대지예술은 종래의 조각과는 달리 이동할 수 없으므로 보고자 하는 사람이 시간을 들여 실제 그 장소로 가보아야 하고, 「보는」데에 작품이 지나치게 크기 때문에 그 내부나 주위를 걸으면서 체험하여야 한다. 대지예술 작품은 「보는」 것이라는 개념을 근본적으로 뒤집은 시도라고 할 수 있다.

Walter De Maria는 1968년부터 『Erdraum』 등 매우 작은 조각이나 Installation을 제작하게 되었다. 또한 1968년에 모하비어(Mojave)사막에서 제작한 1마일 길이의 평행선을 그린 작품 『Mile Long Parallel Walls In The Desert』 등 미국 남서부의 사막에서 대지예술의 프로젝트를 실행하게 된다. 그는 이러한 사막에서 풍경과 자연, 빛과 날씨가 엄격한 물리적 · 정신적 체험이 된 상황을 만들어왔다. 1977년에 뉴멕시코주 Catron County 사막의 한복판에 만든 『The Lightning Field』는 그의 대표작이고 대지예술의 대표작이기도 하다. 1mile×1km의 범위에 400개의 스테인리스제 폴(pole)을 220피드 간격으로 격자상으로 이루어진 작품은 보러 가는 날이나 날씨에 의해 상황이 변한다. 이 사막에서는 천둥이 다발하기 때문에 폴에 낙뢰가 칠 때의 빛이나 굉음을 관람자는 체험하게 된다.

3) Dennis Oppenheim

그의 작품은 대지예술, 보디아트, 개념론(conceptualism), 퍼포먼스아트에 걸치고 있다.

Dennis Oppenheim의 초기의 작품은 인간과 동물의 퍼포먼스에 집중하는 경향이 있었다. 1970년대 초기에 그는 퍼포먼스에 관한 필름과 비디오를 사용하는 예술가의 선두에 섰었다.

Dennis Oppenheim의 Device to Root Out Evil(1997) 조각물이고, Buenos Aires(아르헨티나)의 Memory 공원의 Escape에의 Monument는 2006년10월에 전념된 것이다. 그것은 아르헨티나의 Dirty War(1976부터 1983까지 아르헨티나 정부가 지원한 폭력사건의 기간) 중에 군사

▲**그림 29**_Dennis Oppenheim에 의한 Device to Root Out Evil (1997) at its former location in Vancouver, Canada.

▲**그림 30**_Dennis Oppenheim에 의한 A statue, Monument to the Escape, in Memory Park in Buenos Aires, Argentina. It was dedicated in October 2006.

정권 희생자의 기념물이다.

(5) 주요한 대지예술작품

Dwan 갤러리의 "Earthworks展"을 이끈 Robert Smithson는 그 2년 후의 1970년에 대지예술의 기념비적 작품이 되는 「Spiral Jetty」을 Great Salt Lake에 완성하였다. 돌과 흙으로 만들어진 길이 457m(1,500피트), 폭 4.57m(15피트)의 소용돌이 모양을 한 「제방」이다. 제작시의 수위가 기록적으로 낮았기 때문에 수년에 한 번의 빈도밖에 호수면에 나타나지 않는다.

같은 "Earthworks展"의 멤버였던 Michael Heizer의 「Double Negative」, 1969)은 네바다주의 무인의 mesa(정상부가 평평하며 주위가 절벽의 암석언덕)의 가장자리에 파들어간, 길이 457m(1,500피트), 폭 39.1m(30피트), 깊이 15.2m(50피트)의 거대한 도랑이다. 이 도랑은 도중 절벽을 가랑이를 벌리고 파들어간 것이기 때문에 2개로 절단되어 있다. 이 작품은 Dwan Gallery의 주인인 Virginia Dwan의 소유물이었지만 1985년에 로스안젤스 현대미술관에 기증되었다.

Mojave 사막에 3.6m(12피트) 간격의 2개의 평행선을 그린 「Mile Long Drawing, 1968」는 대지예술의 또 한 사람의 선구자인 Walter De Maria(1935~)의 작품이다. 또한 1977년에 Walter De Maria는 뉴멕시코주 사막의 한 부분 번개가 다발하는 지역에 400개의 스테인리스제의 폴(pole)을 67m(220피트) 간격으로 격자상으로 나열한 「The Lightning Field」을 완성하였다. 기둥의 높이는 그 끝이 동일평면상에 수용되도록 조절되므로 일정하지 않지만, 평균 약 6m(약 20피트)이다.

그 외에 현재 구축중의 작품으로 저명한 것으로는 Michael Heizer의 「City」(1972년 시동)와 James Turrell의 「Roden Crater」(1977년 시동)이 있다. 상당히 거대한 프로젝트이기 때문에 아직 최종적인 완성 시기는 양자 모두 여전히 미정이다. 「Roden Crater」는 작가의 비전은 물론 제작 기록도 적극적으로 공개되고 있고, 그 과정 자체를 「작품」으로도 보이는데, 「City」의 제작장소는 네바다주의 사막지 Garden Valley이다.

대지예술의 특이한 예로 1998년 6월 26일에 발견된 오스트레일리아의 「Marree Man」이 있다. 이것은 크기가 세계최대이고, 최대임에도 불구하고 아무도 모르게 제작된 점, 또한 작자가 자기의 신분을 밝히지 않고, 제작자가 불명한 점에서도 특이하다. 남오스트레일리아주 중앙부의 Marree의 서60km의 대지(台地)에 위치하고, 신장은 2.6km에 달한다. 침식으로부터

▲**그림 31**_Walter De Maria에 의한 The Lightning Field, 1977.

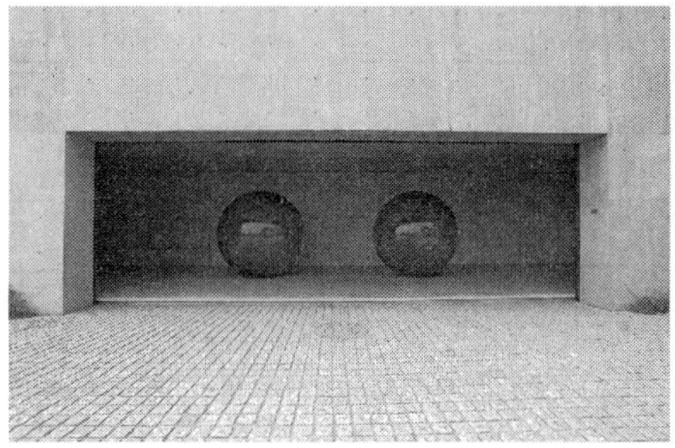

▲**그림 32**_Walter De Maria에 의한 Seen/Unseen Known/Unknown at Naoshima, Kagawa prefecture, Japan

▲**그림 33**_Michael Heizer에 의한 City

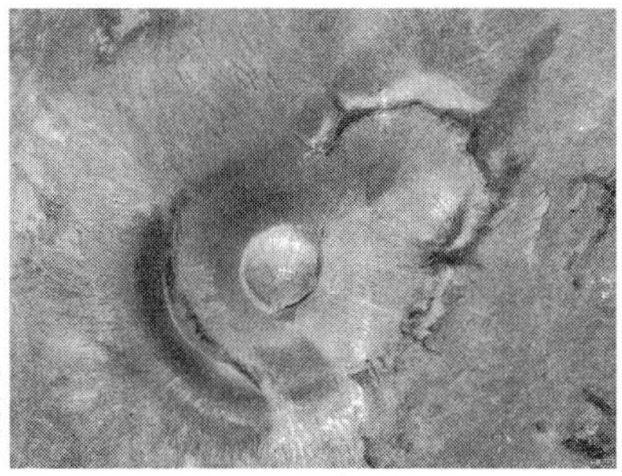

▲**그림 34**_James Turrell에 의한 Roden Crater

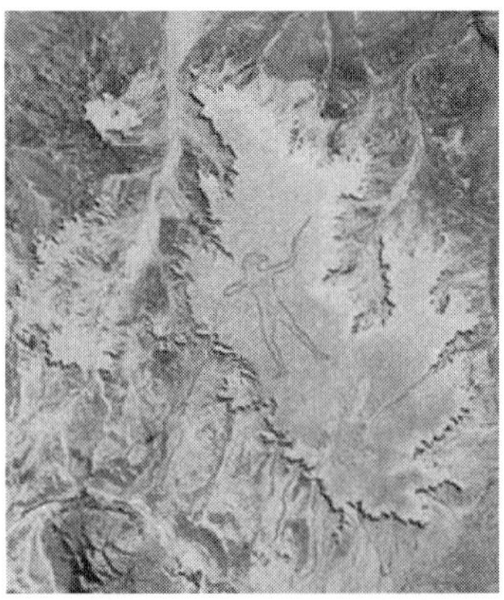

▲**그림 35**_세계최대의 인물화 「Marree Man」. 머리의 방향은 북북서. 남위29도31분48초 동경137도27분56초

▲**그림 36**_Marree man greyscale outline

남겨진 것이기 때문에 주변 지면보다 30m 정도 높은 표고 50m의 대지에 고립하여 묘사되어 있다.

(6) 대지예술과 기록 미디어

대지예술과 기록 사이에는 밀접한 관계가 있다. 현재 우리는 과거의 대지예술작품을 기록에 의해서만 감상할 수 있다. 대지예술은 시간, 장소가 한정되어 있기 때문에 미디어에서의 기록이 귀중한 자료가 된다. 대지예술은 미디어와 기억으로 남겨지는 예술형태의 선구적 입장에 있다.

시간 중에서 변화 소멸하는 존재를 기록하여 남기는 것은 예부터 시각예술의 중요한 역할이었다. 19세기에 사진의 등장과 그 후의 여러 가지 복제 미디어의 발달은 이 기록이라는 위상에 타격을 주고, 미술에서 내면적 표현의 편중을 도출한 것이라고 할 수 있다.

대지예술은 작품으로 남겨지지 않기 때문에 촬영기술의 발달에 의해 유지되었다. 그러나 기록은 결국 갤러리에 의해 전시된다. 탈갤러리를 도모하는 데 갤러리에 전시되는 모순이 발생한다. 이것은 미술과 소비의 문제, 또한 미술과 미디어의 문제에 대해서도 제시하고 있다고 여겨진다.

「Spiral Jetty」가 만들어지기까지에 이르는 과정도 매우 흥미 깊다. 스미드슨(Robert Smithson)이 그린 여러 개의 드로잉이나 이전의 작품을 근거로 「Spiral Jetty」을 고찰하면 세계를 구성하는 정보를 여러 가지 접근에 의해 파악한 것을 알 수 있다. 스미드슨의 공간이나 시간에 대한 문제의식은 현재의 테크놀로지 아트(Technology art)[2)]에 관계되고 있다.

또한 대지예술 이외에도 퍼포먼스나 영상 등의 시간예술도 기록 미디어에 의해 유지되어온 분야이다.

크리스토(Christo, 1935~)의 『포장된 국회의사당(Wrapped Reichstag)』이 상징한 것은 한 역사의 종말과 새로운 역사의 시작, 또는 통제에서 자유로의 변화였다. 크리스토의 작품은 한 마디로 「곤포(梱包)」이다. 그의 「梱包」는 1960년 이후 점차 규모를 거대화한다. 미술관의 건물을 통째로 포장하는 등으로 더욱 규모는 증대하고, 록키산맥의 폭 400m 계곡에 거대한 커

2) 과학기술을 이용하는 예술전반을 지칭하는 말이다. 1970년대에 본격적으로 탐구되었고, 키네틱 아트에서 발전한 것이다. 기술적으로 복잡한 것을 추구한 키네틱 아트와는 달리 테크놀로지 아트는 단순하고도 안정된 것을 추구하는 경향이 강해 대중이 이해하기 쉬운 작품들이 많이 제작되었다. 오늘날 흔히 말하는 테크놀로지 아트는 키네틱 아트뿐만 아니라 라이트 · 일렉트로닉스 · 컴퓨터 · 레이저 · 홀로그래피 · 비디오 · 카피 · 사이버네틱스 · 신시사이저 등의 기술이나 미디어의 이름을 붙여 아트라고 부르는 것을 포함하며, 그것들을 혼합하거나 병용한 믹스트 미디어 · 인터 미디어에 의한 이벤트나 퍼포먼스도 왕성하게 이루어지고 있다. 예술과 테크놀로지의 접촉을 통한 예술가들의 적극적인 공존을 지향한 작품들이 증가하고 있다.

튼을 메달은 「Valley Curtain」, 오스트레일리아의 높이 15m, 길이 2km에 달하는 해안을 통째로 포장한 「해안의 梱包」 등의 「작품」은 기간한정이고, 완성 후에는 기록사진 또는 인쇄한다든지, 준비단계에서의 초고화의 인쇄로 남기고 있다.

또한 패션에서 예술을 바탕으로 한 감각의 인쇄문양으로 특히 20세기 전반의 추상적인 감각의 현대미술(Modern art)이 인쇄문양의 모티브로 사용된 Art print는 2005년 크리스토와 Jeanne-Claude에 의한 뉴욕시의 센트럴 파크 프로젝트 “The Gates”를 위한 준비작품(1970~2005년)에서 인쇄된 것이다.

The Gates 프로젝트는 2003년 1월에 NY시장으로부터 착공허가를 받기까지 실로 수십년을 요하여 2005년 2월12일에 실현하였다. 센트럴 파크의 산책로에 양측의 폴에서 자주색의 직물을 매단 게이트(gate)의 수는 7,500에 이르고, 회기는 16일간 계속되었다. 센트럴 파크의 주변 건물이나 수목 사이에서 이 따스한 그림자를 주는 황금색의 천장을 장식하는 장식물의 길을, NY시민은 보통과 마찬가지로 이들 산책로를 사용하여 자유로이 이들 gates의 밑을 산책할 수 있었던 것이다.

게이트의 최종설치와 조립은 자원봉사자 700명의 NY시민의 협력을 얻어 수행하였다. 또한 “The Gates”의 Art print에서의 수익금은 크리스토와 Jeanne-Claude뿐만 아니라 이 프로젝트를 지원한 Nurture New York Nature에 보내졌다.

또한 번개를 유도하여 낙뢰시키는 월터 드 마리아(Walter De Maria, 1935~)나 제임스 투렐(James Turrell, 1943~)의 사화산의 내부에 터널을 파고, 남쪽 하늘에 달이 떠 있을 때의 달의 모습을 pinhole camera의 원리에 의해 지하실의 벽면에 비추는 장대한 「Roden Crater」 프로젝트는 인위가 미치지 못하는 천연현상마저 예술에 도입하는 시도로서 주목되고 있다. 1980년에는 미국항공우주국(NASA)과의 공동으로 인공위성을 이용한 Cosmic & Intuitive Art도 시도

▲그림 37 _ Robert Smithson에 의한 Spiral Jetty from atop Rozel Point, 2005.

▲그림 38 _ Robert Smithson에 의한 Broken Circle and Spiral Hill, 1971.

▲**그림 39** _ 크리스토(Christo, 1935~)의 포장된 국회의사당(Wrapped Reichstag)

▲**그림 40** _ Christo에 의한 The Gates (Project for Central Park NYC)

되었다. 이들이 사람이 모이는 공공환경보다는 마을과 떨어진 자연 중에서 많아지고 있는 것은 유의해야 할 것이다. 1992년에 리오 데 자네이로에서 개최된 「Eco art」전과 같이 자연환경 보호를 호소하는 동향도 있다.

4.3 종합예술로서의 환경예술

1959년에 미국의 현대미술(Contemporary art) 조직자인 앨런 카프로(Allan Kaprow, 1927~2006)가 주창한 「촉감, 소리, 심지어는 냄새까지 포함한 주변에 있는 온갖 소재들로 관객 주위의 실내 공간이나 옥외 공간 속에서 구성하는 미술」을 환경미술이라고 한다. 그리하여 환경미술의 작가들이 대상으로 삼는 환경의 의미는 존재하는 대로 제시된 수식없이 살아있는 존재들의 총화, 총체적 환경, 총체적 예술작품, 총체적 삶 그리고 이 모든 것에 대한 경험과 지각이라는 내용을 포괄하고 있다. 그는 '해프닝(happening)'의 창시자인데, 작가의 액션을 외계의 환경으로 확장하여 해프닝을 만들어냈다. 그는 1959년 가을에 뉴욕의 루벤화랑에서 개최된 카프로에 의한 '6개 부분으로 구성된 18의 해프닝'에 연유하였으며, 이것은 인간 · 오브제 · 소리 · 빛 · 영상에 의한 환경적 공연이었다.

이것도 거슬러 올라가면 미래파의 제활동에서 기원을 찾아낼 수 있고, 조형뿐만 아니라 신체표현에 의한 일회성의 우발적인 퍼포먼스까지도 포함하는 예술표현활동이라는 의미에서 종합예술이라고 할 수 있다.

종합예술은 음악, 연극, 무용 등의 예술의 여러 장르 사이의 구별을 철폐하고, 그들의 통합을 목표로 하는 경향의 예술이다. 바그너(Wilhelm Richard Wagner, 1813~1883)가 스스로 종합예술(Gesamtkunstwerk)이라고 한 그의 악극(Musikdrama)은 그 전형적인 예인데, 여러 예술이 아직 분화하기 이전의 고대 그리스의 예술을 본보기로 한 예술상의 시도는 르네상스 이후에도 보인다. 또한 근대의 퍼포먼스 등의 혼합매체(mixed media)에 의한 예술도 종합예술의 일종으로 볼 수 있다.

Synthesizer는 통상의 악기가 특정 음의 성격을 가진데 대하여 그 이름 그대로(「음의 합성장치」) 전자기술을 이용하여 모든 음을 자유로이 합성하는 것을 의도하여 고안된 악기이다. 전자오르간 등의 전자악기는 음색 기타의 요소가 미리 세트되어 있는데 대하여 신시사이저(synthesizer)는 모든 요소를 자유로이 조절할 수 있는 점이 다르다. Synthesizer 단독 사용뿐만 아니라 종래의 악기와 함께 사용되는 경우도 많다.

Synthesizer의 원류는 1906년에 미국의 세데우스 케이힐(Thaddeus Cahill, 1867~1934)이 발표한 「Telharmonium(dynamophon)」에까지 거슬러 올라갈 수 있다. 이것은 저항기로 배음을 조절할 수 있는 구조로 되어 있었다. 현재와 같은 Synthesizer는 1950년대 미국 RCA社에서 발표된 헨리 올손(Harry F. Olsen, 1901~1982) 등이 제작한 것이 최초이며, 이미 「synthesizer」의 이름이 붙여졌는데, 펀치구멍을 뚫은 종이테이프를 입력에 사용하는 등 실험적인 측면이 강하였다. 1960년대에는 도날드 부크라(Donald Buchla, 1937~)나 로버트 무그(Robert A. Moog, 1934~) 등에 의하여 실제 음악에 사용하는 악기로 실용적인 것이 개발되었다. 특히 무그가 1965년에 상품화한 「Moog C Synthesizer」를 사용하여 작곡가 월터 카로스(Walter Carlos, 1939~), 후의 웬디 카로스(Wendy Carlos)가 제작한 『Switched on Bach』(1968 발표)에 의해 널리 주목되었다.

Chapter 3

풍토

우리나라는 지리적으로 중위도 온대성 기후대에 위치하여 봄, 여름, 가을, 겨울의 사계절이 뚜렷하게 나타난다. 봄과 가을에는 이동성 고기압의 영향으로 맑고 건조한 날이 많으며, 여름에는 고온 다습한 북태평양 고기압의 영향으로 무더운 날씨를 보이고, 겨울에는 한랭 건조한 대륙성 고기압의 영향을 받아 춥고 건조하다.

기상에 의한 온도 · 습도, 바람, 기압, 강우, 강설, 지진, 태풍, 홍수 등은 그 지역의 생태계, 건축물의 양식, 거주민의 생활양식 등에 중대한 영향을 미치고, 거주민들은 그 기상의 변화에 대응하기 위하여 노력하고 있다.

기후변화의 자연적 요인에는 대기, 해양, 육지, 설빙, 생물권 자체의 내적 요인 외에, 화산분화에 의한 성층권의 에어로졸(부유 미립자) 증가, 태양 활동의 변화, 태양과 지구의 천문학적 상대위치 관계 등의 외적 요인이 있다. 인위적 요인에는 화석연료 과다 사용에 따른 이산화탄소 등 대기 조성의 변화(온실효과에 의한 지구온난화), 인위적인 에어로졸에 의한 태양복사의 반사와 구름의 광학적 성질의 변화(산란 효과에 의한 지구냉각화), 과잉 토지 이용이나 장작과 숯 채취 등에 의한 토지 피복의 변화 등이 있다. 또 국지적으로는 인공열 등에 의한 도시기후의 변화 등도 문제가 된다.

「풍토」라는 단어는 고대 중국발상의 용어이며, 원래는 계절의 순환에 대응하는 토지의 생명력을 의미하였다. 하늘에서의 빛이나 열, 빗물 등은 토지마다 다르므로 토지의 생명력에는 차이가 있어 「풍토」라는 용어에는 장소마다 다른 지역차이를 의미하게 되었다.

풍토에 조화하고, 풍토를 활성화하고, 풍토를 빛낼 수 있는 측면에서 개성이 풍부한 지역성과 풍토와 문화에 적합한 건축물의 설계가 요구되고 있다.

1. 풍 토

풍토는 ① 기후와 토지의 상태 ② 자연 환경과 거의 동의(同義)로 쓰이는 데, 인간 생활 그 자체를 포함하며 자연과 밀접한 관계를 가진 생활 전체를 말할 때도 있다. 風은 사전에 의하면,

① 바람
② 가르침
③ 풍속(風俗), 습속(習俗)
④ 경치(景致), 경관(景觀)
⑤ 모습
⑥ 기질(氣質)
⑦ 병 이름, 감기(感氣), 중풍(中風)
⑧ 기세(氣勢 : 기운차게 뻗치는 형세)
⑨ 절조(節操 : 절개와 지조를 아울러 이르는 말)
⑩ 노래, 악곡(樂曲), 여러 나라 민요(民謠)
⑪ 뜻, 낌새
⑫ 풍도(風度 : 풍채와 태도를 아울러 이르는 말)
⑬ 소식(消息), 풍문(風聞)
⑭ (바람을)쐬다
⑮ (바람이)불다
⑯ (암수가)서로 꾀다
⑰ 감화시키다(感化---), 교육하다(敎育--)
⑱ 멋대로, 꺼리낌 없이
⑲ 외다, 암송하다(暗誦--)
⑳ 유전하다(流轉-- : 이리저리 떠돌다), 떠돌다
㉑ 풍간하다(諷諫-- : 완곡한 표현으로 잘못을 고치도록 말하다)

등의 뜻이다. 또한 土는 그 지역이라는 의미에서 다음과 같이 설명하고 있다.

① 흙

② 땅, 토양(土壤), 육지(陸地)

③ 국토(國土), 영토(領土)

④ 곳, 장소(場所)

⑤ 지방(地方)

⑥ 고향(故鄕), 향토(鄕土)

⑦ 토착민(土着民)

⑧ 오행(五行)의 하나

⑨ 별 이름

⑩ 흙을 구워서 만든 악기(樂器)

⑪ 토지(土地)의 신(神), 대지(大地)를 주재(主宰)하는 신(神)

⑫ 살다, 자리잡고 살다

⑬ 재다, 헤아리다, 측량하다(測量--)

⑭ 토목공사(土木工事)를 하다

⑮ (나무)뿌리 (두)

⑯ 쓰레기 (차)

⑰ 찌꺼기 (차)

⑱ 하찮다 (차)

풍토란 지역이 가진 「풍」과 「토」의 개념이다. 그러나 풍의 물리적 개념, 결국 영어의 wind(보통 바람), breeze(미풍), draught(틈새바람), storm(폭풍) 등에 상당하는 「풍」에서 ①, ⑭, ⑮, 그 연장선상의 ⑦인 감기의 cold, influenza를 제외한 것이 풍토의 개념일 것이다. 즉 풍토의 풍이란,

③ 풍속(風俗), 습속(習俗) : 지역의 사회(사회문화)환경

④ 경치(景致), 경관(景觀) : 지역의 자연환경

⑤ 모습 : 지역의 사회환경, 자연환경

⑩ 노래, 악곡(樂曲), 여러 나라 민요(民謠) : 지역의 역사환경 중 감성에 호소하는 깊이가 있는 것(역사문화), 전통행사 등

⑪ 뜻, 낌새 : 분위기

⑥ 기질(氣質) : 지역의 사회환경 중 감성에 호소하는 기분이나 기분의 유형

⑧ 기세(氣勢 : 기운차게 뻗치는 형세) : 지역민의 기운이나 태도

⑨ 절조(節操 : 절개와 지조를 아울러 이르는 말) : 지역민의 정신자세

⑫ 풍도(風度 : 풍채와 태도를 아울러 이르는 말) : 지역민의 성격 특색

이 된다.

아름다운 지역에는 질서가 갖추어져 있다. 그 지역이 아니고는 없는 개성, 그 지역의 풍토에 조화한 지역건설에는 자연히 강약 장단이 갖추어질 필요가 있다.

지역의 강약 장단은 풍토에 조화하고, 풍토를 활성화하고, 풍토를 빛낼 수 있어야 하며, 지역의 역사성, 그리고 현재의 사회활동에 어떻게 융합하는가이다. 또한 장래의 지역발전을 위하여 어떻게 배려할 것인가에 달려있다.

한국인의 풍토관은 시대에 따라 다른데, 고대에서는 자연과 인간의 미분리의 애니미즘(animism)적 자연관 등이 보이지만, 중세에 들어서면 불교에 보이는 무상관이 풍토관에도 보이게 되고, 자연과는 「덧없는 것이다」라는 인식이 퍼졌다. 근세에 들어서는 봉건제사회에 유교적인 자연관이 첨가되었다.

2. 지역과 도시

(1) 지역과 지역성

지역이란 일반적으로 「일정하게 구획된 어느 범위의 토지」(국어사전)와 같은 의미에서 사용되고 있다. 그러나 지리학을 비롯해 사회 과학의 여러 분야에서 다양한 용도로 쓰이는 의미에서는 「일반적으로 동질적인 특징을 가진 공간 영역을 뜻하며, 자연적 · 인문적 · 기능적 특징에 의해 정의된다」(백과사전). 즉 지역이란 일정의 척도에 의해 지리적 넓이를 구분한 것으로 이해할 수 있다. 지역과 비슷한 개념으로 지방이 있다. 지방은 지역에 비하여 보다 넓은 구역을 나타내는 경우가 많고, 또한 단순히 한 구역을 나타내는 이외에 중앙 또는 대도시에 대한 개념으로 이용되는 경우가 있다.

지역성이란 「지역적 성격」의 약어이고, 지리학에서는 「각각의 지역이 가지고 있는 종합적인 개성」(지리학사전)으로 정의되고 있다. 즉 지역을 구성하는 여러 가지 요소는 상호 인과관

계에서 결합되고 있는데, 그들의 인과관계를 종합한 것이 지역성이다.

(2) 지역성과 도시성

주택이나 거주지는 자연 · 사회 · 문화 등의 지역적 제특성에 의해 다른 과제나 발전방향을 가짐과 아울러 도시화에 의해 각 지역에 공통적인 성격이 형성된다. 어느 주택이나 거주지도 지역성과 도시성에서 검토된다. 양자의 균형에서 지역성이 강하게 지배하고 있는 경우에 「지역형주택」, 도시성이 강하게 지배하고 있는 경우에 「도시형주택」이 성립하는 것으로 고려할 수 있다. 도시성에 대치되는 의미에서의 지역성은 지방성(locality)의 의미를 함유하고 있다. 결국 단적으로 말하면 이 경우의 지역성이란 「농산어촌성」이다.

농산어촌은 기후 · 풍토, 산업 · 경제, 역사 · 문화, 생활 · 관습 등 지역특성에 강하게 지배되고 있다. 이에 대하여 도시는 그것이 소재하는 지역의 지역성에 큰 영향을 받으면서도 그 이상으로 강한 도시성을 갖추고 있다. 전국의 어느 도시에도 동일한 형태의 빌딩이 건립되고, 유사한 시가지가 보이는 것으로 상징되고 있는 것처럼 「도시성」에는 지역성을 초월한 공통성이 있고, 도시의 규모가 클수록 「도시성」도 보다 강한 것으로 검토된다. 지역 중의 도시는 마치 바다에 떠 있는 섬과 같은 것이다(그림 1).

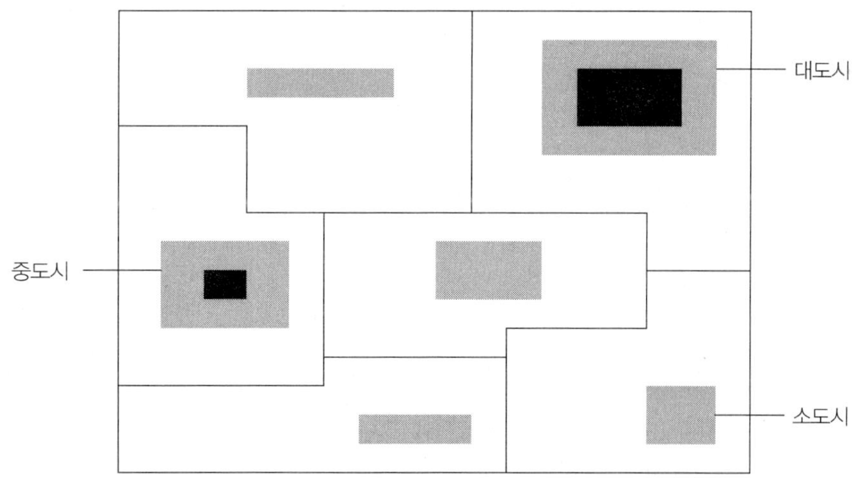

▲그림 1 _ 지역 중의 도시

지역성도 개개의 지역 특성이므로 지역마다 다른 것은 당연하지만, 그들에 공통하는 「지역성의 성격」이 존재하는 것도 분명하다.

(3) 지역형주택의 성립

지역형주택이란 지역적 특성에 대응하는 주거의 종합적 시스템이다. 주택은 물론 거주의 장이지만, 단순히 그것에만 머물지 않는다. 도시지역에서 주택은 비교적 단기능을 분담하고 있음에 지나지 않지만, 농산어촌의 주택은 직업, 산업, 커뮤니티 등의 연결이 매우 강하고, 또한 자연조건이 주택에 미치는 영향도 크다. 결국 농산어촌의 주택은 일의 장이고, 집회의 장이고, 가족이나 근린의 생활을 즐기는 장이기도 하다. 한편 비 · 눈 · 바람, 기온, 지형, 지세 등의 자연조건에 강하게 지배되고 있다. 주택생산 · 공급상의 제약성도 크다고 할 수 있다.

따라서 농산어촌주택에 대표되는 「지역형주택」은 다기능적이고, 그들에의 접근도 종합적이어야 한다. 그림 2는 주택관련시스템이 지역성의 구성요인에 의해 한정되어 「지역형주택」

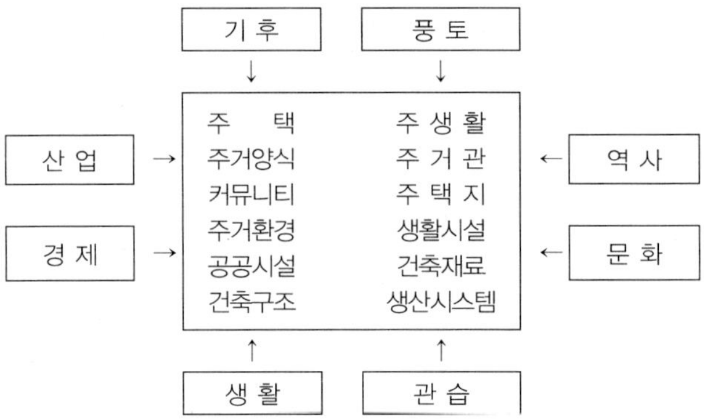

▲**그림 2** _ 지역형주택의 성립(1)

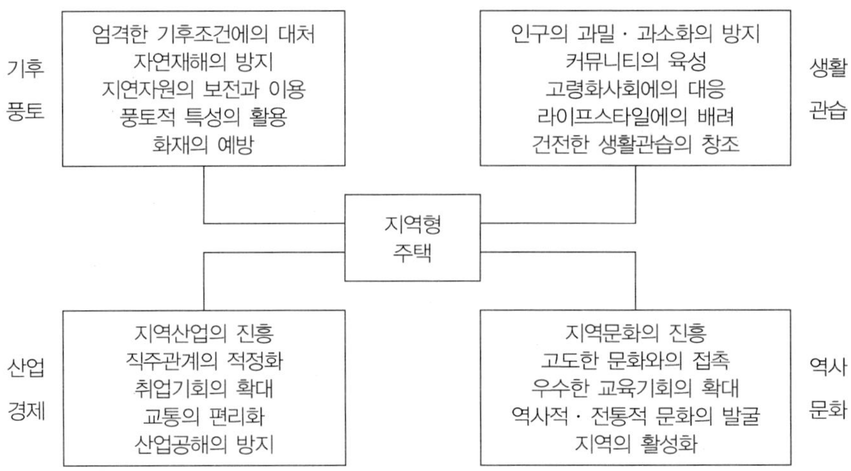

▲**그림 3** _ 지역형주택의 성립(2)

을 성립시키는 구조를 나타내고 있다. 또한 그림 3은 지역에서 주택의 문제가 다른 지역적인 제문제와 밀접하게 관련하고 있는 것을 나타내고 있다. 「지역형주택」의 성립은 이와 같은 수준에서 이해할 수 있다.

또한 「지역형주택」은 단일체의 물리적인 주택뿐만 아니라 주택지, 주거환경, 주택생산, 주생활, 주택관리 등을 포함하여 지역적 특성에 대응하는 하드, 소프트에 걸쳐 주거의 종합적인 시스템을 의미하고 있다.

3. 건축과 풍토

(1) 지역과 풍토

국토는 화산이나 지진, 대홍수 등의 천재지변에 의해 환경이 파괴되어 일변한다. 자연에 의한 것에 한정하지 않고, 전쟁 등이 발생하면 국토는 황폐해진다.

사람이 활동하는 토지는 토지를 개변한다고 하는 대자연의 위협에 놓여 있는 한 항상 호안, 제방 등의 보전시설을 적절히 유지하지 않으면 안 된다. 사람들은 보다 안전하게 거주할 수 있는 국토형성을 원하고, 보다 편리한 사회자본을 원하고, 그것을 실현하기 위하여 부지런히 물리적 시설을 건설한다.

사회경제의 성숙을 배경으로 지역의 개성 · 문화성 중시의 경향은 지역의 풍토에 기인하여 풍토에서 이루어진 역사 · 문화 · 생활이나 사람들의 감성 · 심성에 적합한 디자인기술 · 방법이 요구되고 있다.

지역발전의 맥락에서 지역설계는 자연환경을 배경으로 그 지역에 거주하는 사람들의 사회적, 경제적, 문화적 활동의 터를 형성하는 것이다. 즉 그곳에 거주하는 사람들의 교육-인간형성과 주민들의 일상생활-삶형성, 주민들의 매일의 노동-일형성, 주민들의 사회조직-계획구성, 주민들의 사회규범-규정제정, 주민들의 안전성이나 편리성기능의 실현-물리적 시설건설 등 "6가지 형성"이 지역설계의 대상이다. 그 6가지 형성의 목표로서의 기능은 안전성기능, 편리성기능, 쾌적성기능, 활성기능의 4가지가 있다.

그 가운데 지역의 안전성기능과 편리성기능의 실현을 위한 물리적 시설이 시민을 위한 기반시설의 역할이다. 기반시설이란 풍수해로부터 주민을 보호하는 안전한 국토건설을 위한 하천치수공사나 해안호안공사, 경제활동을 유지하는 편리한 국토건설을 위한 도로나 항만, 철도건설 등이다.

그 시설이 목표로 하는 기능실현을 위하여 교량이나 터널, 댐 등의 구조물을 건설하여 왔다. 그러나 정서, 상냥함, 지역의 자랑 등을 결여하고 있는 것은 아닌가 하는 측면에서 쾌적성(amenity)기능의 실현을 위한 역이나 친수호안, 경관설계 등 새로운 계획이 이루어지고 있다. 그리고 이벤트 등 문화축제를 통하여 지역 활성화 등에의 계획도 활발하게 이루어지고 있다. 그런데 지역의 개성, 지역의 매력, 지역의 아이덴티티=자랑의식, 그 지역의 양호한 풍토 이미지 등 스스로 갖추는 지역성의 형성에는 그다지 도움되지 않는 실정에 있다.

지역발전의 6가지 형성에 있어 활성화기능을 실현시키기 위해서는 문화축제, 이벤트를 첨가하는 형태보다는 오히려 지역을 양호하게 할 수 있는 지역애의 첨가가 요구되고 있는 것이다.

즉 교량이나 터널, 항만이나 댐 등의 물리적 시설 건설에 기계 등의 도구뿐만 아니라 정신을 설계의도로서 첨가하는 것에서 종래의 안전성 · 편리성기능의 실현에 쾌적성, 활성기능도 실현하여 그 결과 스스로 그 지역의 개성이 갖추어지고, 시간 경과에 따라 양호한 독자적인 개성, 즉 매력성이 갖추어지고, 다음에 그곳에 거주하는 사람들의 마음속에 자연히 자랑의식이 형성된다. 그것을 다른 지역 주민이 느끼게 되면 그 지역에 대한 양호한 이미지가 형성되는 것이다.

지역 아이덴티티 의식의 형성을 정의하면, 「그 지역풍토의 과거, 현재의 특성을 충분히 인식하여 잠재적 부분을 개발확대하고, 그 지역에 의한 지향적 · 현실적인 지역풍토상을 위하여 지역애의 충족 가운데 지역 아이덴티티 의식이 확대형성되는 과정」이라고 할 수 있다.

지역발전을 어떻게 활발하게 이룰 것인가라는 관점에서 지역 아이덴티티를 보았을 때 유형인 것과 무형의 것이 있는데, 유형의 것에는 다음의 4가지가 있다.

① 있는 것의 적극적인 활용

② 은폐되어 있는 것의 발굴

③ 없어진 것의 복원

④ 없는 것의 창조

또한 무형의 것에는 다음과 같은 구성방법이 있다.

① 역사상의 사실, 전통예능, 민화, 전설 등의 활용

② 역사의 발굴, 시읍면사의 편찬

③ 다른 것과의 비교에서 뛰어남 · 무형의 평가

④ 지명, 행사명, 산물명, 축제명 등

⑤ 지역의 꽃 · 나무, 새, 나비 등의 제정

(2) 주거와 풍토

대부분의 고등동물이 보금자리를 만드는 것처럼 인류의 조상에 따라서도 거점으로서의 주거가 필요하였다. 거점으로서의 주거에 요구되는 기능은 자연환경인 기후나 적으로부터 생활을 보호하고, 가족이나 도구, 식품 등을 보관하는 쉘터(shelter)로서의 역할이다.

지구상에는 여러 가지 기후지대가 있고, 지역이나 장소에 따라 방어할 수 있는 기후조건이나 외적이 다르다. 당연히 거기에 따라 주거의 형태도 달라진다. 예를 들면 더운 지역에서는 강한 일사를 차단하고, 열이 달아나기 쉬운 주택이어야 한다. 추운지역에서는 반대로 실내에서 불을 피우고, 그 열을 손실되지 않도록 할 필요가 있다. 비가 많은 곳에서는 경사지붕으로 하여 빗물이 흐르기 용이하게 하여야 하지만, 건조지대에서는 수평지붕(평지붕)이 가능하다.

그림 4는 기후지대별로 식물의 형태와 주거의 형태를 비교한 것이다. 기후조건에 대응하기 위하여 식물의 형태와 주거의 형태에 공통성이 있는 점이 흥미롭다.

농경문명을 터득한 인류는 지구상의 어느 나라, 어느 특정 지역에서 정주생활을 영위하여 왔다. 과거 몇 천년에 걸쳐 그들은 거주지역 기후 · 풍토 등 자연조건뿐만 아니라 사회제도나 경제, 기술 등 사회적 조건의 영향을 받으면서 그 조건에 적합하게 생활하고 거주해 왔다. 이러한 생활방식과 주거는 동일지역에서 기후 · 풍토가 변하지 않더라도 사회적 조건의 변화에 영향을 받으며 변화되어 왔다(표 1).

표 1 _ 온난·습윤한 풍토와 눈과 추위의 풍토의 비교

	온난과 습윤의 풍토	눈과 추위의 풍토
자연의 성질	연중의 음식물과 생존조건에 혜택된 풍토 여름·겨울 동질의 일이나 생활이 가능한 풍토	맨몸으로는 살 수 없고 저장을 요하는 풍토 여름·겨울의 생활의 교체가 필요한 풍토
건축에의 대응	완충공간을 매개로 밖으로 이어지는 개방성의 중시 결점과 장애의 제거를 중시하는 기술발상	단열 간막이벽에 의한 안과 밖과의 구별 명확화 지역 독자적인 대응에 가치를 인정하는 기술발상
생활에의 대응	실내에 자연을 도입하는 생활습관 신선함이나 섬세함을 존중하는 생활	밖으로 나가 자연과 친밀해지는 생활습관 옛것의 가치와 견고함을 존중하는 생활
사회에의 의식	유행이나 상표에 흐르기 쉬운 사회체질 동질성·협조성을 존중하는 사회풍토	자기변혁이 요구되는 구속이 많은 사회 독자성·지역성을 존중하는 사회풍토

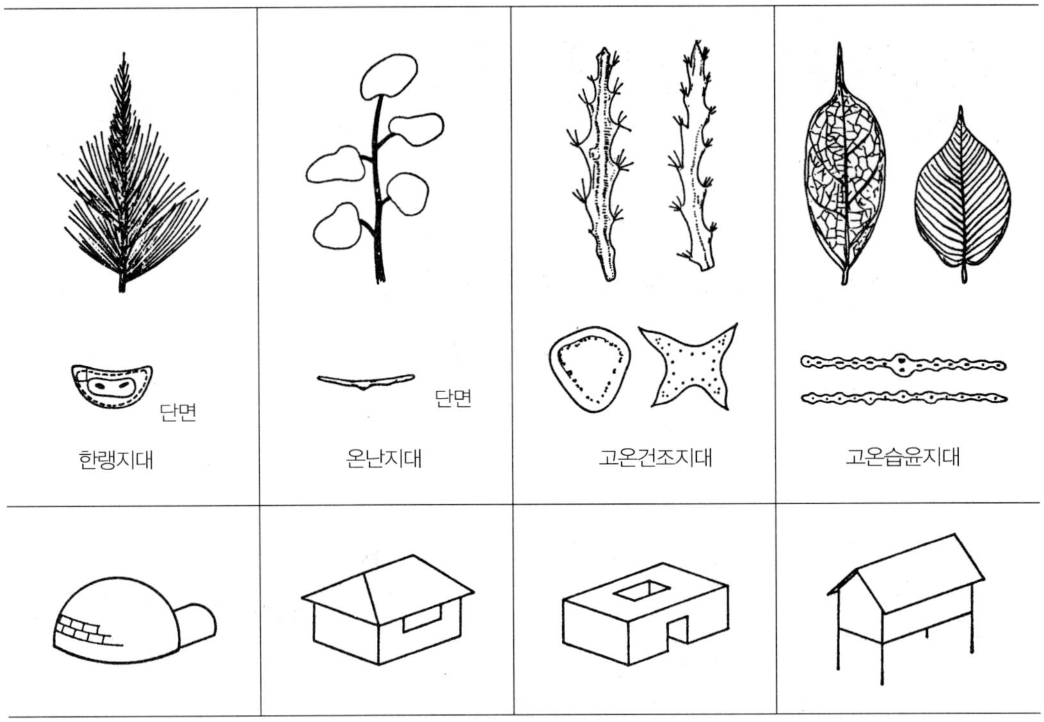

▲**그림 4**_ 식물의 형태와 주택의 대응
출처 : 岡田光正外, 住宅の計劃學, 鹿島出版會, p.2, 1993.

세계 각지의 원주민 주거나 현대인 주거의 원형을 나타낸 것이 그림 5이다. 이들은 북방권의 북구나 캐나다와 같은 한대, 지중해지역 · 한국 · 오스트레일리아 · 미국의 캘리포니아주와 같은 온대, 태국과 같은 아열대, 말레시아와 같은 열대, 알라스카와 같은 극한대 등 그 지역의 기후조건에 따라 주거의 원형은 큰 차이를 보이고 있다.

또한 기후적 조건뿐만 아니라 종교 등 문화적 조건의 영향으로 그 주거의 구조나 실배치, 외관 등 모든 디자인은 전혀 다른 모습이 창출되고 있다. 즉 어업이 발달한 지역은 물 위에서 가족이 생활하는 수상주거가 형성되고, 수렵생활을 하는 지역은 이동하기 쉬운 주거가 등장하였다. 기온차가 큰 아프리카에서는 재료획득이 쉽고, 일사방지에 도움이 되는 흙 재료를, 기온 및 습도가 높은 지역에서는 나무나 풀과 같은 재료가 주로 사용되었다. 한편 말레이시아인은 신앙에 의한 풍수의식을 중요시하여 요리를 하는 화덕을 동쪽으로 향하도록 하고, 취사장의 물은 서쪽으로 흘리며, 취침할 때는 불행을 피하기 위하여 침대는 머리를 북쪽으로 두고 자는 등 종교 · 문화적 조건이 건축의 실 배치에 결정적인 영향을 미치고 있다.

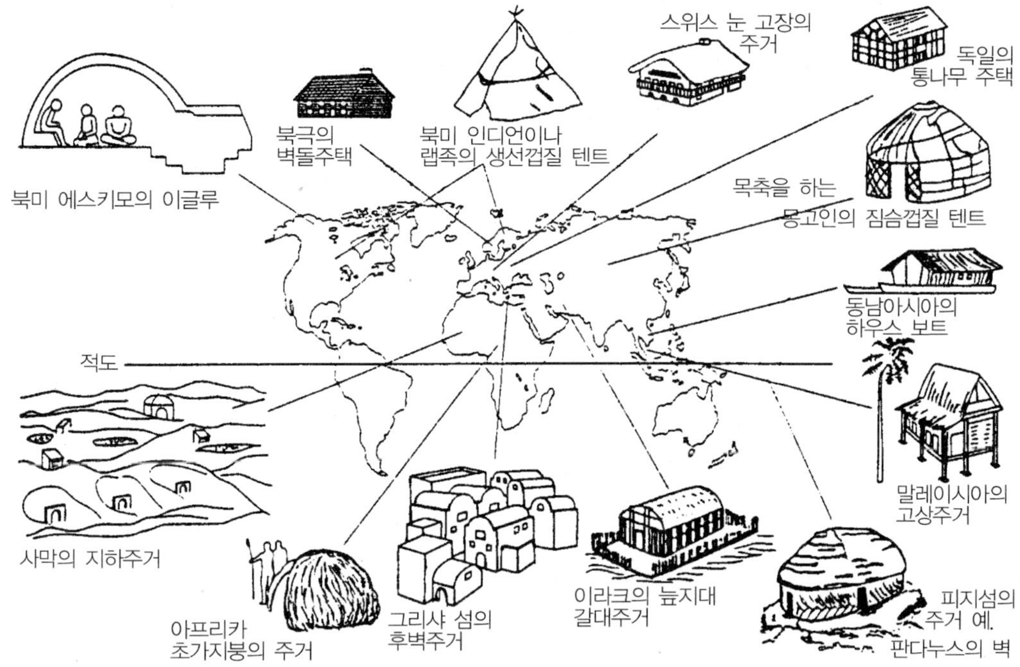

▲**그림 5** _ 세계 각지의 여러 형태 주거

이상과 같이 주거문화는 그 지역의 자연환경 · 사회환경 · 경제환경 · 문화환경에 영향을 받아 건축기술 · 건축구법 · 건축생산방식에 따라 형성되는 것이다.

(3) 한국의 주거와 풍토

1) 건축재료와 기술의 발달

건축재료의 발달은 건축구조 및 기능의 발전을 가져왔으며, 반대로 건축구조 및 기능의 발전과 그 이론의 발전 및 경제성장에 기인한 인간의 환경에 대한 고도의 요구 등에 의해 그 시대에 적용할 수 있는 재료의 생산과 개발을 촉진하여 왔다.

선사시대의 건축은 나무 · 돌 · 흙 등 자연재료를 이용하였으나, 석기시대에 들어서면서부터는 석기를 이용한 공구와 도구류를 만들어 주거건축의 구조재료를 가공하는 데까지 크게 발전하고, 특히 점토를 빚어 오늘날과 유사한 조적재료를 만들어 쓰기도 하였다.

우리나라의 민가는 자연적으로 기후를 조절할 수 있도록 재료, 구조, 난방법이 발달하여 왔음을 알 수 있다. 지붕의 재료로는 대부분 볏짚이 사용됨으로써 화재가 발생했을 경우 쉽게 확산되는 단점이 있었다. 기와는 고구려시대에 오직 왕궁 또는 불사에만 사용되었으나, 백제와 신라시대부터는 분묘에도 사용되었으며, 통일신라시대부터는 주거에 기와를 사용하기 시작했는데 경주 중심지인 왕경의 경우는 서민 주거들도 기와를 사용했다. 이와 같이 관가와 도시 주거에서는 기와가 널리 사용되었으며, 농촌에서도 생활이 넉넉한 집에서는 기와집을 선호하였다. 지방에 따라서는 지붕재에 새(茅), 갈대, 너와, 점판암 등이 사용되기도 하였다.

또한 벽체는 대부분 흙벽으로 구성하고 있는데, 흙은 교착력이 약하고 잘 바스라져 건축재료로서는 결점이 있으나 흙이 지니는 장점의 효과를 얻는 것이다. 즉 흙을 이길 때 이를 단단하게 하기 위하여 생석회를 사용하는 등 일찍부터 석회가 건축재료로 사용되었다.

조선시대에는 회반죽마감 및 붉은 벽돌을 사용하기도 하였다. 흙을 갤 때에는 짚을 넣어 벽에 바르면 흙이 무너지는 것을 방지하게 된다. 또 수수깡이나 대나무를 그 중간에 넣어 심을 박아 한쪽으로 기울거나 무너지는 것을 방지하였다.

조선시대 살림집들의 벽체는 진흙벽, 나무벽, 돌담벽으로 구성되어 있다. 진흙벽은 산자 엮은 벽, 둑으로 구성된 벽(기둥을 세우고 그 안팎에 휘틀을 대고 진흙을 다져 만든 벽－평안남북도, 황해도), 토담벽(흙덩이－생벽돌을 쌓아 만든 벽－동북지방, 일부 서북지방)으로 나누어지며, 그 중 가장 많은 것이 산자 엮은 진흙벽이었다. 나무로 된 벽은 귀틀집(산간지대)과 판자집(강원도 동부지방)에 주로 사용되었으며, 판자집은 주로 부속사의 벽체에 사용되었고, 돌담벽은 돌이 많은 강가의 살림집들에서 볼 수 있다.

우리나라 겨울철의 평균기온은 남해안 및 제주도 지역을 제외하고 모두 섭씨 영도 이하이며, 이와 같은 추위에서 생활하기 위한 난방방식으로 온돌이 이용되어 왔다. 온돌의 일반적 구조는 연소부와 채난부분 및 배연부분으로 이루어진다. 그런데 사용되는 연료나 지역적인 축조기술의 전통 등에 따라 구조가 다양하게 나타난다. 연소부분은 보통 솥을 설치한 취사겸용 구조가 일반적이었지만 난방전용의 것도 있다.

건축재료로서 보편적으로 사용되는 석재의 경우 우리나라에서는 질이 우수하고 가공이 쉬운 화강암을 들 수 있으며, 주로 주거의 기단 · 주춧부분 · 돌층계 · 담장 · 축대 · 우물가 · 장독대 · 길바닥 등 여러 부문에 걸쳐 사용되었다. 또한 안산암과 같이 벽돌두께 정도의 켜가 일게 된 것은 구들장으로 사용하였으며, 그보다 얇은 경우 황해도에서는 지붕재료로 사용하였다.

다설지방은 한랭과 다설의 두 가지 특색을 가진다. 우리나라 다설지역의 대표적인 주거는 울릉도의 우데기이다. 우데기는 집 둘레에 수숫대, 새, 싸리로 둘러 눈을 막는 방설설비로 방풍, 방우, 차양의 기능도 가지고 있다.

강풍을 고려한 지붕형태는 산지와 해안 및 도서지방으로 나누어 볼 수 있다. 강원도 산간

지방의 너와집이나 굴피 지붕의 경우는 바람에 날아가지 않도록 큰 돌을 얹어 놓는다. 해풍이 강한 해안이나 섬 지방의 지붕은 망 모양으로 얽어매고, 육지에서는 짚으로 만든 새끼줄을 초가지붕을 얽어맨다.

2) 건축구조의 변화

원시시대, 삼국시대와 통일신라시대, 고려시대 및 조선시대를 거쳐 오면서 주택의 형태는 많은 변화와 발전을 거듭했다. 현존하는 전통주거는 조선 중기 이후의 상황을 반영하고 있는데, 중요한 주거규범으로 음양 · 풍수 · 도참사상 · 조상숭배의식 · 내외사상의 적용 등을 들 수 있다. 또한 문화규범으로 신분에 따른 가사 · 가대 · 장식제한이 있었다.

1970년 이후 가장 일반적인 공동주택 형식으로 보급되어온 아파트는 사회 · 경제 · 문화의 변천에 따라 구조형식에 있어 급속히 변화되어 오고 있다. 1970년대의 경우 대규모 아파트 개발붐으로 10~15층의 철근콘크리트조 아파트가 개발되었다. 1980년대에는 급격한 지가상승, 택지부족 등의 사회적 여건으로 대도시의 경우 재개발 재건축을 통한 15~25층 규모의 고층아파트가 보급되기 시작하였으며, 1990년대 들어 문화수준 향상 · 경제성장에 따른 소득향상, 소비성향의 다양화, 고급화로 25~40층 규모의 초고층아파트가 다양한 형태로 보급되고 있다.

이와 같이 경제성장과 과학기술의 발달에 의해 현재 우리 생활 주변은 많은 변화가 일어나고 있고, 1960년대부터 공동주택이 활발하게 건설되고 있으며, 새로운 건축재료의 개발과 가구 그리고 부엌설비와 위생설비 등의 등장으로 편리하며 쾌적한 생활의 질을 추구하고 있다.

4. 건강에 영향을 미치는 주요 기상 요소

기상 요소들이 인간의 건강에 직 · 간접적으로 영향을 미친다는 사실이 밝혀지고 있는데, 단일 기상 요소들의 영향보다는 기상 요소들을 동일한 기상 특성을 가지는 기단(air mass)으로 묶어 건강 영향을 파악하려는 경향을 보이고 있다.

(1) 기온

여러 가지 기상 요소 중에서 인간의 건강에 가장 큰 영향을 미치는 것은 기온이라고 할 수 있다. 인간이 고온 환경에 노출되면 신체의 열을 적극적으로 방출하여 정상체온(36.5℃)을 유지하려는 노력을 시도한다. 고온 환경에 장시간 노출되면 체열 방출 능력이 제대로 기능을 발휘하지 못하고 체온 감소가 불가능해져 열사병(heat stroke), 열탈진(heat exhaustion), 열실신(heat syncope), 열경련(heat cramps) 등의 고온관련 질환이 발생할 수 있다.

외부 기온이 낮아지면 혈관이 수축되어 혈압은 높아지고 체내 혈액의 점성은 증가한다. 점성이 높아지면 마찰력이 커져서 혈액의 흐름이 둔화되어 혈전이 생성될 위험이 높아지고 혈관이 막히거나 터지는 원인이 되는데, 이는 고혈압과 함께 뇌졸중(stroke)을 일으킬 수 있는 요인으로 작용한다.

기온과 사망률 사이의 관계는 U자형 혹은 V자형의 관계를 맺고 있는 것으로 알려져 있는데, 사망률을 증가시키는 데 있어서 임계온도(threshold temperature)가 존재한다는 것을 시사하고 있다.

(2) 기온과 호흡기질환

기온이 높아지면 오존 농도가 높아져 천식과 같은 알레르기성 호흡기질환에 영향을 주는 것으로 알려져 있다. 오존은 질소산화물과 같은 대기오염물질이 자외선과 반응하여 생성되는 2차 오염물질로서, 호흡기를 자극하여 천식 환자들에게 큰 피해를 준다.

이에 비하여 기온이 낮아지면 폐 기능이 떨어지고 면역 반응이 억제되어 각종 급성 호흡기 감염증의 발생 위험이 높아진다고 한다. 만성폐쇄성폐질환과 같은 만성적 폐질환을 앓고 있는 사람들은 찬 공기를 마시게 되면 기도가 좁아지는 기관지수축현상이 나타나 기종이나 천식 증세가 나타날 수 있다.

(3) 습도

습도는 곰팡이 증식을 도와 호흡기질환의 발생을 높이는 위험요인으로 작용하기도 하지만, 고온 현상과 동반될 경우 기온의 영향을 가중시키는 역할도 한다. 고온과 사망률 사이의 연관성을 다룬 연구들에 따르면 사망률을 높이는 기상조건은 높은 기온과 습도가 함께 나타나는 경우가 많은 것으로 보고되어 있다. 습도가 높은 환경에서는 고온으로 인한 체열방출이 어렵기 때문이다. 또한 황산염과 같은 대기오염물질은 대기 중 습도가 높을수록 그 위험성이 커지는데, 황산염은 호흡기 질환에 영향을 주는 물질이다.

(4) 기압

기압은 우울증이나 정서장애 등을 일으키는 요인으로 작용하고, 심혈관 질환 발생과 V자형 연관성을 나타냈다는 연구가 보고된 바 있다. 그러나 기압과 고혈압 사이의 연관성은 뚜렷하지 않은 것으로 나타났다. 한편 기압은 급격한 대류순환을 일으켜 지표면 대기오염 물질이나 꽃가루 등을 확산시키거나, 기온역전(temperature inversion) 현상을 일으켜 대기오염 물질을 가두어 두는 등 간접적으로 질병 발생에 기여할 수 있다.

5. 기상변화의 주요인

(1) 지구온난화

1) 개요

지구온난화란 지구표면의 대기나 해양의 평균온도가 장기적으로 보아 상승하는 현상이다. 단순히 「온난화」라고 하기도 한다.

지구의 역사상 기후가 온난해진다든지, 한랭해진다든지 하는 경우가 여러 차례 반복되어 왔고, 「온난화」는 단순히 지구 전체의 기후가 온난하게 변하는 현상을 가리키기도 한다. 그러나 보통은 최근 관측되어 장래에도 계속될 것으로 예상된다. 「20세기 후반부터의 온난화」에 대하여 가리키는 경우가 많다. 과거의 기후에서 온난화한 것을 특별히 명기하지 않으면, 「온난화」라는 용어는 후자를 가리킨다.

대기나 해양의 평균온도 상승뿐만 아니라 생물권 내 생태계의 변화나 해수면 상승에 의한 해안선의 침식 등 기온상승에 수반하여 이차적인 여러 문제까지 포함하여 「지구온난화문제」라고 하기도 한다. 현재 온난화가 장래의 인류나 환경에 주는 악영향을 고려하여 여러 가지 대책이 수립되어 실행되기 시작하고 있다. 한편, 그 대책에 요하는 코스트가 매우 커질 것으로 보이는 점에서 그 부담이나 정책적 우선순위 등에 대하여 국제적인 논의가 이루어지고 있다.

지구의 기후에 관해서는 시간적 · 공간적으로 여러 스케일에서 온난화와 한랭화가 일어났다. 이 「인위적 · 자연기원에 관련 없는 모든 기후의 시간적 변동」을 기후변동(climate change)

이라고 한다. 기후변화에 관한 정부간 패널(IPCC : Intergovernmental Panel on Climate Change)은 이 의미를 채용하고 있는데, 기후변화에 관한 국제연합 기본협약(UNFCCC : The United Nations Framework Convention on Climate Change)에서는 「인위적인 것에 기인하는 기후변동」이라는 의미에서 이용되고, 비인위적인 것은 기후변화(climate variability)라고 하여 구별하고 있다. 「인위적 · 자연기원에 관련 없는 모든 기후의 시간적 변동」을 기후변화라고 하는 경향도 있다. 지구온난화문제는 「인위적인 것에 기인하는 기후변동」이라는 의미에서의 「기후변동문제」라고 하는 경우도 있다.

지구표면의 대기나 해양의 평균온도는 「지구의 평균기온」 또는 「지상평균기온」이라 하고, 지구 전체 기후의 변화를 나타내는 명확한 지표로 이용되고, 19세기부터 시작된 과학적 기온의 관측을 바탕으로 통계가 나오고 있다. 지구의 평균기온은 불안정하면서도 명백한 상승경향을 나타내고, 1906년~2005년의 100년간에 0.74℃(오차는 ±0.18℃) 상승하고 있다. 20세기는 후반에 상승의 페이스가 가속하는 경향이 관측되고 있다. 이에 기인하는 것으로 보이는 해수면(해면수위)의 상승이나 기상의 변화가 관측되고, 생태계나 인류 활동에의 악영향이 우려되고 있다.

이 지구온난화는 자연 유래의 요인과 인위적 요인으로 분류된다. 20세기 후반의 온난화에 관해서는 인간의 산업활동 등에 수반하여 배출된 인위적인 온실효과가스가 주요인이 되어 일으킨다는 설이 유력하다. 2007년 2월에는 IPCC에서 발행한 제4차 평가보고서(AR4)에 의해 팽대한 양의 학술적(과학적) 지견이 집약된 결과, 「인위적인 온실효과가스가 온난화의 원인인 확률은 90%를 넘는다」고 보고되었다. 이와 같은 보고가 현재 세계의 움직임의 기초가 되고 있다.

AR4에서 집약된 과학적 지견에 의하면 2100년에는 평균기온이 최량추정치에서 1.8~4℃(최대 추계 6.4℃), 해면수위는 평균추계 38.5cm(최대 추계 59cm) 상승한다고 한다. 지구온난화의 영향요인으로는, 「인위적인 온실효과가스의 방출, 특히 이산화탄소나 메탄의 영향이 크다」고 한다. 인위적인 토지이용에 의한 알베도(albedo · 천체에서 외부에서의 입사광에너지에 대한 반사광에너지의 비)의 저하, 배기가스 등의 에어로졸이나 매연 등 온실효과가스 이외의 원인도 있다. 그 한편으로 태양복사 변화의 기여량은 인위적 요인의 수% 정도뿐이고, 자연요인만으로는 현재 기온의 상승은 설명할 수 없는 점이 지적되고 있다. 일단 환경 중에 증가된 이산화탄소 등의 장수명 온실효과가스는 능동적으로 고정하지 않는 한 약 100년간(5년~200

년)에 걸쳐 지구 전체의 기후나 해수에 영향을 계속 미치고 있기 때문에 금후 20~30년 이내의 대책이 온난화에 의한 악영향의 대소를 크게 좌우하게 된다.

다만, 각각의 원인이 기후에 주는 영향에 관하여 과학적인 이해수준이 다르다. 온실효과가스에 대한 과학적 이해의 수준은 비교적 높지만, 수증기나 태양복사 등 외의 영향인자에는 이해도가 비교적 낮은 점이나 전문가 사이에서도 의견이 나누어지는 부분도 있고, AR4에서도 신뢰성에 관한 정보로서 의견의 일치도 등이 기재되어 있다. 예측 정밀도를 높이는 노력이 계속되는 한편, 이러한 불확실성을 비판하는 의견이나, 정치적 음모이다는 주장도 존재한다.

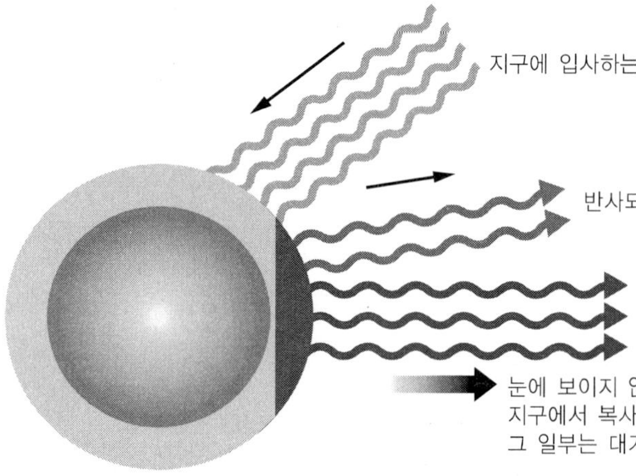

▲**그림 6** _ 온실효과의 발생과정

지구온난화는 기온이나 수온을 변화시키고, 해수면 상승, 강수량(또는 강설량)의 변화나 그 패턴변화를 일으키는 것으로 검토되고 있다. 홍수나 한발, 혹서나 태풍 등의 심한 이상기상을 증가·증강시킬 가능성이 있다. 생물종의 대규모 절멸을 일으킬 가능성도 지적되고 있다. 대국적으로 지구온난화는 지구 전체의 기후나 생태계에 크게 영향하는 것으로 예측되고 있다. 다만, 개개의 특정 현상을 온난화와 직접 연결짓는 것은 현재 매우 어렵다. 이러한 자연환경의 변화는 인간사회에도 큰 영향을 미치는 것으로 검토되고 있다. 수자원의 고갈, 농업·어업 등에의 영향을 통한 식품문제의 심각화, 생물상의 변화에 의한 영향 등이 우려되고 있다. 2~3℃를 넘는 평균기온의 상승이 일어나면 모든 지역에서 이익이 감소 또는 코스트가 증대할 가능성이 상당히 높아질 것으로 예측되고 있다(AR4). 온난화를 방치한 경우 금세기말에 5~6℃의 온난화가 발생하여 「세계가 GDP의 약 20%에 상당하는 손실을 입을 리스크가 있다」고

한다(Stern 보고).

이와 같이 지구온난화의 리스크가 거대함을 나타내는 한편, 그 억제(완화)에 필요한 기술이나 비용의 예측도 이루어지고 있다. 스턴 보고나 AR4 WG III의 집약한 학술적 지견에서 「인류는 유효한 완화책을 가지고, 온실효과가스의 배출량을 현상보다 대폭 삭감하는 것은 경제적으로 가능」하고, 경제학적으로 보아서도 강력한 완화책을 실시하는 것이 타당하다고 한다. 동시에 「금후 10~30년간의 완화노력이 결정적으로 큰 영향력을 가진다」고 예측되고, 현상보다 대규모적이고 시급한 대책의 필요성이 지적되고 있다.

이와 같은 예측에 바탕하여 지구온난화의 대책으로 여러 가지 자주적인 노력 및 정책에 의한 대책(완화책)이 추진되고, 몇 가지는 그 유효성이 인정되고 있다. 현재 그 효과는 온난화를 억제하는 데에는 전혀 충분하지 않고, 현재도 온실효과가스의 배출량은 계속 증가하고 있다. 코스트 등을 이유로 들어 이와 같은 완화책에 반대 · 저항하는 국가나 세력도 존재한다.

대책으로는 교토의정서가 현시점에서 가장 대규모적인 삭감의무를 수반한 틀로 되어 있다. 현행의 의정서는 의정서 목표달성에 성공한 국가도 있는 한편, 이탈 · 실패한 국가도 있는 등 삭감의무달성의 상황은 국가에 따라 크게 다르고, 의정서의 내용에 관한 논의도 많다. 그러나, 대책비용증가를 포함한 금후의 피해를 억제하기 위해 교토의정서보다 강력한 완화책이 필요하다는 것은 이미 대체로 국제적인 합의(consensus)가 되어 있다. 그리하여 새로운 의무부여의 틀과 목표를 결정하는 움직임이 활발하다.

2) 최근 기온의 변화

현재, 지구표면의 대기나 해양의 평균온도는 1896년부터 1900년 경(5년 평균치)에 비하여 0.75°C(±0.18°C) 따뜻해지고, 1979년 이후 관측에서는 하부대류권온도에서 10년마다 0.12에서 0.22°C의 비율로 계속 상승하고 있다. 1850년 이전 과거 1000년부터 2000년 전의 동안에 지표의 기온은 중세의 온난기나 소빙하기와 같은 변동을 반복하면서 비교적 안정한 상태가 계속되고 있었다. 그러나 보링으로 얻어진 과거의 각종 퇴적물이나 수목의 연륜, 대륙빙하, 패각 등 자연계의 대리(Proxy)를 이용하여 복원된 과거 1300년간의 기온변화보다 최근의 온난화가 과거 1300년간에 유례없는 상승을 나타내고 있는 것이 분명하다(AR4).

기온의 측정수단으로서 과거의 기온에 대해서는 위와 같이 자연계의 대리(Proxy)를 이용하여 복원되는 한편, 계측기기를 사용한 지구규모에서의 기온의 직접관측이 1860년경부터 시작되고 있다. 특히 최근 과거 50년은 상세한 데이터가 얻어져 있고, 1979년부터 대류권온도의 위성에 의한 관측이 시작되고 있다. AR4의 「세계평균기온」에 대해서는 도시의 열섬현상의 영향이 최소한이 되도록 관측지점을 선정하고, 지표평균기온의 값을 산출하고 있다. 관측지점의 선정이나 도시화의 영향 등 측정정밀도에 관해서는 또한 일부에서 논의도 있다.

3) 원인

지구온난화는 인간의 산업활동에 수반하여 배출된 온실효과가스가 주요인이 되어 일어나고 있다는 설이 주류이다. IPCC 제4차평가보고서에서 인위적 온실효과가스가 온난화의 원인일 확률은 「90%를 넘는다」고 한다. IPCC 제4차평가보고서(AR4)는 현재 세계에서 가장 많은 학술적 지견을 집약하고 세계적으로 인정된 보고서이고, 원인에 관한 의론이 이루어지는 경우도 이것이 주축이 되고 있다.

원인의 해석에는 지구규모에서 장대한 시간축에 미치는 시뮬레이션이 필요하고, 팽대한 계산량이 필요하다. 계산에는 직접관측의 결과에 첨가하여 과거 수만년 기후의 추정결과 등도 고려하여 여러 가지 기후모델을 이용하여 해석이 이루어진다. 해석의 결과, 지구온난화의 영향요인으로는 환경 중에서 수명이 긴 이산화탄소 · 메탄 등 온실효과가스의 영향량이 가장 중요하다. 이 외에 에어로졸, 토지이용의 변화 등 여러 가지 요인이 영향한다. 이러한 해석에는 과학적 이해도가 낮은 부분이나 불확실성이 남는 부분도 있고, 그것이 비판이나 회의론의 대상이 되는 경우도 있다. 그러나 이와 같은 불확실성을 고려하여도 온난화의 리스크가 큰 점이 지적되고 있다.

(2) 산성비

1) 원인

산성비(acid rain)란 환경문제의 하나로 문제시되는 현상이며, 대기오염에 의해 내리는 산성(엄밀히는 pH5.6 이하)의 비를 가리킨다. 산성의 눈은 산성설, 산성의 안개는 산성무라고 한다.

산성비의 원인은 화석연료의 연소나 화산활동 등에 의해 발생하는 유황산화물(SOx)이나 질소산화물(NOx), 염화수소(HCl) 등이다. 이들이 대기중의 물이나 산소와 반응하여 황산이나 초산, 염산 등의 강산이 생기고, 비를 통상보다 강한 산성으로 한다. 또한 암모니아는 대기중의 물과 반응하여 염기성이 되기 때문에 산성비의 정의에서는 벗어나지만, 강우에 의해 토양에 운반된 후에 초산염으로도 변화하는 것에서 광의의 의미에서 산성비의 한 원인이 된다.

대기중에 방출되는 암모니아에 대해서는 인간의 활동이나 가축분뇨에 기인하는 것이 문제시되고 있다.

산성비의 원인은, 화력발전소 · 공장 · 보일러 등(고정발생원)이나 자동차 · 비행기 등(이동발생원)에서 배출되는 유황산화물(SOx)이나 질소산화물(NOx) 등이다. 이들이 대기 중에서 황산(H_2SO_4)이나 초산(HNO_3) 등 강한 산에 변화하고, 이것이 비 · 안개 · 눈 등에 함유되어 산성비가 된다. 산성비는 유황산화물(SOx)이나 질소산화물(NOx)을 배출하고 있는 지역에만 한정하지 않고, 발생원에서 500~1,000km 떨어진 지역에 운반되어 국경을 넘는 광역적인 현상이 된다.

난방이나 자동차의 사용 등을 줄이고, 석유를 사용하는 것을 적게 하는 것은 중요하지만, 그것만으로는 산성비의 원인물질 발생은 줄어들지 않는다.

우리가 사용하고 있는 거의 모든 제품은 제조과정의 어디에서도 전기가 사용되고 있다. 전기의 대부분은 중유나 석탄을 불태워 발전하는 화력발전소에서 만들어지고 있다. 또한 제품을 운반하는 트럭, 열차, 선박, 비행기의 연료도 가솔린 등의 석유, 또한 일상생활 중에서 나오는 쓰레기의 처리에서도 산성비의 원인물질이 발생한다.

결국 산성비의 원인물질의 발생은 생산, 소비, 폐기의 인간활동 전반에 걸쳐, 특히 에너지

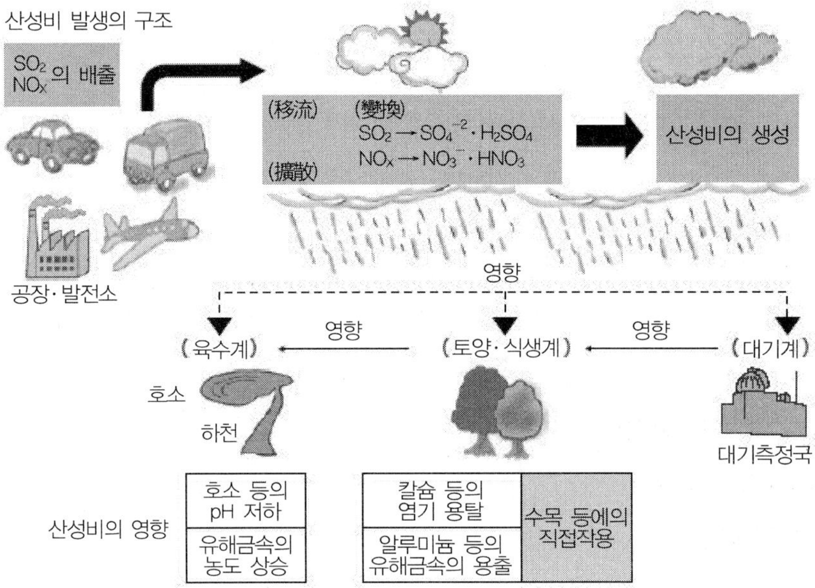

▲**그림 7**_ 산성비의 발생 메커니즘
출처 : 일본의 平成12年版環境白書

소비에 강하게 관련되어 있다.

석유나 석탄을 연소하는 양이 적어지면 대기오염도 개선되고, 탄산가스의 발생도 억제하게 되므로 지구온난화 대책에도 크게 공헌할 수 있다.

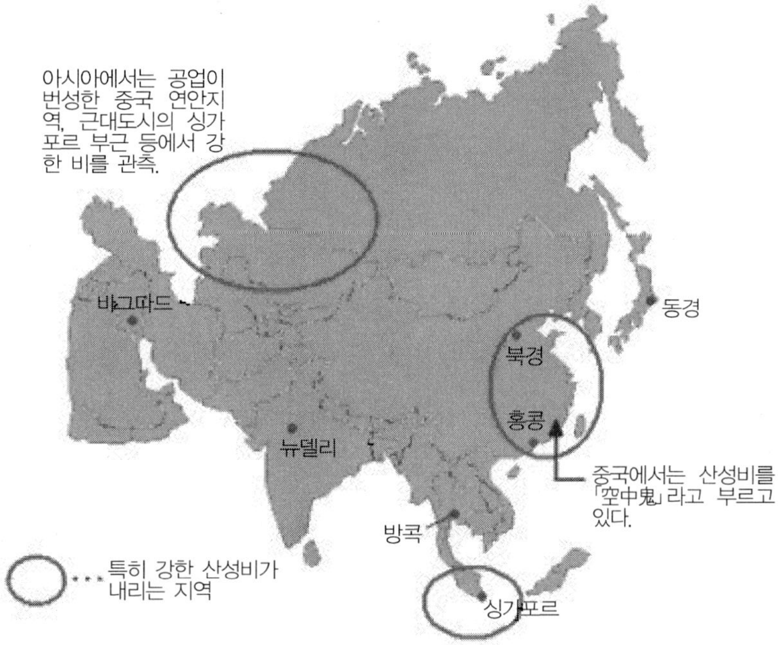

▲**그림 8** _ 아시아에서 산성비의 피해 개황

2) 산성비의 영향

① 호소에의 영향

하천이나 호수가 산성화하면 물고기의 먹이가 되는 수중 곤충이나 갑각류(새우 등), 조개도 감소한다. 또한 산성화의 영향은 수초 등 수중 식물에도 미치고, 식물 플랑크톤의 종류도 변화한다. 박테리아나 그 보다 작은 산에 강한 균류(곰팡이)도 산성물의 영향을 받는다.

② 삼림에의 영향

삼림피해는 산성비에 첨가하여 유황산화물 · 질소산화물 · 오존 등의 대기오염물질, 병충해 등 여러 가지 요인이 복합적으로 작용하여 발생하고 있다.

아시아지역에서는 중국의 중경시 근교에서 산성오염가스에 의한 건강피해나 삼림피해가 일어나고 있다. 동남아시아 지역 전체의 산성물질 배출량의 신장은 세계 최대이며, 장래, 생태계의 영향이 우려되고 있다.

이산화유황은 유황을 함유한 동이나 니켈 등의 금속을 정련할 때에도 발생한다. 송이과 진균인 송심균은 토양이 산성이 되면 번식하여 상처가 있는 수목이나 약해진 수목에 침입하여 시들게 한다.

삼목은 내산성의 수목이지만 일부 지역에서는 산성비의 영향으로 흙에 함유된 영양의 과부족이 일어나 삼목의 생장에 영향이 나타나고 있다.

③ 역사적 유적에의 영향

대리석의 건물 · 석상, 동상에 영향을 미쳐 부식과 마모 등을 일으킨다.

④ 건물, 교량 등에 이용되는 콘크리트의 철근 부식을 진행시킨다.

오래된 건물이나 고속도로 밑 등의 벽이나 난간에 「고드름」과 같은 것이 드리우고 있다. 이것은 균열에서 들어간 오염된 빗물이 콘크리트의 성분의 칼슘을 녹이면서 밖으로 나와 공기중의 탄산가스와 반응하여 이루어진 탄산칼슘이다.

⑤ 토양에의 영향

토양에서 식물에 필요한 칼슘이온이나 마그네슘이온을 용해시켜 비로 지중 깊이나 지하수에 침투하여 유실시킨다. 토양에서 식물에 유해한 알루미늄이나 중금속이온을 용출시킨다. 또한 용출한 금속이온(특히 알루미늄이온)이 하천에 유입하는 것에서 수계의 동물에 피해를 준다.

⑥ 지하수의 산성화

⑦ 적조에의 영향

⑧ 인체에의 영향

머리카락의 색이 녹색으로 변색한다. 눈이나 목구멍, 코나 피부를 자극한다. 토양의 고정 등에 사용되는 알루미늄 등의 금속을 녹이고, 그것이 하천이나 바다에 용출하여 음료수 등에 혼합된다든지, 인체에 축적한다. 알루미늄은 알츠하이머병 등의 원인의 하나가 되고 있다.

(3) 기후변화 대응의 완화와 적응

기후변화에 대한 대응방안은 크게 완화(Mitigation)와 적응(Adaptation)으로 구분할 수 있다. 완화란 기후변화의 주된 원인이 되는 인간활동에 의한 지구온난화 현상을 저감시키는 것으로, 지구온난화를 유발시키는 온실가스 발생원을 감소시키거나 온실가스 흡수원을 확충하는 것을 말한다. 즉 온실가스 발생의 주범인 이산화탄소의 배출량을 줄이기 위하여 태양열 · 지열 · 풍력 · 폐열 등 신재생에너지 개발, 하이브리드 차량 · LNG(액화천연가스) 차량 등 고효율 · 친환경 운송수단 도입, 패시브공법(손실에너지를 최소화하는 건축공법) 등을 적용한 건축환경 조성, 자원재활용 · 탄소배출저감 산업 창출, 하천 · 산림녹지공간 보존 및 확충을 통한 온실가스 흡수량 증대 등을 예로 들 수 있다. 완화는 온실가스 배출을 저감시킴으로써 기후변화로 인하여 발생되고 있거나 발생 가능한 다양한 위험요소를 회피, 저감, 지연시키는 데 기여하는 것으로 장기적인 관점에서의 대응방안이라고 할 수 있다.

적응이란 기후변화로 인하여 현재 발생하고 있거나 앞으로 발생할 것으로 예측되는 다양한 위험요소에 대하여 자연적 · 인위적 시스템 등을 활용하여 조절함으로써 피해를 저감시키고 더 나아가 우리 삶에 유익하도록 전환시키는 것을 말한다. 즉 홍수 · 가뭄 · 열파 등 기후변화에 대한 취약성을 줄이기 위한 대응 활동으로 홍수에 대비한 하천계획빈도 상향 및 하천변 완충녹지 조성, 가뭄에 대비한 댐건설 및 저수지 조성 등 수자원 관리방안, 기후변화에 대비한 작물의 다양화, 해수면 상승에 따른 방파제 건설, 해안도로 및 거주지 이전, 완충공간으로서의 습지조성 등 해안지역 보호, 기후에 민감한 질병 조사를 통한 보건환경 강화, 재해취약지역 교통환경 재배치 및 피난로 확보 등을 예로 들 수 있다. 대기 중 이산화탄소의 잔류기간(대략 50~200년)을 고려할 때 적극적인 완화 정책으로 인하여 온실가스 농도가 현재 수준으로 유지된다 하더라도 기후변화에 따른 재해 현상은 피할 수 없는 현실이고, 그 영향이나 위험이 지정학적 위치에 따라 다양하게 나타나므로 지역별 기후변화 영향의 취약성 조사를 통하여 적응능력을 강화하는 것이 무엇보다도 중요하다.

UN에서 지속가능한 개발에 따른 재해 감소의 중요성에 대한 인식을 높이기 위하여 조직된 산하기구로서 UN-ISDR(UN-International Strategy for Disaster Reduction : UN-재해경감국제전략기구)은 대중에게 재해의 위험에 대한 경각심 부각, 각 정부에서 재해경감 정책 채택, 재해 경감을 위한 국가 간 협력 도모, 재해경감에 관한 과학적 지식 증진을 목표로 하고 있다. 이 기구가 조직된 이후부터 세계의 재해 현황 및 재해경감사례 등을 발간하거나 프로그램 등을 진행하여 세계의 많은 사람들에게 재해의 위험에 대한 인식을 일깨우는 데 큰 기여를 하고 있다.

Chapter 4

풍수

일찍이 사람들이 집락, 그리고 도시를 구성하는 데에 어떻게 토지를 선택하고, 그 거주지를 형성하였는가는 대단한 흥미의 대상이다. 지금은 개발할 수 있는 토지가 희소화하고 있지만 인구가 그다지 많지 않았던 시대에 토지는 양적으로 상당히 여유가 있었음에 틀림없다.

한국의 지명 중에는 인간의 거주라는 관점에서 토지의 성질을 나타내는 지명이 다수 존재하고 있다. 사람들은 스스로 여러 토지에 거주하고, 그 경험 가운데 토지를 진단하는 지식을 익히고, 그것이 지명으로서 일반화한 것으로 보인다.

풍수론은 산세(山勢) · 지세(地勢) · 수세(水勢) 등을 판단하여 이것을 인간의 길흉화복(吉凶禍福)에 연결시키는 학설이다. 약칭 풍수설 · 지리설이라고도 한다. 만물이 기(氣)로 이루어졌다고 보아 만물 중의 하나인 땅도 지기(地氣)로 이루어진 것으로 본다. 지기에 대해 음양과 오행, 그리고 주역의 논리로 체계화한 것이 풍수지리이다. 도성(都城) · 사찰(寺刹) · 주거(住居) · 분묘(墳墓) 등을 축조하는 데 있어 재화(災禍)를 물리치고 행복을 가져오는 지상(地相)을 판단하려는 이론으로, 이것을 감여(堪輿 : 堪은 天道, 輿는 地道), 또는 지리(地理)라고도 한다.

이와 같은 풍수론은 토지의 성질을 해독하고, 거주지를 형성하는 규범으로서 활용되고, 오늘날까지 이어져오고 있다. 본래는 지혜의 체계이었던 것이 긴 역사 중에서 관습적 내지 종교적인 색조를 띠게 되었다. 중국에서 발생, 전개하여 한국을 거쳐 일본에 전해진 풍수론은 그 지역의 도시형성과 건축에 큰 영향을 주었다.

도시나 지역 및 건축의 계획에서 자연환경과 친화하는 계획기법의 확립이 요구되고 있는 오늘 풍수적 계획기법의 관점에서는 어떻게 할 것인가, 라는 과제가 있다.

1. 풍수사상의 취락입지 원리

(1) 취락입지 원리로서의 양기풍수

풍수에서 산을 용에 비유해 말하는 것은 산을 최대한으로 존중하고 공경하는 표현이다. 사람이 상상한 최고의 동물처럼 산은 살아 움직이는, 신령하고 귀한 존재였다.

그래서 우리나라에는 '용(龍)'자 들어가는 지명이 가장 많다. 와룡(臥龍)은 낮게 누운 듯한 산을 가리키고, 반룡(盤龍)은 또아리를 튼 모양이고, 회룡(回龍)은 머리를 꼬리 쪽으로 돌린 모습이다. 심지어는 산이 평지를 지나다가 없어져도 잠룡(潛龍)이라 하여, 땅밑으로 산줄기가 흐르고 있다고 보았다.

용이 있으면 여의주가 있기 마련이어서 풍수에서 최고로 치는 오룡쟁주형(五龍爭珠形)이라는 산 모양도 있다. 뒷산이 쌍봉(雙峰)일 때는 그 마을에 쌍둥이가 많고, 모양이 뾰족한 앞산은 문필봉(文筆峰)이라 하여 문인재사(文人才士)가 태어날 고을이라고 했다.

한국의 전통 경관을 이해하는 데 있어 풍수사상이 중요하다는 것은 주지의 사실이며, 이 분야의 연구는 지리학자나 건축학자들에 의하여 상당히 진척되었다. 특정 지역의 문화경관이란 어떤 문화의 테두리 안에서 자연경관이 인간에 의하여 개조되어 온 결과이며(Glacken, 1967), 이러한 문화 경관화 과정에 있어서 풍수사상이 미치는 영향은 크게 네 가지로 나누어 볼 수 있다. 그 첫째는 장소의 선정, 둘째는 선정된 곳에 알맞은 구조물을 설계하여 설치하는 것, 셋째는 이 과정을 통해 인간과 자연이 서로 적응하여 관계를 유지하는 것, 넷째는 풍수를 고려한 상징물의 축조이다.

풍수에서는 산, 수, 방위, 인간을 기본으로 하여 인간의 삶터를 다루는데, 흔히 개인의 주택에 있어서 건축물의 배치와 방위를 지칭하는 양택풍수(陽宅風水), 취락의 입지에 있어서 터를 선정하는 방법을 지칭하는 양기풍수(陽氣風水), 죽은 자의 거소(居所)인 묘지를 선정하는 음택풍수(陰宅風水)로 구분될 수 있다(최창조, 1984). 이 중 현대 지리학의 관점에서 볼 때 취락입지의 선정과 같은 맥락으로 해석할 수 있는 양기풍수에서는 산수취합(山水聚合)의 규모에 따라 제일 넓은 곳에는 기전(畿甸)이나 성성(省城)이, 그 다음 규모에는 군(郡)이, 그 보다 작으면 주읍(州邑)이, 그리고 아주 작은 곳에는 시정(市井)이나 향촌(鄉村)이 들어선다(陽宅大全, 卷之五). 결국 한국 풍수사상 가운데에서 취락입지 원리로서 가장 큰 영향을 미친 것은 양기풍수임을 알 수 있다.

(2) 양기풍수의 취락 입지선정 원리

양기풍수에서 취락의 입지선정 원리는 경험적 논리체계인 '간룡법－장풍법－득수법－정혈법'의 단계로 파악하고, 취락의 구체적인 시설물 배치 기준은 '좌향론'으로, 지역의 종합적 특징의 파악은 기감응적 인식체계인 '형국론'으로 나누어 지형과 기후 등 자연환경의 제반 조건을 인간의 삶과 조화시키는 종합적인 입지론이라고 할 수 있다.

풍수적 논리에 입각한 입지선정의 원리를 단계적으로 살펴보면, 간룡법(看龍法)은 산의 능선 연결방향 및 산의 형태에서 산의 좋고 나쁨을 판단하여 최종적으로 풍수 술법의 목적인 길지로서의 「혈(穴)」[1]의 뒤쪽에 우뚝 솟은 「진산(主山)」을 선정하기까지의 방법이다. 풍수지리설에서 「용(龍)」이란 산 또는 능선을 가리키고, 그 능선에 따라 생기가 흐르는 것이라고 보고 있다. 산의 능선 연결방향은 본래 한반도 북단에 위치한 백두산에서 지향하는 혈의 배후 산까지를 보지만, 일반적으로는 가까운 명산에서, 또는 「백두대간」이라고 하는 백두산에서 이어지는 주요한 능선에서의 진산(주산)까지의 길흉을 본다.

장풍법(藏風法)은 간룡법에서 결정한 진산(주산)을 바탕으로 그 산기슭에 있는 혈의 주변 지형을 보는 방법이다. 따라서 한반도의 풍수지리설에 보이는 지형을 중시하는 특징은 이 장풍법에 가장 잘 나타난다. 구체적으로는 혈의 주변 지형으로 「사신사(四神砂)」[2]라 불리는 청

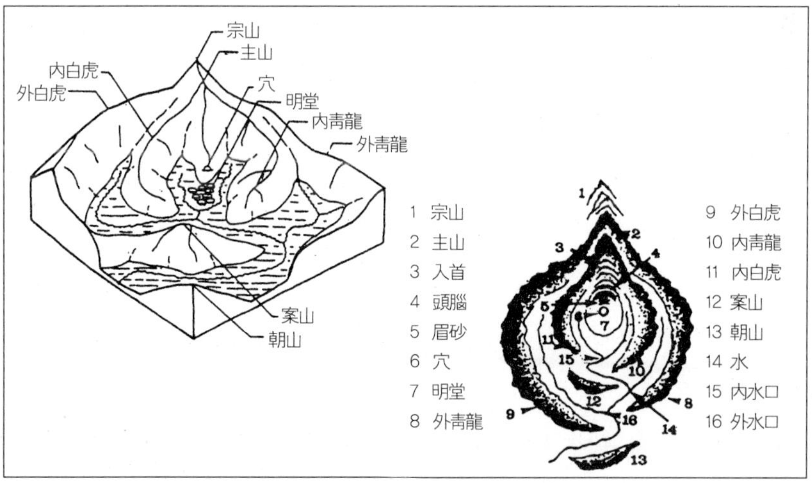

▲그림 1 _ 산국도

1) 풍수지리설에서 「생기」가 흘러나오는 장소이고, 풍수지리설은 이 장소를 선정하여 묘·건물 등을 입지하는 것을 목적으로 하고 있다.

2) 중국을 기원으로 하는 동서남북의 각 방향에 신을 배치하는 사상으로 북은 거북으로 흑색을 나타내는 신, 동은 푸른색으로 용, 서는 흰색으로 호랑이, 남은 붉은색으로 새를 나타낸다.

룡(東)ㆍ백호(西)ㆍ주작(南)ㆍ현무(北)을 나타내는 산들에 대한 길흉을 판단한다. 풍수의 이상적인 형태를 나타내는 산국도(그림 1)에는 이 사신사 중 청룡ㆍ백호가 나타나 있고, 동서라기보다 혈에서 진산(주산)을 배경으로 보아 좌측이 청룡, 우측이 백호로 되어 있다. 따라서 만일 산국의 그림과 같은 이상적인 입지라면 집락은 이른바 장풍득수의 형태의 장소에 입지하게 된다.

득수법(得水法)은 주로 음양론 및 역(易)에 바탕하여 동적인 물을 「陽」으로, 정적인 산을 「陰」으로 파악하여 쌍방을 조화시키도록 하는 것이다. 그리고 원칙적으로는 간룡법에서 선정한 진산에서 보아 하천이 좋은 방향에서 흘러 나쁜 방향으로 흘러나오는 지형을 좋은 지형이라고 판단한다. 또한 일반적으로 산맥을 전해내려온 생기는 혈에서 흘러나오지만, 바람이 불기 쉽고, 물이 차단되는 곳에서 고정되는 성질을 지닌다고 하는데, 생기의 유출을 방지하는 산과, 그 흐름을 차단하는 하천 등이 필요하고, 이들 조건을 충족시키는 것은 「배산임수」, 보다 이상적으로는 「장풍득수」의 지형이 된다. 그리고 일반적으로 장풍득수의 지형에 입지하는 집락은 풍수지리설의 영향을 받고 있는 것이다.

정혈법(定穴法)은 풍수의 요체인 혈을 결정하는 술법이다. 혈은 생기가 흘러나오는 장소이며, 음택풍수의 경우에는 사체가 직접 흙에 접하여 생기를 받을 수 있는 곳이고, 양기풍수의 경우에는 거주자가 실제로 인생의 대부분을 그 위에서 살아가는 장소이다. 즉 「정혈법」이란 이들이 입지하는 장소를 이상에서 설명한 간룡법, 장풍법, 득수법에 이어 탐구하기 위한 방법이다.

형국론(形局論)은 풍수지리설의 술법에서 벗어나 지세와 하천의 배합을 의인화ㆍ의물화하여 여러 가지 해석을 한 것이다. 이것은 우주의 만물에는 외형에 상응한 기상과 기운이 내재하고 있다는 물형규국론(物形規局論)을 원리로 하고 있다. 예를 들면 지세와 하천의 형태가 배의 모양과 비슷한 「행주형(行舟型)」의 장소에서는, 「배 밑에 혈을 열어 배가 가라앉지 않도록」 우물을 만들어야 한다든가, 「배가 흘러가지 않도록」 닻을 만들어 강에 가라앉혀 두는 등이라고 말해지고 있다.

이와 같은 원리에 의해 취락의 입지가 선정된 후 구체적인 시설물의 배치 기준은 '좌향론(坐向論)'에 의해 결정된다. 좌향론은 방위ㆍ방향에 의해 길흉을 판단하는 방법이다. 주로 산세나 물흐름ㆍ「좌향」의 방위ㆍ방향의 길흉을 판단한다. 일반적으로 「좌향」은 혈에서 본 방위를 말한다. 즉 혈의 뒤쪽이 「좌」, 그리고 혈의 정면이 「향」이다. 이때 뒤쪽 및 정면은 진산(주산) 및 안산(案山)에 대응한다. 예를 들면 진산이 북, 안산이 남에 위치한 경우에는 「子

(北)坐午(南)向」이라고 한다.

이상에서 든 풍수의 제술법은 일반적으로 간룡법→장풍법·득수법→정혈법의 순서로 이용되고, 최종적으로 혈의 위치를 선정한다. 또한 좌향론은 각 단계에서 방위의 길흉을 판단할 때에 이용된다.

(3) 풍수지리설의 집락에의 영향

풍수지리설의 집락에의 영향으로는 주로 집락의 입지에의 영향과 집락내부의 각 시설의 배치구성에의 영향의 두 가지가 고려된다.

먼저 집락의 입지, 특히 지형적 입지에 대하여 풍수의 영향이 나타나 있다고 하는, 그와 같은 영향을 받은 집락은 「배산임수」 또는 「장풍득수」형의 입지를 이루고 있다. 이러한 집락으로는 조선시대의 읍성집락을 들 수 있다. 즉 읍성집락은 풍수지리설이 융성했던 조선시대 초기에 지방행정거점으로서 국가에 의해 설치된 집락이기 때문에 풍수지리설의 영향을 받았고, 그 입지에 대해서는 배후에 우뚝 솟은 진산의 기슭이나 계곡에도 입지하고 있다. 또한 조선시대에는 풍수지리설이 묘지선정을 중심으로 한 민간신앙으로서도 확대되고, 유력한 동족조직이 거주하는 일반의 촌락에 대해서도 그 입지에 대하여 풍수지리설의 영향이 보인다.

다음에 집락 내의 배치구성에 영향이 나타나는 경우가 있다. 이것은 조선시대의 한양·개성 등의 수도나 지방행정거점이었던 읍성집락 등에서 시설의 배치에의 영향이며, 풍수지리설에 따라 시설을 배치하는 경우, 진산의 기슭과 혈 또는 그 전방에서 생기를 받는 평탄한 토지인 「명당」에 중요한 시설을 배치하는 예가 보인다. 예를 들면 한양의 경우에 경복궁은 한양의 진산(주산)인 백악산을 배후로 입지하고, 또 하나의 궁진인 창경궁·창덕궁도 부주산격의 응봉산(鷹峰山)을 배후로 배치되고 있다. 또한 읍성집락에서도 풍수지리설, 특히 진산의 관계가 내부의 시설배치에 강하게 영향을 미치고 있다. 행정관청인 「관아(官衙)」, 지방의 교육기관이고 공자를 모신 문묘(文廟)를 가진 「향교(鄕校)」, 방어기능을 담당하는 성벽으로 이루어지는 「읍성(邑城)」, 「산성(山城)」이 거기에 해당한다. 그 이외에도 지방경제의 중심을 이루는 「시장」, 수령의 공적을 나타내는 「선덕비」, 집락의 안녕을 담당하는 「성황단」, 토지의 신·곡물의 신을 제사하는 「사직단」 등의 제사시설이 존재하였다. 또한 군사적 기능을 아울러 가진 읍성집락의 경우에는 「군기고」, 「군량고」가 설치되어 있었다(그림 2).

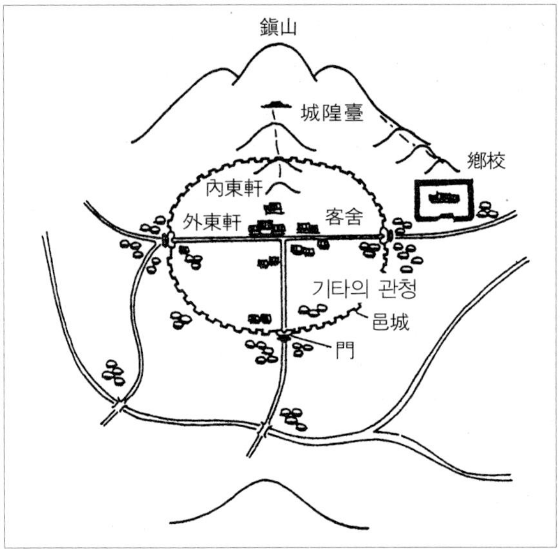

▲**그림 2**_ 조선중기의 읍성집락의 배치구성

2. 『택리지』의 가거지 원리

이중환의 『택리지』는 사민총론, 팔도총론, 복거총론, 총론의 네 부분으로 구성되어 있는데, 사민총론(四民總論)은 사농공상의 신분계층 발생에 대한 내용이고, 팔도총론(八道總論)은 국토 전역에 대한 지리적 특징을 팔도의 자연환경과 인문환경을 관련시켜 논하고, 건국연혁과 사대부의 지리적 분포를 논한 내용이다. 복거총론(卜居總論)은 살기 좋은 땅을 선택하는 데 있어서 지리, 생리, 인심, 산수의 4가지 조건을 제시하고, 그 상호관계를 논하면서 각 조건에 대한 구체적인 이론을 전개한 내용이다. 마지막으로 총론(總論)에서는 가거지의 조건이 지리와 생리의 이점에 있는 것이 아니며, 신분의 차별이 없고 당쟁의 피해가 없는 '땅 아닌 땅(非地之地)'을 이상적인 가거지로서 결론을 내리고 있다.

이 중 취락입지의 가거지 조건을 직접적으로 다루고 있는 부분은 복거총론의 「지리」부분이다. 취락입지의 자연조건을 논의한 「지리」의 내용을 보면, 풍수적 내용을 기초로 하고 있으면서도 동시에 인간의 심리적 영향을 고려한 환경 지각적인 부분이 상당히 내포되어 있음을 알 수 있다. 지리 부분에서는 입지의 자연조건으로서 수구(水口), 야세(野勢), 산형, 토색, 수리, 조산조수(朝山朝水)를 들고, 그에 따른 산과 수와 들의 물리적 형태와 특징을 판단하고 있다.[3)] 각 항목을 취락입지 원리로 분석하면 다음과 같다(표 1).

표 1 _『택리지』의 가거지 조건과 현대적 해석

자 연	가거지 조건	현대적 해석
수구(水口)	· 수구가 꼭 닫히고 그 안에 들이 펼쳐진 곳 · 역수(逆水)가 판국을 가로막은 곳	· 안과 밖을 구분하는 공간감 형성 수단 · 환경위생학적 고려
야세(野勢)	· 들이 넓고 하늘이 확 트인 곳 · 큰 들판에 낮은 산이 둘린 곳 · 높은 산중에 들이 펼쳐진 곳	· 들의 크기, 공간 규모 · 마을의 입지 선정 기준 · 일조와 미기후에 의한 건강
산형(山形)	· 수려, 단정, 청명, 아담 · 산맥이 골짜기를 감싸는 형태	· 시각적 특징 표현(미적표현) · 지형재해에 대한 안정성 고려
토색(土色)	· 사토가 굳고 촘촘한 곳	· 식수의 구득과 관련
수리(水理)	· 유출입이 지리에 합당 · 산중의 시냇물과 골물이 모이는 곳(지류와 본류의 합류지역)	· 취락지역과 유수의 관계 · 취락주변 물 흐름의 균형성을 강조, 침식 방지
조산(朝山)	· 멀리서는 맑게 빼어나 보이는 산 · 가까이서는 맑고 깨끗한 산	· 전망요소 · 환경심리학적 요소
조수(朝水)	· 흘러드는 물이 산맥방위와 조화를 이룬 곳 · 곡류의 정도가 큰 하천	· 집중호우시 산사태와 급류에 의한 침식 및 침수 가능성 고려

출처 : 박의준, 한국 전통 취락입지의 지리학적 고찰, 한국지리학회지, 2001.

(1) 수구 : 하천의 출구

현대의 자연지리학적인 측면에서 취락이 곡류 하천의 안쪽에 있을 경우, 활주사면에 해당되어 유속이 느리고 퇴적이 활발하기 때문에 토양침식이 적어 유리하다고 해석할 수 있다. 이는 풍수의 득수법에서 '내외수류역세(內外水流逆勢)'에 해당되는 조건으로 내수와 외수가 반대로 흐를 경우 취락의 침수 방지와 배수에 유리하다는 의미가 된다.

(2) 들의 형세

일조시간이 길고 가시권이 넓은 곳, 들판에 있는 낮은 구릉지 주변의 분지 지형, 상대적인 기복은 낮으면서 동시에 들판이 펼쳐져 있는 산간분지나 고위 평탄면과 같은 분지 지형을 취락입지의 길지로서 판단하고 있음을 알 수 있다.

3) 『택리지』의 지리 부분에 기술된 "지리를 논하려면 먼저 수구(水口)를 보고, 다음 들 형세(野勢), 산 모양(山形), 흙 빛깔(土色), 물이 흐르는 방향과 형세(水理), 앞산(朝山)과 앞물(朝水)을 본다", "수구가 엉성하면 아무리 많은 살림이 있어도 여러 대로 전해지지 못하고 저절로 없어진다", "물은 재물을 관장하는 것이므로 물가에 부자가 많다"는 등의 말은 물의 중요성을 지적한 것이다.

(3) 산의 모양

주산은 취락의 배경으로서 시각적이면서 동시에 상징적인 대상이다. 그리고 중앙부에 넓은 평지를 끼고 있는 다양한 고도의 산지지형과 전면부에 하천을 두고 형성된 산록완사면 지형을 길지로 판단한다. 또한 지형학적인 관점에서 보았을 때 지각변동으로 불안정하면서 산사태의 가능성이 높은 산지지형은 취락입지에 부적합한 지역으로 판단한다.

(4) 흙의 빛깔

사토가 굳고 촘촘하면 여과기능이 좋아 지하수 수질이 좋다는 의미가 내포되어 있으며, 철분산화물이 많이 함유되어 있는 적색토와 배수가 불량한 환원토양, 풍화를 많이 받아 영양소가 용탈되어 망간이 코팅된 토양은 취락입지 지역으로서 좋지 않다는 것을 의미한다.

(5) 물길 : 수리

산간 지역에서는 지류와 본류가 합류하는 곳이 길지로 인식된다. 풍수에서는 혈 앞을 흐르는 외수와 혈장 내의 내수 사이에 요구되는 조건으로 '합수의 원리'를 들고 있는데, 여기서 합수란 혈장을 호위하는 청룡백호사의 계곡에서 발원한 물이 혈장 앞에서 합한다는 것이다. 이러한 경우 합수시 유속이 감소하여 침식현상을 방지할 수 있는 이점이 있다.

(6) 조산조수

환경 지각적인 평가에서 심리적으로 안정감을 주는 경관의 산이 취락입지의 한 요인이 된다. 반면에 환경 심리학적으로 나쁜 영향을 주면서 집중 호우에 산사태나 홍수의 발생 위험이 있는 산을 배제해야 한다는 의미도 포함된다. 또한 물의 경우 자연스러운 자유곡류 하천을 선호하지만, 심한 곡류에 의한 유로변경의 결과 형성된 우각호는 습한 기운이 생겨 살기에 부적절하며, 유속이 빠른 곳은 침식작용이 활발하여 비옥한 토양이 형성되기가 어렵기 때문에 취락입지 지역으로서는 부적당함을 지적한다.

이상의 사실을 종합하여 보면, 『택리지』의 「지리」 부분에서 서술하고 있는 여섯 가지 조건은 각종 경관이 종합된 자연환경 속에서 취락선정을 위해 지각된 경관이다. 따라서 지각된 자연경관은 안정된 형태와 공간을 추구하려는 대상이 된다.

3. 명당공간과 건축의 중정

풍수의 이념에서는 대지가 만물의 생명원을 가지고 있고, 혈이란 생명원(풍수에서는 「氣」로 표현한다)이 쏟아져 나오는 곳으로 인식되고 있다. 자연지형 중에서 혈은 유일하지 않고, 모든 지형상의 균형이 잡히고, 고저나 좌우의 배치가 균등한 곳은 모두 혈이고, 대지에서 음양조화의 땅으로 보인다. 풍수의 선택 토지에 의한 혈의 위는 성스러운 중심이고, 도성에서 군현, 주택, 묘까지를 배치하는 데에 적합한 장소로 보인다. 그리고 혈의 전방공간(묘라면 무덤 앞, 건조물이라면 정면)에 대하여 좌우의 청룡과 백호의 산맥에 둘러싸인 평탄한 광장을 「명당」으로 칭한다.

명당이란 본디 천자가 군신의 숭상을 받는 장소나 신하를 모아 정사를 논의하는 장소를 의미한다. 풍수에서의 명당이란 혈에 대하여 예배하는 곳이고, 또한 혈에서 넘친 「氣」가 결집하는 공간이라고도 인식되어 있다. 명당을 이루는 조건으로는 方·正·平·圓의 형태, 또한 혈로 향하여 유정한 형상(혈로 향하여 만곡으로 안는 형태를 有情이라고 한다)이 요구된다. 즉 정형의 평탄지가 바람직하다는 것이다. 따라서 혈 앞의 공간이 경사, 산란, 무정(혈에 반역한다)의 풍경이라면 「氣」는 결집하지 않은 것으로 간주되고, 인공적인 보수나 경관 등의 작업이 검토되어야 한다.

혈과 명당은 풍수구조에서 대조가 되어 존재하는 것으로 인식된다. 결국 혈이 성스러운 중심이라고 보면 그 앞의 광장인 명당은 聖과 俗이 만나는 장으로 俗의 공간으로 보지 않을 수 없다. 이러한 「聖－俗」, 「上－下」 등 관계를 가진 혈과 명당은 전통건축의 공간구성에도 적용된다. 먼저 건축의 중심인 주건축과 거기에 부속하는 전정의 관계에 대응되는 것으로 보인다. 즉 궁전의 경우에서는 왕이 있는 정전을 혈로 하고, 전정의 문무백관이 삼가 공손히 축하하는 곳은 명당으로 간주된다. 사원이라면 본존을 안치하는 금당을 혈, 신도가 모여 예배하는 중정을 명당으로 볼 수 있다. 또한 서원의 경우에는 강당이 혈, 학생이 모여 집회한다든지, 공부한다든지 하는 前庭이 명당이다. 그리고 중국 민가의 경우에는 「正廳」, 「祖堂」을 혈로 하고, 그 앞의 「院子」는 명당에 비유된다. 한국의 전통주택에서는 중심의 존재인 대청을 가진 안방을 혈로 하고, 그 앞 옥외 종속공간으로서의 안마당은 명당에 대응하는 것으로 볼 수 있을 것이다.

이와 같은 전통건축의 공간구조와 풍수의 이상적 지형과의 대응관계는 중국의 四合院 배치에 충실히 반영되어 있다. 사합원은 중국 상류계급의 전통주택으로 대표되고, 남북축을 가진 중정을 중심으로 이것을 4채의 가옥이 둘러싸는 구성으로 되어 있다. 풍수의 공간배치(그림 2)를 참조하면서 사합원의 배치를 보면 주택 전체의 중심적 지위를 가진 「正廳」은 조상을 제사하는 「祖堂」이고, 가족의 정신적 중심인데, 혈의 위치에 설정된다. 또한 「正廳」의 뒤에 있는 1층 또는 몇 층인가의 「屋身」은 풍수의 坐山이 되고, 앞의 「門屋」, 「堂屋」은 각각 풍수적인 案山이나 朝山에 해당하는 것이다. 그리고 좌우의 「廂房」은 청룡과 백호에 상당하고, 회랑에 둘러싸인 중앙 광장인 「院子」는 풍수의 명당, 밖으로의 출입구는 풍수의 水口로 고려된다(그림 3, 4).

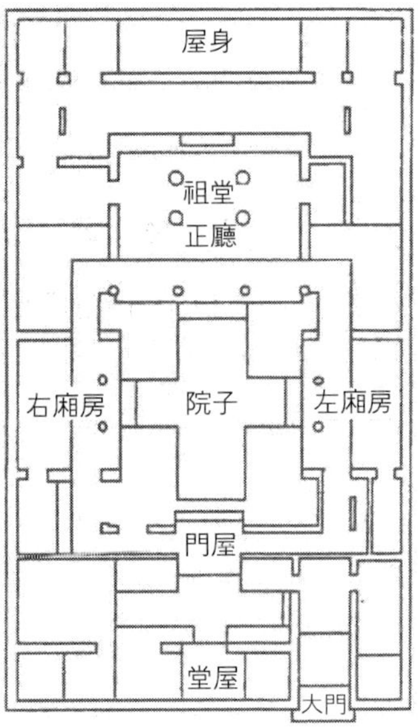

▲**그림 3**_사합원의 평면도

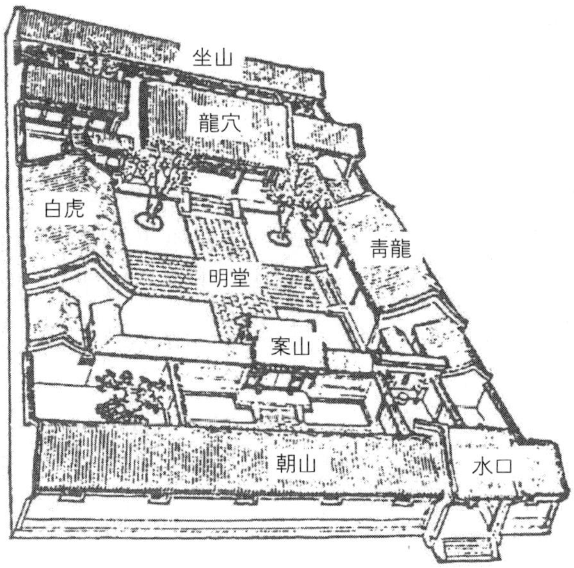

▲**그림 4**_사합원의 배치와 풍수구조의 대응도

거주질서에서 보면 북의 안쪽에 위치하는 남향의 건물은 풍수의 현무에 상당하고, 기단이 한 단계 높아지며, 가장 지위가 높은 가장의 생활공간이 된다. 동서의 각각 중정을 향한 건물에는 자녀가족의 방이 배치되고, 청룡에 해당하는 동쪽의 건물은 장남, 백호의 방향인 서쪽의 건물 지붕은 동쪽 건물보다 약간 낮은데, 여기가 차남의 생활공간이 된다. 또한 주작의 위치에 있는 북쪽으로 향한 남쪽의 건물은 가장 질서가 낮은 사용인의 방이나 창고로 사용된다. 이러한 공간배치는 풍수사신 「현무－청룡－백호－주작」의 지위 순번에 따르고, 가정 내의 윤리적 질서를 나타내고 있는 것으로 고려된다.

다음에 중국의 풍수사상에 영향을 받은 한국의 전통주택으로 조선시대의 상류주택, 양반주택을 들어본다. 양반계급 전통주택의 구성에는 계층, 지역, 연대 등 여러 가지 요소에 의하여 부지의 규모나 배치에 약간의 변화가 있다. 그러나 기본적인 구성으로는 안채와 사랑채가 안마당을 둘러싸고, 그 외측의 사랑마당은 외면으로 향하여 담으로 둘러싸는 공간구성이 일반적이다(그림 5).

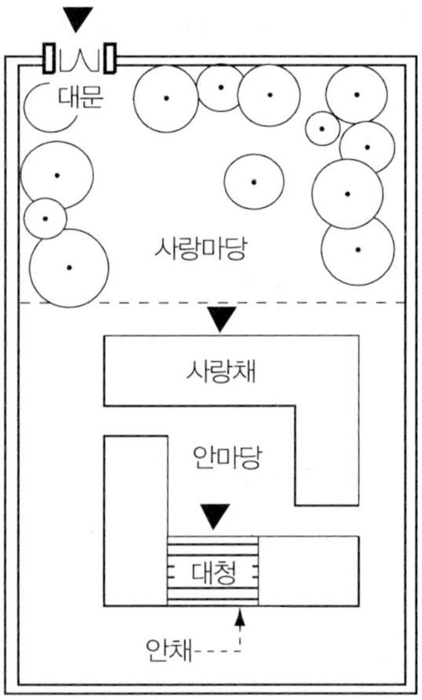

▲**그림 5** _ 한국 전통주택의 배치도

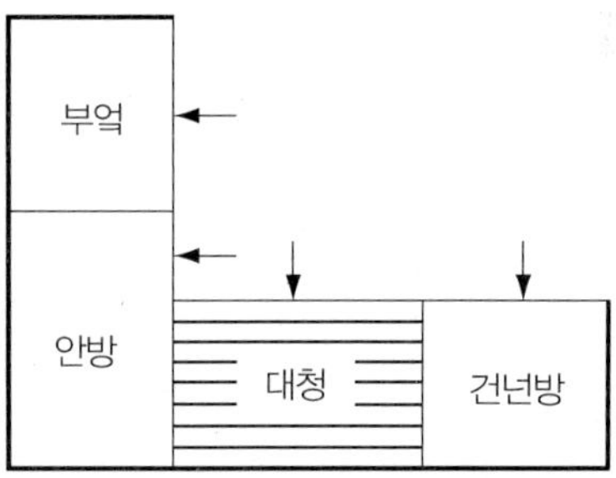

▲**그림 6** _ 안채의 실내 배치도

전통주택에서는 안채가 본채가 된다. 안채 중의 실배열은 중앙의 대청과 그 양측의 안방과 건넌방 및 부엌으로 구성되어 있다(그림 6). 안채의 방 구성에서 안방은 주침실로서 주인부부의 생활거점으로 사용된다. 건넌방은 안방 다음 침실로 주로 장남부부 생활의 장이다. 이 2개의 침실 사이에 있는 대청공간은 일반적으로 식사, 가족회의, 작업의 장으로 사용되는데, 집을 지키는 家神이나 祖靈을 여기서 제사지내기 때문에 행사와 제사의 장으로서도 이용되고, 사합원의 「正廳, 祖堂」과 같은 역할을 가진 공간이고, 주거의 중심적 성격을 가진 것으로 고려된다.

안채의 정면에 열려진 공간은 안마당이라는 중정이다. 이 안마당은 안채와 부속채의 사랑채에 의하여 둘러싸이고, 사랑채의 각 방이 중정에 등을 돌리고 밖으로 향하는 특징을 가진 것에서 고려하면 안채에 부속하여 가족생활에 이바지하는 사적인 폐쇄적 공간이고, 안채와 아울러 발생한 일체의 공간구조로 고려된다. 안채 내에서는 할 수 없는 작업을 행하는 내부

공간의 연장으로 사용될 뿐 아니라 안채 실내의 채광이나 통풍, 외부에의 통로 스페이스로 시각적 조망 등이 확보되어 있다.

부지의 입구인 대문에 면하여 안마당을 둘러싸면서 안채에 등을 돌린 부속채가 사랑채이다. 사랑채의 공간은 가족의 남자를 중심으로 사용되고, 손님을 접대하는 방이고, 외부사회와의 교제의 장으로서 설정되어 있다. 안채가 내부에 대하여 마련된 사적공간인 데 대하여 사랑채는 외부 사회로 향한 공적공간이라고도 할 수 있다. 또한 사랑채는 중정을 둘러싸는 동시에 등을 지는 특징을 가지기 때문에 내부의 사적공간을 보호하면서 외측에 개방하는 침실의 외향성을 나타내고 있다.

사랑채와 외부공간의 사이에는 사랑마당이라는 완충지대가 마련되어 있다. 사랑마당은 밖으로 향하여 열려진 공간으로 인식되고, 일반적으로는 식재나 가정채원의 장으로서 이용되고 있다. 이와 같이 부지의 전방에 녹지공간을 배치하여 외부의 자연경관을 내부에 도입하고, 내외공간의 연결을 가지게 하고 있는 것이다. 또한 사랑마당은 부지 전체의 정면에 위치하기 때문에 거주공간의 권위성을 강조하는 역할도 지니고 있는 것으로 고려된다.

부지 전체를 둘러싸는 흙, 돌이나 식목으로 조성된 담은 내부를 외부에서 가로막는 역할을 담당하고, 내부의 사적영역과 외부의 공적영역의 경계를 구성하고 있다.

다음에 풍수의 지형구조와 한국 전통주택의 공간구성에 공통하는 특징을 추출하여 분석한다.

(1) 폐쇄적인 둘러싸인 구조

한국의 전통주택은 가옥과 담의 둘러쌈의 반복에 의한 구심적인 공간구성을 가지고, 안마당을 핵으로 하여 건물로 이것을 둘러싸 외부 공간과 명확히 구분시키고 있다. 이러한 중정형의 폐쇄적인 부지구성은 자기방어의 의도를 명확히 나타내고 있다고 할 수 있다. 이와 같은 공간구성의 이념은 풍수의 「위요」개념과 공통하고 있다. 풍수에서는 중심 광장인 명당을 핵으로 하여 주위에 융기한 지형이 몇 겹 이것을 둘러싸는 일종의 폐쇄적인 공간구조를 길한 것으로 하여 「山河襟帶」라는 말로 표현한다. 이것은 「산이 옷깃과 같이 두르고 하천이 띠와 같이 돌아흐른다」는 것이고, 의복의 옷깃이 맞부딪치면 띠로 감은 모습으로 비유하여 자연지형의 둘러싼 공간을 비유한 것이다. 명당에 상당하는 중정은 내부 영역으로서 안겨있고, 안팎 공간은 명쾌히 구분되어 있다.

(2) 명확한 중심개념

한국 전통주택의 배치에서 중심 개념은 중국 사합원의 구성과 유사하다. 사합원에서는 중심의 큰방을 「祖堂」 또는 「正廳」이라 하고, 가족의 정신적 기반이고, 집의 중심으로 인식된다. 한국 전통주택의 경우에는 주된 건물인 안채 가운데 대청은 가족이 모이고, 가신과 조령을 제사하는 등 분명히 주택의 중심적 성격을 가진 공간이고, 여기가 성스러운 중심으로 고려된다. 풍수에서는 대청에 상응하는 장은 지형의 혈이고, 여러 가지 원칙과 지형의 균형을 고려하여 선정된 지점이다. 이러한 풍수적 중심지점은 단순히 지리적, 기하학적인 의미에서의 중심이 아니라 성스러운 공간이고, 음양조화의 정신적 중심으로서의 의미를 가지고 있다.

(3) 공간윤리와 질서의 형성

한국 전통주택의 부지배치에는 밖에서 안쪽까지 공간의 질서성과 계층성이 강하게 제도화되어 있다. 외계와 직면하는 사랑마당은 손님을 맞이하는 공간이고, 사랑채는 접객의 방임과 아울러 남성을 중심으로 하는 생활의 장이다. 이 2가지는 밖으로 향한 공적 영역이라고도 한다. 또한 주택의 안쪽으로 진입하면 폐쇄적인 안마당과 안채를 일체로 하여 마련되어 있고, 여기가 주인부부와 여성의 생활공간이고, 안으로 향한 사적영역이 된다. 이러한 「內－外」, 「男－女」의 공간질서는 풍수이념에서 음과 양의 관계에서 표현된다. 결국 청룡과 백호로 둘러싸인 혈과 명당의 범위는 내부의 영역이고, 음의 폐쇄공간으로 고려된다. 이에 대하여 밖의 外明堂과 안산의 영역은 양이고, 밖과 접촉할 수 있는 공간으로 보인다. 또한 혈과 명당의 관계는 「聖－俗」, 「上－下」의 관계를 가지고, 명당은 聖과 俗, 上과 下의 만남의 장으로 인식된다. 전통주택의 경우에는 중심의 존재인 대청을 가진 안채를 혈로 하고, 그 전방 옥외의 종속공간으로서의 안마당을 명당에 대응시키면 양자의 상하내외 등의 관계를 투과시켜 일종의 공간윤리가 보이는 것이다.

(4) 통로동선의 유도

한국 전통주택의 공간구성은 내부에서 외부 공간으로 이어지고, 안길이가 깊다. 대문에서 들어와 서서히 안쪽으로 갈 때까지 일련의 중정과 가옥을 지나면서 공간에 대한 기대감을 높이는 한편 공간의 질서나 주거의 성격도 강하게 느낀다. 또한 안채와 사랑채에 둘러싸여진 안마당을 통하여 다른 실내공간이 이어지고, 동선상 부드럽게 연속하는 공간구성이 되어 있다. 풍수의 지형에서도 대문에 대응할 수 있는 「水口」가 있다. 이것은 모든 하천의 합류점이고, 유일한 출입구이다. 밖에서 수구를 거쳐 안쪽의 명당공간까지는 교착(交錯)의 에워싸인 지형에 의하여 구부러진 통로를 지나야 한다. 이러한 자연지형에 따라 허리를 굽히고 빠져나간 끝에 산으로 에워싸인 명당이 가까스로 열려진다는 감각에는 한국 전통주택의 동선공간과 같은 묘미가 있다.

(5) 자연과의 일체의 감각

한국 전통주택의 영역은 안팎이 명쾌하게 구분된다. 외측에는 넓은 개구를 향한 사랑채와 사랑마당만이 밖의 영역과 관계를 가지고, 다른 공간은 모두 내측의 영역에 안겨있다. 그리고 사랑마당은 식재나 가정 채원의 장으로서 이용되고, 이것은 주변의 녹지공간과 일체가 되어 외부의 자연경관을 내부에 끌어들여 내외공간의 연결을 초래하고 있는 것이다. 이것은 자연과 일체의 공간을 만든다는 한국인들의 전통적 주택구성 이념이 나타나 있는 것으로 보인다. 이러한 이념은 풍수의 자연관과 일치하고 있다. 풍수에서는 사람을 포함하여 자연의 만물은 모두 동체이고, 상호 감응하여 어울려 친화하고 있다고 본다. 인간에게 어울리는 거처란 자연을 개조하여 만든 공간이 아니라 자연의 흐름에 따라 자연환경과 조화하는 공간을 발견하는 풍수의 개념에서 도출되는 것이다.

풍수의 공간개념에서 한국 전통주택의 기능적 구조와 상징적 의의를 한층 깊이 이해할 수 있다. 한국 전통적인 자연관이란 자연에 따라 자연환경에 조화하면서 쾌적한 생활의 장을 선정하는 것이다. 이것은 풍수개념에서 「天人合一」이라는 자연관과 공통하고 있다. 결국 「하늘」은 대자연을 가리키고, 인간과 자연이 일체가 되는 것은 풍수의 깊은 의미이다. 풍수의 공간구조는 대자연의 기반에 서서 우주형태의 재현을 도모한 하나의 우주의 축도라고도 할 수 있다. 그 상징적 의미나 공간개념은 도성의 입지, 집락의 형성, 주택의 배치 등에 흔히 응용되고 있다. 채와 마당으로 구성된 한국 전통주택은 실용본위의 공간구성과 같이 보이지만 그 공간배치는 상징적 역할을 담당하고, 그 의미의 대부분은 풍수 개념에 힘입고 있는 점이 이해된다. 한국 전통주택의 배치와 풍수의 지형구조는 그림 7과 같이 대응하는 것으로 검토된다.

현재 풍수지리의 이론은 한국을 비롯해 대만 · 중국 · 홍콩 · 일본 · 싱가포르 등 동양의 여러 나라에서 실용되고 있으며, 최근에는 미국과 프랑스 등에서도 풍수지리에 의한 건축과 인테리어가 인기를 얻고 있다.

고구려, 백제의 고분벽화에는 다수의 풍수 四神獸의 그림이 보인다. 당시의 풍수기법과 그 서적은 국가와 국가의 학문교류 안목으로서 중요하게 처리되었다. 일찍이 백제의 승려였던

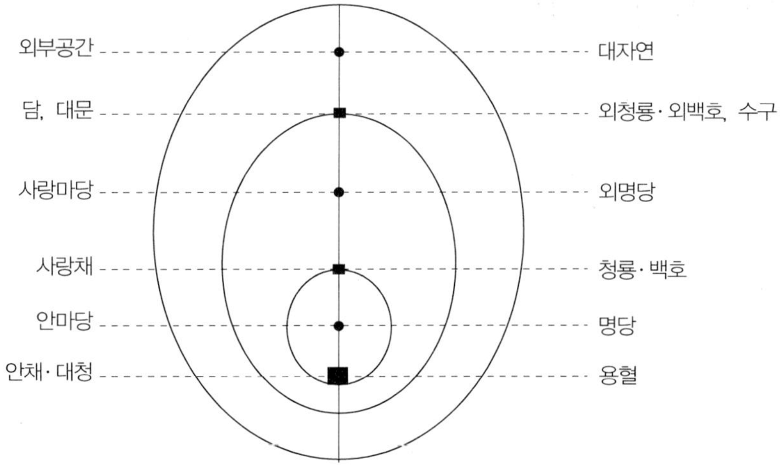

▲그림 7 _ 공간구성요소와 풍수지형의 대응도

觀勑이 책력, 천문지리, 둔갑방술의 책을 일본에 기증한 것이 『日本書記』에 기재되어 있다. 이들 지리의 서적은 당연히 풍수지리의 전문서를 가리키고 있고, 거기에 의거하여 발전해온 지형이나 방위에 관련된 지식은 한국뿐만 아니라 일본에도 도성의 입지선정이나 조영의 기술에서 큰 역할을 담당하였다.

풍수사상이 서민계층에 보급된 것은 조선중기(15세기) 이후이며, 사회적인 신앙의 대중화를 수반하여 등장한 것이 지적되고 있다. 이 시기에는 민간의 풍수사가 속출하여 한국의 풍수명산을 묘사한 『遊山錄』, 『萬山圖』, 『名山訣』, 민가의 건설기준 등 양택풍수를 설명한 『朝鮮民宅三要』 등의 풍수서가 민간에 유포되는 동시에 가족분묘의 입지 등 음택풍수의 측면에서도 큰 영향을 초래하였다. 이 시기 풍수신앙의 특징은 집락의 입지선정과 민가의 배치가 중요시된 것이고, 풍수지형에 의하여 선정된 집락에는 「산을 등지고 물을 물을 바라보는 지세」라고 하는 「背山臨水」의 집락입지가 흔히 보인다. 또한 주택의 공간구성에도 풍수의 지리적 특징이 나타나고, 이것은 당시의 사고가 풍수사상에 영향을 받아 건축양식의 표현도 풍수지형의 구조를 의식한 것임을 엿볼 수 있다.

풍수 이외의 지역적, 시대적 요인 등도 한국 전통주택의 공간구성에 영향을 준 것으로 보인다. 이들의 구명에는 연구의 대상을 더욱 확대함과 아울러 유교 등의 사상요소도 포함하여 검토할 필요가 있을 것이다.

4. 환경계획에의 시사

풍수적 관점의 현대에서 환경계획상의 의의는 어떤 점이 있을 것인가. 풍수론에서 「氣」에 대해서 과학적인 검증이 현재에서는 불가능하고, 이것을 기초로 풍수론의 새로운 전개를 논하는 것은 무의미하다. 그렇지만 「氣」의 개념을 제외하더라도 풍수론에는 공간계획적 측면에서 고려할 수 있는 점은 많다. 그것은 오늘의 용어에서 말하자면 경관디자인 또는 도시디자인적 측면에서 이고, 그 관점에서 고찰한다.

(1) 장소성을 가진 디자인기법으로서의 가능성

도시설계에서 도시형태의 기본이 되는 축선을 어떻게 설정하는가의 이론은 고대 로마에서도 확립하였다. 그 방법은 기원전 30년 전후에 비트루비우스(Vitruvius)의 建築十書로서 후세에 남았는데, 그 가운데 바람의 방향을 관찰하여 도로의 축을 설정하는 것이 제시되어 있다. 풍수논과는 관점이 다르지만 주위의 환경을 고려한 하나의 방법이다.

세계 각지의 집락 등에는 자연발생적인 바람의 방향을 의식한 도로배치가 보이는데, 도시디자인 기법으로서는 오랫동안 잊혀져왔다. 그것이 최근의 독일의 도시계획 중에서 「바람의 길」로서 부활한 것은 흥미깊다.

풍수에 바탕한 도시계획에서는 도로 등 축선의 기준점 내지 비스다(vista)의 초점으로서 산이 등장한 경우가 많다. 유럽에서 이 비스타가 도시디자인 내지 경관디자인의 기법으로서 중요시된 것은 16세기이다. 로마교황이었던 식스투수(Sixtus) 5세는 유적화하고 있던 고대 로마지역에 성지를 방문하는 순례를 위한 새로운 도로망을 건설하였다. 그때 뜻밖에도 기념비로서 건립된 탑 등을 기점으로 한 비스타를 중요시한 계획이 마련된 것이다. 그 공간적 효과가 사람들에게 강한 인상을 주고, 그때까지 도시공간디자인에서는 보이지 않았던 기법이 나타났다. 그것이 발전한 것인데, 이른바 바로크적 디자인기법이다.

이 바로크적 디자인기법은 오로지 미적 의미에서 이용된 것이며, 풍수론과 같이 환경과의 말하자면 정신적인 연결을 가진 것은 아니다. 그러나 이 기법은 베르사유 궁전의 정원설계의 기법으로서 완성되었고, 많은 도시설계에 이용되었다. 그 중에서 가장 알려져 있는 것은 미국의 수도인 워싱톤이다.

이러한 바로크적 도로계획의 기법은 어디까지나 조형적인 일종의 양식인 데 비하여 四神相應에 보이는 풍수의 기법은 보다 정신적인 의미를 가지고 있다고 할 수 있다. 또한 각각의 정소에는 고유의 주변환경이 있고, 그와 호응하는 것을 통하여 장소성이 있는 디자인을 도출할 가능성을 가지고 있다.

이와 같은 개념을 새로운 개발에 활용하는 것은 개발계획 마련에서 새로운 관점을 만드는 것으로 검토된다. 예를 들면 주위의 산에 대하여 청룡, 백호, 현무, 주작의 四神相應의 원리를 적용하여 여기에 조망에 따라 배치한 도로계획이나 토지이용 유도를 행하여 생활공간에 일정의 질서구조를 확보할 수 있다. 또한 이미 이와 같은 지형에 입지한 도시의 경우 그 도시가 경관이나 환경구성의 고유성을 유지하는 기법으로서 이들 개념에 바탕한 방책을 논하는 것도 중요한 기법이 될 것이다.

(2) 언어에 의하여 나타나는 디자인기법

「자유로운 형태를 가진 요소를 사용하는 한 기하학에 기초한 미학원리는 도움되지 않는다.」

결국 자연의 요소는 자유로운 형태를 가지므로 자연의 요소를 이용하는 디자인을 기하학에 기초를 둔 미학원리에서 검증하는 것은 매우 어렵다, 고 할 수 있다. 그래서 조원술이나 꽃꽂이의 방법에 보이는 독자적인 방법이 나타난다.

자유로운 요소를 이용하는 디자인 기법으로서 의미를 가진 언어에서 요소 상호의 관계를 나타내고, 거기에서 디자인의 고려를 나타내는 방법이 있다. 그 가장 일반적인 예가 「眞·福·體」, 「眞·流·受」 또는 「天·地·人」이다. 이들 3가지의 조합은 모두 같은 것을 의미하는데, 각각의 형태가 다른 3요소를 사용하여 3차원적으로 동적 조화를 도모하는 기법이다. 조화의 취급방법에는 여러 가지 변화가 있는데, 요소 사이의 관계를 언어가 지닌 의미에 의하여 조율하여 전체로서도 자연의 존재가 지닐 수 있는 특징이 표현되어 있다.

풍수에 보이는 여러 가지 키워드는 마땅히 이러한 새로운 환경디자인 언어가 될 가능성을 시사하고 있다. 예를 들면 다음과 같은 것이 그것이다.

1) 「藏風得水」

「藏風得水」는 바람을 가두고(즉, 바람을 피하고) 물을 구하기 쉬운 곳, 즉 명당은 바람이 모이고 물이 흘러가는 모습을 볼 수 있는 곳이라야 한다는 것이다. 장풍득수의 약자로 '풍수'라는 용어가 시작됐다는 이론도 있다. 풍수지리의 핵심은 생기(生氣)의 취득에 있고, 생기를 만드는 기본적인 조건은 바람과 물, 즉 장풍과 득수에 의해 이루어지기 때문에 장풍의 '풍(風)'자와 득수의 '수(水)'자를 취하여 풍수라는 말을 사용한 것으로 보는 것이다.

개경은 장풍득수의 형국으로 내기불설(內氣不洩)의 명당이라는 것이다. 그러나 첩첩으로 산이 둘러싸여 있어 국면(局面)이 넓지 못하고 또 물이 전부 중앙으로 모여들어 수덕(水德)이 순조롭지 못하다는 것이며, 이것을 비보하기 위하여 많은 사탑(寺塔)을 세운 것이다.

서울은 풍수지리 사상의 영향을 받아 입지가 결정되었다. 북악산은 주산, 남산은 안산이고, 인왕산은 백호, 낙타산은 청룡에 해당되며 한강은 객수(客水), 청계천은 명당수(明堂水)에 해당된다. 서울의 성곽 곳곳에는 8개의 대문이 있었는데, 이는 역법의 팔괘(八卦)를 모방한 것이다.

2)「陰陽調和」

풍수의 이념에서는 음과 양은 서로 조화하여 만물이 성립되고, 자연 가운데 지형의 낮은 곳은 음, 높은 곳은 양이 된다. 고저의 지형이 조화할 수 있다면 이른바 평온의 길지가 된다. 이 개념은 개발에서 기존의 자연지형과 어떻게 화합하는가에 대하여 시사하고 있다.

풍수에서 중요시되는 지형의 대칭성을 유지하는 것이나 그 고저, 凹凸을 조화시키는「陰陽調和」에의 배려와는 일종의 경관 균형을 중요시하는 점도 있다. 따라서 인공적인 차폐나 구축의 기법을 첨가하여 경관의 균형을 창출하는 경관 기법에 의하여 경관적인 아름다움을 초래함과 아울러 안정된 환경창출을 실현할 수 있다.

또한 음은 정태적이며 정착한 공간이고, 양은 동태적이며 변화하는 공간이다. 이 음과 양의 공간을 서로 조화할 수 있으면 생태의 균형이나 경관의 균형이 도모되는 것으로 고려된다. 도시공간에서 전통적인 공간은 이미 시간의 침적에 의하여 정착한 하나의 음의 공간이다. 거기에 대하여 근대적인 공간은 급속한 성장, 교체, 변화에 의하여 도시의 모습이 변용하여 하나의 동태적 양의 공간으로 보인다.「陰陽調和」는 이러한 전통적 공간과 근대적 공간의 공존에 적용시킬 수 있다.

5. 하회마을의 풍수

민속마을로서 중요민속자료 122호인 안동 하회마을은 풍산유씨(豊山柳氏) 동족마을이며 그 터전이 낙동강의 넓은 강류가 마을 전체를 동·남·서 방향으로 감싸도는 태극형(太極形) 또는 연화부수형(蓮花浮水形)의 명기(名基)위에 위치해 있다. 유씨가 집단마을을 형성하기 이전에는 허(許)씨와 안(安)씨가 유력한 씨족으로 살아왔으나 1635년의 동원록(洞員錄) 기록을 보면 삼성(三姓)—許·安·柳이 들어 있고 조선 선조 때 벼슬을 하였던 유운룡·유성룡 형제의 유적이 마을의 종축을 이루고 있는 것으로 보아 고려말~조선초 사이에 현재의 모습을 갖춘 것으로 추정된다.

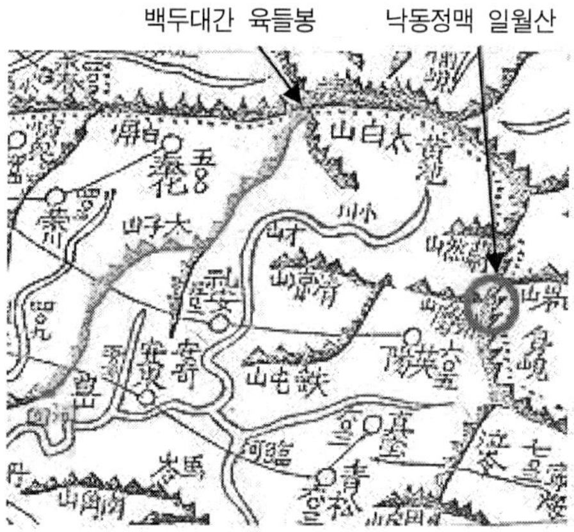

▲그림 8 _ 하회마을의 풍수

풍산으로부터의 진입도로와 연결된 큰길이 이 마을의 중심부를 동서로 관통하는데, 이 마을길의 북쪽을 북촌이라 부르고 남쪽은 남촌이라 부른다. 이 마을을 감싸도는 화천(花川)은 낙동강 상류이며 그 둘레에는 퇴적된 넓은 모래밭이 펼쳐지고, 그 서북쪽에는 울창한 노송림이 들어서 있어 경관이 아름답다. 강류의 마을쪽이 백사장인 데 비하여 건너편은 급준한 층암절벽의 연속이어서 여러 정대(亭臺)가 자리잡고 있어 승경(勝景)으로서의 면모도 잘 갖추고 있다. 강류의 북쪽 대안에는 이곳 자연의 으뜸인 부용대(芙蓉臺)의 절벽과 옥연정(玉淵亭)·화천서원이 있으며, 서북쪽에서 강물이 돌아나가는 즈음에는 겸암정(謙菴亭)과 상봉정(翔鳳亭)이 자리잡고 있어 일련의 하회명구를 이루고 있다.

풍산 류씨의 종택으로 겸암 류운룡과 서애 류성룡이 출생한 보물 306호 양진당(養眞堂)을 비롯하여, 보물 제414호인 충효당(忠孝堂), 중요민속자료 84호이고 하회에서 규모가 가장 큰 살림집으로 북촌댁, 중요민속자료 제90호로 하회 남촌을 대표하는 남촌댁, 그밖에도 규모가 있는 살림집으로 작천고택, 주일재, 하동고택들이 모두 중요민속자료로 지정된 집들이 있다.

하회는 낙동강 물이 동쪽으로 흐르다가 S자형을 이루면서 마을을 싸고돌아 물이 돌아간다고 해서 '물돌이동'이라 했고, 이를 한자로 표현한 것이 하회(河回)라는 지명이다.

하회는 산태극수태극(山太極水太極)의 연꽃이 물위에 뜬 모양의 연화부수형(蓮花浮水形) 길지다. 하회로 들어오는 지맥(地脈)이 전체적으로 태백에서 시작하여 우선(右旋)으로 원을 그리듯 하고 낙동강 물은 좌선(左旋)으로 원을 그리듯 하니 산태극수태극(山太極水太極)이 되는 것이다. 화산(花山)은 수 백리를 달려온 대간룡(大幹龍)이 마지막으로 기봉한 산으로 하회의 주산이다. 화산의 중출맥(中出脈)이 몇 개의 작은 봉우리를 기봉(起峰)하면서 양옆으로 청룡 백호를 뻗어 크게 개국(開局)한 다음 중심맥을 들판 가운데로 내려보냈다.

들판으로 내려온 용은 평강룡(平剛龍)으로 과협(過峽)하였는데 이곳을 양 강가의 청룡 백호 끝이 공협사(拱峽砂)가 되어 보호해준다. 아마도 청룡 끝 거묵실골에 김해 허씨가 자리잡아 살았고, 백호 끝 행개골에 광주 안씨들이 터전을 이루었던 곳으로 짐작이 된다.

중출맥은 야트막한 평지로 행룡을 거듭하여 하회마을에 이르러서는 가운데가 봉긋하고 바깥쪽으로 갈수록 점점 낮아지는 원형의 지형을 만들었다. 하회마을의 집들은 봉긋한 언덕을 뒤로 하고 낙동강을 바라보는 이른바 배산임수(背山臨水)로 향을 하였기 때문에 집의 방향이 동서남북 제각각으로 원형을 이루고 있다.

마을의 가운데가 가장 높기 때문에 이것을 등지고 빙 둘러가며 집을 지어 마을 전체가 한 방향으로 향하지 않은 것이다. 이것은 결국 어느 집이든 집 뒤로 이어지는 지맥을 받아 집을 지은 것이다. 화산의 지맥이 류운룡 선생과 류성룡 선생이 탄생한 양진당 아니면 충효당에 와서 멎었다고 볼 수 있다.

풍수지리 형국론에서 연화부수형 명당은 연(蓮)은 뿌리를 물 속 진흙에 깊이 박고 향기롭고 아름다운 꽃과 열매를 맺는 식물이므로 자손이 영구히 번식하고 명예가 청사에 아름답게 남을 걸출한 인재를 배출한다고 하였다.

연꽃은 수면에 줄기를 드러내지도 않고 꽃잎을 물 속에 파묻지도 않으므로 수면과 거의 비슷한 높이의 용진처에서 혈을 찾아야 한다. 행주형 명당은 키를 조정하는 곳이 진혈처가 되므로 물살을 헤치고 앞으로 나가는 뱃머리 부분에서 혈을 찾아야 한다.

그런데 행주형은 마을에 우물을 파면 배 밑바닥에 구멍을 뚫는 것과 같으므로 배에 물이 스며들어 전복하는 것처럼 마을이 망하게 된다고 한다. 그래서 하회에서는 함부로 우물을 파지 않았다고 한다.

옛날에는 화천(낙동강) 물을 길러 먹었는데 일본인들이 이 사실을 알고 의도적으로 공동우물을 팠는데 그것을 제외하고는 지금도 식수는 화천의 물을 양수기로 퍼 올려 쓰고 있다고 한다. 만약 하회를 다라미 형국이라고 보았을 때도 우물을 파면 다라미 불을 꺼뜨리는 것이 되기 때문에 최근에도 샘을 파는 것을 금기시하고 있다고 전한다.

하회가 풍수지리 적으로 길지(吉地)이기는 하지만 서쪽의 원지산과 북쪽의 부용대 사이, 즉 서북쪽 건방(乾方)이 낮아 겨울이면 세찬 북서풍의 피해를 받게 된다.

풍수지리에서 건해풍(乾亥風)은 황천살(黃泉煞)로 보고 그 피해가 가장 극심하다고 하였다. 하회가 산태극수태극의 전형적인 명당으로 부귀영화를 다한다 할지라도 건해풍의 피해는 어쩔 수 없다. 건해풍은 마을의 지기를 흩어버리게 할 뿐 아니라 가끔씩 커다란 재앙을 가져다줄 수 있다. 이 피해를 막기 위해서는 인공적으로 비보(裨補)를 하여야 하는데 하회에서는 그곳에다 만송정이라는 소나무 숲을 조성하였다.

만송정은 건해방(乾亥方)의 허함을 보완해주고 북서풍의 바람을 막는 방풍림(防風林)과 아울러 모래를 막는 방사림(防沙林) 그리고 홍수 때는 낙동강의 범람까지 막아주는 방수림(防水林)의 역할을 하고 있다. 인공적인 비보 숲 조성으로 하회는 풍수지리 조건을 완벽하게 갖추었다고 볼 수 있다.

Chapter 5

건축과 민속

민속 문화란 양반이나 왕족 등 한정된 특수 계층의 일시적인 문화현상이라고 설명되는 식자문화(識者文化)와는 달리 서민이나 평민계층에서 장구한 세월에 걸쳐 빚어진 문화 현상을 말한다.

민속 문화는 거의 신앙적인 요소를 띠고 있으며 여기에 신성(神性)이 생김으로써 제의(祭儀)가 발생하게 된다. 이와 같은 제의를 통하여 개인이나 공동체로서의 운명을 신에게 의탁하게 되고, 이것은 결국 구전된 신화, 민담 또는 각 마을에 이어져 내려오는 신역(神域)으로 남아 우리에게 보이고 있다.

민속 문화는 선택적 전통과 같이 특정한 역사적 맥락에서 창출된 것으로 역사적 산물이다. 즉, 우리가 알고 있는 많은 민속 문화들이 역사적 상황에 따라 선택적으로 창출된 것들이다.

이러한 민속 문화는 주술적인 요소를 더욱 강화하면서 인생관, 영혼관념은 한국문화의 기저를 이루고, 우리의 수생활과 밀접한 관계를 유지하면서 여러 요소에 의한 복합적인 상호작용으로 표출되어 우리의 전통건축문화를 형성하여 왔다.

장승, 국사당, 당산, 산신각, 당산나무(神木), 서낭당 등의 당제(堂祭) 행사와 돌무더기, 선돌, 솟대 등의 입간습속(立竿習俗)이나 무속 신앙 등은 우리나라 고유 민속 문화의 소산으로 그 구체적 신상과 제사, 고사, 굿 등이 오늘날까지 전승 발전되고 있다.

건축과 민속 측면에서도 건축에서 축선은 중요한 문제이다. 일조를 비롯하여 그 지역의 환경, 역사, 풍토 등을 고려하여 건축에 부여되는 정신성, 조망, 어프로치의 방법 등을 검토하여 하나의 축선이 유도되는 것이다.

1. 샤머니즘의 개념

중국으로부터 유교, 불교, 도교가 한국에 들어오기 시작한 것은 4세기 이후의 일이다. 그 이전에 한국의 재래종교로는 샤머니즘이 있었는데, 이것은 항상 민중의 생활을 지배해 왔으며, 타종교와의 혼합속에 한국문화의 운명을 좌우해 왔던 것이다. 또한 우리의 생활사에서 샤머니즘은 중요한 작용을 했다. 즉 우리의 인생관, 우주관을 형성하는데 작용하였고, 생활양식에도 관여하여 우리의 민속을 이루는데 있어 원동력적인 기능을 담당하여 왔다.

샤머니즘은 한국문화의 태동기인 신석기시대에서부터 기원하여 오랜 세월 민중의 틈 속에서 융성해왔고, 민중을 움직이는 규범적 역할을 해왔기 때문에 4세기말경부터 삼국에 불교가 들어와 사상을 통일하고 불교교리가 국가의 정체와 백성을 이끄는 지도이념으로 굳혀왔음에도 불구하고, 그 영향력이 축소되지 않았으며 나아가 불교와의 이념적 기반을 더욱 공고히 해왔다.

샤머니즘(Shamanism)이란 말은 퉁구스어의 샤만(Shaman)이 러시아어를 통하여 오늘날 일반적으로 사용하게 되었다. 반자로프(Banzaroff)에 의하면 퉁구스족은 사제(司祭)를 '샤만'이라고 부르는데, 그 어원에는 흥분하는 자, 도발하는 자, 자극하는 자, 요동하는 자 등의 뜻이 함축되어 있다고 한다. 그러니까 '샤머니즘'이란 말은 신령에 지펴서 흥분하여 날뛰는 사람, 곧 '샤먼'의 종교라는 뜻이다.

샤먼에 대한 일반적인 정의는 대체로 굿(춤)을 하는 사람, 병을 고치는 사람, 예언이나 점을 치는 사람, 주술사와 같이 기적을 행하는 사람 또는 영혼을 불러내는 사람으로서 그는 기계사인 동시에 신비가이며 시인이라는 것이다.

우리나라에서 민속학자들은 일반적으로 '샤머니즘'을 무당의 풍속이란 듯으로 '무속(巫俗)'이라고 부른다. 무당의 종교라는 뜻으로 줄여서 '무교(巫教)'라고 하기도 한다.

샤먼을 한자로 무격이라고 쓰는데, 무(巫 : 여성), 격(覡 : 남성)을 차용한 말이다. 따라서 샤머니즘을 무격신앙 · 무속(巫俗)신앙이라 하며, 샤먼을 무(巫) · 무녀(巫女) · 무당(巫堂) · 무자(巫子) · 무복(巫卜) · 신자(神子) · 단골 · 만신 · 박수 · 심방 등으로 부르지만, 대개는 남녀의 성에 따라 박수(남성) · 무당(여성)의 호칭이 가장 많이 사용된다. 한국 무속의 샤머니즘 여부에 대해서는 학자에 따라 긍정 · 부정으로 학설이 나뉘며, 또한 북부의 강신무(降神巫)는 시베리아 샤머니즘의 계통이고 남부의 세습무(世襲巫)는 남방계의 주술사 계통이라는 설도 있으나, 무속은 그 전체가 샤머니즘이라는 것이 학계의 통념이다. 한국 무속의 기원은 분명하지 않지만, 아주 오랜 고대사회 때부터 한민족의 주요한 신앙형태였다는 점만은 분명하다. 국조 단군이 무당이라는 설도 있지만, 무속이 문헌상에 분명히 나타나는 것은 삼국시대로서, 신라 2대왕 남해차차웅(南解次次雄)은 왕호(王號)이자 무칭(巫稱)을 의미하며, 이 외에도 《삼국사기》《삼국유사》에 단편적으로 무당의 기록이 보인다. 이렇듯 오랜 역사를 가진 무속은 오랜 세월의 흐름에도 불구하고, 오늘날까지 대다수 민중 속에서 크게 변질됨이 없이 존속되어 왔다. 무당의 형태는 지역에 따라 다소의 차이를 보이는데, 남부지역은 혈통을 따라 대대로 무당의 사제권이 계승되는 세습무가 지배적인 데 비해, 중·북부지역은 신(神)의 영력(靈力)에 의해 무당이 되는 강신무가 지배적이다. 이 같은 무당의 성격차에 따라 무속의 신관(神觀)·신단(神壇)·제의식(祭儀式) 등 전반에 걸쳐 대조적인 차이를 보이고 있다.

한편 무신(巫神), 즉 무속에서 신앙하는 신의 총칭을 보면 무속신앙은 다신교로 여러 신이 신앙의 대상이 된다.

2. 샤머니즘의 기본구조 및 체계

(1) 사상적 표현

1) 샤머니즘의 우주관

샤먼의 여러 가지 표현현상의 내용을 살펴보면 신령의 본성, 우주의 본성과 운명, 인간의 본성과 운명에 관한 생각이 핵심을 이루고 있다. 좁혀 표현하면 신령과 우주와 인간이란 3가지 실재의 관계가 그 초점이다.

샤먼의 모든 사상적 표현 밑바닥에는 애니미즘(Animism)적인 원시적 사고방식이 깔려있다. 타일러(Tylor, 1832.10.2～1917.1.2)에 의하면 애니미즘이란 인간은 물론 이 우주안의 삼라만상이 모두 애니마(Anima)라고 하는 정령(精靈)에 힘입어 존재하고 있는 것으로 믿는다. 높은 나무나 큰 바위에는 위대한 애니마가 있고, 사람들보다 힘이 강하거나 날쌘 동물에게도, 밤하늘에 반짝이는 별들이나 빛나는 태양에도 위대한 애니마가 있다고 믿는다. 수목숭배, 산악숭배, 암석숭배, 동물숭배, 천체숭배 등 여러 가지 자연숭배 밑바닥에는 위대한 애니마에 대한 정령숭배가 깔려있다. 애니미즘의 세계는 생명의 사회이고, 갈등과 힘의 세계이다. 이 세계에서 모든 만물은 신화적 인과율로 서로 얽혀 있다. 그러므로 정령의 세계에는 우연한 일은 하나도 없다고 믿으며, 그것은 주술적 인과로 얽히고 설킨 필연의 세계라고 생각한다.

샤먼의 종교사상은 이러한 원초적 우주관을 전제로 하여 펼쳐지고 있다. 샤먼은 이 우주가 천상계, 지상계, 지하계의 3층구조로 형성되어 있다고 믿는다. 천상계(上界)에는 천신과 일월성신의 신령 같은 선신(善神)들이 존재하고, 지상계(中界)에는 우리 인류를 비롯하여 금수초목 등 만물이 살고, 지하계(下界)에는 못된 악귀들과 악령들이 존재한다고 믿는다. 상계는 광명의 나라이고 하계는 암흑의 나라이다.

2) 샤머니즘의 신관(神觀)

샤먼의 신앙대상이 되고 있는 신령의 수는 대단히 많다. 무당의 직함 중에는 만신(萬神)이란 이름이 있는데 이는 일만 가지 신령을 섬기는 사람이란 뜻으로 풀이된다.

샤머니즘에서 천신은 최고의 신이고, 여러 하위의 신으로서 무신들의 계급 서열은 굿거리에서 보면 제석신(帝釋神), 삼신(産神)이 상위에 있고, 뒷전거리에 풀어먹이는 망인(盲人), 서낭, 영산, 상문 같은 잡신들은 하위에 있다. 상달고사의 대상이 되고 있는 성주신, 조왕신, 터주신, 걸립(乞粒), 측신, 업신 등의 가신(家神) 중에서는 성주신이 최상위의 신으로 신앙되고 있다.

3) 샤머니즘의 인간관

인간은 육(肉)과 영(靈)을 받고 이 세상에 태어난다. 이 세상에 나올 때에 삼신(産神)이 점지하고 잘 자라게 도와준다. 그래서 아기를 낳으면 밥과 미역국을 이 신령에게 올려야 한다. 그렇게 하지 않으면 신의 탈을 만난다고 한다. 이렇듯이 인간의 생사화복 흥망성쇠는 인간 이상의 신령들의 조화로 좌우되는 것으로 믿는다. 북두칠성은 인간이 수복(壽福)을 다스리고, 제석신은 어린이를 수호하고, 대감신은 재복을 주고, 터주신은 주부를 보호한다고 믿는다. 마마는 호귀, 안질은 망인(盲人), 정신병은 정구(精鬼)의 탈로 믿는다. 이와 같이 인간 만사의 길흉은 오로지 신령의 뜻에 달렸다고 믿는 것이다.

이승과 저승의 경계가 모호하여 죽은 사람은 저승에 가서도 현세와 다름없이 새 생활을 계속할 수 있다는 내세관에서 옛 사람들은 장례할 때 무덤에 고인이 생전에 쓰던 물건을 함께 묻어주었다.

(2) 행위적 표현(祭儀)

샤먼은 '굿'인 제사의식을 통하여 공사간 인생 만사를 뜻대로 할 수 있는 것으로 믿는다.

아기를 낳을 때에 삼신(山神)제, 병들었을 때에 병굿, 혼사 때에 혼인제, 초상 때에 자리걷이를 지낸다. 동네의 평안과 풍작을 비는 도당굿이나 서낭제 같은 당굿도 지낸다. 이 밖에 복을 비는 재수굿, 아들 낳기를 비는 칠성굿, 풍어를 비는 풍어제와 용왕굿, 죽은 넋의 낙지천도(樂地薦度)를 위한 진오귀굿, 사자굿, 시왕굿, 그리고 입무제인 내림굿 등 많은 굿거리가 있다.

(3) 무신의 종류

민간신앙에 의한 무신의 종류를 보면 첫째 가신의 비중이 가장 크다. 성주 · 제석 · 삼신 · 조왕 · 터주 · 업 등으로 굿을 할 때도 이들은 중요한 신으로 대접받는다.

둘째 동신(洞神)을 들 수 있다. 산신 · 서낭 · 당산 · 부군 · 도당 등 다양한 이름을 가지는 지역공동체의 수호신으로 마을굿을 할 때 주신으로 모신다.

셋째로는 자연현상의 질서를 나타내는 신들이다. 일월성신 및 방위, 바람 등인데 칠성은 수명 · 장수의 신으로 모시고 오방신장은 방위수호의 신이다.

넷째 사령신(死靈神)은 조상신 · 동신 · 잡귀 등으로 신앙된다. 특히 최영이나 임경업 장군처럼 억울한 죽음을 당한 위대한 인물들은 넓은 지역에서 신앙된다.

다섯째로는 무속신화의 주인공들이 있다. 저승을 관장하는 바리공주, 생산신인 당금애기 등이 대표적이다.

여섯째 인간의 생명현상과 관련된 신들로 손님(천연두신) · 시왕 · 사자 등이 있고 그 외에 불교나 도교 등 외래종교의 영향을 받은 신들도 있다.

일곱째 금성대왕(錦城大王)이 있다. 무당의 노래인 가망청배, 호귀(胡鬼), 만명(萬明), 창부(倡夫), 군웅청배 등에 따르면, 금성대왕 · 금성대신(錦城大神) · 금성대국(錦城大國) · 금성대신창부(錦城大神倡夫) 등으로 부르고 있으나, 무신의 고유명사라기보다 금성산신을 무당이 받들기 시작하면서 존칭이 붙었다고 볼 수 있다.

이러한 무속의 신들은 상호 관련없이 각자가 맡은 직능을 수행하는 독립적인 성격을 지닌다.

(4) 무속의 유형

1) 무신제

이 제의는 무당자신의 제의로 강신제와 봄 가을에 주기적으로 하는 축신제가 있다. 강신제는 무당에게 내린 신을 받아서 무당이 되는 성무양식이고 축신제는 해가 바뀔 때마다 신의 영력을 주기적으로 보강시켜 무당의 신통력을 강화시키는 제의로 볼 수 있다(표 1).

표 1 _ 무신제의 종류

무신제	
강신제	축신제
내림굿, 신굿, 명두굿, 하직굿	꽃맞이굿, 단풍맞이굿, 진적굿, 내택굿

2) 가제(家祭)

가제는 민가에서 가정의 안녕과 행운을 비는 제의로 생전제의와 사후제의로 나눌 수 있고, 생전제의에서도 해가 바뀔 때마다 하는 주기제와 그때그때 필요에 따른 수시제로 구분된다.

① 생전제의

㉠ 기자제의 : 육아기원제의, 겜심바침, 산신맞이, 칠성제

㉡ 치병기원제의 : 병굿, 환자굿, 푸닥거리, 영장치기, 산거리, 중천굿, 손풀이, 사제맥이

㉢ 혼인축원제의 : 여탐, 근원손

㉣ 가옥신축 또는 이사제의 : 성주맞이, 성주풀이

㉤ 행운, 기풍제의 : 재수굿, 영화굿, 축원굿, 성주굿, 도신굿

㉥ 해상안전, 풍어기원제의 : 연신, 용왕맞이

② 사후제의

㉠ 상가정화, 망인천도제의 : 자리걷이, 집가심, 곽머리, 댓거리, 귀양풀이

㉡ 익사자 천도제의 : 물굿, 수망굿, 혼굿

3) 동제(洞祭)

㉠ 제액, 기풍제의(내륙지방) : 당굿, 도당굿, 서낭굿, 별신굿

㉡ 제액, 풍어제의(해안지방) : 풍어제, 용신굿, 연신굿, 서낭(船主)풀이

3. 민간신앙과 무속의 관계

민간신앙은 조직적인 종교집단을 형성하고 있지 않은 민간층에서 전승되는 자연적 신앙이다. 민간신앙은 기성종교나 신흥종교와는 달리 교조도 없고, 교리도 없는 일종의 자연종교이며, 언제 누가 시작했는지 알 수 없는 신앙현상이지만, 오랜 세월을 두고 민중 속에서 신봉되어 왔다. 그리고 대체적으로는 미신시되어 항상 배척과 억압의 대상이 되어 온 것들이다.

민간신앙은 제사의식의 유무형식에 의해 두 가지로 나눌 수 있으며, 그 하나는 제사의식을 가진 것이요, 또 하나는 그렇지 않은 것이다. 전자의 전형적인 것은 무속신앙, 곧 굿이나 산신제와 같은 것이고, 후자의 전형적인 것은 점복(占卜)·예언이나 풍수·참위(讖緯)와 같은 것이다. 그리고 민간신앙은 대체로 세시풍속과 관련된 민속인 경우가 많으므로 결국 민속화된 신앙현상이라 하겠다. 이러한 민간신앙의 종류에는 가신 신앙, 마을 신앙, 자연물 신앙, 영웅 신앙, 풍수 신앙, 미륵 신앙, 기자 신앙, 무속 신앙 등이 있다.

① 미륵 신앙

미륵불이 지상 세계에 내려와 사람들을 구원한다는 믿음을 가진 신앙이다.

② 무속 신앙

무당의 굿이나 살풀이를 통해 화를 멀리하고 복을 비는 신앙이다.

③ 마을 신앙

마을을 지키기 위해 마을 단위로 제사를 지내거나 굿을 하는 신앙이다.

④ 가신 신앙

집이라는 건물 자체에 대해서나 그 건물에 거주하면서 건물의 기능을 보호하는 동시에 그 공간에 사는 가족의 행복·불행에 관계하는 신들에 관한 신앙이다.

⑤ 영웅 신앙

문화와 역사상에 크게 기여(남에게 이익을 줌)한 인물—즉 영웅들을 숭배하는 신앙이다.

⑥ 풍수 신앙

묘나 집터가 지역에 따라 길흉이 있다고 믿는 신앙이다.

⑦ 자연물 신앙, 동물신앙

자연신앙은 산이나 강, 나무, 바위 등의 자연물을, 동물신앙은 범이나 곰, 구렁이, 말 등의 동물을 신성하게 여기는 신앙이다.

⑧ 기자 신앙

자식이 없는 집안에서 자식, 특히 아들 낳기를 기원하여 행하는 신앙이다. 신앙물로는 장승 · 솟대가 있다. 이것은 조선 후기 민간 신앙으로 널리 퍼졌던 마을 신앙물이다.

⑨ 남조선신앙(南朝鮮信仰)

조선 후기에 퍼진 이상향을 동경하는 민간신앙.

⑩ 돌엄마

특정한 바위를 어머니로 삼아 때때로 제사를 지내는 민간신앙.

⑪ 부두교(Voodoo)

서인도제도의 아이티에서 널리 믿어지고 있는 애니미즘적 민간신앙.

⑫ 전대감신앙(全大監信仰)

전라북도 정읍과 강원도 평강 지방에서 행하던 민간신앙.

4. 건축공간구성과 무속

샤머니즘의 성립요건이 인간사의 재앙을 퇴치하고 미연에 주관신을 달래 화를 모면하는데 있다고 할 때 샤머니즘의 형태는 꼭 신령과 인간의 중개자로서 샤먼만이 그 기능을 다하고 있다고는 볼 수 없다.

신생아가 출생했을 때 대문에 걸리는 금줄은 부정의 침입을 금하는 것이고, 마을 어귀 또는 산 속의 서낭당은 마을을 지키는 수호령의 역할을 대신하는 것이고, 동구밖에 세우는 장승 또한 마을과 도로를 보호하는 기능을 하는 것이며, 솟대, 선돌, 당간지주 등 역시 나름대로의 독특한 기능을 하고 있다. 따라서 벽사기능을 내포한 모든 상징물은 샤머니즘의 중심적 역할을 하고 있는 것으로 볼 수 있으며, 전통건축물에서 나타나는 동물상, 문양 등은 건축의 장식, 시각, 쾌락을 위한 요소 이전에 벽사진경(辟邪眞慶)의 의미를 함축한 샤머니즘의 한 형태로 상정할 수 있는 것이다.

한편 엘리아데(M.Eliade, 1907～1986)는 건축적 공간을 성(聖)과 속(俗)이라는 개념으로 구분하고, 성의 시대(神政時代)에는 세계의 중심부로서의 성의 공간과 그것의 부변으로서의 속의 공간으로 나누어지게 되며, 이러한 구분은 어디까지나 성스러운 인식이나 체험에 의해서만 가능하다는 존재론적인 차원에 기반을 두고 있는 것으로 건축의 행위는 속된 것으로부터 보호받는, 질서있는 성스러운 것의 창조에서 온다고 보았다(그림 1).

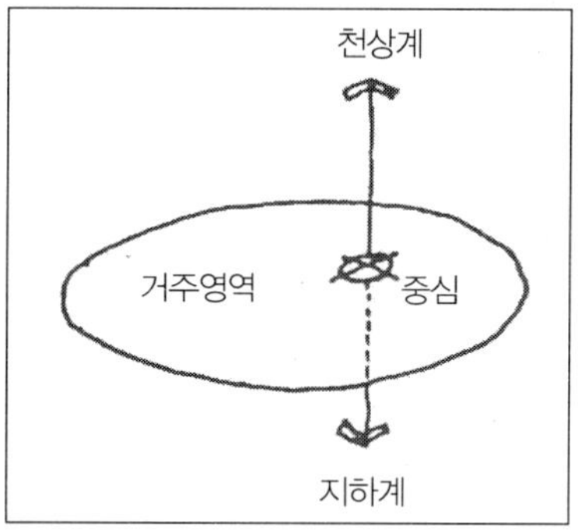

▲그림 1 _ 엘리아데의 중심

그러나 이러한 엘리아데의 주장은 단순한 평면적인 변증법에 얽매어 있어 샤머니즘이 변증법적을 입체적으로 구성(3분화의 세계(陰, 陽, 中性)가 天, 地, 人의 종적인 세계를 나타낸다면 삼분화의 세계(五行)는 횡적인 세계, 공간적 세계를 나타낸다고 볼 수 있다)하는 것이므로 입체적인 파악이 요구된다.

즉 인간은 세계내 존재일 뿐 아니라 세계가 음양오행의 법칙에 의해 분절되는 완결된 우주이며, 인체는 우주속의 소우주가 된다는 것이다.

따라서 인체는 우주 및 삼라만상의 윤리를 반영한 것으로 머리, 몸통, 팔다리는 인체의 삼분화를 뜻하며, 이 때의 머리는 天(陽性), 몸이 地(陰性), 팔다리가 人(中性)이 된다. 그러므로 이러한 원칙을 적용하면 공간도 결국 天 · 地 · 人의 삼분화가 가능할 것이다.

이것은 또한 하나의 우주목으로 해석할 수 있는데 뿌리는 하늘로, 줄기는 땅으로, 잎사귀는 사람으로 해석하여 결국 한 그루의 나무는 곧 우주를 상징한다고 볼 수 있다. 또한 얼굴도 우주목의 뿌리에 해당되어 삼극의 원리와 그 도식으로 오행이 적용됨을 알 수 있다. 즉 이마, 코, 입의 축에 따른 삼극의 원리와 코가 중심이 되고, 눈, 귀, 입의 오행으로 보아 이들을 종적으로 구성하여 그 의미와 상호관련성을 파악할 수 있다(그림 2).

건축문화는 그 시대의 정신과 밀접한 관계가 있으며 건축적 사고의 소산이므로 건축이 그렇게 된 이유를 밝히는 데는 인간의 사고체계가 중요하다. 건축적 표현은 내적 사고의 표현, 즉 인간자신의 사고적 표현의 하나이며, 느끼는 방법의 표시이다.

따라서 이러한 건축공간은 민간신앙의 의례행위나 신앙요소의 물리적 형태, 신앙의미 등에 의하여 개개의 공간들이 상호 연계되어 있다고 할 수 있다.

▲**그림 2**_ 땅에서 솟은 우주목
출처 : 한국문화상징사전, 동아일보사, 1991. p.140.

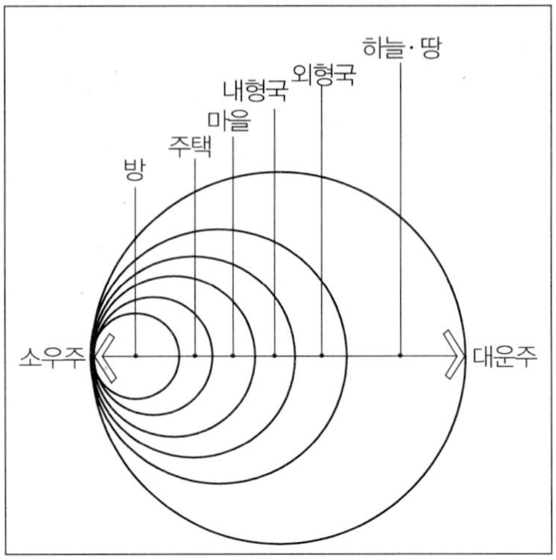

▲**그림 3**_ 영역의 위계

건축공간의 구성은 음양오행의 구조체계에 의해 삼분법과 이분법의 중첩, 교차로 이루어져 있고, 대우주 속에 소우주를 반영한 인체의 확장개념으로써 그 조직 및 원리가 건축공간과 마을공간에도 투영된다는 것이다(그림 3).

자연부락의 공간구성에 있어 민간신앙이 신앙행위에 의하여 형성되는 부락의 범역은 신앙행위에 참여하는 참여자와 그 지역적 범위로 나타나며, 이러한 범역내의 참여자 상호간의 공동체의식이 발생하게 되고, 각 공간들은 이러한 공동체의식에 의하여 유기적으로 상호 연계되어 구성된다고 하겠다(그림 4).

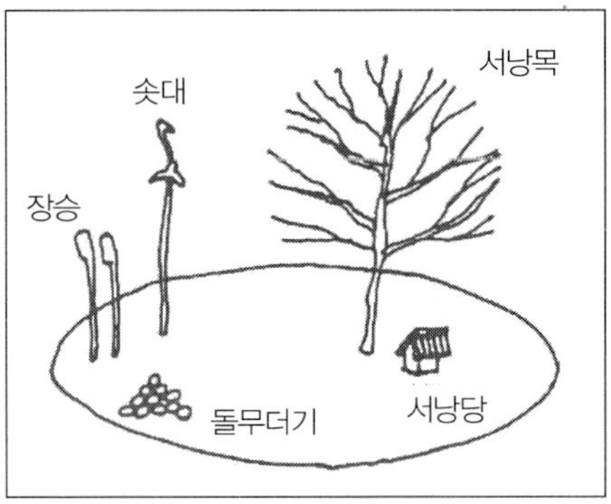

▲**그림 4**_ 마을영역의 원시신앙 요소들

이와 같은 공간의 연계적 구성은 민간신앙의 물리적 형태, 즉 동신신앙 요소의 위치나 풍수국면에 의한 지형, 그리고 성과 속으로 구분되는 민간신앙의 의미적 공간을 통하여 더욱 강하게 인식된다.

공간적으로 대개 가내(家內)에 있는 신적 존재(神的存在)에 대한 신앙이다. 따라서 가신신앙은 곧 가정 단위의 신앙이며, 그 담당자는 주부인 경우가 대부분이다. 그래서 그것은 무격(巫覡)들의 무의(巫儀)처럼 전업사제자적(專業司祭者的)인 기능이나 그 나름의 신학(神學) 이론이 있는 것도 아니고, 또 남성가장들이 주재하는 유교제례(儒敎祭禮)처럼 논리성이나 이념성 · 형식성도 가지지 못한다. 그러나 가신신앙은 가장 정적이고 소박하며 실제적인 민간신앙의 하나이다. 각 가신의 기능과 봉안형태 · 장소 · 의례의 형태를 보면, 성주신은 집안에서 제일 높은 최고신으로 가내의 길흉화복을 관장하는 신이다. 집의 중심이 되는 대청의 양주(樑柱) 밑이나 기둥의 상부에 백지를 접어서 실타래로 묶거나 백지를 막걸리로 축여서 반구형(半球形)이 되게 갖다 붙이고 이것을 성주신의 신체(神體)로 믿는다. 성주신에 대한 제의는 집을 신축하거나 이사했을 때, 이 신을 새로 봉안하는 의식이 있고, 매년 봄과 가을에 하는 안택 고사가 있다. 또 차례나 재수굿에서도 성주신에게 기원한다. 그리고 후손을 보살펴준다고 믿는 조상신(祖上神)은 일정한 신체는 없으나, 차례 때 조상상(祖上床)을 차려 제를 올리고 햇곡식이 나면 성주신과 함께 천신한다. 이 외에 아이를 점지해 주는 일을 하는 삼신과 부엌의 조왕신, 뒤뜰의 터주신[地神(지신)], 장독대의 철륭신, 우물의 정신(井神), 광의 업신, 마구간의 우마신, 대문간의 수문신(守門神), 변소의 뒷간신[厠間神(측간신)] 등이 있어 집안의 요소마다 보살펴준다고 믿는다.

이와 같이 가신신앙(家神信仰)은 집이라는 건물 자체를 신체로 하거나 그 건물에 거주하면서 건물의 기능을 보호하는 동시에 그 공간에 사는 가족의 행 · 불행에 관계하는 신들에 관한 신앙이다.

가신은 집을 단위로 하는 가족의 번창을 돕고 액운으로부터 보호하는 역할을 담당하는 신들이다. 가신은 집 곳곳에 있어 외부에서 들어오는 위험으로부터 가족을 보호하고 행운을 준다고 믿는다. 가신의 종류와 기능은 다음과 같다.

① 성주 : 집 전체를 수호하는 동시에 가장을 보호하는 신이다. 가장이 집안을 대표하듯이 성주도 가택신의 대표라고 할 수 있다. 백지에 돈과 실을 묶거나 여러 겹으로 접은 한지, 또는 쌀이 담긴 단지 등을 대들보나 대청마루에 모신다. 그러나 이는 신체가 아니라 성주신의 영이 깃들여 있는 상징물이거나 신에게 바친 제물이고, 신체는 집 전체로 보아야 할 것이다.

② 삼신 : 자손의 생산과 건강을 돕는 신으로 지왕단지, 삼신바가지라고 하여 쌀과 실 등을 넣고 안방에 모신다. 순산을 한 뒤나 아이가 아플 때는 삼신상을 차려놓고 무당이나 주부가 비손한다.

③ 조상신 : 조상단지, 제석 등으로 부른다. 안방의 시렁에 쌀을 담은 작은 단지를 신체로 모시는 것이 일반적이다. 조상단지의 쌀은 햇곡식이 나올 때마다 갈아주는데 이 쌀은 반드시 가족들만 먹음으로써 혈연을 보호하는 성격이 강조된다.

④ 조왕신 : 불의 신이면서 부엌을 관장한다. 신체는 종지에 담긴 물이며, 부뚜막 위에 모시는데 아침마다 물을 갈아준다. 불은 모든 부정을 가시어 신성하게 하고 생명력을 불어넣어 주며 또한 며느리가 불씨를 꺼트리면 집안이 망한다는 이야기가 있듯이 가운의 상징이기도 하다.

⑤ 터신 : 뒷곁이나 장독대에 쌀을 담은 단지를 놓아 신체로 모시며 집터를 관장하는 신이다. 토지신 · 터주신 · 철룡 · 용단지라고도 한다.

⑥ 업 : 재운을 관장하는 신이다. 신체는 뱀이나 족제비가 보편적이고, 두꺼비 · 사람도 업으로 모시는 경우가 있다. 곳간 안 단지의 쌀, 뒤란의 짚주저리, 장작더미 속에 업이 깃든다고 믿는다. 업이 나가면 좋지 않다는 속신이 있다.

⑦ 대문신 : 특별히 문신이 있다고 믿는 지역은 제주뿐이고 외부와 연결되어 있는 대문에는 잡귀를 물리기 위해 비방을 한다. 호랑이 뼈나 게 등을 걸어 잡귀의 침입을 막고 '입춘대길(立春大吉)' 등의 글씨를 써붙여 복을 청하기도 한다.

⑧ 외양신 : 소와 말을 보호하는 신이다. 외양간에 구멍뚫린 돌을 매달거나 백지를 달아 신체로 모신다.

⑨ 뒷간신 : 변소각시라고도 부르는 젊은 여신이 있다고 믿어왔는데 다른 가신과는 달리 이 신의 눈에 뜨이면 탈이 난다고 부정적인 성격으로 생각했다.

⑩ 기타 : 우물에는 용왕신, 도장에는 도장지신, 마당에는 노적지신, 장독대에는 장독지신이 있다고 믿었다. 특히 장독대는 2월 영등에 풍신할머니가 내려오는 장소로 신앙된다.

이처럼 집에는 곳곳마다 신이 좌정하여 인간의 행 · 불행을 관장하기에 정기적으로 제례를 올려 신들을 대접한다. 가장 보편적인 것은 정초에 하는 안택과 가을에 하는 고사이다. 무당이 주관하거나 주부가 중심이 되어 행하는 안택은 좋은 날을 받아 제물을 장만한다. 메와 시루떡 · 삼실과 · 과일 · 나물 · 술 등으로 제물을 차려놓고 먼저 마루에서 성주신을 모신다. 성주신에게 제물을 대접한 뒤 비손하면서 절하고 식구수대로 소지를 올린다. 이어 안방에서 다시 제물을 차려 조상을 대접한다. 조상메는 큰 양푼에 가득 밥을 푼 뒤 조상수만큼 숟가락만 꽂는다.

부엌으로 나가 조왕신을 모시고 마당에서 서낭신에게 망제를 올린 후 소를 키우는 집에서는 외양간 앞에 모셔놓은 구능신을 모시는 것으로 안택을 마친다. 집을 새로 짓거나 이사를 가면 반드시 성주를 위해 고사를 올리거나 굿을 한다. 성주고사는 무당을 청하되 비손으로 하는 것이고 성주굿을 할 때는 집을 지은 목수들을 불러 무당과 함께 지경다지는 흉내를 내고 성주풀이 무가를 부른다. 그리고 백지나 쌀독 등의 성주신의 상징을 만들어 대들보에 모신다.

주공간과 가신과의 상관관계를 개념화하여 나타내면 그림 5와 같다.

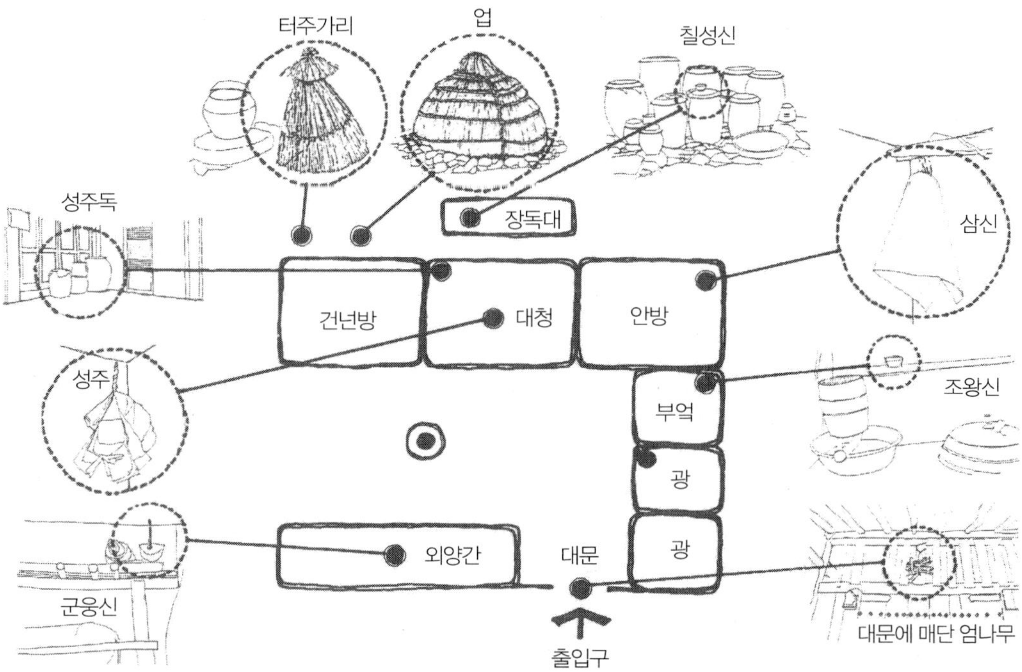

▲**그림 5** _ 주공간에 나타난 가신의 위계
출처 : 나상훈, 전통주거건축의 공간질서화방식에 관한 연구, 조선대 석사학위논문, p.98, 1992.

5. 마을공간구성과 무속

일반적으로 한국에서는 산을 등지고 전면에 논이나 밭이 펼쳐진 곳에 마을이 위치하고 있으며, 이러한 마을의 뒷산에는 하늘의 신을 모시는 국사당과 산신을 모시는 신당과 서낭당, 그리고 마을의 입구에 위치하여 마을을 수호하는 장승이나 솟대 등은 마을사람들의 신앙대상이 되고 있다.

이와 같이 동신신앙은 마을의 수호신을 신당에 모셔놓고 제액초복(除厄招福)을 위해 동민들이 합동으로 제의를 올리는 마을의 공동신앙이다. 이와 같은 마을의 공동제의를 동신제 · 동제라고 부르는데, 경우에 따라서는 부락제(部落祭)라고도 한다. 마을의 수호신으로 모셔진 동신은 명칭상으로 40여 종이지만 계통상으로 분류하면 천신(天神) · 일신(日神) · 성신(星神) · 산신(山神) · 수신(樹神) · 지신(地神) · 수신(水神) · 인신(人神) 등이 있다. 이러한 동신신앙 중에서도 보편적인 것은 산신 · 서낭신 · 국수신 · 장군신 · 용신(龍神) · 부군신(府君神) 그리고 장승 · 솟대 등이다. 대체로 마을 뒷산 중턱에는 산신을 모신 산신당이 있고, 마을로 들어서는 길 옆에 서낭신을 모신 서낭당이 있으며, 그 옆에 장승이나 솟대가 있는 것이 동신신앙의 일반적인 형태이다. 그리고 지역에 따라 차이는 있으나, 마을 뒷산의 산정에 국수신을 모신 국수당이 있는 마을도 있어서 동신은 대체로 한 마을에 국수신 · 산신 · 서낭신 · 장승 · 솟대가 복합신앙되었던 것으로 추정된다.

전남 순천시의 낙안읍성 마을의 무속적 질서요소에 의해 형성된 축은 읍성을 평면상으로 수평적 공간분할을 이루고 있음을 알 수 있고, 이렇게 공간의 수평분할을 하는 축선은 다시 동문밖의 장승과 솟대에서 시작하여 사직단에 이르기까지 향천적인 공간의 흐름을 만들어 읍

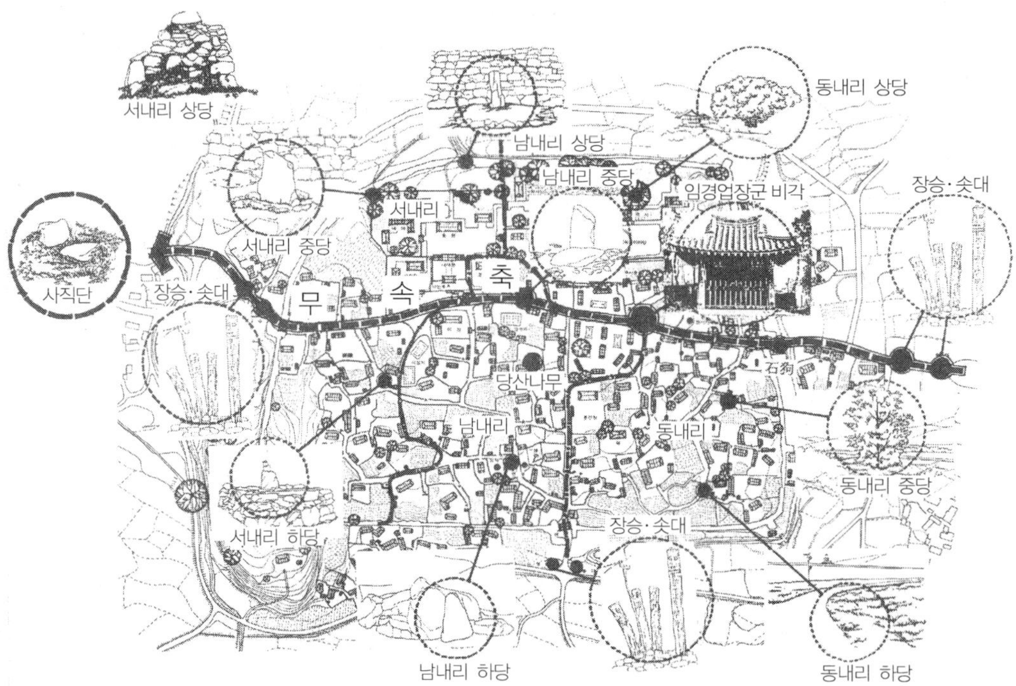

▲**그림 6**_ 낙안읍성의 무속적 질서요소
출처 : 나상훈, 전통주거건축의 공간질서화방식에 관한 연구, 조선대 석사학위논문, p.106, 1992.

성공간의 수평 · 수직적 위계질서를 형성하고 있다(그림 6).

이와 같이 마을공간 구성요소로서 사람들의 신앙대상이 되는 이들이 위치하는 장소와 기능 및 상징성 등을 살펴보면 다음과 같다.

1) 당산나무

당산(堂山)나무는 마을의 입구나 동산에 서 있는 경우가 많다. 나무의 종류는 소나무나 느티나무이며, 대부분 크고 오래된 거목들이다. 나무 밑에 돌로 된 제단이나 혹은 나무 옆에 작은 사당이 세워진 경우도 있다. 이런 나무들에는 신이 내재하는 것으로 여겨 신목(神木)으로 부르기도 한다. 만일 이 신목을 베거나 해치면 큰 재앙을 입게 되며, 천재지변으로 나무가 쓰러지거나 죽거나 할 경우에는 마을 전체가 큰 화를 입는다는 믿음이 있다(그림 7).

▲**그림 7** _ 당산나무

2) 장승과 벅수

장승(長栍)은 마을 또는 절 입구 등에 세운 나무나 돌에 사람의 얼굴 모양을 새긴 기둥이다. 이정표 또는 마을의 수호신 구실을 한다. 일반적으로 남녀 한쌍의 모양으로 마을 입구에 세워져 있고, 남자에는 "천하대장군(天下大將軍)"이라 씌어져 있으며 여자에는 "지하여장군(地下女將軍)"이라 씌어져 있다(그림 8).

장승은 마을의 이정표이거나 수호신이다. 샤머니즘 문화에 깊은 뿌리를 둔 장승은 200년 이상의 역사를 갖고 있다. 장승은 원래 법수나 벅수로 불려졌는데, 영생을 의미하는 '장생불사'의 도 사상에서 따온 것이다. 이 장생은 쉬운 발음인 장승으로 되었고 현대에 와서도 법수나 벅수는 아직도 남쪽 지방에서 사용되고 있다(전라, 충청 그리고 경상 지방). 어떤 사람들은 그들을 할아버지, 할머니당산, 하르방(제주도), 천하 대장군, 수살, 돌미륵, 신장 또는 '수살이'라 부른다.

▲**그림 8** _ 장승

여러 가지 장승의 이름은 그 역할, 기능, 모습, 위치에 따라 다르다. 그것은 마을 수호, 국가 안위, 재앙이나 질병으로부터의 보호, 불교의 보호, 지형적 경계, 행정구역상의 이정표, 중국의 재앙이나, 아들을 위한 기도와 같은 많은 기능별로 분류된다. 장승의 기본 형태로는 돌이나 나무에 인간 얼굴을 상징적으로 형상화하였으며 그 몸체에 이름을 새겼다. 보통 한 쌍으로 마을 입구를 지키고 있다(표 2).

▲그림 9 _ 벅수

그 얼굴의 표현이 가장 중요한 양상을 띠고 있다. 보통 불거져 나온 눈, 크고 감자모양의 주먹코, 튀어나온 치아에 모자를 쓰고 있다. 장승 얼굴의 표현은 두 가지 다른 종류가 있는데, 하나는 수호자나 도깨비 모습이고, 다른 하나는 대중의 자화상의 이미지이다. 이 다른 두 모양은 인간을 사실적으로 묘사한 것이거나 해학적으로 풍자한 것이다.

특정 개념은 전국적으로 동일하다. 천하대장군(天下大將軍)은 지상의 위대한 신으로, 통상 지하 세계의 위대한 여자 신인 지하여장군(地下女將軍)과 함께 있다. 방위신장(防衛神將)은 악마와 불행에 맞서 싸우는 신이고, 호법신장(護法神將)은 나라와 종교 체제를 보호하는 신이다. 법수는 방문자로부터의 나쁜 영혼을 막는 신선의(道敎의 초자연적인 인간화한 신) 이

표 2 _ 장승과 벅수의 기능 분류

기 능	목 적	명 칭
부락 수호	흉년, 재앙, 유행병 등을 가져오는 귀신이나 역신을 겁을 주어 쫓아 보냄.	법수, 벅수, 장신 외
방위 수호	방위가 허한 곳에 각 방위에 해당하는 오방 신장을 배치하여 방위를 튼튼히 함.	법수, 벅수, 장생, 장승 외
산천 비보	풍수 도참설에 의하여 국기의 연장과 군왕의 장생을 기원하기 위하여 사찰 주위에 세움(얼굴 없음).	장생표
읍락 비보	고을과 마을의 지맥이나 수구가 허한 곳을 다스리기 위하여 세움.	법수, 벅수, 장생, 장승, 수구막이 외
불법 비보	사찰 입구에 세워 경내의 청정과 존엄을 지키게 함.	장생, 장승 외
경계표	농경과 수렵 및 땔감을 얻는 땅의 경계를 표시하기 위하여 세움.	장생, 법수 외
노표	이정표 및 방두의 노신을 겸했던 제도적인 장생	장생, 장승, 후(堠)
성문 수호	중국에서 오는 역병이나 재앙의 침입을 성문에서 제지함.	벅수, 장승, 우석목 외
기자	득남과 풍요를 기원함.	벅수, 남근석 외

출처 : 김두하, 장승과 벅수, 대원사, p.49, 1991.

름이다.

3) 솟대

솟대는 민속신앙에서 새해의 풍년을 기원하며 세우거나 마을 입구에 마을의 수호신의 상징으로 세운 긴 나무 장대(長竿)이다. 주로 긴 장대 끝에 나무로 만든 새 조각이 있는 모습이다. 지역이나 목적에 따라 소줏대·표줏대·솔대·거릿대·수살목(守煞木)·서낭대 등 여러 가지 명칭이 있다. 형태도 다양하여 일시적인 것이나 영구적인 것, 가정이나 개인신앙의 대상에서 촌락 또는 지역을 위한 것이 있다(그림 10).

▲**그림 10** _ 솟대

최근까지 흔히 민간에서 세우던 솟대는 기원적으로 《삼국지》 마한전에 나오는 소도(蘇塗)에서 비롯된 것이라는 의견이 지배적이다. 신간은 아무 곳에나 세우는 것은 아니고 종교적·신앙적으로 성스러운 곳이어야 한다는 것을 마한전에 나오는 별읍(別邑)이라는 성역에 세웠던 것으로 짐작할 수 있다. 대개 서낭당과 같은 동제당에 장승이나 신목·신당 등과 복합되어 있는 것이 많다.

이를 대별하면 다음 세 가지가 있다. 첫째는 개인의 가정에서 임시적으로 경축이나 기도할 때에 세우는 이름 없는 신간이고, 둘째는 촌락의 입구나 경계 그리고 성역에 항시적으로 세우는 속칭 솟대·거릿대·수살목이라는 신간이고, 셋째는 과거에 급제한 자가 자기집 앞이나 조상의 산소에 세우는 속칭 화주(華柱)라는 것이다.

제1유형은 대개 풍년을 빌기 위하여 정월에 세우는 것으로, 흔히 '볏가릿대(禾竿)'라 불리는 것과 바람신을 모시는 의미에서 부엌에 신간을 세워두었다가 신이 승천함과 동시에 없애는 풍속인 '영동할머니'의 신체인 신간이다.

제2유형은 아무나 세울 수 있는 것이 아니고 특별히 관직에 있는 사람이거나 마을에서 공동으로 세우는 것이다. 일단 세운 다음에는 영구성을 가지는 것으로 썩어서 쓰러지면 새로운 것을 세운다. 세울 때에는 물론이고 마을에서는 매년 동제를 지낸다. 이는 마을수호신의 하나이고 마을을 수호하여 주는 신체이기도 하며, 또 성역의 상징이기도 하다.

제3유형은 과거에 급제한 사람이 자기의 과시와 가문의 행운을 빌기 위하여 세우는 것이다. 이를 화주라고 하는데 예로는 돌기둥으로 만들어 세우기 때문에 화주라 하지만, 이것을 솟대라고 부르는 지역도 있다. 형태를 보면 농기(農旗)모양으로 꿩털이나 볏짚을 꼭대기에 장식하고 헝겊을 둘러 만든 것이거나, 꼭대기에 용을 그리거나 새겨서 붉은 칠을 한 것이 있다.

그러나 일반적인 것은 긴 장대 꼭대기에 세 갈래로 된 나뭇가지 위에 세 마리의 새를 조각하여 올려놓은 것 등이다. 이 새를 봉(鳳)·물오리라고 하지만 일정한 새의 종류를 의미하는 것이 아니라, 다만 새라고 하며, 그래서 신간을 조간(鳥竿)이라고도 한다. 이것과 달리 일시적으로 만드는 것은 아무것도 조각하지 않고, 다만 대나무가지나 긴 장대 또는 소나무가지를 가지고 서낭대로 사용하는 경우가 있다. 솟대가 수호신의 상징이라는 점과 성역의 상징 또는 경계나 이정표 표시 등의 기능이 있는 것은 장승과 마찬가지이다.

솟대의 끝에는 오리나 기러기 등이 올려지는데, 옛날 솟대의 새들은 천상계의 신들과 마을의 주민을 연결해주는 일종의 전령조였다는 설이 있다. 아시아의 북방민족들은 기러기, 오리, 백조 등 물새들이 가을에 남쪽으로 떠났다가 봄에 다시 돌아오는 것을 매우 신성시한다. 시베리아의 오브강 동쪽에 네넷족은 기러기가 남쪽에서 돌아오는 날을 새해의 시작으로 여긴다. 이들은 기러기가 가을에 은하수를 따라 천상계로 날아갔다가 봄에 지상으로 돌아온다고 생각한다. 서시베리아의 카잔 타타르족도 봄에 남쪽에서 돌아오는 기러기떼를 하늘의 축복으로 생각한다. 또한 시베리아의 퉁구스족은 부족 내에 새로운 샤만이 출현하면 선대의 죽은 샤만의 혼령인 아비새가 돌아온다고 여긴다. 즉, 솟대위의 새는 삶과 죽음의 경계를 넘나드는 것을 의미한다.

다른 민족솟대에 오리나 기러기를 얹는 풍습은 전형적인 북방계 풍습으로 셀쿠프족, 돌간족, 야쿠트족, 에벵크족, 나나이족, 오로치족 등이 가지고 있다. 돌간족은 하늘을 향해 세워진 나무 위에 9층 하늘을 뜻하는 나무로 만든 아홉 마리의 기러기나 오리를 올려놓는데, 이 새들은 샤만이 천상계로 영적인 여행을 떠날 때 그를 인도한다고 믿는다.

4) 서낭당

서낭당은 작게는 보통 마을 어귀나 고개 마루에 원추형으로 쌓아 놓은 돌무더기를 말한다. 이곳을 지날 때는 그 위에 돌 세 개를 얹으며, 침 세 번을 뱉고 지나가면 재수가 좋다는 속설이 있다. 크게는 서낭신을 모신 당을 말한다. 지방에 따라서 서낭당(城隍堂 : 경기, 황해), 할미당(老枯堂 : 전남), 천왕당(天王堂 : 경북), 국사당(國師堂 : 평안도), 국시당(함남) 등으로 불린다. 서낭신이란 마을의 터를 지켜준다고 믿는 신이다. 서낭의 어원은 성황에서 찾을 수 있는데, 성황이란 중국 고대에 성읍의 수호신인 성지신(城地神)을 의미한다(그림 11).

큰산을 중심으로 산악숭배의 대상이 되는 경우도 있고 동제당으로 신앙되기도 한다. 대개의 경우 산신은 산을 주관하며, 그 아래에 사는 마을 주민들도 수호한다고 믿어 동제당의 성격을 가진다. 산신당(山神堂) 외에 서낭당 · 당산 · 산제당 등의 명칭을 가지는데 산신당은 경기 · 충청 · 강원 등지에서 많이 사용된다.

▲그림 11 _ 서낭당

이밖에 절안에 있는 산신당 · 산신각 등은 민간신앙이 불교와 습합하여 이루어진 형태이다. 동제당으로서의 산신당은 아무 표시가 없지만 마을과 가까운 산의 어느 특정한 장소를 정하여 주민들이 산신제를 지내는 당으로 신앙하는 경우도 있고 특정 나무를 신체로 모시면서 주변을 산신당으로 생각하기도 한다. 또는 당집을 지어 위패와 신상도를 모시는 수도 있다. 산신의 신상도는 대개 범을 거느리고 있는 노인이 그려져 있다. 그러나 대관령의 산신처럼 신라의 장군 김유신과 같은 특정한 인물을 주신(主神)으로 모시는 경우도 있다.

5) 여제단

여제(厲祭)는 본래 관에서 모시던 제사였으나 민간에 유포되면서 농경문화와 결합하여 민간신앙으로 자리 잡은 세시의례의 하나로, 후손이 없는 귀신들이 농사를 망치지 못하도록 여제단을 만들어 봄에는 가두고 가을에는 풀어주던 제사의식이다.

여제는 본래 중국 주나라 때부터 모셔오던 제사로서, 후손이 없는 귀신을 위해서 모시던 의례였다. 자식이 없이 죽거나 한이 맺혀 죽은 귀신은 여귀(厲鬼)가 되며, 이들이 저승으로 가지 못하고 이승에 떠돌면서 살아 있는 사람들에게 해악을 끼친다고 믿는 동양의 고대 민간사고에서 기원한다.

우리나라에서는 조선 전기 태종 때부터 모시기 시작했다. 나라는 물론 모든 군 · 현까지 여제단 또는 여제당을 마련하여 관에서 주관하여 모셔 오다가, 조선 후기에 성황제와 마찬가지로 민간에서도 모시는 사례가 생겼다. 이 여단은 동쪽의 성황단, 서쪽의 사직단과 함께 관아에서 필수적으로 세우는 제단이었다. 여제는 1908년 국가 차원에서 폐지되면서 철저하게 부정되고 파괴된 대표적인 민간신앙의 하나로, 조선시대 역병관을 보여주는 자료이기도 하다.

여제단의 일반적인 형태는 네모진 형태의 돌단과 담으로 이루어진다. 여제단에서는 일반적인 의례로 매년 봄·여름·가을에 정기적으로 제사를 지냈는데, 역병이 도는 해는 수시로 제사를 지내기도 하였다.

6) 수살

수살(水殺)은 마을을 수호한다고 여기는 마을 입구에 서 있는 돌이나 나무. 동네를 지키는 신성한 것으로 믿어 전염병이 돌 때는 새끼줄을 쳐서 모시고, 개인이 병이 났을 때는 환자의 옷을 걸어 놓기도 한다. 수살은 살막이·수살막이·수살목이라 부르기도 한다.

7) 국사당

국사당(國師堂, 國祀堂)은 조선시대 태조가 한양에 도읍을 정하고 한양의 수호신사(守護神祠)로 북악신사(北岳神祠)와 함께 남산 꼭대기에 두었던 목멱신사(木覓神祠)의 사당이다.

국사당 신앙은 국시당, 국수당 또는 구수당, 구시당이라는 용어와 상통하며 신이 하강하는 산의 정상 또는 거북의 머리라는 의미도 있으나 나라의 스승을 신으로 모신다는 의미도 있다.

천상신이 하강하는 통로의 의미로 산의 제일 높은 봉우리에 누석단을 쌓고 제천의례의 장소로 삼았으며, 이 봉우리를 국사봉 또는 국시봉, 국수봉, 구수봉, 구시봉 등으로 불리게 되었으며 이후 지금도 각 지방의 산 이름속에 남아있음을 알 수 있다.

원래 국사당의 의미는 개국신화에서 발생되어 전국적으로 분포되었으며 마을단위의 민중(민속)신앙이 되어 이후 산신당, 서낭(성황)당, 용신당 등 점차 규모가 확대되고 세분화되어 오늘날에 이른다.

즉 단군신화에 나오는 신단수가 있는 태백산정, 가야국 시조가 강림한 가락국기의 구지봉, 신라의 육촌장이 하강한 산정 등이 국사당의 시초이며 마니산 정상의 참성단, 대관령의 국사선왕당, 인왕산의 국사당(선바위 국시당) 등이 남아 있고, 지리산의 천왕봉에 모셔졌던 성모상도 국사당 문화권에 속하나 일제 시대에 훼손되어 현재 관광신앙 차원에서 각 마을 단위로 새롭게 창건되고 있다.

역사적으로 기록이나 자료는 빈약하지만 토속종교의 신앙은 단군의 개국신화 이후, 수천년 동안 혈통적 맥을 이어 내려오는 토착신앙임을 알 수 있다.

반면, 삼국시대로 거슬러 올라가면 통치자들의 지배이념의 목적으로 시대적 상황에 따라 유교, 불교, 도교(선)사상 같은 외래종교가 수입되어 일반 민중에게 강압적으로 강요되었다.

예를 들어 신라 때 이차돈의 죽음은 민중들의 국가에 대한 반발이 얼마만큼 심했나하는 증거인 셈이다.

조선조에 이르러 팔관회가 아예 중단되면서 정치적, 지배적 이념에서 밀려나 민중의 서민 종교적 신앙형태로 전환되면서 마을굿 단위의 공동체적 의례행사로서의 변화를 가져오게 되었으며 무당은 개인 신단에 부처를 봉안함으로써 불교적 외향을 받아들여 명맥을 유지시켰으나 이는 또 불교에서 토속신앙의 산신각, 용신각, 칠성각 등을 흡수시키게 하는 계기가 되었다.

8) 신당

불교의 전각(殿閣)이나 그리스도교의 교회 등도 신당에 속한다고 할 수 있으나 대개 민간 신앙의 당집을 가리킨다(그림 12). 민간신앙의 당집인 경우 크게 무당이 차려놓은 굿당과 마을의 수호신을 모셔놓은 신당으로 구분할 수 있다. 또한 굿당에는 무당 개인이 자신의 몸주신을 중심으로 여러 무속의 신격을 모셔놓은 굿당과 여러 무당이 공동으로 쓸 수 있는 굿당이 있다. 후자는 최근 도심에서 굿을 하기 어려워지자 산기슭에 굿당을 차려놓고 임대료를 내는 새로운 형식의 굿당이다. 마을의 수호신을 모셔놓은 신당은 지역에 따라 산신당(山神堂)·용신당(龍神堂)·서낭당·부군당(府君堂)·본향당(本鄕堂)·당산(堂山) 등 다양하다. 산신당은 가장 보편적인 신당으로 한국의 산악숭배의 전통을 잇고 있고, 용신당은 우물이나 약수터 주변에 세워져 있는 신당이다. 서낭당은 강원도를 비롯한 산악지방에 많이 있는데, 당집을 짓는 것과 돌담으로 이루어진 것이 있다. 부군당은 서울에만 모두 15개소가 있었다고 전한다. 본향당은 제주도의 신당으로, 마을마다 하나씩 있어 마을을 수호하는 역할을 한다. 그밖에 제주도 해안지방에는 섬의 특수성을 보여주는 해신당(海神堂)·돈지당·갯당 등의 신당이 있다. 당산은 호남과 영남 지방에서 많이 쓰이는 명칭이다. 이는 거대한 신수(神樹)인 경우가 많은데, 당집을 따로 짓는 경우도 있다. 당집이 있는 경우에는 건물 안에 수호신의 그림을 걸거나 방울, 서낭대 신기(神旗) 등을 걸어놓기도 한다. 수호신은 산신 이외에 입향조(入鄕祖)나 영웅신인 경우가 많다. 입향조는 보통 입향시조라고도 하는데 영남지방에 많이 있고, 영웅신은 대개 역사 속에서 억울하게 죽임을

▲그림 12 _ 산신당
아들 낳기를 기원하던 신당으로 가운데의 연봉오리는 남근을 상징한다. 세중옛돌박물관

당한 장군으로 서해안의 조기잡이와 연관된 임경업장군, 강원도의 단종, 중부지방의 최영, 서울특별시 용산의 남이장군 등이 대표적이다.

Chapter 6

건축과 장소

장소(place, location)는 어떤 일이 이루어지거나 일어나는 곳으로서 우리는 다양하고 심오하게 장소로 분화한 세계에서 생활하고, 활동하고, 자기의 위치를 정확하게 확인하고 있다. 만약 장소가 인간 존재의 기본적인 측면이라면, 또 그것이 개인이나 인간집단의 안전성이나 아이덴티티의 원천이라면 의의있는 장소를 경험하고 창조하고 유지하기 위한 수단을 잃지 않도록 하는 것이 중요하다.

장소성이라 함은 그 대지의 문화, 역사, 기후 등 여러 가지 복합적 요소로 그 대지가 갖는 성격이라고 할 수 있다. 즉 건축은 장소의 의미를 형태로 만드는 것이며, 장소는 그 건축이 입지하는 터라고 할 수 있을 것이다.

장소는 환경의 한 단위로서 위치 이상의 의미를 가지며, 하나의 큰 맥락 속에서 다른 장소와 구분될 수 있는 그 자체의 질서를 갖고 각각의 특성뿐만 아니라 다른 장소와의 동질성과도 관련되며 인간의 상황을 표현하는 것이기 때문에 물리적 형태와 외관 속에서 일어나는 사람들의 활동 및 이들이 나타내는 의미와 상징 등으로 구성된다.

우리의 일상생활에서 장소는 장소를 둘러싸는 배경, 경관, 의식, 일상의 일, 다른 사람들, 개인적 체험, 가정에의 배려와 관련 등이 혼연일체가 된 상황에서, 그리고 또 다른 장소와의 관련 중에서 느껴지는 것이다.

장소의 경험은 방의 일부에서 대륙 전체까지의 스케일이 되는데, 어느 스케일에서도 장소는 전체성을 가진 실체이고, 자연적인 것과 인공적인 것 및 활동과 기능의 종합체이고, 의도적으로 주어진 의미의 종합체이다.

1. 장소의 개념

우리는 우리가 활동하는 장소와 편안히 쉬는 장소 및 잠자는 장소를 알고, 구별하고, 거기에 대응하고 있다. 그러나 장소를 실제적으로 안다는 것은 기본적이지만 매우 피상적이며 장소가 우리에게 제공하는 분명한 기능에 주로 의거한다. 인간의 경험에서 장소의 의의는 그보다 훨씬 심오하다는 것은 외부로부터의 힘에 대항하여 자기의 장소를 지키려고 하는 개인이나 집단의 행동을 보면 분명하고, 또 향수나 어딘가의 장소에 대한 향수를 느낀 경험이 있는 사람이라면 누구라도 알고 있는 바이다. 인간적이라는 것은 의미있는 장소에서 만족된 환경에서 생활하는 경우이다. 결국 인간은 자기의 장소를 가지고, 또 안다는 점이다. 철학자 Heidegger는 「장소는 인간의 실존에 있어서 외부와의 유대와, 인간의 자유와 실재성의 심오함을 해명하는 점에 의하여 인간의 위치를 부여한다」[1]고 하였다. 그것은 인간 경험의 심오하고 복잡한 일면이다.

Relph는 공간에 문화가 포함되고 활동이 일어나며 의미가 부여될 때 장소가 되며, 이때 형성되는 정체성이 장소성(sence of place)이라고 정의하였다. 즉 장소성 형성에 있어서 장소에의 소속감, 장소, 애착, 내부성 등을 강조하여 장소에 대한 체험을 강조하였다.[2] Tuan도 장소 안에서 반복적으로 일어나는 경험을 통해 그 공간의 장소성이 형성된다고 하였다.[3]

건축가나 도시계획가의 임무는 장소의 점유, 장소의 창조, 또는 우리의 경험에 형태와 구조를 부여하는 의미에 만족된 장소의 시스템을 발전시키는 모습으로 이해되고 있다.

지리학에 있어 장소의 개념에 대해서는 Lukermann에 의한 다음의 6가지 주된 요소를 들 수 있다.[4]

① 위치라는 고려방식이다. 특히 다른 사물이나 장소에 관계하는 위치를 절대로 기본으로 한다. 위치는 그 내측의 특징 「side」와 다른 위치와의 외부적 관계 「situation」에 의하여 기술할 수 있다. 결국 장소는 공간적 확대와 「내측」과 「외측」을 가진다.

② 장소는 자연 및 문화적 제요소의 통합체이다. 각각의 장소는 고유의 질서, 결국 특별한

---

1) Heidegger M, "An ontological consideration of place" in The Question of Being, New York : Twayne Publishers, 19, 1958.
2) Edward Relph, Place and Placelessness, 1976.
3) Tuan Yi-fu, "Space and place : Humanistic perspective" in Progress in Geography Volume 6, London : Edward Arnold, 1975.
4) Lukermann, F., "Geography as a formal intellectual discipline and the way in which it contributes to human knowledge" Canadian Geographer 8 (4) 167-172. 1964.

조화성을 가지고, 그것이 그 장소를 인접 장소와 식별한다.

③ 모든 장소는 상호작용과 이동의 공간 시스템에 의하여 서로 관련하고 있다. 그것은 순환구조의 일부분을 이룬다.

④ 장소에는 지역적 특성이 주어지고 있다. 그것은 보다 큰 지역의 일부분이고, 또 지역분화(localization) 시스템의 중심이다.

⑤ 장소는 끊임없이 형성되고 성장하고 있다. 문화적 · 역사적 변화와 아울러 새로운 요소가 첨가되고, 오래된 것은 사라진다. 결국 장소는 독자의 역사적 요소를 가진다.

⑥ 장소는 의미를 가진다. 그것은 인간의 신념에 의하여 특징짓는다.

그렇지만 장소의 개념은 이 논의가 나타내고 있는 정도로 단순하지 않다. Lukermann은 장소, 지역, 영역, 위치의 구별을 분명히 하지 않고, 상호 대용할 수 있는 용어로 사용한 점에 유의할 필요가 있다. 이에 비하여 May[5]는 장소의 개념이 3가지 내지 4가지의 다른 의미에서 지리학자에 의해 이용된 것을 나타내고 있다.

첫째로 대지의 전표면을 나타내는 데 이용되어졌다. 예를 들면 대지를 인간의 장소를 보는 고려방식이다. 둘째로 도시, 시골, 지방 등 공간의 단위를 나타내는 데 사용되어졌다. 이 경우에 「지역」과의 다름이 분명하지 않다. 셋째로 장소는 공간의 특정 부분과 그 공간을 점유하고 있는 것을 나타낸다. 마지막으로 장소는 정확한 지점이라는 의미에서 「위치」를 나타내는 데 이용된다. 그러나 엄밀히 말하면 장소는 위치를 특정할 수 있는 많은 사물로 이루어지고 있으므로 위치가 장소보다 한정적이다. May는 이 가운데 세 번째의 의미만 장소 이념의 특성을 나타내는 것이라고 논하고 있다.

2. 공간과 장소

2.1 지각공간

지각공간(Perceptual space)은 각 개인이 지각하고 직면하는 자기중심적인 공간이다. 이것은 내용과 의미를 가지는 공간이다. 왜냐하면 그것은 경험과 의지에서 분리될 수 없기 때문

5) May J A, *Kant's Concept of Geography*, University of Toronto, Department of Geography, Research Publication No.4, 1970.

이다. 지각공간은 즉시적인 욕구나 실천을 중심으로 하는 행동 공간이고, 그 자체 명확한 구조를 가지고 있다.

거리와 방향은 가깝거나 멀거나, 이 길이거나 저 길이거나 「질」로서 경험되고, 또 통로라든가, 도로와 같이 확실히 눈에 보이는 경우에도 그것이 지니는 특별한 의미에 의하여 이해된다. 지각공간에 있어 각자 그의 주변에 있는 세계를 「통치의 영역」으로 보고 자기 자신의 이용이나 즐거움을 위한 수단이나 목적으로 도움되는 요소를 그 중에서 가려낸다. 마치 우리가 새로운 집으로 이주하면 이전의 일상생활에 큰 의미를 가지고 있던 가게나 도로가 그 중요성을 잃어버리는 것과 같다.

지각공간은 또한 대지, 바다, 하늘 등의 공간이나 인공적으로 축조된 공간과의 직접 감정적인 만남의 공간도 있다. 우리는 공간에서 거주하고, 그 안에 자기의 인격을 투영시키고, 감정적인 유대로 연결되어 있다. 공간은 다만 지각되는 것은 아니고 살아 있다. 공간은 결코 공허한 것이 아니고, 인간의 의지 및 상상과, 공간 특성과의 양쪽에 유래하는 내용과 실체를 지니고 있다. 그리고 실체적 공간은 인간이 창출한 무한의 다양성을 지닌 건축물이나 가로나 경관의 공간 형태로도 경험된다.

특별한 만남이나 체험을 통하여 지각공간은 장소 또는 특별한 개인적 의미의 중심으로 여러 가지로 분화한다. 인간에 의하여 사고, 지각, 의미를 계통짓는 것은 특별한 장소와 밀접하게 관련하고 있다. 우리는 사적(private) 장소를 가지고 있다. 특히 어린이에 따라 그러한 장소는 자기를 발견하기 위한 근거지가 되고, 동굴, 수목 또는 집안의 한쪽 구석조차 「나의 장소」로서 주장될 수 있을 것이다. 기억 중의 장소나 지금 의미를 가지고 있는 장소는 모두 지각공간의 보다 넓은 구조 내에서 의미나 의지의 중요한 집중점이다. 지각공간을 그 고립에서 해방시키는 좀더 일반적이고 중요한 방법은 문화와 경험과 의지의 상호주관적인 관련에 의하여 주어질 것이다.

2.2 실존공간

환경에 관하여 인간에게 안정된 이미지를 형성시키는 실존공간(Extential space)의 의미는 개개의 지각공간에 대한 의미의 총화라기보다는 한 사람의 인간에 의하여 경험되는 문화로서의 의미이다. 또한 실존공간은 다만 체험되기를 기다리고 있는 수동적 공간이 아니라 인간 활동에 의하여 항상 창조되고 개선되는 공간이다. 그러면서 도시나 집락이나 주택 건설과 경관 창조를 통하여 의미의 패턴과 구조를 무의식 중에 창출하는 공간이다.

Lévi-Strauss가 제시하는 사례[6]는 실존공간의 특징 몇 가지를 나타내는 데 도움된다. 이것은 무문자문화에서 얻어진 전형 예이지만 그다지 명료하지 않더라도 같은 형태는 모든 문화에서 발견된다. Trobriand 제도의 Omarakana 집락 플랜은 중심의 공공광장 주변에 동심원상으로 배치된 형태를 이루고 있다(그림 1). 안의 원은 얌(yam) 저장고와 신성한 장소와 많은 터부(taboo)의 대상이 되고 있다. 그리고 밖의 원은 기혼자들의 오두막집이 있고, Malinowski는 이것을 집락의 「세속적인」부분이라고 부르고 있다.[7] 결국 이 플랜에는 중요한 구조 내지

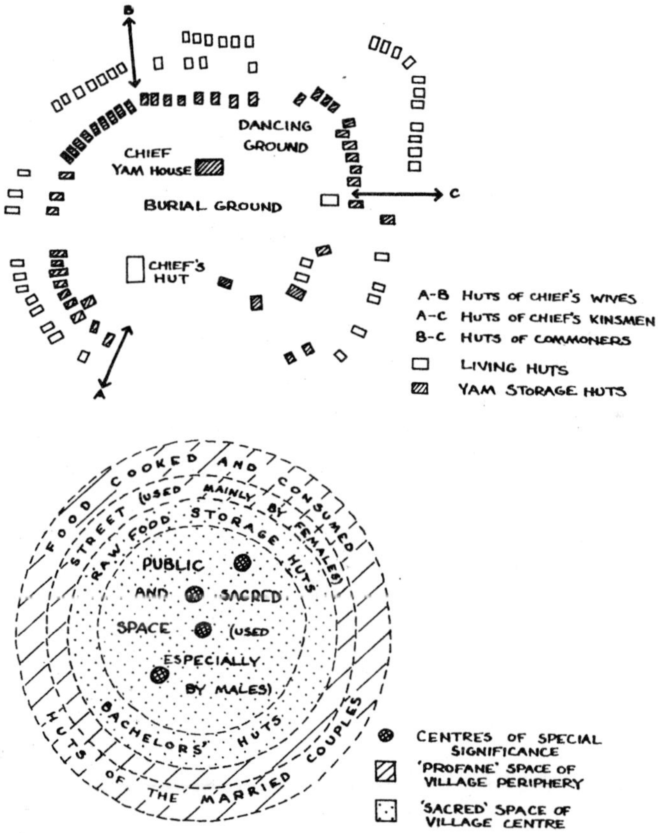

▲그림 1 _ Omarakana의 공간구조

Trobriand 제도의 주민이 거주하는 공간 내지 실존공간의 구조의 특징을 묘사하고 있다.
(Malinowski, 1935, p.25에서 일부 인용)

6) Lévi-Strauss C, *Structural Anthropology*, Garden City, N Y : Doubleday, 132-133, 1967.
7) Malinowski B, *Coral Garden and Their Magic*, Volume 1, London : George Allen and Unwin, 430-434, 1935.

패턴이 있다. 그것은 성스러운 공간과 속된 공간과의 대립이고, 중심과 둘레와의 대립이다. 날 것으로 먹는 것은 안의 원에 저장되고, 거기에서의 조리는 허용되지 않고, 밖의 원에서 하여야 한다. 독신자만이 안의 원에 거주할 수 있고, 기혼의 부부는 밖의 원에 거주하여야 한다. 집락공간의 구조는 다양한 사회적 신념이나 실천의 모두에 대응하도록 실제로 무의식적으로 창출되어졌다. 그 문화의 각 구성원은 집락의 다양한 공간 요소의 의의를 알고 있고, 거기에 따라 대응하고 있다. 환언하면 이 실존공간은 무의식적으로 경험되고 창조되는 것, 결국은 신중한 고찰이나 사전 계획을 필요로 하지 않고, 여러 가지 공간 요소의 광범위한 의미의 문맥 안에 있다.

모든 근대기술사회의 구성원이 건물에 의하여 공간을 점유하고, 또 주로 유형의 물체와 기능에 의하여 공간을 조직화하는 데 대하여 원주민에게 공간은 전설과 의식과 제례의 장소로 조직화하도록 구조화되어 있고, 도처에 정령의 거처가 되어 있음을 나타내고 있다. 공간은 의의에 만족되고, 경관은 물리적 · 지질적인 특징으로 구성되어 있다기보다 우리에게는 바위나 나무로 보이는 것이 원주민에게는 조상이나 정령으로서 체험되는 전설적인 역사의 기록이 되

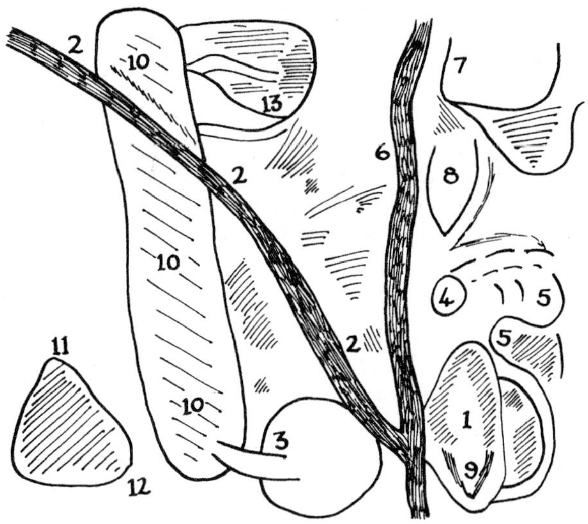

▲그림 2 _ 원주민(Aborigine)이 그린 그르짐그지역의 지도
(Berndt R M, Berndt C H, *Man, Land and Myth in North Australia*, East Lansing : Michigan State University Press, 1970, p.56)
범례. 1. 가버리하천 2. 가버리연못 3. 구니구이미연못 4. 냐라이지의 신에게 올리는 제사가 이루어진다. 여기서 주민이 춤을 춘다. 5. 냐라이지의 제사를 위하여 북쪽에서 모인 원주민이 바위처럼 서 있다. 6. 나마라이드라는 고아가 여기에 있다. 7. 그 형이 여기에 올라 바위가 되었다. 8. 냐라이지의 제사를 위해 어부가 사용한 그물 9. 형이 기른 개 10. 나밤리연못 11. 그르짐그의 언덕 12. 가라운 고안나의 영 [장]이 이 언덕 위에 머물고 있다. 13. 익사한 사람들이 남긴 페이퍼 바크의 나무(paperbark tree). 지금은 장이 머물고 있다.
※장은 특별한 장소에 머물고 있는 영(靈), 냐라이지는 교역을 겸한 제사를 의미함.

고 있다(그림 2). 실제로 원주민 문화의 실존공간과, 기술화하고 공업화한 많은 문화의 실존 공간과의 사이에는 대단히 명료한 하나의 선을 그을 수 있다. 결국 전자는 「신성」으로 상징적인 데 대하여 후자는 「지리적」으로 주로 기능적 · 실용적인 목적을 위한 의미를 가진다.

(1) 성스러운 공간

성스러운 공간은 고대의 종교체험 공간이다. 그것은 여러 가지 방법으로 창조되고 심볼과 성스러운 중심, 그리고 의미있는 물체로 채워 넘친다. 그와 같은 공간에서의 종교적 경험은 아마 세계를 창조하는 경험과 같고, 신성한 장소를 근거로 생활의 지침을 얻는다. 신성한 장소는 천국, 현세, 지옥의 3가지 우주의 지평이 접하고, 그들 사이의 상호왕래가 가능하다. 예를 들면 각지의 사원, 궁전, 영지, 그곳이 기도의 장소라면 집조차도 하나의 신성한 공간이 된다.

(2) 지리적 공간

평지나 산지, 바다나 열대우림 등 지리적 공간은 유일무이(unique)한 곳으로 그 자체의 명칭(서울, 사하라, 지중해 등등 …)을 가지고 있다. 지리적 공간은 인간의 기본적 의식, 그 경험 및 자기 자신과 주위 환경과의 의도적인 연결의 반영이다. 그것은 어느 특정 문화에 있어서 의의를 지닌 공간이고, 장소에 이름을 붙이거나 인간에 의하여 질 및 인류의 필요에 따라 도움되도록 고쳐 만드는 등에 의해 인간화되고 있다.

지역이나 장소에 이름을 붙이는 것은 실존공간의 기본적인 구조의 하나이다. 장소나 별에 대한 명칭의 부여, 지도, 신화, 민화, 선물의 방향, 무용이니 의식에 보이는 공간적 의미 등 이들 모두는 개개인이 그 안에서 생활하고 행동하여야 하는 공간의 패턴 형식과 유지를 촉구한다.[8] 명칭이 존재하지 않은 곳에서 환경은 혼돈하고, 방향도 없어 공포스럽기조차 한다. 왜냐하면 그러한 환경에는 인간화된 친숙미 있는 근거(point of reference)가 없기 때문이다. 예를 들면 케냐의 마사이족이 강제 이주되었을 때 구릉이나 강이나 평야의 명칭도 함께 이전되고, 새로운 지형에 그 명칭을 부여하였다. 마찬가지로 북아메리카에서는 유럽에서 차용한 지명이 산재하고 있다. 이 지명은 그렇게라도 하지 않으면 정이 들지 않았던 토지에 친밀감을 준 것이다.[9] 실제로 아직 아무도 발을 들여놓지 않은 지역에 들어갔을 때 인간의 최초 행위는 가

8) Irving Hallowell, *Culture and Experience*, Philadelphia : University of Pennsylvania Press, 186, 1955.
9) Lynch K, *What Time is This Place?*, Cambridge, Mass : MIT Press, 41, 1972.

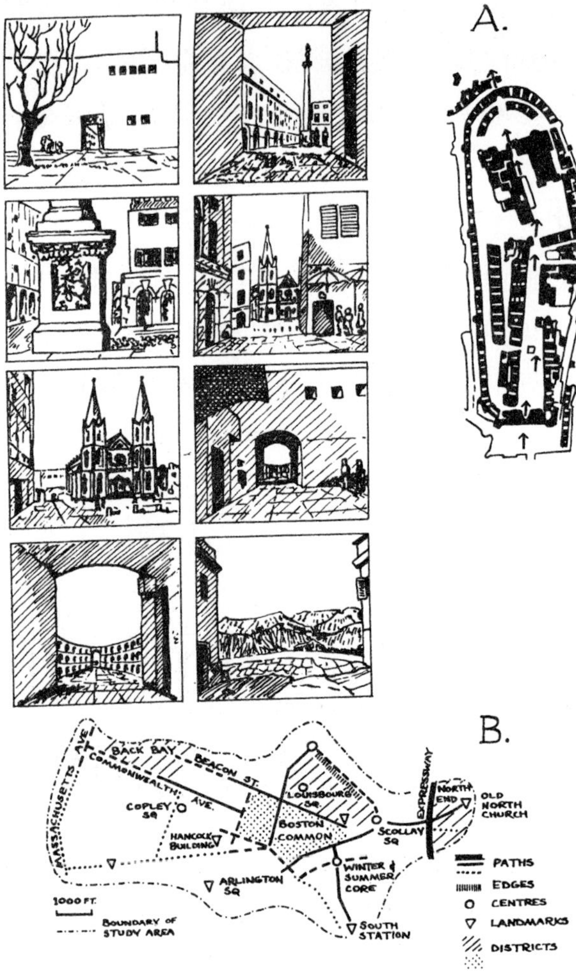

(A) 통행인의 눈에 연속된 장면으로서 경험되는 실존공간(Cullen, 17, 1971)
(B) 가두에서의 청취에서 얻어진 보스톤의 이미지. 분석 집계되어 지도화된 실존공간(Lynch, 153, 1960)

▲**그림 3**_ 실존공간의 2가지 예

장 시선을 끄는 지형에 명칭을 부여함으로써 야생을 인간화하는 것이다.

지리적 공간의 구조에 대하여 Gorden Cullen[10)]은 도시공간에서 연속하는 풍경, 장소 또는 중심 및 그 장소의 내용 등 3가지의 중요성에 유의하고, 경험의 기본적인 구성요소를 파악하였다(그림 3A). Lynch[11)]는 사람들의 도시의 이미지 조사를 통하여 그 중에서 가장 탁월하게 나타나는 도시경관의 특성을 결정하였다(그림 3B). 아마 양자의 어프로치는 실존적 도시공간

10) Gorden Cullen, The Concise Townscape, London : The Architectural Press, 1971.
11) Lynch K, The Image of the City, Cambridge, Mass : MIT Press, 1960.

이 포함하는 내용을 정확히 나타내주지 못한 것 같다. 왜냐하면 전자는 상당히 시각적이고, 후자는 형식적 가로도시로서의 인지공간에 집약시켜 평면도화시키는 데에 변형되었기 때문이다. 그러나 양자는 그러한 공간의 중요한 요소의 특성을 묘사하고, 그 구성요소를 몇 가지 제시하고 있다.

Norberg-Schulz는 실존공간의 구조화에 관하여 좀더 형식적인 분석을 행하고, 수직구조와 수평구조(후자는 Lynch의 분석을 토대로 하고 있다)를 분명히 하였다.[12] 먼저 그는 실존공간의 몇 가지 레벨을 규정하였다(그림 4A). 이 가운데 가장 광범위한 내용을 가지고 이해하기

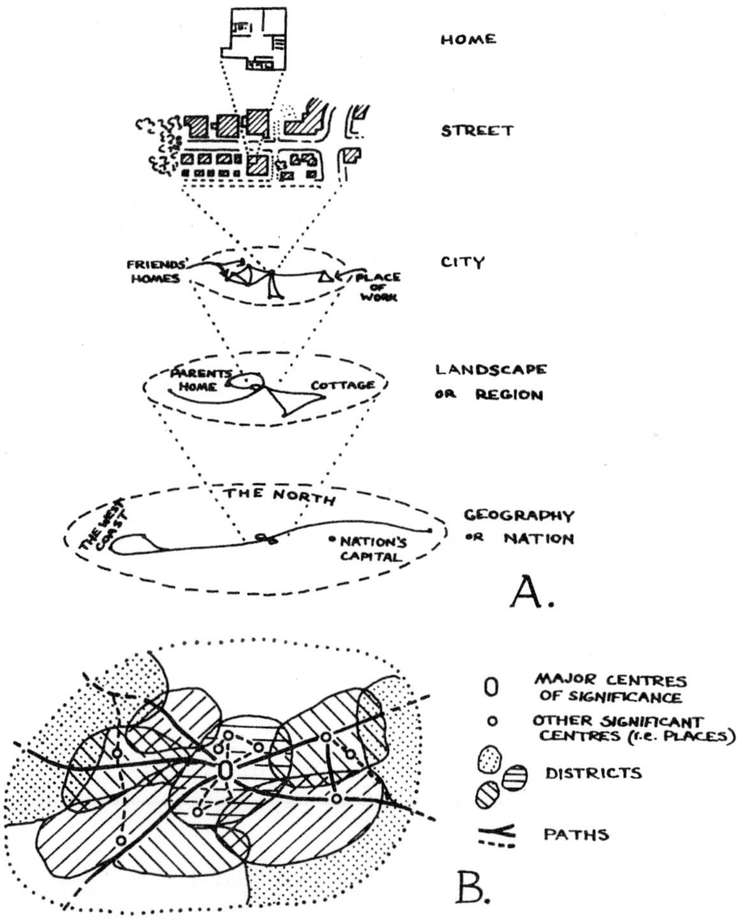

(A) 도시공간에 적용된 경우의 수직구조 레벨(Norberg-Schulz, 1971).
(B) 실존공간의 수평구조의 구성요소.

▲**그림 4** _ 실존공간의 수직구조와 수평구조

12) Norberg-Schulz C, Existence, Space and Architecture, New York, Praeger, chapter 2, 1971.

쉬운 것은 「지리학」의 레벨이다. 그것은 국가, 대륙 및 우리의 직접 경험을 초월한 지역에 의미가 주어지는 레벨이다. 다음의 레벨은 경관의 레벨이다. 그것은 인간 행동의 배경이 되고, 또 환경과 인간과의 광범위한 상호작용의 반영이다. 이 밑에는 도시의 레벨이 있고, 대부분 완전히 인간의 노력과 목적에 따라 형성된 인공공간이라는 점에서 경관 레벨과는 다르다. 그 다음의 레벨은 가로의 레벨이고, 우리의 도시 경험의 기초이다. 그 밑의 레벨은 주택, 좀더 정확히는 가정이고, 인간 존재의 중심적인 기반(reference point)이다.

일반적으로 우리의 주의는 다만 하나의 레벨에 집중되고 있지만 우리는 다양한 레벨에 관계하며 살아가고 있다. 각 레벨에는 다소라도 분명히 확인할 수 있는 수평구조가 있다(그림 4B). 이것은 3가지의 주요한 요소를 포함하고 있다. 첫째로 관계를 지닌 인간집단의 흥미나 경험에 의하여 규정되는 특정 의의를 지니는 「구역」(district) 내지는 「지역」(region)의 집합이 있다. 이 다양한 관계의 영역은 대단히 많은 교착이나 고립을 나타내면서 섞이어 있고, 그것은 명확히 분리할 수 있는 이질 지역은 아니다. 이것은 의지와 경험의 지향과 세기를 반영하고, 실존공간의 구조축의 역할을 담당하는 path 내지는 통로에 의하여 결합되고, 열려지게 된다. 그러한 path는 그 내측의 성질에 의하여 구별되는 특별한 중요성이나 의미의 결절점 내지는 중심점에서 출발하고, 또 거기에 집중한다. 이러한 결절점이 바로 「장소」인 것이다. 장소, path, 구역의 패턴은 실존공간의 모든 레벨에서 무엇인가의 형태로 반복하여 나타난다. 그것은 경관의 물리적 특성(도로, 건물, 풍경)에 직접 해당하는 경우(그림 3B)도 있는가 하면, 또 천국이나 지옥에의 길, 또는 신화적 사건이 있었던 곳과 같은 가공의 현상에 상당하는(그림 2, 그림 6B) 경우도 있다. 결국 이 구조는 결정된 방향성이나 스케일을 지니지 않지만 문화집단의 하나의 표현이고, 그 문화집단이 지닌 의지와 관심을 반영하고 있다.

2.3 건축공간과 계획공간

도시계획의 공간은 공간의 경험에 의거하는 것은 아니고, 주로 2차원의 지도공간(地圖空間)에서 기능에 관계하고 있다.

Siegfriend Giedion[13]은 건축공간에 대하여 3가지의 주된 표현형태를 발견하고 있다. 그 첫째는 양감(volume)의 상호작용에 의하여 창출된 공간이고, 이것은 특히 그리스와 이집트 문명의 건축물에 관련하고 있다. 결국 그리스의 신전은 공간을 주로 볼륨 사이의 관계에 의하

13) Siegfriend Giedion, Space, Time and Architecture, Cambridge, Mass : Harvard University Press, 1963.

여 규정하고 있다. 공간의 둘째 형태는 실내공간의 형태이다. 이것은 판테온 건축에서 시작하고, 18세기 후반에 이르기까지의 건축양식으로 나타나고, 사원과 교회의 내부뿐만 아니라 르네상스 광장과 같은 옥외의 형태에서도 보인다. 셋째의 형태는 몇 가지의 시각에서 동시에 공간을 처리한 것이다. 그것은 내부와 외부의 관계를 자유로이 다룬 많은 현대건축을 특징짓는다.

도시계획의 공간은 건축공간에 강하게 관계하고 있다. 확실히 르네상스기에 그것은 본질적으로 같고, 건물과 도로와 광장은 결과적으로 하나로 연결된 것이었다. 최근에 건축공간은 따로따로 고안되어 세워진 개별적인 건물 공간이 되고 있다. 개개의 건물에는 주의가 어김없이 기울어진 데 비하여 건물 사이의 공간의 성격과 경험은 대부분 되어가는 형편에 맡겨두고 있다.

건축가는 창조된 공간을 다루고, 본다든지, 만진다든지, 느낀다든지, 이용한다든지 할 수 있도록 장소를 창조한다. 그것은 그 자체의 기능적인 측면과 상징적인 측면을 겸비하고 있다. 실제로 그것은 세계 전체의 중심이고, 또 세계의 상징이다. 이와 같이 건축가의 과제는 「민족문화의 영역」(ethnic domain)의 문화적 · 상징적인 복합체를 표현하는 것 및 실존공간을 배경으로 지니는 의미 깊은 장소의 창조를 의식적이고 의도적으로 실현하는 것이다.[14)]

2.4 인식적 공간

공간이란 경제, 정치, 역사적 과정이 표출되며 사람이 위치하는 장이다. 이것은 사회적 공간으로서 근대인식의 산물이다. 과거 중세에는 공간이 신의 영역이었다. 중세에는 시공간의 개념으로 작용하였다. 근대에는 실제 인간이 거주하는 개념으로 발전하였고, 사회적 관계에 의해 인식적 공간으로 발전한다. 가족공간, 도시공간은 일종의 수준과 위계가 설정된다.

물리적 세계에 대한 인식적 공간(Cognitive space)은 가치, 선호 욕구 등에 따라 특정공간이 형성되고 집단사이의 상호작용이 전개된다. 다시 말해서 집단 사이의 사회적 배치가 형성된다. 배치에 따라 공간이 작동하며 이를 권력이라 한다. 예를 들어 재판에서 판사는 가장 높은 곳에 위치해 있으며, 검사와 변호사는 좌우에 대칭되어 있고, 피고보다는 약간 위에 존재한다. 배치에 따라 각자의 역할이 좌우된다. 바로 배치의 문제이다. 일상에서 공간의 배열과 배치는 사람들의 삶과 행동을 제약하고 규정한다. 공간은 헤게모니를 좌우할 수 있다.

14) Edward Relph, Place and Placelessness, 39-40, 1976.

인식적 공간은 유클리드 공간 중에 구성되어 체계짓고 있다. 거기에서 장소는 기본적으로 몇 개의 좌표로 정의되는 입장에서 이해된다. 인식적 공간은 어디에서도 어느 방향에서도 등가인 등질공간이다. 그것은 균질이다. 또 그것은 중립적이고, 하나의 차원이고, 기하학과 지도의 공간이며, 공간조직의 이론에 의한 공간이다(그림 5).

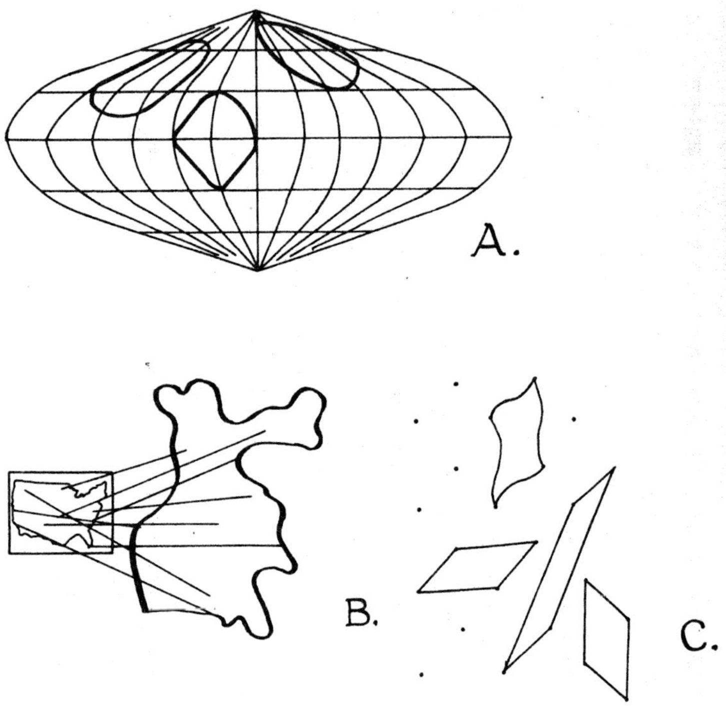

(A) 사인 커브를 사용한 투영도법—변형된 도형은 지표상에서는 원(Patton C P, Alexander C S, Kramer F L, Physical Geography, Belmont, California : Wadsworth, 26, 1970.)
(B) 위상적(topological)으로 변환한 미국의 지도—인식적 공간의 추상적 공간으로의 변환(Bunge W, Theoretical Geography, Lund Studies in Geography, Series C, No.1, Department of Geography, Royal University of Lund, Sweden, 221, 1962.)
(C) 기초지역의 사례—지역을 평면상에 그림을 옮기어 베끼기 위한 좌표값을 주는 XY좌표변환에서 설정된 좌표면상의 지역(Bunge, 226, 1962.)

▲**그림 5**_ 인식적 공간과 추상적 공간의 예

2.5 추상적 공간

순수한 논리적 관계에 의한 추상적 공간(Abstract space)은 우리가 경험적 관찰대상으로는 반드시 묘사할 수 없어도 공간을 기술할 수 있는 논리적 관계의 공간이다(그림 5). 그것은 인간의 창조력의 자유로운 창작이고, 그 자체 기초 논리적인 사고의 도달점을 직접 반영한 것이

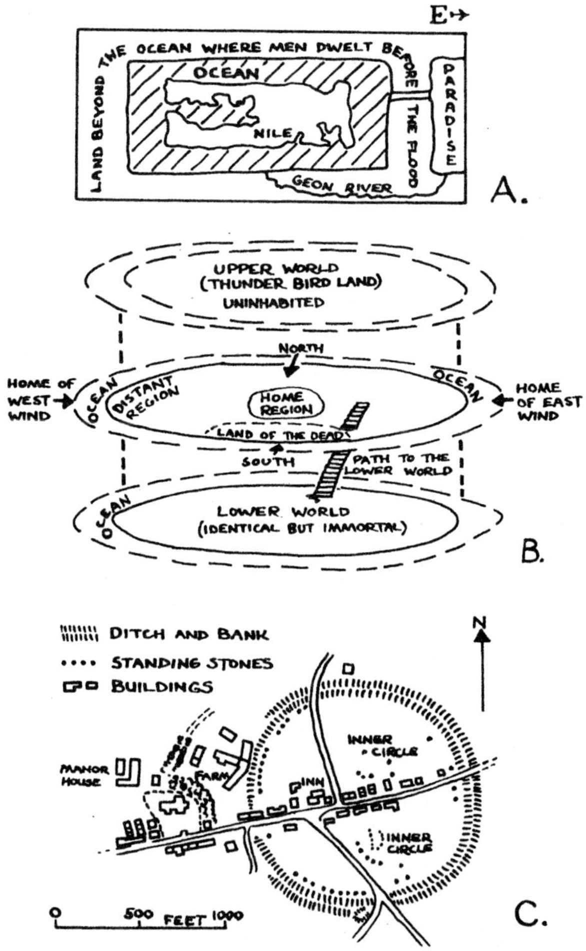

(A) 크리스트교 地誌학자의 우주관에 바탕한 세계. 이 도식에서는 인식적 공간의 기본적인 개념과 성스러운 공간의 요소가 결합되어 있다.
(B) 솔트 인디언의 우주관(Hallowell, 1955의 설명에 의함). 이것은 실존공간과 성스러운 공간이 인식적 및 실용적 공간과 연결되어 있다.
(C) 영국 Wiltshire주의 Avebury마을. 신석기시대의 stone circle의 내측에 위치하고 있다. 여기에는 유구가 된 신성공간과 무의식적으로 만들어진 촌락공간이 있고, 양자는 인식적 공간의 지도에 표현되어 있다.

▲그림 6 _ 여러 가지 형식의 공간이 혼재한 예

다. 추상적 공간은 물리적 내지 심리적 현실 가운데 대응하는 사물이나 기초를 아무 것도 가지고 있지 않다.

추상적 공간에서 장소는 추상적 요소로 구성되는 전체 시스템 중의 본디 하나의 요소를 구성하고 있는 단순한 점이나 기호에 지나지 않는다. 추상적 공간은 다른 여러 가지 공간들을 기술하는 도구를 제공한다.

3. 장소의 본질

3.1 장소와 위치

이동성이나 유목생활은 장소에의 애착을 방해하지 않는다는 점을 실증하고 있다. 예를 들면 브라질의 보로로족과 같은 사람들은 3년마다 마을을 파괴하고 다른 장소에 재건하는데, 그들은 거처 장소에 대하여 강한 유대를 유지한다. 마찬가지로 현대사회에서도 가장 이동적인 철새 같은 사람들은 반드시 집이 없거나 장소가 없는 것은 아니고, 풍경이 이미 잘 알고 있는 것과 비슷하기 때문에 새로운 장소에 대하여 재빠르게 적응하고 애착을 가질 수 있는 것 같다.

3.2 장소와 경관

장소는 물리적으로 시각적인 형태, 다시 말하면 「경관」을 지닌다. 건물에 있어서도 자연의 지형에 있어서도 외관의 형태는 확실히 장소가 가장 명확한 특징의 하나이다. 지각적 경관으로서의 장소는 성벽으로 둘러싸인 지역, 중심을 지닌 집락, 언덕의 정상, 또는 강의 합류점 등과 같은 명확한 중심 내지는 시선을 끄는 형태로 가장 명료하게 나타나고, 또한 여행기나 평이한 지리학적 기술에서 중요한 역할을 담당하는 것은 보통 그와 같이 명확하여 누구라도 볼 수 있는 장소이다. 그러나 경관으로서의 장소는 언제나 그다지 단순하고 명확한 것은 아니다.

장소에는 영속성 또는 외견과 정신에 있어서 연속성이라는 점이 존재한다. 마치 어떤 사람의 외견상의 개성이나 특징도 유소년 시절부터 노년기까지 지속하는 것처럼 어떤 특정 장소의 아이덴티티는 많은 외적 변화를 거치더라도 지속할 수 있다. 왜냐 하면 거기에는 내적인 잠재력이 있기 때문이다.

시간과 함께 변화하는 장소의 특성은 우리의 태도 변화와 아울러 건축물이나 경관의 개변도 관계한다. 그리고 그 변화는 장기간의 부재 후에는 전혀 극적으로 생각되는 경우가 많다. 한편 장소의 특성이 지속한다는 것은 우리의 변화 경험 가운데, 또 장소에의 연결과 애착의 강화에 도움되는 변화에 모두 연속성이 있다는 점과 관련되고 있다. 예를 들면 영국 웨일스 지방행정 조사위원회에서는 거주지에 대한 주민들의 애착은 거기에서 생활한 시간이 길수록 강해지고, 일반적으로 그곳이 출생지인 경우에 최대가 된다는 점을 발견하고 있다.[15] 그 의

15) Hampton W, *Community and Democracy*, London : Oxford University Press, 112, 1970.

미하는 점은 아마 거주자의 애착이 보다 명료함에 따라 그 거주지역이나 출생지는 그들에 의하여 성질을 변화시킨다는 것이다.

그러나 개인 또는 문화에 의하여 규정된 장소는 그 위치나 활동 또는 건물이 지니는 의의의 성쇠와 아울러 성장하고 번영하고 쇠퇴한다. 현재의 장소가 이전의 장소에서 성장한다든지, 대신한다든지 하는 점에서 그러한 의의의 변화가 발생할 것이다.

3.3 장소와 공동사회

장소는 공통의 경험과 공통의 심볼이나 의미에의 관련을 통하여 창조되고 주지되면 공공적(public)이고, 공공의 장소(public place)가 된다. 그 장소의 물리적 또는 상징적 특성에 의해 장소성(placeness)이 이해된다. 예를 들면 영토나 영지, 도시의 가구(街區), 방벽으로 둘러싸인 도시, 주택이 밀집된 여러 마을 등이 어느 장소에 위치한 것을 확실하게 경험시킨다.[16] 마찬가지로 교차점, 중심점 또는 초점, 자연적 또는 인공적인 표적은 그 자체에 주의를 끌어당길 뿐 아니라 그 자체가 무엇인가의 형태로 주위에서 뛰어난 장소임을 나타낸다. 그 중심성이나 형태의 명쾌성, 시선을 끄는 크기, 드문 건축형태 또는 특이한 자연 형태 때문에 또는 영웅의 탄생이나 죽음, 전쟁, 조약의 조인 등 중요한 사건과 관계하고 있는 점 때문에 이들 장소는 「높은 이미지성」을 지니고 있다.[17] 이미지성은 고정된 또는 절대적인 특성은 아니고, 과거에 중요했던 장소가 보다 큰 것에 압도되어 그 중요성을 잃을 수도 있다. 마치 중세 도시 교회의 첨탑이, 19세기 공장의 연돌이 중요성을 상실하고, 20세기의 고층빌딩에 의하여 주눅이 든 것처럼. 그러나 높은 이미지성을 지니는 「공공의 장소」는 거기에서도 생잔하고, 공통 경험의 초점이 되어 지속된다. 모스크바의 붉은 광장, 나이아가라의 폭포, 아크로폴리스 등 그 어느 것이나 그때그때의 유행과 정치체제나 신조의 변화를 극복하여 세간의 주목을 모아 이어져 온 것이다.

높은 이미지성을 통하여 그 공공성을 획득하여 온 「공공의 장소」는 반드시 고결신성한 것일 필요는 없다. 그 특징적인 외관이나 형태가 일반인들에게 두려움을 느끼게 하는 위엄이나 권위의 표명으로 이용되고 또는 새로이 창출되는 경우도 있을 것이다.

르네상스 및 특히 바로크시대에 도시계획과 기념건축물에는 지역 통치자의 명을 받은 군의 기술자에 의해 조영된 비종교적으로 군사적인 권력을 나타내는 것이 많이 보이고 있다.[18] 마

16) Gorden Cullen, 21-36, 1971.
17) Lynch K, 1960.

찬가지로 모든 왕궁, 제3제국(히틀러 · 독일)의 광대한 광장, 스탈린시대의 러시아 기념건축물, 워싱톤의 대로는 권력의 중심이 어디에 있는가, 또 그것을 통치하는 것은 누구인가에 대하여 전혀 의문의 여지를 남기고 있지 않다. 또 최근에는 가장 호화롭고 큰 빌딩은 거대기업의 소유가 되고 있다. 당대 제일의 건축가가 설계하고, 건축주의 이름(피츠버그의 US Steel, 보스톤의 John Hancock, 런던의 Shell, 토론토의 Toronto Dominion)을 붙인 고층 오피스 빌딩이 도시 중심부에 자리잡고 그 높이를 경쟁하고 있다. 또한 정부나 조직의 지위와 권위의 명확화는 「관료적 공공의 장소」에서 또는 그것을 통하여 이루어진다. 붉은 광장에서의 메이데이의 행진이나 성 피터 광장에 모인 군중을 위한 로마교황 축복과 같은 행사가 언제나 이들 장소의 권위적인 의미를 강화하는 역할을 담당하고 있다.

이와 같이 장소성은 그 지역으로 사람들을 유인시키며, 지역만의 특성을 형성시켜 경제적 발전 및 활성화에 영향을 미치는 중요한 요인으로 판단되고 있다. 장소를 형성하는 요인은 물리적 요소, 활동적 요소, 인적 요소는 상호작용을 하면서 장소가 가지는 이미지인 장소 정체성에 영향을 주는 것이다.

「장소의 이미지」는 어느 시간적 경과 중에서 집단적인 기억으로 형성되는 것이고, 그러한 기억형성을 보증하는 것은 장소의 지속성(sustainability)이 틀림없다.

18) Mumford L, The City in History, New York : Harcourt, Brace and World, 386-391, 1961.

Chapter 7

건축척도

우리의 생활환경은 개개인의 신체 · 지각 · 감정 등이 리듬을 가지고 대응할 수 있는 생생하고 아름다운 환경이다. 그런데 우리나라를 비롯하여 세계 여러 나라에서 대규모화, 고층화, 고속화, 기계화되어 가면서 생활환경이 비인간화되어 가는 경향에 있다. 거대한 환경이나 일상의 시간과 공간에 있어서 과소 · 과밀상태는 어느 쪽이든지 비인간적 규모라고 할 수 있으며, 생활환경에 대한 기계적 네트워크의 난잡한 침입은 자주 인간의 시간과 공간상의 위치감, 거리감을 상실시켜 인간을 매우 불안정한 상황으로 빠뜨리게 한다. 그리하여 우리의 생활환경은 리듬이 결여되고 획일화되어 가고 있다.

건축형태의 구성은 통일과 변화, 조화, 균형, 리듬 등을 도모하면서 이루어진다. 이 중에서 부분과 부분, 부분과 전체 사이에 느끼는 힘으로 대칭, 비대칭, 비례 등이 중요한 요소로 건축형태 구성에 큰 영향을 미치고 있다.

우리가 생활하는 공간에서 공간이라는 공통감각은 시각, 청각, 후각, 미각, 촉각 또한 시간감각, 운동감각 등에서 창출된다. 공간은 사람이 사는 세상을 사람의 성격 · 인격 · 감정이라든지, 사람다운 성질이 있는 것이어야 하고, 자로 재는 길이의 표준이 되는 척도는 평가하거나 측정할 때의 기준이 된다.

거대해지고 과밀해지는 것은 시스템을 위해서가 아니라 인간을 위해서라는 점을 상기할 때 인체의 기본적인 척도를 신체척 · 보행척 · 감각척 및 시간척으로 보고 개선점을 찾을 수 있다. 거대, 과밀 등으로 비인간화되어 가는 비인간척도 환경에서 인간화환경으로의 개선을 위해서는 인간척도에 대한 연구가 요구되고 있다. 인간척도는 지속가능한 환경을 창조하는 데 있어 가장 양호한 수단이 될 수 있을 것으로 본다.

1. 건축비례

건축이 다수의 부재에 의해 구성되어 있을 때 여기에 포함되는 치수의 시스템을 모듈(module)이라고 한다. 어원은 고대 그리스에서 건축술의 용어에서 라틴어 모듈러스(modulus)이다.

그리스건축의 특징의 하나는 기둥의 직경, 높이, 기둥 사이 그리고 신전의 높이, 폭, 길이의 사이에 질서 있는 비례관계가 이용되고 있다는 점이다.

엄격한 모듈의 규정은 올림피아의 제우스신전에서 이용되었다. 이 신전에서는 기둥 사이를 1로 하여 본전은 3 : 9, 트라이그리프(triglyph)와 메토프(metope)의 조합이 1/2, 지붕기와가 1/8 등의 모듈이 규정되어 있다. 아테네의 파르테논신전에서는 모듈과 엄격한 비례관계가 결정되어 있고, 그 비례관계는(시각적 조정에 의해 중앙부가 미묘하게 부풀어져 있지만) 원형기둥의 하부직경 1.88m에 대하여 표준적 기둥 사이 4.25m, 비율은 4 : 9이고, 기단부 스타일로베이트(stylobate)의 폭 : 길이, 본전의 폭 : 길이, 그리고 건물 자체의 폭 : 코니스(cornice)까지의 높이도 모두 같은 비율이 되어 있다.

이와 같은 비례관계는 이오니아식 오더에 대해서도 마찬가지로 이용되었는데, 전통적인 도리아식 오더는 이 모듈과 비례의 관계에 중대한 문제가 발생하였다. 그것은 트라이그리프를 프리즈(frieze)의 끝에 배치하여 트라이그리프와 메토프를 등간격으로 배치하기 때문에 이에 대응하여 양단부의 기둥 사이를 단축하는 등의 조절이 필요하게 된 것이다. 여기에 상세한 모듈의 관계성을 대응시켜야 했으므로 그 조절은 면밀한 계산을 필요로 하였다.

헬레니즘(Hellenism)기의 건축은 각부의 비례관계가 중시되었으므로 이와 같은 번잡성에 의해 도리아식 오더는 경원되고, 예를 들면 마그네시아의 아르테미스(Artemis)신전을 설계한 건축가 헤르모게네스(Hermogenes)는 수학적 비례에 바탕한 아름다움을 중시하여 도리아식보다 이오니아식 오더를 선호하였다. 사실 헬레니즘건축에서 도리아식 오더는 미학적 결함이 있어 거의 이용되지 않았던 것이다.

그리스 신전에서는 그림 1과 같이 모듈러스에 의해 기둥의 크기를 기준으로 모든 치수를 비례적으로 산출하고 있다. 기둥 몸(柱身) 하부 직경을 측도단위 1로 하여 그 배수 또는 분수로 나타낸 것이다. 그리스건축은 정사각형과 원을 기준으로 구성되는데, 파르테논 신전의 경우 여신 아테네 · 파르테노스(미네르바라고도 함)를 제사지낸 전당이다. 이 전면의 폭이 100피트 5인치, 지면에서 처마 위까지가 50피트 2인치로 정확히 비율이 반이 된다. 결국 정사각

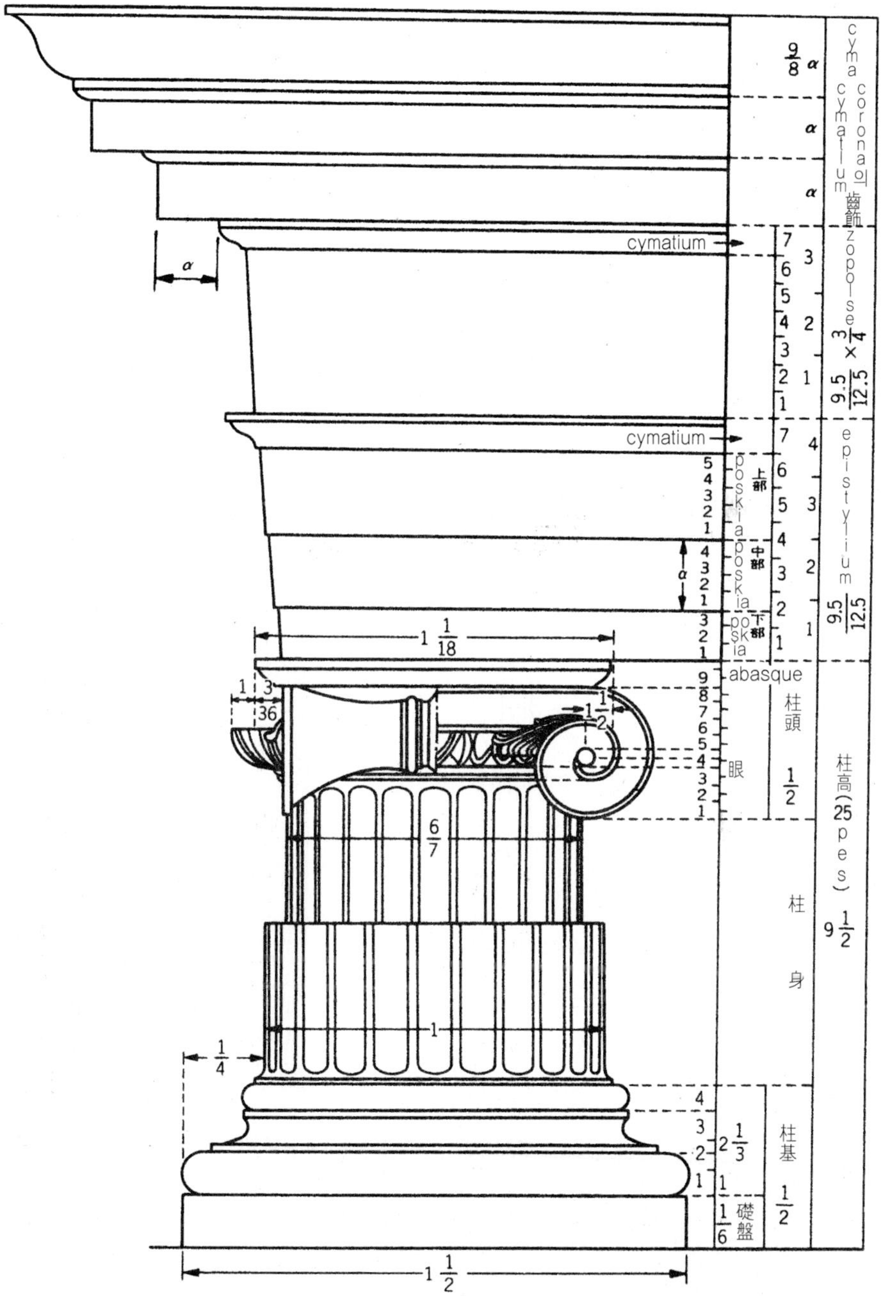

▲**그림 1** _ 고대 그리스건축에서 모듈
(森田慶一譯, ウィトルウィウス建築書, 東海大學出版會, 657, 1969.)

형을 두 개 합친 격자로 상부에 지붕이 얹혀 있다. 이 예는 기둥이 8개이지만, 6개 또는 다른 예에서도 모두 이와 같은 비율로 모든 그리스건축에 응용되었다.

이와 같이 그리스인은 비례관계를 매우 중요시했다. 그것은 인체에서 미의 표준을 찾은 것이다. 비트로비우스에 의하면 가장 아름다운 남성의 신체에서 발길이는 신체 전체 길이의 6분의 1이라는 것을 그리스인은 발견하여 그 비례를 도리아식 원기둥에 적용하였다고 한다. 그래서 도리아식 원기둥의 높이는 기저의 직경의 6배가 되고 이러한 원기둥은 남성의 미와 힘의 표시로 여겨졌다. 이에 비하여 이오니아식에는 여성의 비례가 적용되어 발길이가 전신의 8분의 1이라는 비례를 적용하였다. 그리고 이것은 여성적 우아함을 구상화한 것으로 간주되었다(그림 2).

▲**그림 2**_그리스 오더의 비교

신체의 1/6~1/8은 그리스건축의 주랑에 있어서 모듈러스이었다. 도리아식 원기둥은 6모듈, 이오니아식 원주는 8모듈이었던 것이다. 도리아식 건축의 하나인 아테네의 테세우스 신전(BC 5세기)은 원기둥의 길이가 직경의 5.5배인 것으로 알려져 있다. 이렇게 인체 각 부분의 비를 건축 각 부분에 비로 응용한 사고방식은 인체의 아름다운 균형에 대한 신앙에 의한 것이었다.

모듈이 필요한 하나는 아름다움을 추구하는 인간 본래의 「비례관계」에의 요구에서 이고, 또 하나는 구성부재를 조립하여 건축을 만들기 위한 생산상의 요구에서이다.

현대에서 때로는 후자의 생산상의 요구가 의식되고 있고, 건축과 구성재의 치수관계를 모듈에 의해 조절하는 것을 척도조정(modular coordination), 약하여 MC라고 한다.

모듈을 수열로 규정하는 경우에는 가산성, 분할성, 배수성, 약수성 등이 어느 정도까지 필요하다. 이와 같은 수열의 예로는 「건축 모듈」, DIN(독일 규격), 등비수열(Renard number)[1] 등이 있다. 르 코르뷔지에의 모듈러(Modulor)는 인체치수를 황금비에 의한 등비수열로 전개하여 2개의 수열을 만들어 주로 조형 기준으로 하는 것을 목표로 한 개성적인 방법이다.

한국의 전통적인 척관법(尺貫法)인 길이의 단위는 척(尺), 양의 단위는 승(升), 무게의 단위는 관(貫)으로 하는 도량형법도 훌륭한 모듈이다. 우리나라에서는 미터법을 사용하는 것이 법률적으로 의무화되어 있고, 척관법은 공적으로는 사용할 수 없다.

우리나라의 길이척도에서 길이를 재는 고유한 단위가 자(尺)이다. 보통 한 자는 10치(寸)이고 치의 1/10을 푼(分)이라고 한다. 치(寸)는 손가락 한마디를 기준한 것이다.

조선시대에 건축에 주로 사용된 척도는 영조척(營造尺)이었다. 삼국시대에는 고려척(高麗尺), 통일신라시대에는 당척(唐尺)과 주척(周尺)이 주로 사용되었다.

영조척은 건축과 토목, 조선 및 조차(造車) 등 건축물이나 조영물을 만들 때 사용된 척도이다. 영조척은 명나라에서 사용되던 척도로 조선시대에 주척과 함께 널리 사용되었다. 조선시대 영조척은 1466년(세조 12)에 31.22cm로 통일되었는데, 이후로 점차 줄어들어 1902년(광무 6)에 지금과 같은 30.30cm로 고정되었다.

목조건축에서는 간(間) 또는 칸이라는 용어를 사용하는데, 그 용어에는 기둥 사이의 간격이 어느 정도 한계를 가지고 있으며, 큰 편차 없이 비슷하다는 의미가 내포되어 있다.

칸에는 두 가지 의미가 담겨 있다.

보통 길이 개념의 칸은 7~10자 정도의 기둥 사이를 1칸이라고 한다. 또한 몇 칸집이라고 할 때의 칸은 칸의 제곱인 면적의 개념이다. 가로 세로 1칸으로 구성된 단위면적을 말하는 것이다. 정면 3칸 측면 2칸인 집은 6칸집이라고 한다.

---

1) Renard number는 $\sqrt[n]{10}$ 을 公比로 하는 등비수열이며, n은 正의 정수이며, 5, 10, 20, 40이 일반적이고, 끝자리수를 사사오입하여 각각 R20, R40으로 나타낸다.

기둥과 기둥 사이를 의미하는 주칸(柱間)은 위치에 따라 호칭이 달라지는데, 정중앙의 주칸을 어칸이라고 하며, 이 어칸의 양쪽 주칸을 협칸이라고 하였으며, 이 협칸의 바깥쪽을 퇴칸이라고 하였다. 모두 그러한 것은 아니지만 어칸은 넓고 퇴칸은 좁은 경우가 많다.

궁궐대문 중 중앙을 어간대문이라 하였고, 좌우의 문을 협문(夾門)이라 한 것도 같은 개념에서 붙여진 것이다. 외진몇칸, 내진몇칸이라는 말이 있는데, 외진은 건물의 바깥쪽 기둥열을 의미하고, 내진은 건물 내부의 기둥열을 의미한다.

2. 인간척도의 개념

인간척도(Human Scale)는 대체적으로 정신적 가치적인 것과 매우 구체적으로 물리적인 것으로 분류된다. 여기서는 가치론이 아니라 물리적인 측면에서 검토하고 있는데, 인간척도에 대해서는 「자기 자신에 대한 인식의 방법이다. 공간이나 시간 중에 하나의 구체적인 존재를 알고, 자연에서 인간의 위치를 알고, 넓은 관계 속에서 자기의 원점을 발견하는 방법이다」[2]고 정의할 수 있다. 결국 자신을 중심으로 자기가 행동하는 범위를 결정한다든지, 행위를 결정하는 일련의 순서에서 인간은 자기의 몸을 매우 유효하게 사용하여 자기의 행동을 결정하는 것이다. 인간척도란 인간의 신체로 사물을 파악하고 그것을 측정하는 시스템이다.

인간은 자기 자신의 육체의 형태나 크기를 통해서, 나아가서는 신체기관의 움직임을 통하여 외부를 여러 가지로 측정하여 자신의 상대적 위치를 파악하고, 방향을 정하여 행동과 행위를 결정하며, 자타를 평가하고 있는 것이다.

인간은 사회적 공간 속에서 몇 겹으로 중복된 거리감각, 척도감각을 지니고 있다. 그 상호거리가 근접하고 유착하여 마이너스의 거리가 되었을 때에는 척도감각이 신경증적이 되어 안정된 상호거리의 복원을 요구하게 된다.

생활의 원점인 주거는 가족을 보호하는 쉘터(shelter)로서 가족 개개인의 육체적 조건에 맞추어서 만들어진 것이며, 좋은 주거라는 것은 매일 매일의 생활을 원활하게 영위할 수 있도록, 몸에 꼭 맞는 옷처럼 몸에 알맞은 것이다. 가족이 하나의 공동체를 이루는 것은 한 핏줄에서 태어나 한 지붕 밑에서 한 솥밥을 먹고 살면서 생활해온 점도 있지만, 주거라고 하는 같은 의복을 입고 있기 때문이기도 할 것이다.

2) 戸沼幸市, 人間尺度論, 彰国社, p.73, 1991.

3. 신체척

두 발로 서는 것이 인간이 사물을 측정하는 기본적인 자세이다. 신체는 수직방향으로 결정되지만, 수평방향의 측정점은 발끝, 발뒤꿈치, 한가운데로 측정점이 여러 가지이다. 그런데 사회적으로 적용하는 인간척도는 생애신장이 결정되었을 때의 치수, 어른의 치수이다. 6척이라든가, 6피트가 이에 대응한다. 이 기준으로 하고 있는 6척 등은 큰 인간이다. 「큰 것은 작은 것을 겸한다」고 하는 것을 유럽에서는 「현명한 척도」라고 한다.

척도로 가장 흔히 사용하는 것은 손이다. 「척도」는 「잣대」라고도 한다. 그리고 손은 방향을 가리키는 의미도 있지만, 치수에 사용되는 것은 손, 팔, 그것들은 척(尺), 치(寸)에 대응한다. 예부터 인간을 즉물적으로 척도로 하고 있었던 예는 매우 많다. 예를 들면 자기의 키가 자기의 양손을 편 길이와 거의 같다는 것이다. 수직적인 것을 수평으로 내려 놓은 방법을 인간의 신체가 지니고 있는 것이다.

미터법(metric system)은 18세기말 프랑스에서 세계에서 공통으로 사용하는 통일된 단위제도의 확립을 목표로 하여 제정되었다. 당시의 세계에는 같은 물리량에 대하여 여러 가지 단위가 있고, 또한 같은 단위계 중에서도 복잡한 환산을 필요로 하는 단위가 병용되고 있었던 것이다. 인간의 행동범위가 좁은 때에는 그 지역에서만 단위가 통일되고 있으면 되지만, 행동범위가 넓어져 세계 규모에서 상거래가 이루어지게 되면 단위의 불통일이 큰 문제가 되고 있었다.

그래서 1791년에 지구의 북극점에서 적도까지의 자오선 호(弧) 길이의 1,000만분의 1로 정의되는 새로운 길이의 단위 「미터」가 결정되었다(이에 따라 지구의 원주가 4만km가 되는 것으로 정의되었지만, 지구는 엄밀하게는 구(球)가 아니라 회전타원체에 가까운 형태이므로 실제에는 약간 오차가 있다). 또한 이 때의 측량은 덩케르크(Dunkerque)에서 바르셀로나의 거리를 삼각측량으로 측정하여 그 값을 바탕으로 하여 계산이 이루어졌고, 미터('측정'을 뜻하는 그리스어 'metron'에서 따온 말)라는 새로운 단위가 39.37008인치(in)임을 밝혀냈다. 1960년 크립톤(Krypton) 86원자에서 나오는 빛의 파장을 기준으로 하였는데, 1983년부터는 빛이 공중에서 1초의 2억9,979만 2,458분의 1로 전하는 행로의 길이로 정의되고 있다.

19세기 이후 과학과 공업의 발달에 의해 다른 물리량에 대해서도 단위가 필요하게 되었다. 그래서 학자나 분야마다 미터법을 기초로 하면서 각각 다른 크기를 가진 단위가 만들어진다든지, 다른 물리량을 기본으로 단위계가 만들어진다든지 하였기 때문에 각종 단위계가 무질서하게 존재하게 되었다. 광의뱜을 이들의(협의의) 미터법을 기초로 하을 각종 단위계를 총칭하여 「미터법」이라고 한다. 이들의 단위계를 재통일하기 위하여 파생한 단위계X학자나인 MKSA단위계를 바탕으로 만들어진 것이 국제단위계(SI)이다.

미터법은 인체와는 전혀 관계가 없이 어떠한 지역적 척도도 기계적으로 용이하게 서로 간의 환산을 가능하게 함으로써 지구적 규모의 척도가 되었다. 그런데 미터법은 비신체적인 것이기 때문에 인간 생활에 필요한 도구류나 공간을 만들 때 그 자체로는 거기에 실마리를 주지 않는다.

미터법은 생활공간을 만드는 척도로서 尺寸法을 능가하는 것은 결코 아니다. 미터법의 유용성을 인정한다고 하더라도 인간척도로서의 尺寸法은 병용되어야만 하는 것이다.

이 점에 관해서 르 코르뷔지에는 생활공간의 국제화, 생활공간의 기계화, 양산화를 긍정적으로 전제한 다음, 미터법의 신체척도화, 인간척도화를 시도하고 있다. 르 꼬르뷔지에는 생활에 적합한 건축을 위해 인체와 관련된 모듈의 사용에 있어 단순한 길이의 배수보다 황금비례를 이용함이 타당하다고 주장한 것이다.

황금비례는 정사각형을 수직으로 이등분하여 생기는 한쪽 사각형의 대각선을 반경으로 정사각형의 바깥쪽으로 수평이 되도록 회전시켰을 경우의 밑변 총길이의 합과 정사각형 한 변의 길이와의 비례로서 일반적으로 정의되는데, 그 비례는 대략 1 : 1.618이다.

르 꼬르뷔지에는 인체를 황금비(golden ratio)로 분석해서 고전적인 비례개념을 적용시켰으며 공업생산에까지도 적용시켰다. 즉 공간 크기를 계량하는 기본으로 황금비인 1 : 1.618을 인간 치수에 적용하여 손을 올린 사람의 치수인 183을 모듈러(Modular)라고 명명하였다.

모듈러란 인체의 치수와 황금비에서 만들어진 건조물의 기준치수법의 수열이다. Modulor는 프랑스어의 module(모듈 · 치수)와 Section d'or(황금분할)에서 만들어진 르 코르뷔지에에 의한 조어이다.

르 코르뷔지에는 고대 로마의 비트루비우스(Vitruvius), 레오나르도 다 빈치(Leonardo da Vinci)의 「인체도」(Vitruvian man), 레온 바티스타 알베르티(Leon Battista Alberti)의 작업 등에서 인체에서 수학적인 비율을 발견하고, 그것을 건조물의 기능 향상을 위하여 이용하였다. 모듈러는 인체의 치수 및 피보나치수열(Fibonacci number), 황금비에 비롯한다. 기본적으로는 사람이 서서 한쪽 손을 들었을 때 손가락 끝까지의 높이(「유럽형」의 경우 296cm(183cm×1.618)가 된다)를 황금비로 해석한다는 방식이다.

모듈러(황금비)는 바닥에서 인체의 배꼽까지의 높이 1,130mm를 단위 A로 하고, 신장은 A

의 ∅비, 즉 1,829mm로, 위로 팔을 편 손끝까지는 2A, 즉 2,260mm로 하는 등 A를 단위로 해서 만든 ∅비의 피보나치수열을 적색계열이 수열의 배수에 의한 수열을 청색계열로 하는 두 계통의 수열로 구성된다(그림 3).

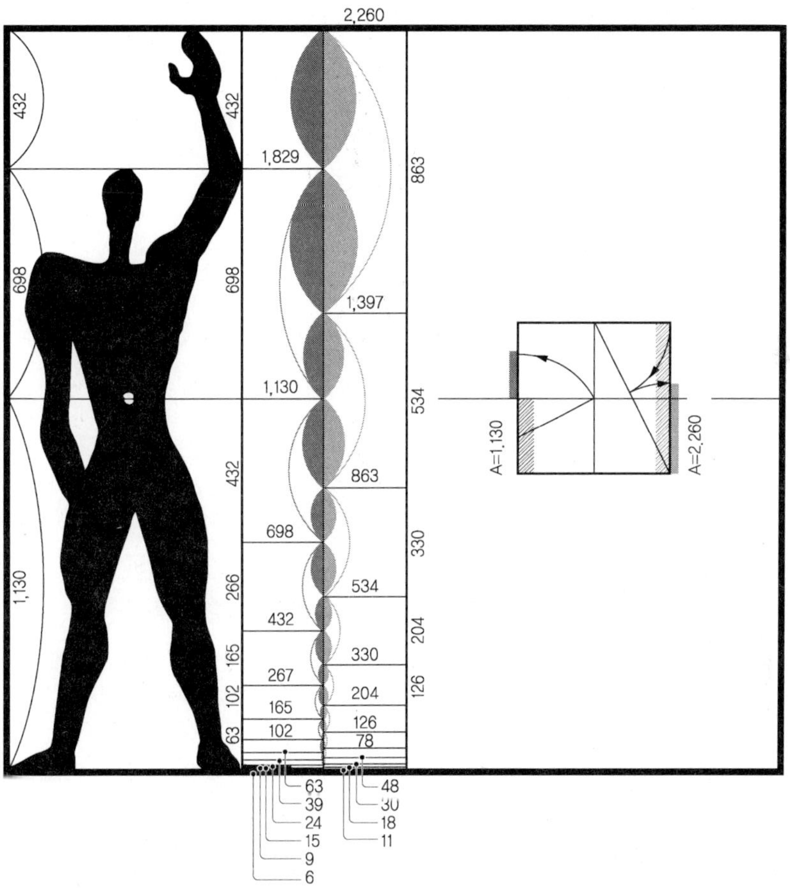

▲그림 3 _ 모듈러

르 코르뷔지에는 모듈러를 「건축이나 기타 기계 설계에 보편적으로 적용할 수 있고, 인체의 치수에 맞추어 조화한 치수의 범위」라고 평가하고 있다.

손바닥은 손가락 4개의 폭과 같다.
발의 길이는 손바닥 폭의 4배와 같다.
팔꿈치부터 손가락 끝의 길이는 손바닥 폭의 6배와 같다.
2걸음은 팔꿈치에서 손가락 끝 길이의 4배와 같다.

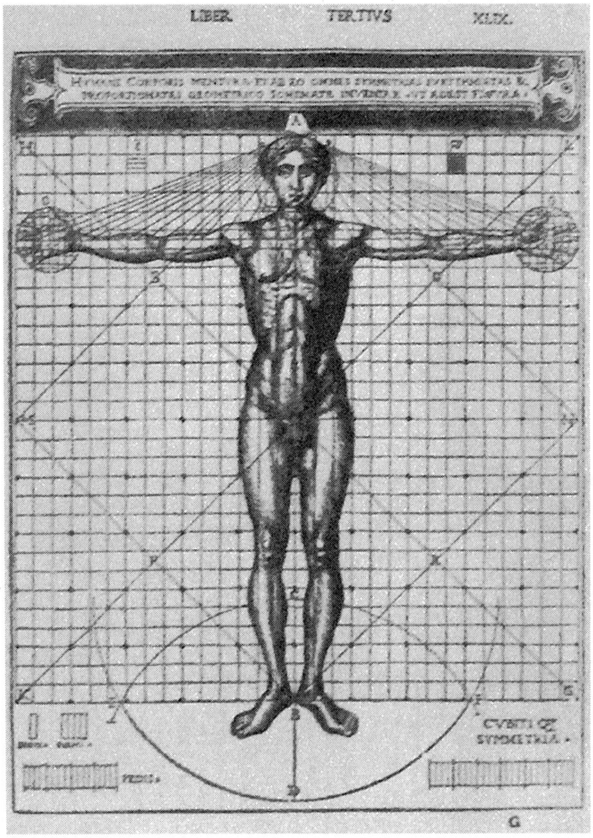

▲**그림 4** _ 인체도
Cesare Chezariano版의 「건축론」에 게재되어 있는 「Vitruvian Human Figure」 1521.

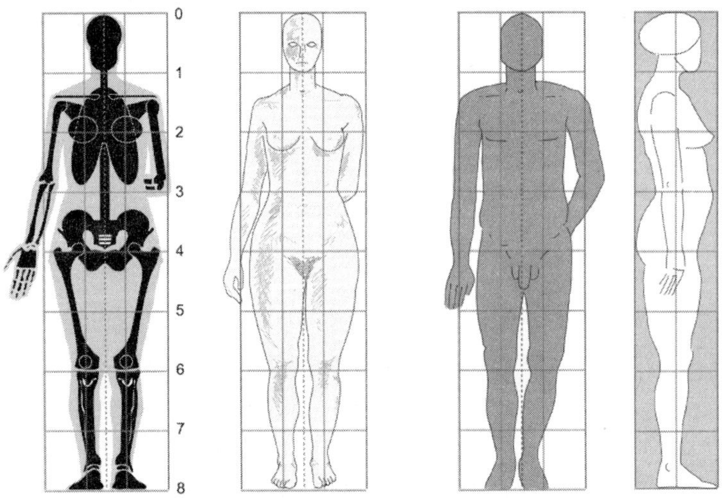

▲**그림 5** _ Human body proportions

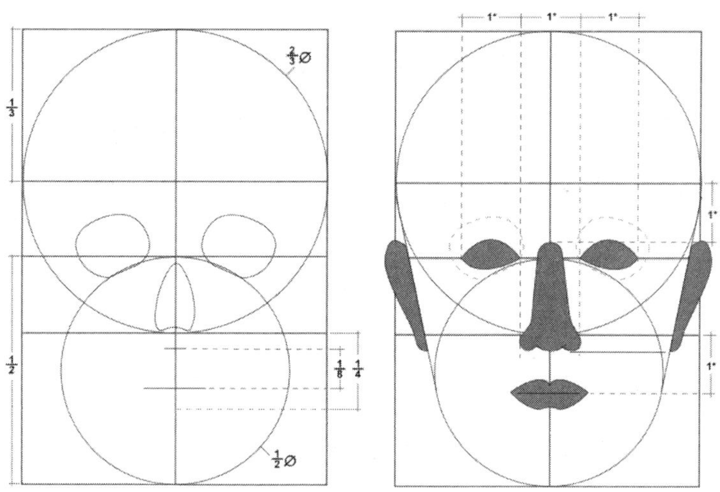

▲그림 6 _ Human head proportions

신장은 팔꿈치에서 손가락 끝 길이의 4배와 같다(손바닥 폭의 24배).

팔뚝을 수평으로 펼친 길이는 신장과 같다.

머리털이 난 언저리에서 턱 끝까지의 길이는 신장의 1/10과 같다.

머리 꼭대기에서 턱 끝까지의 길이는 신장의 1/8과 같다.

목의 아래부분에서 머리털이 난 언저리까지의 길이는 신장의 1/6과 같다.

어깨 폭은 신장의 1/4과 같다.

가슴의 중심에서 정수리까지의 길이는 신장의 1/4과 같다.

팔꿈치에서 손가락 끝까지의 길이는 신장의 1/4과 같다.

팔꿈치에서 겨드랑이까지의 길이는 신장의 1/8과 같다.

손의 길이는 신장의 1/8과 같다.

턱에서 코까지의 길이는 머리 부분의 1/3과 같다.

머리털이 난 언저리에서 눈썹까지의 길이는 머리 부분의 1/3과 같다.

귀의 길이는 얼굴의 1/3과 같다.

발의 길이는 신장의 1/6과 같다.

자연스럽게 손을 올린 사람의 치수를 손끝에서 머리 끝까지, 머리 끝에서 배꼽까지, 배꼽에서 발꿈치까지를 3등분으로 구분하고 배꼽의 위치를 중심으로 전체길이를 2등분하였다. 각 부분의 상호관계는 전체에 대해 1 : 1.618 : 2의 비례로 분할되는데, 이 비는 배꼽 높이까지의

높이 : 머리 끝까지의 높이 : 올린 손끝까지 높이의 비례이다.

이는 인체의 수직방향의 크기와 각 부위의 비례에 바탕을 두고 치수계열을 표시하여, 이를 기본모듈로 등차성, 등비성의 일정한 법칙이 되도록 하였다. 즉 건축을 만드는 방법에서 무엇인가를 가산 또는 분할의 필요성 또는 작은 치수와 큰 치수의 사용빈도에 대응되는 치수 등분의 등비성 등에서 결정된다.

고대 그리스에서부터 건축물을 아름답게 짓기 위해 황금비가 많이 사용되고 있으며, 명함, 담배갑, 신용카드 등에서도 볼 수 있다. HDTV나 컴퓨터의 와이드 모니터 등에는 16 : 9, 15 : 9(5 : 3), 16 : 10(8 : 5) 등의 비율이 사용되고 있는데 이것은 황금비의 근사값이라 할 수 있고, A4, B5 등의 종이의 치수는 이 황금비에 따른 것이다.

4. 보행척

보행도 확실한 척도성을 가지고 있다. 보폭이라든가, 속도에서 지면상의 여러 가지 크기를 파악하고 있는 것이다.

보행행위가 보행척으로서 큰 공간을 파악할 수 있는 척도가 되는 것은, 보행에는 보폭과 이울러 리듬을 가진 일정한 보행속도가 있기 때문이다.

시간거리는 1시간 보행을 단위로 하고 있지만, 엄밀히는 사람에 따라 보행속도가 다르기 때문에 그 사람 고유의 보행시간거리가 있는 법이며, 일반적으로 승인되고 있는 것은 성인남자가 1시간에 4~5km로서 이 범위 내에 평균적 보행거리가 놓여져 있다.

보행속도는 보폭과 다리가 움직이는 강도에 따라 결정되는데 기계와는 달리 느림과 빠름이 상당히 자유롭고 그 속도는 자기조절이 가능하다.

등산에서는 가파르지 않은 언덕길이나, 비탈진 언덕길이나 고도 400m에 올라가는 데에는 1시간 정도 걸리기 때문에 수평의 길 4km를 1시간 정도라고 한다면, 1대 10이 된다.

중층아파트 등은 엘리베이터가 없는 5층 정도까지이다. 이것은 미터로 고쳐본다면 15m에 해당한다. 이것이 평지에서 피곤을 느끼지 않는 단숨의 간격 400m 내지 500m에 해당한다고 보면, 올라가는 높이 1m는 수평거리로 약 30m에 해당한다. 계단의 경우 5층에 도달하는 데 소요되는 보행 에너지는 수평보행의 약 109m에 해당한다(1 : 9).

중국과 일본에서는 1里를 500m로 했었고, 한국에서는 400m로 했는데, 예부터 400이나

500m에는 실용상 하나의 매듭이나 단락으로서 의미있는 길이라는 점을 느끼게 해준다.

구미의 거리 단위인 1마일은 고대 로마인의 '1,000걸음'(mille passus)에서 나온 말로서 로마 5,000ft나 영국 4,840ft와 같은 값이다. 거리를 나타내는 단위로서 5,280ft(피트)를 법정단위인 1mi(마일 : 약 1.6093km)로 정한 것이다.

마일(mile)이라는 단어는 라틴어의 mille(천)에서 유래한다. 고대 로마에는 2보(한쪽의 발을 내딛으면서 다음에 같은 발을 내딛기까지의)의 길이에 상당하는 passus라는 단위가 있었다. 이의 1,000배의 "mille passus"가 마일의 유래이다. 1passus는 5피트이었으므로(다만 이 피트는 현재의 것보다 짧다. 현재의 피트는 약 4.83피트가 된다), 1마일은 5,000피트가 된다. 로마인이 유럽에 건설한 도로에는 로마를 기점으로서 1마일마다 표석이 설치되었다. 그 표석은 이정표(milestone)라고 불린다. 1593년 엘리자베스1세에 의해 1마일은 8furlong(5,280피트)로 정해졌다. 그리하여 이 마일은 statute mile(법정 마일)이라고 불린다.

오늘날 마일이라는 단위는 주로 육상의 거리 계측에 이용되는 1마일=1,760야드=1,609.344m와 주로 해상(선박)이나 공중(비행기)에 이용되는 1마일(1해리)=1,852m이 있다. 2가지를 구별하기 위하여 후자를 nautical mile이라고 한다.

도시의 물리적 실체는 시가지인데 이 시가지는 가로와 이것에 둘러싸여져 있는 가구(街區)에 따라 대개 그 기반이 이루어져 있다. 이 토지 분할의 기본적 치수가 100m×100m 정도의 가구인 것이다. 그리고 이 가구 내에 집이나 건물이 세워지고, 그 내용에 따라 또 대개의 구획(50m×50m)으로 또는 아홉 개의 구획(30m×30m)이라는 소규모로 나누어지고 있지만, 기본적인 테두리는 동서고금을 막론하고 100m 전후의 가구로 형성되어 있다.

도시의 보행자는 적어도 100m 간격으로 교차점에 닿게 되고, 100m 앞에 있는 신호를 눈으로 확인하면서 이것이 보행구간의 한 거리라고 실감적으로 파악하고 있다.

도로폭의 최소한도는 넓이가 요컨대 한 사람이 지나갈 수 있는 폭이라고 할 수 있겠는데, 일반적으로는 그 사람의 신체가 지면 위에 투영되는 정도, 또 그 사람의 어깨 폭이 들어갈 수 있는 정도이다. 어깨의 폭은 고작 2尺(60.5cm) 정도이기 때문에 양팔을 흔들며 걷는다 해도 그 폭은 2尺5寸(75cm 정도), 3尺(91cm)이나 4尺(120cm) 정도이지만, 양쪽에 높은 건물이 없으면 어딘지 자그마한 촌락의 길처럼 친밀감을 느낄 수 있으며, 인간척도의 하나의 전형을 나타낸다.

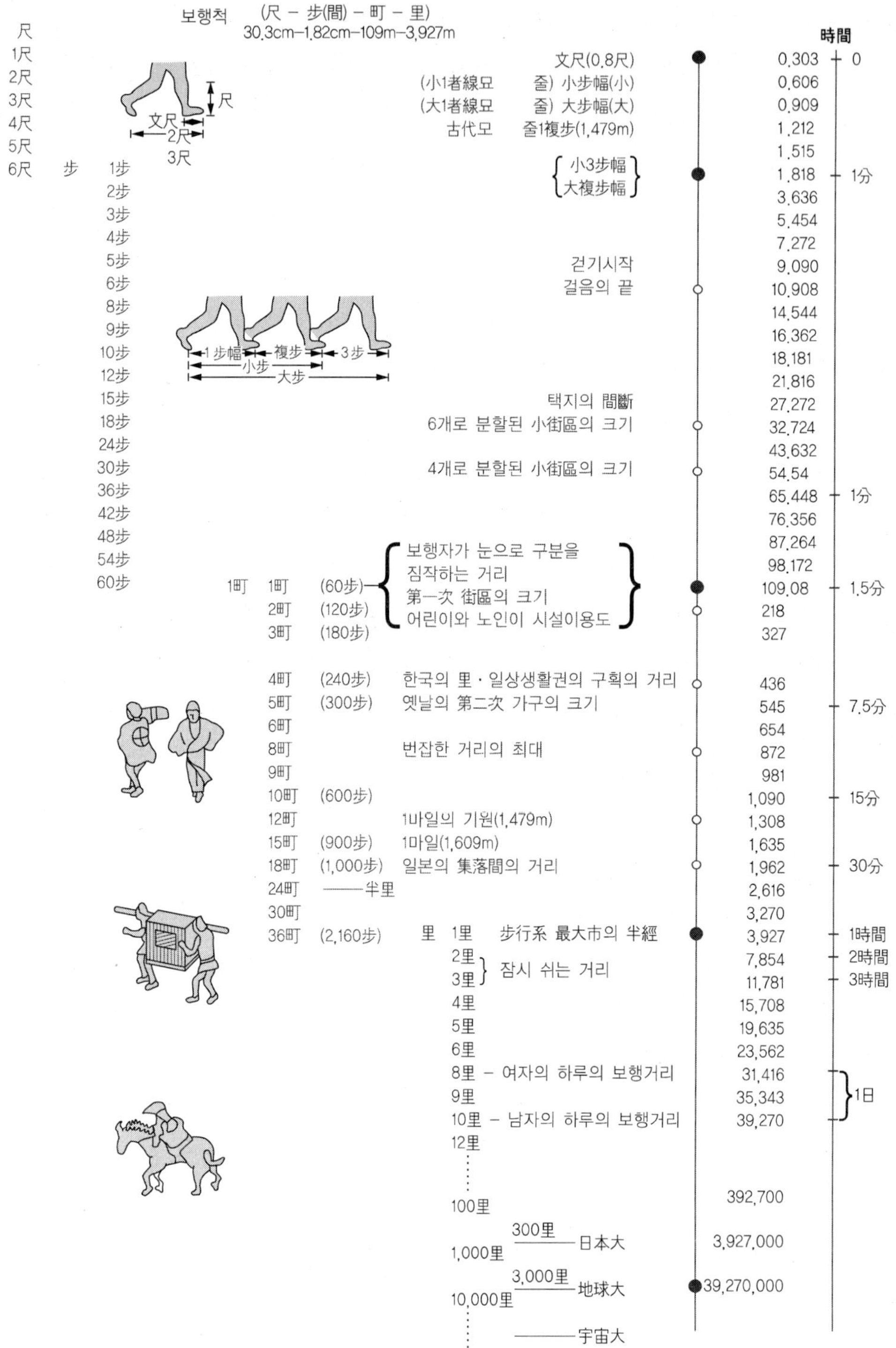

▲**그림 7**_보행척

출처 : 戶沼幸市, 人間尺度論, 彰國社, pp.162~163, 1978.

5. 감각척

눈과 귀와 코와 피부는 감각기관이다. 눈과 귀는 원거리감각기, 코와 피부는 근거리용이다. 공간의 크기를 측정할 경우 신체척이나 보행척이 계측의 기본이 되지만, 그 척도를 측정하는 공간이나 물체에 대하여 서로가 비교 판별하기 위해서는 동시에 「눈」이라고 하는 감각기를 가짐으로써 일정한 판정을 할 수 있다.

「귀」는 그것 자체로 공간의 크기를 측정하는 척도로서는 눈보다 활동이 적지만(범위가 좁지만), 환경의 입체적 이해 또는 공간과 시간이 서로 겹치는 상황을 이해하는 데 큰 비중을 차지하고 있다. 음성은 무엇보다도 사람을 연결하는 기본적인 거리를 표시하고 있다.

「피부」감각은 그것 자체로서 시각이나 청각과 비교하여 넓은 공간을 측정하는 척도성은 적지만, 반대로 외계와의 접촉은 직접적이며 전선적(前線的)인 막(幕)이기 때문에 그 척도적 움직임은 인간척도의 눈금으로써 영의 점, 원점적인 의미도 가지고 있다. 「입」이나 「혀」라고 하는 부분의 접촉감각, 미각 등도 역시 인간에 있어서는 감각의 원점인 것이다.

오감－시각, 청각, 후각, 미각, 촉각－중에 후각이나 미각, 촉각은 인간의 진화과정에서 시각이나 청각이라는 원거리성 감각의 발달에 비하여 퇴화된 것이라고 볼 수 있다. 그러나 미각은 시간, 공간상의 후각적 대응은 인간이 공간과 관련해가는 과정에서 하나의 기본적이며 결정적 수단이 되고 있다. 악취는 위험의 신호이며 공해를 초래하는 대상이 된다.

공간의 인지에서는 눈의 움직임이 매우 크고, 귀보다 많은 정보를 얻는다. 예를 들면 사람을 인식하는 최대의 거리는 대체로 4,000尺이다. 점점 가까워져 얼굴을 인식하는 거리는 80尺 정도이다. 표정을 인식하는 것이 40尺 정도로 인간의 거리 안에 들어온다.

더욱 가까워져 자기의 신장 정도의 범위 내에 들어오는가, 들어오지 않는가 라는 것은 중요하며, 반신장 범위에 들어오면 중대하므로 1신장, 반신장의 안에 들어오는 것은 상당히 친밀하지 않으면 안 된다.

공간의 거리와 대응하는 청각스케일 중에서 특히 유용한 것은 사람과 사람의 음적 신호의 교환, 즉 회화할 때의 거리로서 그것이 어느 정도 떨어져 있게 되면 회화가 불가능하게 되고, 심하면 큰 목소리이어도 소리가 도달하지 않게 된다.

에드워드 홀(Edward T. Hall)에 의하면,

① 회화가 가능한 거리(10피트까지)

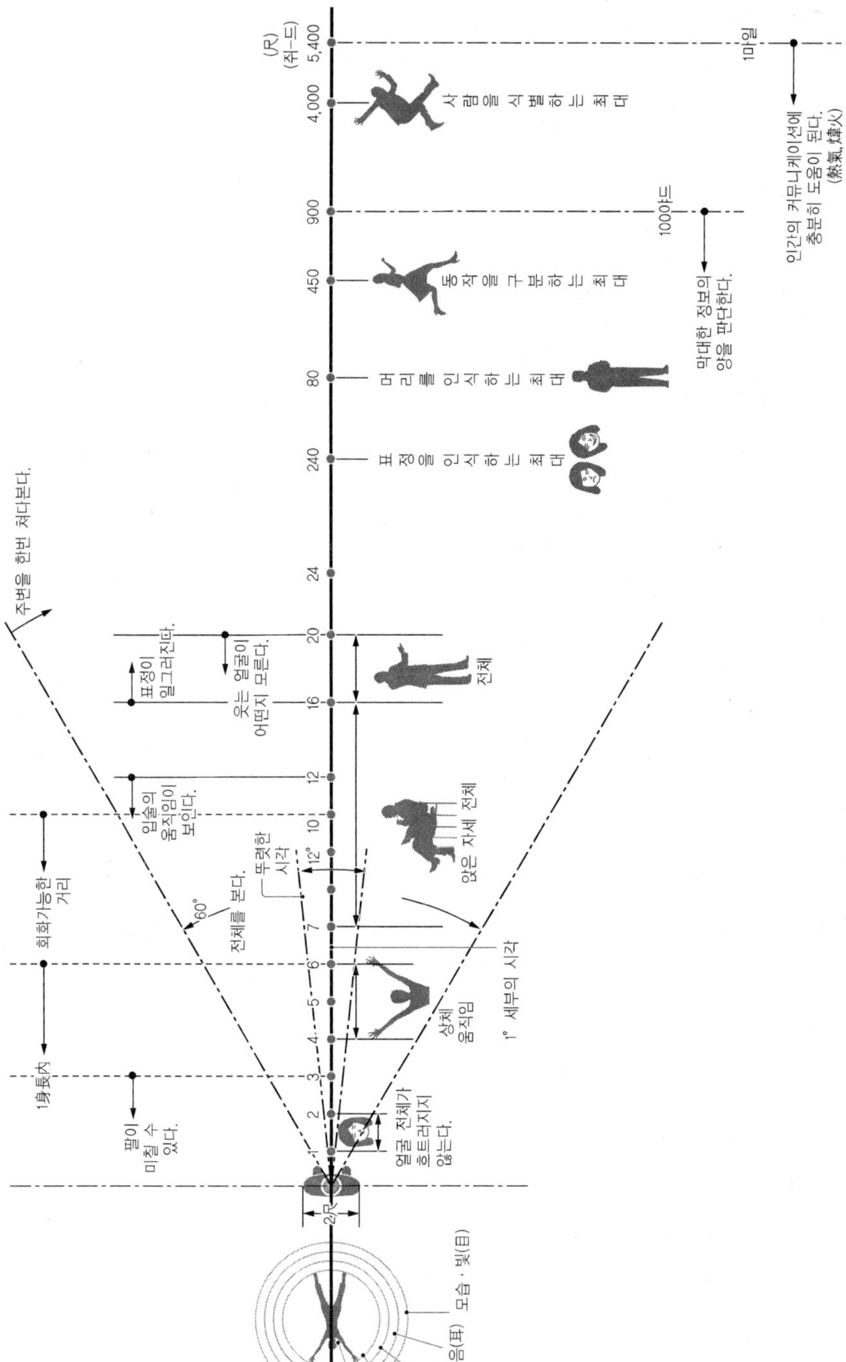

▲**그림 8**_ 감각척

출처 : 戶沼幸市, 人間尺度論, 彰国社, pp.186~187, 1978.

② 귀가 아주 유효한 거리(20피트까지)

③ 한 방향의 음성적 커뮤니케이션 가능, 그러나 두 방향은 회화곤란(100피트까지)

④ 사람이 사용하는 청각적 실마리가 급히 붕괴(100피트 이상)

또한 상태와의 거리가 멀어지게 되면 조그마한 소리에 의해 상대와의 멀리 떨어진 거리를 의식하게 되는데, 3m를 넘어서게 되면 집단에게 이야기하는 것과 같이 커지며, 6m를 넘게 되면 목소리의 조절 역시 굳어지고 큰 소리가 된다. 이것은 공간의 퍼짐을 보충하기 위한 소리의 변화이지만, 이것과 관련해서 이야기를 거는 상대방의 인원수에 따라서도 목소리의 크기, 고저 등이 변한다.

취각스케일은 사람과 사람의 관계와 근접을 측정하는 척도로서 강한 기능을 가지고 있는데 신체척에 있어서의 접촉한 상태 0~1.5尺(0~45cm)과 반신장 3尺(91cm), 1신장 6尺(1.82m)과 연동해서 기능하기 때문에 이들 친근한 치수와 겹쳐져서 치수로서의 하나의 단락을 가지고 있다.

에드워드 홀의 신체 측정에 의하면 그 단락의 단계는,

① 깨끗하게 씻은 피부와 머리의 냄새가 미치는 거리(0~15피트)

② 성(性)의 냄새가 미치는 거리(3피트)

③ 숨소리나 체취가 미치는 거리(3피트)

④ 인체의 냄새에 있어서도 가장 강렬한 발냄새(9피트)

로 구분하고 있는데, 이것은 한국인의 예로서도 타당한 스케일이라고 할 수 있을 것이다.

피부는 외부환경과의 전신적인 접촉면이며, 인간의 피부는 그 자체가 방어의 막(膜)으로서는 두께가 겨우 1mm 정도에 그쳐 상처를 입기 쉽고 유연한 것에 지나지 않지만, 그 속에 교묘하게 조립된 각종의 감각(受容器)인 촉각(觸覺), 압각(壓覺), 온각(溫覺), 냉각(冷覺), 통각(痛覺) 등의 피부감각 이라는 강력한 방어 무기에 의해서 인체 방어의 제일영역을 형성하고 있다.

그리고 거기서 일어나는 여러 종류의 접촉이 적과 자기편을 구분하며, 인체에 긴장과 평온을 주고 인간의 실재감, 존재감을 직접 창조하고 있는 것이다.

6. 시간척

인간의 몸에는 초침이 많이 있다. 눈을 깜빡이는 순간이 1초, 맥박은 30~80번, 걷는 것은 1분간에 60보, 또는 심장의 고동은 1분간에 약 80회, 호흡은 약 30회라는 상태이다. 1분간에 전신의 피가 1순환하거나, 1분간이라는 것은 그다지 긴 시간은 아니고, 인간의 보통 행위에서는 곧 다음에 일어나는 타임이다. 거기에 시간, 특히 24시간이라는 것은 절대의 시간일 것이

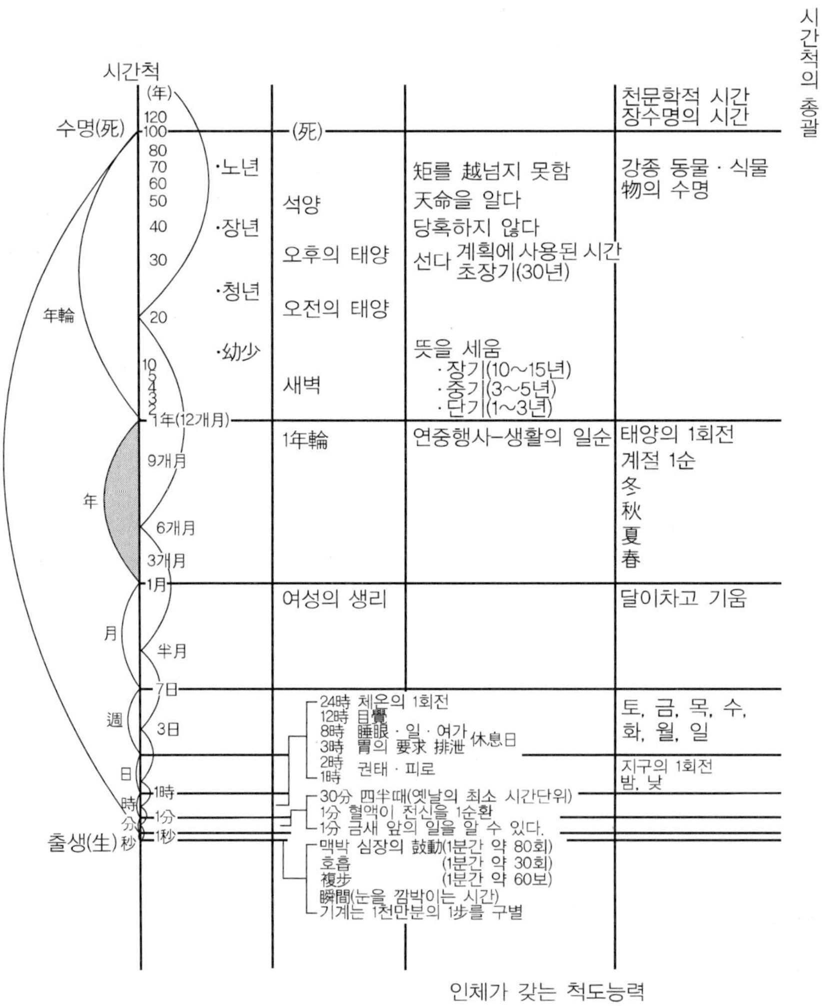

▲그림 9_ 시간척
출처 : 戸沼幸市, 人間尺度論, 彰國社, p.266, 1978.

다. 일생이라는 것은 1인의 인간에 따라서는 매우 중요한 척도이면서 이것은 분명하다. 거기에 대응하는 것이 1일이다. 주(週)와 월(月)은 일종의 습관적인 생활양식상의 사이클이다.

인간의 사람에는 그 인체의 전후 구조에 단적으로 표시되어 있는 것과 같이 행동할 때 목표를 세움으로써 비로소 자기를 긴장시키고 전진한다는 이미지를 가지고 자기실현을 도모한다는 기본적 성향이 있다.

가능성과 불가능성, 어려운 것과 쉬운 것을 식별하고, 또는 범위를 줄이고 방향을 선택하며 목표를 결정한다는 것 등은 사람이 활동을 일으킬 때의 전형적인 방법이다.

행위, 행동을 일으키는 원래의 것은 인간에게 내재하는 욕망이기는 하지만, 여기에는 여러 가지의 사항이 있다. 돈벌이나 입신출세, 또는 좋은 직장에 취업이나 결혼이라고 하는 일상적인 안정을 추구하는 알뜰한 욕구이기도 한 것이다. 또는 지배나 수탈에 향하는 한없는 자기 확대의 욕망도 있다. 이것은 다른 존재를 말살하기 때문에 악의 욕망이라고도 할 수 있는데 악의 계획일수록 적극적으로 밀고 나가게 되는 것이다.

또는 물질적인 욕망과 대조적으로 세속을 떠나 예술이나 종교에 마음을 심화시키려고 하는 자기정화, 자기 축소욕구라는 것도 있다.

어쨌든 인간의 욕망이나 욕구는 성(性)이나 식(食)에 관한 본능적인 욕망과 어딘가에서 연결되어 있다. 상황이 이것을 여러 가지로 유발하게 되는 것이다.

인간의 행위, 행동은 욕망이나 바람 또는 의욕, 의사 등에 지탱되어 추진되는데 이에 목표를 두면서 이를 예정하고 매듭을 짓는 것이 인체의 시간적인 것이다.

훈련된 시간척은 시행착오적인 행위로부터 보다 계획적인 행위로 그 인체를 유도한다.

7. 공간지각과 시각거리

7.1 공간지각

공간지각은, 1) 범위(extent), 2) 거리(distance) · 깊이(depth), 3) 방향(direction) · 위치(position), 3가지의 속성으로 구성되어 있고, 인간은 통상, 이들의 속성을 모두 또는 그 일부를 지각하고 있다. 따라서, 일상적인 체험을 통하여 이해되는 것은 별로 없는가도 모르지만, 공간지각이란 시각에 한하여 만들어내는 것이 아니라 청각 · 후각 · 촉각 · 미각, 또한 내장감각(위 만복감 · 공복감, 복통 등)에서도 확인되는 원초적인 것이다. 또한, 공간지각이란 공간을 지각하지 않고, 공간에 존재하는 대상을 지각하는 것을 의식하는 것도 중요하다고 여겨진다.

1) 방향지각

두부와 신체를 똑바로 세워 외계를 관찰했을 때 시방향에 관하여 2개의 다른 지각체험이 존재한다. 그 하나가 상대적 시방향(relative visual direction)이다. 이 시방향은 눈의 절점(nodal point)을 통과하여 임의의 망막세포를 자극하는 시선(visual line)을 중심와(中心窩)를 자극하는 시축(visualaxis)에 관하여 결정했을 때 얻어진다.

2) 방향의 항상성

방향의 항상성(direction constancy)이란 객관적으로 정지한 대상의 두부중심적 시방향이 안구위치의 변화에 관계없이 거의 일정하게 유지되는 것을 의미한다.

3) 거리 · 깊이의 지각

관찰자의 주관적 원점에서 대상까지의 주관적 공간적 간격이 보이는 거리를 겉보기 거리(apparent distance)라 하고, 다르게 보이는 거리를 가진 대상간의 주관적 공간적 보이는 깊이를 겉보기 깊이(apparent depth)라고 한다. 또한 거리나 깊이의 지각에 영향을 주는 자극요인을 실마리(cue, clue)라고 한다.

환경조건을 받아들이는 인간의 지각특성(능력)의 측정 형태에서 음 · 열 · 빛 등에 대한 인간의 감각특성 · 지각을 조사하는 연구분야가 있다. 주로 환경계획 분야에서 이루어지고 있다.

인체가 가진 척도능력에 착목하여 신체척 · 보행척 · 감각척 · 시간척과 인간이 가진 스케일 감각을 다각적으로 논한 것이다. 인간은 자기 자신의 육체의 형상이나 크기를 통하여, 또한 기관의 기능을 통하여 외부를 계측하여 자기의 상대위치를 알고, 방향을 정하여 행동결정을 하여 자타를 평가하고 있다. 「인간척도」란 인간의 육체를 외계를 파악하는 척도로 하는 것이다. 이 이론은 인간과 문명의 대응을 고려하여 인체의 기본적 척도성을, 신체척, 보행척, 감각척, 시간척으로 명확화하여 그것이 생활환경을 고려하는 데 무엇보다 기준임을 확인한 것이다. E · Hall은 도시에 존재하는 온도의 감각, 촉감 등이 공간의 지각에 크게 관련되어 있음을 설명하고 있다. 다방면에 영향력을 가진 건축 · 도시의 디자인은 스케일의 문제를 별도로 하여도 기능 · 디자인 · 생산성을 만족시키면 성립하는 산업디자인(Industrial design)과는 전혀 다른 행위이고, G · Eckbo가 말한 「현저한 객관성」을 필요로 한다. 환언하면 그것은 건축을 포함한 모두를 단일 요인으로서가 아니라 관계된 복합체로 다루는 능력, 많은 요인을 종합적으로 평가하면서 디자인하는 능력을 필요로 하는 행위이다.

4) 지각과 운동의 쌍대적(雙對的) 관계

아는 것과 움직이는 것은 하나라고 해서 아는 것과 움직이는 것－지각과 운동－을 분석하지 않고, 그 본래의 기능을 훼손하지 않도록 일괄하여 취급하는 것은 결코 용이하지 않다. 그 이유는 한 쌍이 된 것이어도 결코 동일의 것이 아니기 때문이다.

예를 들면 「걸어간다」라는 눈 앞의 환경에 대한 의미 또는 가치는 생태심리학에서 「지원성(affordance) : 미국의 실험심리학자 J.J.Gibson의 조어이다)」이라고 한다. 이것은 일반적으로 인간이나 동물에 대하여 그 서식환경을 제공하여 그 인간이나 동물의 행동의 근거가 되는 의미나 가치를 나타내는 특별한 용어이다. 지원성은 환경(타인이나 대상화된 자신 등도 포함) 중에 지각되지만, 그러나 그것은 순수하게 환경 또는 대상 측의 속성은 아니다. 예를 들면 당신의 신체와 비교하여 그 개구부가 너무 작다면 그 개구부는 당신의 통행을 허용하지 못할 것이다. 그런데 어린이에게는 통행을 허용하는가도 모른다. 이와 같이 지원성은 환경에서 지각되는 것임에도 불구하고 자기의 신체성이 포함되고, 따라서 전통적인 주객의 분류에는 해당하지 않은 특별한 개념인 것이다.

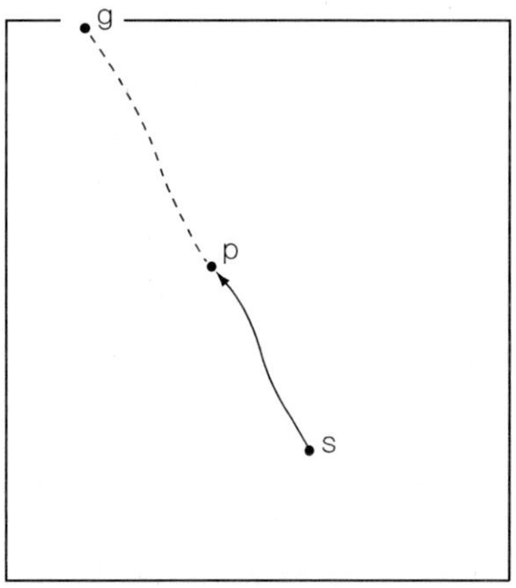

그림 중의 곡선은 s에서 g까지의 이동을 나타낸다. p는 현재지이다. 이미 이동하여 온 경로(s–p 사이)는 실선, 앞으로 이동할 경로(p–g 사이)는 점선으로 나타내고 있다.

▲**그림 10** _ 이동경로의 조감도
출처 : 乾敏郎, 視覺世界と外界の構造推定, pp.98～100, INTERCOMMUNICATION No.45, NTT 出版株式會社, 2003.

이어서 문까지 당신이 걸어가고 있었다고 하자. 그 과정에서 개구부에서의 전망은 더욱 넓혀지고, 그 전망의 면적 자체가 더욱 멀어지기까지 당신은 걸어가는 것을 지원할 것이다. 그런데, 여기까지의 현상에서 아는 것과 움직이는 것과의 관계에 대하여 정리하여 보자. 최초에 있었던 장소를 s, 방의 개구부를 g로 하고, s와 g 사이의 현재지를 p로 한다(그림 10). p에서 g의 전망은 어느 쪽인가 하면「지각」에 속하는 것인가도 모른다. 여기에서 당신이 걷는 방식, 운동을, 운동 그것은 아닌 형식에서, 말하자면「정보」에 의해, 제약, 특정하고 있기 때문이다. 한편, s에서 p에 이르는 보행(그림 10의 실선)은「운동」영역에 속하는 것인가도 모른다. 그 경로는 s에서 p의 전망을 실제의 보행이라는 운동으로 변환한 과정이고, 지각된 지원성의 실현 과정이기 때문이다.

그러나 이 운동은 단순한 지각의 실현은 아니다. 그것은 지각의 기회를 넓힌다든지, 앞으로의 운동 가능성을 제약한다든지 하는 기능을 갖추고 있기 때문이다. 예를 들면 s에서 p로 다만 걸었던 경우와 빠르게 달린 경우를 비교하여 보자. 어느 경우에도 눈 앞의 전망에 따라 그 후의 운동을 제약하는 지원성이 특정되지만, 특정되는 지원은 s에서 p까지 걷는 경우와 달린 경우에서는 그 질이 다를 것이다. 걷는 경우는 마찬가지로 보행을 계속하는 것이 지원되고, 달린 경우에는 위험이 지원되는가도 모른다. 위험이 지원된 경우에는 이동속도를 감소시키고, 또 운동이 조절될 것이다.

5) 아는 것과 움직이는 것과의「双対性」

지금까지 생태심리학의 입장에서, 지각과 운동과의 관계에 대하여 고찰하였다. 그 중에서 2가지는 분단할 수 없지만, 한편 그들을 동일시할 수 없는 것이 확인되었다. 생태심리학자 J.J.Gibson의 친구인 R·Shaw의 말을 빌리면, 지각과 운동이란「쌍대성(duality)」을 형성한다는 것이다. 이「쌍대성」은「이원론(dualism)」과는 전혀 다른 것이다.「쌍대성」이란, 즉 존재론적으로 동일하지 않지만 상호 관계하고 있다는 점에서 상호적(mutual)이고, 또한 목적적인 행위에서는 지각은 운동으로, 운동은 지각으로 치환하여 그 행위가 달성되고 있다는 점에서 상보적(reciprocal)이다, 고 하는 것이다.

「지원성」에 대표되는 몇 가지의 생태심리학 개념이 전통적인 심리학에서 이용되는 개념과 비교하여 이질적인 인상을 주는 것은 그것이 지각과 운동과의 특별한 관계－双対性－를 보존하면서 인간이나 동물의 행동을 연구하기 위한 룰로 제안되고 있기 때문일 것이다. 지각과 운동과의 쌍대성을 인정하는 한 이들 생태심리학의 특별한 개념이 필요하게 되는 것이다.

E · Hall은 도시에 존재하는 온도감각, 촉각 등이 공간의 지각에 크게 관련되어 있음을 설명하고 있다. 다방면에 영향력을 가진 건축 · 도시의 디자인은 스케일의 문제를 별도로 하더라도 기능, 디자인 · 생산성을 만족시키면 성립하는 산업디자인과는 전혀 다른 행위이다, G · Eckbo가 말한 「현저한 객관성」을 필요로 한다. 환언하면 그것은 건축을 포함한 모두를 단일요인으로서가 아니라 관계시켜 복합체로 다루는 능력, 많은 요인을 종합적으로 평가하면서 디자인하는 능력을 필요로 하는 행위이다.

7.2 인지거리

국가간의 거리와 자택에서의 가장 가까운 역까지의 거리를 이미지하여 비교하여 보면 알 수 있는 것처럼 Sarinen(1976)의 지적에 의하면, "공간스케일에 의해 인지거리의 내용이 변화한다"는 세계스케일인 인지거리에 영향을 주는 것은 이미 지상경험은 아니고, 정치 · 역사 · 국민성 등에 있다"고 한 지적이다. 한편, 戸沼幸市는 "이동수단에 의한 영향(야드 · 歩 · 里 등 인간이 가진 스케일에 바탕하여 척도와 직접 관련하는 "보행" 이외의 이동수단을 이용하면 인간이 가진 스케일을 초월하기 때문에 인지거리가 변화하면 스케일(커짐에 따라 인지거리와 일상 행동과의 관계가 약해지고, 구체적인 거리단위를 이용하여 거리를 파악하는 것조차 곤란하다"고 지적하고 있다.

1) 거리 · 깊이의 지각

관찰자의 주관적 원점에서 대상까지의 주관적 공간적 간격을 보이는 거리를 겉보기 거리(apparent distance)라 하고, 다르게 보이는 거리를 가진 대상 사이의 주관적 공간적 보이는 깊이를 겉보기 깊이(apparent depth)라고 한다. 또한 거리나 깊이의 지각에 영향을 주는 자극요인을 실마리(cue, clue)라고 한다.

2) 시각과 크기의 항상성

크기의 지각을 규정하는 가장 큰 요인은 망막상(또는 시각)의 크기이다. 일정의 관찰거리에 제시된 대상의 객관적인 크기가 클수록 망막상도 커지고, 동시에 그 보이는 크기도 커지는 것은 대단히 명백한 사실이다. 그러나 보이는 크기가 대상의 망막상의 크기에만 의존하여 변화하는 것은 아닌 것은 일상의 시각체험에서도 분명하다. 예를 들면 1m의 관찰거리에 서 있는 사람이 또 1m 멀어졌을 때 망막상의 크기는 반감하지만 사람의 보이는 크기에는 큰 변화가 생기지 않는다. 일반적으로 대상의 보이는 크기가 관찰거리의 변화에 관계없이 일정하게 유지되는 것을 크기의 항상성(size constancy)이라고 한다. 또한, 대상의 보이는 크기가 관찰거리의 증대에 수반하여 증대하는 현상을 크기의 초항상(over-constancy)이라 하고, 반대로 보이는 크기가 거리의 증대에 수반하여 감소하는 현상을 불완전항상(under-constancy)이라고 한다.

3) 크기와 거리의 처리양식

공간지각의 실마리라고 하면 공간지각의 실마리, 보이는 거리, 보이는 크기 사이에서 몇 가지의 처리양식을 고려할 수 있다. 첫 번째의 처리양식은 거리의 짐작에 의해 결정된다고 가정한다. 보이는 거리와 시각의 크기의 결합양식에는 몇 가지의 가능성이 있는데, 양자의 면적에 보이는 크기가 비례한다고 가정하는 경우가 많은 것 같다.

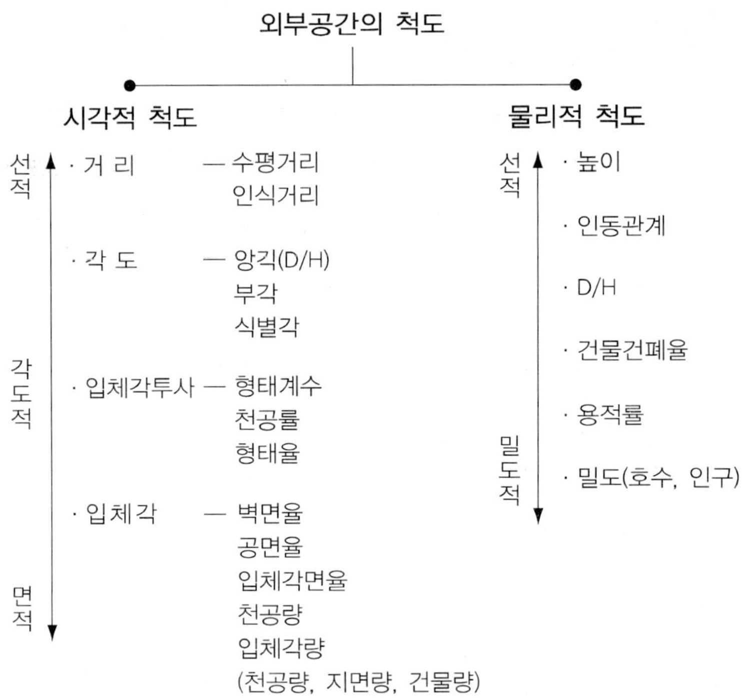

▲**그림 11**_시각적 척도와 물리적 척도의 요소

4) 달의 착시

달이 천공의 어디에 위치하여도 달의 시각은 약 0.5°이지만, 수평선상의 달은 천정의 달에 비하여 15~30% 정도 크게 보인다. 이것을 달의 착시(moonillusion)라고 한다. 달의 착시 설명이론은 오래 전부터 존재하는데(Ross & Ross, 1976), 하나의 유력한 경우는 달의 보이는 크기 변화를 안구, 두부, 신체의 위치와 같은 변수에 의해 설명하는 생리학적 이론이다.

대상의 보이는 크기를 규정하는 것은 대상의 시각의 크기와 대상까지의 보이는 거리이다. 달의 착시의 경우 시각은 일정하므로 수평선상 달이 천정의 달에 비하여 멀리 보이므로 수평선의 달이 크게 보인다는 것이다.

5) 인지거리

인지거리란 "대규모(large scale) 공간에서 복수의 구간 및 상호 떨어져 보일 수 없는 공간의 거리 · 환경 내를 이동하는 것에 따라 획득되는 거리"를 의미하고, 연구에서는 추상적인 현상(기억 · 인상 · 판단 등)을 문제로 한다. 결국 인식적 거리연구는 감각적 · 지각적 현상을 기초로 하면서도 현상을 의미적 · 개념적으로 다루는 어느 종류의 정보통합의 과정 및 결과를 검토대상으로 하는 느낌이 강하다. 따라서 실거리와 인지거리 데이터와의 비교검토에 의해 환경과 인간과의 상호작용, 인간이 그 환경과 어떤 관계에 있는가의 이해를 할 수 있는 것으로 고려된다.

한편, 목적의 유무에 관계없이 행동은 의식을 수반하지 않는 것이 대부분이다. 이것은 보행에 관해서도 마찬가지이고, 어느 지점간의 경로거리를 상기할 때에는 무의식적으로 획득한 유동적 · 연속적 환경정보를 실마리로 하는 것으로 고려된다.

6) 실거리

「거리는 커뮤니케이션이다」고 한 사람은 E · Hall이다. 여기에 단적으로 표현되어 있는 것처럼 거리는 건축 · 도시에서도 인간의 심리(감각 · 지각)나 행동을 규정하는 속성의 하나이다, 고 하는 것도 인간의 오감이 거리에 관계하고, 미 · 촉 · 후 · 청 · 시의 순으로 지각의 거리가 커진다. 또한 보행이 그들의 능력을 공간적으로 확대하는 것이다.

지각을 바탕으로 하여 개체를 중심으로 원심적으로 확대되는 거리에 여러 가지 단계를 가정할 수 있다. Hall의 인간상호의 사회적 관계를 4가지의 거리로 제시한 것과, 인간의 표정이나 신체의 보이는 방식에서 거리를 분류하는 시도도 있다. 또한 인간의 보이는 방식을 건물에 유추적(analogical)으로 적응한 Erwin Blumenfeld의 휴먼 스케일의 3분류가 있다. 또한 실내공간에서 거리서열을 외부공간의 거리는 내부공간의 8~10배로 확대하는 것을 경험적으로 이론화하였다.

건축을 떠나 자연경관에서도 그것을 인식하는 인간을 중심으로 수목과의 거리관계에도 몇 가지의 단계가 규정된다. 이들은 인간의 시각에 의해 우리의 생활공간이 지리적으로 어떻게 확장되는가를 나타내는 것이다.

건조물로서의 존재가 강조된다. 세부(상세) 보인다. 전체의 형태를 순식간에 인식할 수 있다. 대상과 배경이 등가가 되는 대상은 환경의 일부가 된다.

거리는 오감이나 보행 등의 감각 · 행동에 의해 인지되고, 우리의 생활에 여러 가지 영향을 준다. 사람이 손으로 접촉할 수 있는 가까운 거리에서 수십킬로에 이르는 원거리에 이르는 공간은 물리적으로 연속하여도 사람을 중심으로 한 원심적으로 인지된 공간은 불연속이고, 몇 가지의 레벨로 분별할 수 있다. 그 기준이 되는 것은 인간상호의 시각이나 소리에 의한 커뮤니케이션의 변용이라든가, 사람이나 건물의 보이는 방식의 변화라든가, 삼림 등 자연경관의 지각 변화에 의한 것이 있다.

건축이나 조각의 보이는 방식은 대상의 윤곽을 뻗는 시선의 각도에 의해 규정된다.

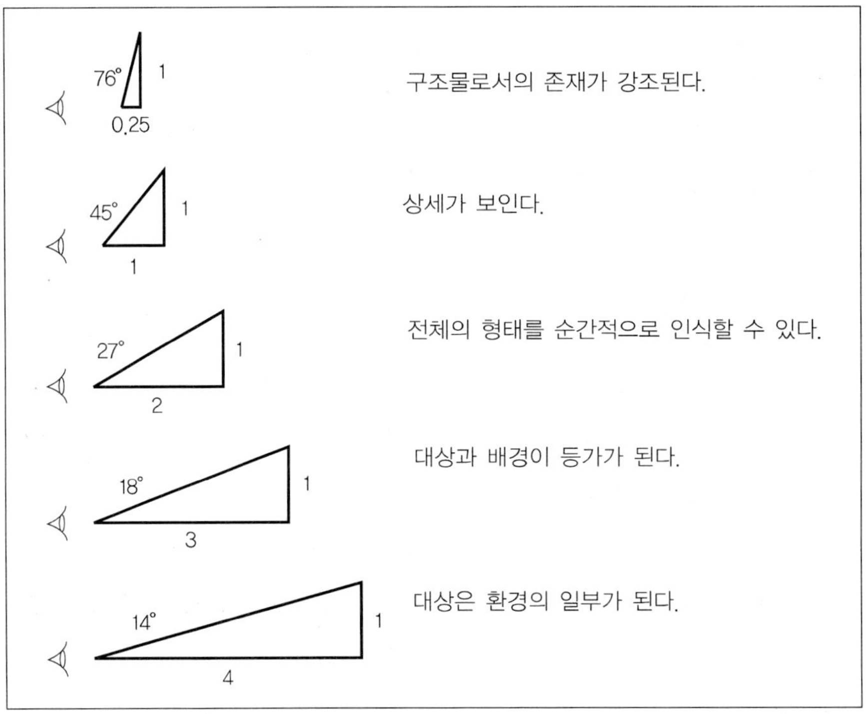

▲그림 12_시각과 건물의 보이는 방식
출처 : Mertens의 이론 : 신체의 데이터파일에서, p.51.

이것은 시야의 전반구 중에서 시각의 능력이 일정하지 않음 점에 따른다. 보이는 방식의 변화와 시각을 단순한 양에서 기술한 사람은 19세 후반의 건축가 Carl Mertens이었다. 그는 서구의 역사적 건조물의 관찰과 동시대의 물리학자 헬름홀츠(Hermann Ludwig Ferdinand von Helmholtz)의 생리시각이론을 바탕으로 대상의 시각에 의한 인상의 변화를 기술하였다. 이것은 대상의 보이는 방식의 경험칙으로 오늘날에도 통용하는 것이다.

Mertens의 이론은 현대와 시각의 외부공간의 휴먼스케일의 근거로 주목되고, Erwin Blumenfeld, David Keith Lynch 등이 그 현대적 해석을 설명하고 있다. Mertens는 대상의 전체와 부분의 보이는 방식에 착목한 것이지만, Lynch 등은 오히려 공간의 폐쇄성에 흥미를 가졌다. 특히 외부공간에서는 건축의 간격(D)과 높이(H)의 비가 폐쇄성을 단순하게 기술할 수 있는 것이다. 여기서 폐쇄성이란 사람이 3차원적으로 에워싸인 위요감과, 어느 장소가 주위로 구획되어 있다는 영역감과의 2가지 의미가 있음에 주의하여야 한다. D/H가 커지면 전자의 폐쇄성은 잃어버리지만, 후자의 감각은 보존된다. 이들은 이 2가지의 폐쇄성을 아울러 가진 서구건축의 특성을 해석하는 데에 적합한 개념이다.

다음은 芦原義信에 의한 D/H(Distance/Height)에 대하여 설명한다.

그는 『시가지의 미학』에서 건축공간에는 대별하여 주위의 틀에서 안으로 향하여 수렴하는 공간과, 중앙에 핵이 있어 밖으로 향하여 발산하는 공간이 있다고 한다. 거기에서 공간의 적극성과 소극성이라는 것에 대하여 고찰하고, 수렴하는 공간과 발산하는 공간에서 그것이 어떻게 각각 관계하는가를 검토하고 있다.

건축의 높이(H)와 인동간격(D)과의 관계에 있어 건축이 독립하여 한 채만 건립되어 있을 때에는 조각적, 기념비적이며, 그 주위에는 발산적인 N－스페이스가 존재한다. 거기에, 또 한 채의 건축이 출현하면 양자 사이에 폐쇄적인 상호 간섭작용이 시작된다. 그의 관찰에 의하면, D/H=1을 경계로 D/H<1의 공간과 D/H>1의 공간에서는 공간의 질에서 변절점이라고 여겨진다. 다른 측면에서는, D/H가 1보다 커짐에 따라 떨어진 느낌이 되고, D/H가 1보다 작아짐에 따라 근접한 느낌이 되고, D/H=1일 때 건축의 높이와 간격 사이에 어느 균형이 존재한다. 실제 건축의 배치계획에서는 D/H=1, 2, 3이 가장 널리 응용되는 수치이고, D/H>4가 되면 이미 상호 영향력이 약해져 두 건물을 잇는 복도와 같은 연결(connector)이 양자 사이에 바람직한 거리가 된다.

한편, D/H<1이 되면, 2개의 건축 상호간섭이 시작되고, 더욱 접근하면 폐소공포증(claustrophobia) 현상을 일으키게 된다. D/H<1이 될 때에는 그 마주보는 건축의 형상, 벽면

의 재질, 창이나 출입구의 크기나 위치, 태양의 입사각 등이 관심사가 된다. 환언하면 D/H<1이 될 때에는 앞에서 설명한 逆空間에 대하여 충분한 균형이 도모되어 안정한 것이 배치계획상 필요하다. 이 치수는 건축뿐만 아니라 인간과 인간과의 관계에도 응용할 수 있다. 두 사람의 인간이 매우 접근했을 때 인간 얼굴의 높이(H=24~30cm)와, 얼굴과 얼굴의 간격(D)과의 사이에 D/H<1이 되면, 간섭작용이 강하여 친밀적이고, D/H>1에서 보통의 관계가 되고, D/H=2, 3 즉, 60cm, 90cm는 얼굴만을 의식했을 때의 알맞은 거리이고, D/H=4, 즉 12m 떨

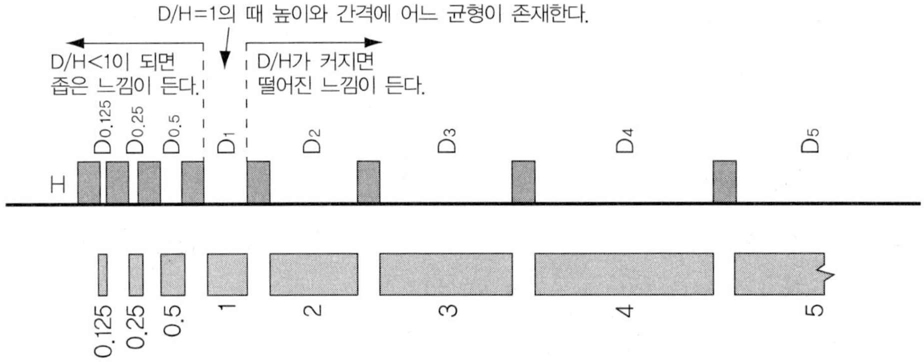

▲**그림 13**_ 건축에서 D/H의 관계

출처 : 芦原義信, 街並みの美學, p.72, 岩波書店, 1979.

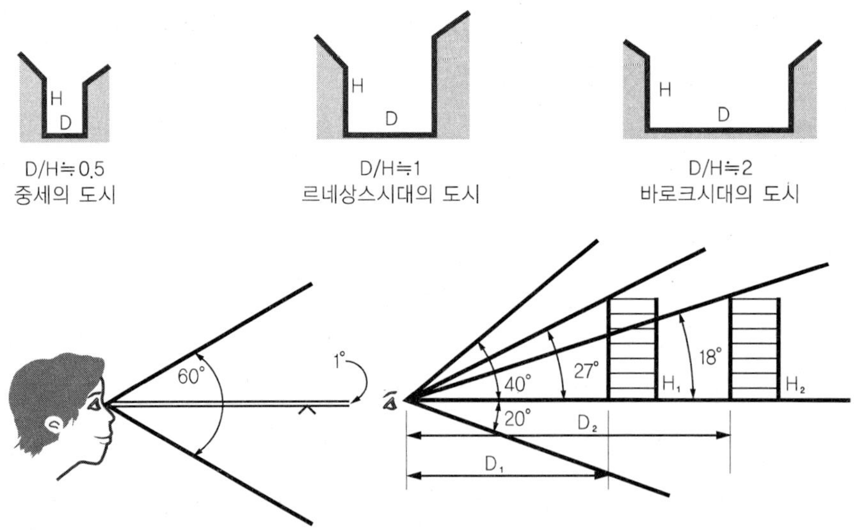

건물의 높이(H_1)의 2배의 거리(D_1)를 잡아 보면, 건물을 전체적으로 볼 수 있다. 그 앙각(θ_1)은 $\tan\theta_1=1/2$, $\theta_1=27°$, 일군의 건축으로 볼 때에는, $D_2=3H_2$, 즉 $\tan\theta_2=1/3$, $\theta_2=18°$가 된다.

▲**그림 14**_ 건물과 시계의 관계

출처 : 芦原義信, 街並みの美學, p.73, 岩波書店, 1979.

어지면 얼굴만의 거리로는 너무 떨어져 오히려 앉아서 마주 보고 있을 때의 거리가 된다.

여기서 앉은키(H′)를 약 1.2m로 하면 다시 D′/H′=1이라는 균형 관계가 생긴다. 옥외에서 마주보고 서 있을 때의 상태에서는 신장(H″)을 간단화하기 위하여 1.8m로 하면, 간격 1.8m에서 D″/H″=1이 되고, D″=3.6m에서 D″/H″=2가 되고, D″=7.2m에서 D″/H″=4가 되면, 이미 너무 떨어져 두 사람만이 마주 보고 있는 거리는 없어진다.

이상은 건축의 높이와 인동간격과의 관계를 인간에 적용하여 유추한 것이다. 외부공간의 스케일에 대하여, Camillo Sitte는 광장의 크기에 대하여 설명하고 있는데, 광장의 폭은 최소치수로 주요건물의 높이와 같을 것, 최대치수로 하여 그 높이의 2배를 넘지 않는 것으로 한다. 이것을 전술의 식으로 고치면 1≦D/H≦2가 되고, D/H가 1보다 작아지면 광장이라기 보다는 건축과 건축과의 상호간섭이 지나치게 강한 공간이 되고, D/H가 2배를 넘으면 너무 떨어져 광장으로서의 폐쇄력이 기능하기 어려워진다고 본다. D/H가 1과 2사이에서는 공간이 평형하여 가장 단단히 죄어진 치수라고 설명하고 있다.

8. 입체각량

대규모 인공 환경의 개발이 증가 경향에 있다. 그렇지만, 방이나 복도, 현관, 베란다나 끽연 스페이스 등 도시공간과 비교하여 역할마다 공간이 명확하게 설정되어 각각의 공간적 연출이 용도 등에 적합하게 검토되고 있기 때문에 건축공간에만 존재하는 특성이 적지 않을 것이 예상된다. 따라서, 건축공간에서 환경인지에 관해서도 도시공간에서 그것과는 다를 것으로 여겨진다.

또한 건축공간의 내부를 구성하는 요소로는 바닥 · 벽 · 천장이 기본이 되고, 그 중에서도 벽은 내부공간에서 인간 시야의 가장 많은 부분을 차지하기 때문에 건물내부의 인상이나 인간 심리를 크게 좌우하는 요소이다. 그와 동시에 크기가 여러 가지인 창이나 장식물의 설치, 그리고 인간의 거주성이나 감각성을 만족시키기 위한 것으로 바닥과 천장이 있다. 이들은 인간의 시야를 차단하고, 행동을 한정하는 공간이기도 한다.

이상의 점에서 건축공간은 채광 등을 고려하여 개방감을 높이는 설계가 이루어지는 경우가 적지 않지만, 인간 스스로 창조하는 "폐쇄된 공간"이고, 생활과 연결되어 있는 필요불가결한 공간이다. 따라서 필연적으로 그 공간은 경험 · 지식 · 문화 등을 기초로 인간의 행동이나 행동의 결정을 용이하고 쾌적하게 하는 것을 염두에 두고 계획되고 있다. 그러나, 그와 같이 계획된 공간에서도 "물리적 공간(실공간)과 심리적 공간"과의 사이에는 상위가 나타나고 있다.

입체각이란 어느 점에서 사물을 보아 그 점을 중심으로 한 반경 1의 구면상의 비스듬히 비친 그림자 면적에 해당하는 입체각의 백분율로 나타낸 것이 입체각량이다.

시점의 주변에 시점을 중심으로 하는 구(球)를 상정하여 그것을 全球라고 하면, 그 全球의 입체각비 4π(steradian)을 100%로 한 경우, 임의의 물체 입체각의 비(%)를, 그 물체의 입체각량은 0~100 사이의 값을 취한다.

특히 공간의 구성요소로 천공, 건물, 지면을 고려한 경우, 천공의 입체각량을 천공량, 건물의 입체각량을 건물량, 지면의 입체각량을 지면량으로 정의한다. 이 외에 공간구성요소, 예를 들면, 수목의 입체각량 등은 마찬가지로 수목량 등으로 정의할 수 있다.

입체각량의 정량화 계산식은 다음과 같다.

건물의 입체각량+내부영역의 입체각량+부영역의 입체각량+천공의 입체각량=100%

9. 비례론 · 계측론 · 척도론

비트루비우스(Marcus Vitruvius Pollio)는 건축에서 비례의 현상을 「균제」(symmetria=gr., συμμετρία)와 「아름다운 동작」(eurythmia=gr., εὔρθμία)이라는 용어로 나타내고 있다.[3) 「시메트리아」는 현재 우리가 「대칭」의 의미로 사용하는 「symmetry」의 어원인데, 당시는 가장 넓은 의미에서 복수의 수치에 대하여 그것이 어느 공통 단위(약수)에 의해 단순한 정수비로 환원할 수 있는 것, 즉 「공약」임을 나타내고, 「유리스미아」의 쪽(「리듬」rhythm의 어원)은 그러한 비례가 아름다운 규칙에 따르는 경우를 나타낸 것이었다. 이것은 인체비례 외에도 일반적인 비례 규범이 있음을 시사하는 것이고, 사실 그는 또 하나의 치수비례의(특히 극장의 치수비례의 결정에 관하여) 규범이 되는 자연현상에 대하여 언급하고 있고, 그것은 낙음(화음)의 성립에서 그리스어에서 「조화」harmonia(ἁρμονία)로 부른 것으로 한다. 그리고 아리스토크세노스(Aristoxenus)라는 그리스인의 저작에서 번역한 것으로 그 개요를 설명하고 있다. 이미 기원전 500년경 사모스(Samos)섬 출신의 철학자 피타고라스(Pythagoras)가 음계를

3) Vitruvius, Lib. V, Cap. IV.

구성하는 음정의 수학적 원리를 해명하고, 옥타브가 2 : 1, 5도가 3 : 2, 4도가 4 : 3의 수치비례에 의해 설명할 수 있음을 나타내고 있어, 그와 그의 학파는 이것을 바탕으로 수의 신비적 성질을 설명하고, 자연 중의 모든 현상은 이러한 수치 관계에 의해 설명할 수 있다고 본 것이었다. 이 사상은 플라톤에 이어지고, 그 신비주의의 중요한 뒷받침이 된다. 아리스토크세노스는 아리스토텔레스(Aristoteles)의 문하에서 본래는 피타고라스파의 신비주의와는 대립하는 입장에 있던 인물이지만, 아마 그것을 비판하는 의미에서 「harmonia」의 연구에 매달린 것으로 생각됨에도 불구하고, 그의 논리실증주의의 주장과는 정반대로 그의 『harmonia 원론』[4]의 저작은 이것이 「harmonia」에 관한 가장 계통적인 논술이었기 때문에 후세의 사람들로부터는 오히려 피타고라스파의 사상을 알기 위한 실마리로 자주 이용되었다. 비트루비우스도 이러한 화음을 구성하는 수치비례를 건축에 응용하여 왜 극장의 음향효과가 보증되는 것인가는 전혀 설명하지 않고, 수치비례의 마술적 기능을 믿고, 일체 거기에 의심을 품지 않았던 것으로 보인다.

신플라톤주의(Neoplatonism)를 신봉하는 르네상스의 사람들이 이러한 피타고라스=플라톤류의 마술적 수학에 관심을 기울인 것은 당연하였다. 15, 16세기를 통하여 거의 모든 건축가들이 이러한 수치의 마술에 기대를 하고 건물을 설계하고 있던 것은 풍부한 실례에서 확인할 수 있다.[5] 레오나르도의 친구이며 수학 연구에 몰두하고 있던 프란치스코회 수도사 루카 파치올리(Luca Pacioli, 1445~1514)는 「神聖比例」라는 제목의 논고[6]를 저술하고, 그 제2권을 건축비례의 문제로 채우고 있다(제1권에는 레오나르도의 삽화가 있다). 파치올리의 수학관은 플라톤적 신비주의의 색채가 강하고, 유사한(analogical) 논법에 의해 수학의 효용을 설명한 것으로 반드시 그의 독자적 사상체계에 의해 정리되어 있다고는 말하기 어렵지만, 동시대의 여러 견해를 모아놓은 느낌이 강하다. 아마 그의 비례론에 가장 강한 자극을 준 것은 그가 존경해 마지않던 15세기를 대표하는 사상가 알베르티(Leon Battista Alberti, 1404.2.14~1472.4.25)의 것이었던 것으로 발견되지만, 그러나 그 내용은 상당히 다르다.

알베르티는 이미 청년시대부터 천재적인 고전학자로서 두각을 나타내고, 문학 · 정치 · 사회 · 도시 · 회화 · 조각 · 건축 · 수학 등 모든 분야에 걸쳐 저작을 통하여, 또 실제로 몇 가지의 건축 설계에도 관여한 것으로 보이고, 이른바 르네상스적 「만능천재」의 필두에 떨치는 존

4) 山本建郎, 「Aristoxenus, 『ハルモニア原論』の研究」, 東海大學出版會, 2001.
5) Cf. G. L. Hersey, Pythagorean Palaces. Magic and Architecture in the Italian Renaissance, Ithaca and London, 1976.
6) Luca Pacioli, De divina proportione…, Venezia 1509(in Scritti rinascimentali di architettura, Milano 1978 [a cura di A. Bruschi], 23-144.

재이지만, 그가 1450년대 무렵까지에는 거의 탈고한 것으로 보이는 「건축론」[7]은, 비트루비우스를 본보기로 하면서 풍부한 고전적 학식에 의해 그것을 재정리하여 보다 정리된 계통적 체계를 수립한 것이었다. 이 르네상스 최초의 건축이론서는 그 함축의 깊이, 후세에의 영향에서 비트루비우스 이후의 가장 중요한 것일 수 있고, 여기서도 「비례」개념이 건축에서 가장 중요 원리로서 다루어지고 있지만, 의인화된(antropomorphic) 기술은 적고, 오히려 수 자체의 추상적인 연결 구조에 의해 다른 사물상호의 연결 “Concinnitas”의 법칙을 설명한다. 그것은 신비주의라기 보다 오히려 과거의 실제 사례에 의거하여 냉철한 보고와 같이 보인다.

알베르티가 신플라톤주의(Neoplatonism)와 어떻게 관련되어 있었던 것인가는 잘 알 수 없다. 그러한 신비주의에는 일체 연유되지 않은 지적합리주의자이었다는 견해가 있는 한편, 그 작품 중에는 숨겨진 신플라톤주의적인 심볼이 존재한다는 설도 있다. 그 어느 것이든 그의 비례론이 피타고라스류의 「조화(harmonia)」논을 기초로 하고 있는 것만은 확실하며, 다만 그 원인을 소급적으로 사변(思弁)에 의해 설명하기 보다는 그것을 바탕으로 하여 모든 사물의 양태를 수학적으로 해명하는 것(즉 「균제(symmetria)」의 형식의 해명)이었다고 고려한 점이 있다. 그래서 비례의 조합뿐만 아니라 그것을 계측하기 위한 「척도」내지 단위의 설정이 중요하고, 여러 가지 대상에 대하여 그러한 단위가 되는 수치를 찾아 거기에 대상을 구성하는 각부의 크기를 측정하는 것을 시도한다. 예를 들면 그는 인체의 비례를 논하는 경우에는 통상의 神人同形論(anthropomorphism) 신봉자가 채용하는 얼굴의 크기나 발의 크기를 단위로 하여 측정하지 않고, 전신 길이를 60으로 등분할한 수치의 배수로 각부의 크기를 기술하는 방법을 채택한다. 마찬가지로 도시의 성립을 논할 때에도 그 도시(예를 들면 고대 로마시)에서 고유의 기준수치(가장 중요한 2개의 지점 사이의 거리 등)를 발견하여 그것을 단위로 도시 각 지점간의 거리를 나타낸 것이다.[8] 이 특이한 인식방법이 실제로 건축을 구상할 때에 어떤 성과를 초래하는 것인가 구체적으로 지적하는 것은 어렵다. 그러나 의인화가 수치를 유사(analogy)에 의해 「심볼」화한 인체각부와 고정적으로 연결하여 결과적으로 「형식」을 즉물적인 「모델」과 겹쳐 혼동하는 데 대하여 알베르티의 경우에는 그와 같은 유사의 매개 내지 직접으로 추상화된 수치의, 「의미」를 도외시한 조합으로 조작에 의해 여러 가지 「형식」을 자율적으로 창출할 수 있음을 의미한다. 결국 이와 같은 방법에 의해 비로소 회화나 조각 등과는 분명하게 구분한 건축독자적 영역이 개척된 것이다.

---

7) 「建築論」 De re Aedificatoria, Firenze 1485(相川浩譯 「建築論」, 中央公論美術出版)
8) L. B. Alberti, Forma urbis romae, 1450(森雅彦編著 「アルベルティ芸術論」, 中央公論美術出版, 1992. 所收 「都市ローマ記」)

알베르티에 계속되는 세대의 건축가 중에는 이러한 사고방법을 채용한 경우는 매우 적고, 한 세기 이상 후 팔라디오(Andrea Palladio, 1508.11.3~1580.8.19)에 이르러 겨우 그 후계로 보이는 것이 나타나 알베르티의 건축관이 어떻게 시대를 빼어난 특이한 것이었던가를 알 수 있다. 그가 만년에 이르러 설계에 관여한 만토바(Mantova)의 산탄도레아(Sant'Andrea)성당[9]은, 그와 같은 그의 방법을 나타낸 좋은 예라고 할 수 있다. 여기서는 고대 로마의 개선문에 보인「협소−확대−협소」의 기둥 사이의 리듬이 기본 모티브가 되고, 그것이 여러 가지 스케일이나 변화(variation)로 건물각부에 반복하여 이용됨에 따라 마치 결정구조와 같은 흠잡을 데가 없는「공간=구조」의 통합체가 이루어지고 있다. 여기서는「비례」는 그 자체로 의미를 가지는 것이 아니라 그것이 자기전개를 이루어 결정적인 관계를 엮어내기 위한 추상적 매개에 지나지 않는다. 건축에서「형식」창생의 메커니즘을 이 정도로 훌륭하게 체현한 사례는 역사상 결코 많지 않다.

팔라디오가 그의 저서『建築四書』에서 제시한 자작의 건축 도면에 기입한 치수수치가 알베르티의 경우와 마찬가지로 피타고라스적「조화(Harmonia)」에 유래하는 것임은 반세기전 루돌프 비트코버(Rudolf Wittkower, 1901~1971.10.11)의 유명한 논고「인문주의 시대에서 건축의 지침」[10]에 의해 상세히 논증되고 있는데, 비트코버의 견해는 당시의 비례수치에 대하여 매력적인 인식을 지나치게 강조하고, 팔라디오에서는 그「의미」가 목적이었던 것은 아니고, 알베르티와 마찬가지로 그것을 실마리로 새로운「형식」형성을 이룩하기 위한 수단이었다는 점을 놓친 것으로 보인다(이것은 동서의 알베르티에 관한 평가에 대해서도 언급되어 있다). 실제로『건축사서』에 기입된 수치에 대해서는 실제 건물의 실측치와 대조하여 보면 큰 어긋남이 많고, 과연 팔라디오가 실제로 설계하는 경우의 지침이 된 것인가 어떤가도 의문이고, 팔라디오가『건축사서』를 편찬할 때 과거의 자작을「미화」하여 수정했을 가능성이 높다. 그러나 이것은 팔라디오가 무엇인가의 비례를 새로운「형식」창생을 위한 실마리로 한 것을 부정하는 것은 아니고, 무엇보다 그 작품이 그것을 웅변으로 말해주고 있다.[11]

비트코버의『Architectural Principles』이 간행되기 2년 전, 영국의 소장 역사학자 콜린 로우(Colin Rowe)가「이상적 Villa의 수학」(The Mathematics of the Ideal Villa)이라는 제목의 소논문[12]을 Architectural Review지에 발표하였다. 이것은 초기 코르뷔지에의 주택작품(The

9) Sant' Andrea di Mantova, 1459~. 이 건물에 대해서는 하기를 참조. 또한 개선문에 대해서는 제4강에서 언급된다. cf. 福田晴虔「獅子の建築−アルベルティ試論」(新建築學大系6, 彰國社, 1990. 所收)

10) Rudolf Wittkower, Architectural Principles in the Age of Humanism, London 1949.

11) 福田晴虔,「パッラーディオ」, 鹿島出版會, 1979, 1992. 참조.

villa at Garches)[13]에서 치수비례를 팔라디오의 빌라(특히 마르콘텐타(La Malcontenta)의 빌라 Foscari)[14]의 그것과 비교하여 당시의 코르뷔지에가 그 언설과는 정반대로 고전주의의 상징으로 간주되고 있던 팔라디오의 기법에서 강한 영향을 받고 있던 것을 지적한 것이었지만, 발표 당시는 일부의 팔라디오 연구자 이외에서는 그다지 관심도 나타나지 않았다. 그러나 그 후 로우가 미국의 코넬대학에서 교편을 잡게 되어 그의 제자들(Richend Myer와 Peter Eisenman 등)[15] 사이에서 그 내용에 대한 관심이 높아지고, 당시 일어나고 있던 「포스트모던이즘(Postmodern)」에 어떤 이론적 뒷받침을 준 것과 같이 받아들여 일약 각광을 받게 되었다. 로우의 철저한 표층적이며 독단적인 인상비평과, 문명비평적 서술이 모던이즘의 비판으로서 울적한 불만을 가직 있었던 젊은 세대로부터 환영받은 것으로 보이지만, 18세기 신고전주의(neoclassicism)기의 경직된 팔라디오관을 무비판적으로 수용하며, 그 표층적 유사를 코르뷔지에에 대하여 지적하는 난폭하기 짝이 없는 방법이고, 학술적으로는 거의 의미를 지니지 않는다. 코르뷔지에가 임마누엘(Eugène Emmanuel Viollet-le-Duc, 1814~1879)을 비롯하여 선배들의 여러 가지 개념을 「표절」하고 있던 것은 앞에서 설명한(제1강) 바와 같이 숨길 수 없는 사실이고, 그것을 지적한 것 자체는 특별히 새로운 업적일 정도는 아니다. 만일 그 지적이 의미를 지닌다고 하면 표절된 것이 코르뷔지에 중에서 어떤 새로운 「형식」으로 변모한가를 나타낸 경우이지만, 「어쩔 수 없이 단편화된 과거에서의 인용」을 하나의 기하학적 볼륨 중에 가득 채워 넣은 것이라는 이상의 결론은 발견되지 않는다. 그리고 언외에 현대 건축가에게는 이 이외의 선택지가 남아있지 않다고 할 수밖에 없다. 또한 아마 이 문장이 자극이 되어 일시적으로 그 문하생들 사이에 초기 코르뷔지에의 작풍모방의 유행이 일어난 것은 현대건축에서 그로테스크(grotesque)한 삽화라고 할 수 있을 것이다.

코르뷔지에의 치수비례에 대한 관심은 청년시대의 고대 그리스건축에의 동경 이래이었다고 여겨지는데, 1948년에 이르러 그때까지의 경험을 통하여 창조한 자신들의 건축설계를 위한 치수체계를 「모듈러(Modulo)」라는 이름으로 발표하고 있다.[16] 이것은 인체치수에서 산출한 수치(성인의 인간이 손을 올렸을 때의 높이 2m 260cm)를 기준으로 하면서, 거기에 피보

12) "The Mathematics of the Ideal Villa", re-edited in The Mathematics of the Ideal Villa and Other Essays, Cambridge, Mass., 1976.

13) Villa à Garches(Villa Stein-de Monzie à Garches), Paris, 1926~27.

14) Villa Foscari a Malcontenta, Gambarare di Mira, Prov. di Venezia, 1560.

15) 그들은 "New York 5"의 이름으로 1971년에 그룹전을 열고, 화려하게 데뷔하였다. 그리고 그들 5인 중 Peter Eisenman을 제외한 4인까지가 초기 코르뷔지에의 패러디(parody)를 널리 알렸던 것이다.

16) Le Corbusier, Le Modulor, 1948.

나치수열을 응용한 복잡한 체계이지만, 그는 이것을 여러 가지로 조합하여 건축의 상세에서 도시 스케일까지의 모든 단계에 응용할 수 있도록 하였다. 「모듈」이라는 명칭은 고대건축에서 원기둥의 반경을 기준치로 한 한 단위를 「모듈러스(modulus)」라 하고, 거기에서 여러 가지 계측 시에 단위가 되는 치수수치 일반을 modulus(Eng., module)라고 부르게 되면서 붙인 것이며, 이 코르뷔지에의 체계는 고대 이래 의인화한 견해와, 피타고라스적 비례, 거기에 근대수학의 「급수론」의 성과를 조합시킨 것이라고 할 수 있다. 이미 20세기 초부터 구미의 공업선진국에서는 물론이고 공업화추진의 목적에서 모든 공업제품의 규격화(standardisation) 논의가 일어나고 있었다. 건축도 공업화에 대응하여 「모듈」을 통일해야 한다. 「척도조정(modular coordination)」이라는 주장이 「현대주의자(modanist)」들의 거의 일치된 견해이었지만, 전통적인 피트, 야드, 미터 등이 각국의 전통에 의해 여러 가지로 적절하게 사용되고 있는 현상에서는 통일은 매우 어려운 것이었다. 코르뷔지에의 「모듈」은 이러한 상황에서 제안된 것이었는데, 여러 기성제품의 부재 사이의 치수규격을 통일한다는 순수하게 효율적 · 기술적 과제에 대해서는 이 체계는 전통적인 미학적 배려를 남기고 있기 때문에 매우 부적합하여 코르뷔지에의 사무소 내에서도 이것을 사용한 멤버는 없을 정도로 복잡한 것이었다.[17)]

건축에서는 치수 · 척도 및 거기에서 생기는 비례 문제는 매우 오래되고, 또 현재에도 논의의 일치를 보지 못한 새로운 문제라고 할 수 있지만, 특정의 수치비례 중에 「아름다움」내지 어느 종류의 「의미」가 간직되고, 지금 또한 많은 사람들의 신념이 되고 있는 견해를 부정하여 없애는 것은 곤란하다. 이것은 한국고래의 「풍수」나 일본에서 「가상학」과 유사한 문제이고, 그 「효용」을 역사적으로 실증할 수는 없다. 역사가가 이루어야 할 것은 그러한 관념을 둘러싸고 전개되어 온 역사적 현상을 문화의 자기전개의 한 단락으로 기술하는 점이다.

17) 福田 晴虔, 西洋建築史講義, 九州大学, 2009.

Chapter 8

생활공간

인간의 기본적 생존을 위한 주택은 물질적 필수품이므로 주거공간의 최소기준이 확보되고, 쾌적한 생활공간의 마련이 필요하다. 주택의 질과 환경은 가족구성원의 사회적 및 심리적 욕구를 만족시키고 일상생활에 필요한 활동을 하는 데에도 지대한 영향을 미치게 된다.

우리나라가 복지국가로 지향해 가고 있음에도 불구하고 현행 제도상으로는 노인가구를 위한 주택건설 및 공급프로그램은 미약한 실정이다. 노인문제 해결의 핵심과제가 주거문제 해소라는 점을 감안할 때, 노인가구를 위한 새로운 주택정책 프로그램의 개발은 매우 중요하다. 노인가구를 위한 주택정책 프로그램은 노인가구의 소득 및 자산상, 세대구성상태 등에 최근 시설간호분야에서는 가정간호(재택간호)라는 흐름이 세계적인 추세이고, "ageing in place"라는 말이 자주 사용된다. 이것은 거주하기에 익숙한 주택이나 지역에서 늙어가며 죽음을 맞이한다는 것을 의미한다.

나이가 들더라도 자기 집에서 생활하는 것, 즉 타인에 의해 관리되는 것이 아니라 자기 스스로 생활을 조절하는 것이 정서적 안정과 인간으로서의 모습을 잃지 않게 된다. 나이가 듦에 따라 인간의 운동기능은 조금씩 저하되고, 사고방식도 조금씩 보수적이 될 수 있다. 이와 같은 신체적 기능 변화를 가능한 한 급격히 떨어뜨리지 않고, 하강속도를 늦출 수 있는 노인주택이 요구된다. 또한 노인 주택은 개인측면에서 뿐 아니라 복지차원의 주택정책이나 주택산업 등 사회적 측면에서도 요구되고 있다.

1. 환경으로서의 생활공간

1.1 주택의 정의

쾌적한 주거생활에 필요한 주택의 건설 · 공급 · 관리와 이를 위한 자금의 조달 · 운용 등에 관한 사항을 정함으로써 국민의 주거안정과 주거수준의 향상에 이바지함을 목적으로 한 「주택법」(시행 2011.3.30), 임대주택의 건설 · 공급 및 관리와 주택임대사업에 필요한 사항을 정하여 임대주택 건설을 촉진하고 국민의 주거생활을 안정시키는 것을 목적으로 한 「임대주택법」(시행 2011.6.10)에 의한 주택의 정의는 다음과 같다.

① 주택 : 세대(世帶)의 구성원이 장기간 독립된 주거생활을 할 수 있는 구조로 된 건축물의 전부 또는 일부 및 그 부속토지를 말하며, 이를 단독주택과 공동주택으로 구분한다.

② 준주택 : 주택 외의 건축물과 그 부속토지로서 주거시설로 이용가능한 시설 등을 말한다.

③ 공동주택 : 건축물의 벽 · 복도 · 계단이나 그 밖의 설비 등의 전부 또는 일부를 공동으로 사용하는 각 세대가 하나의 건축물 안에서 각각 독립된 주거생활을 할 수 있는 구조로 된 주택을 말한다.

④ 국민주택 : 주거의 용도로만 쓰이는 면적(주거전용면적)이 1호(戶) 또는 1세대당 85제곱미터 이하인 주택(수도권을 제외한 도시지역이 아닌 읍 또는 면 지역은 1호 또는 1세대당 주거전용면적이 100제곱미터 이하인 주택을 말한다.

⑤ 민간건설 중형국민주택 : 국민주택 중 국가 · 지방자치단체 · 한국토지주택공사 또는 지방공사 외의 사업주체가 건설하는 주거전용면적이 60제곱미터 초과 85제곱미터 이하의 주택을 말한다.

⑥ 민영주택 : 국민주택 등을 제외한 주택을 말한다.

⑦ 임대주택 : 임대 목적에 제공되는 건설임대주택 및 매입임대주택을 말한다.

⑧ 도시형 생활주택 : 300세대 미만의 국민주택규모에 해당하는 주택을 말한다.

⑨ 에너지절약형 친환경주택 : 저에너지 건물 조성기술 등을 이용하여 에너지 사용량을 절감하거나 이산화탄소 배출량을 저감할 수 있도록 건설된 주택을 말한다.

1.2 인간과 생활공간

(1) 인간형성의 장으로서의 주거

주거는 인간의 정신적 육체적 형성에 대단히 큰 의미를 가진다. 유아시기의 인간형성은 물론 성장과정의 어린이, 학생 이어서는 성인에 이르기까지 주거의 질에 좌우되는 측면이 크고, 주거는 인간을 위한 기본 공간이다.

그동안 주거계획의 과정에서는 취침분리, 식침분리, 어린이방의 확보, 부엌의 개량 등 서구화와 아울러 주택의 플랜은 일진월보하며 변혁개선이 이루어져왔다.

최근 어린이가 가정내 폭력이나 비행에 기울어지는 것은 어린이에게 개인공간을 주었기 때문이라는 단편적인 견해도 있지만, 물리적인 공간의 유무보다 부모의 자녀에 대한 태도, 즉 부모의 생활방식에 문제가 있다고 볼 수 있다.

개인의 집합체인 주거에 각자가 개인공간을 가지는 것은 자아형성, 인격존중, 프라이버시와 개인의 자유 등의 점에서 보아 필요하며 최저조건으로 고려된다. 그러나 한국의 대도시주택은 지가앙등, 소득수준 등으로 최저조건으로서의 개인공간 확보가 어려운 경우가 많은 것이 현상이다.

21세기의 국제화 사회에서 현재의 어린이를 세계에서 통용하는 성인으로 육성하는 것은 우리의 의무이고, 그 의미에서도 생활공간의 질적 향상이 요구된다고 하겠다.

(2) 가족관계와 생활공간

인간은 가정생활을 영위하는데 있어 가정은 가족이라는 인간의 집합체이고, 거기서 공동생활을 하고 있으므로 주거내의 인간관계, 즉 가족관계가 중요하다.

성인과 어린이, 노인과 젊은이, 남편과 아내 등 주거내의 인간관계는 각각의 입장 차이에 따라 복잡한 양상을 드러내고 있다. 부모자녀관계에 대해서 보면 한국의 현상에서는 자녀가 성장함에 따라 협소한 주거내의 생활은 서로 압박감을 느끼고, 양자의 관계가 악화하는 등 문제가 적지 않다.

21세기에는 노인이 급증하는데, 그 대책으로 2세대동거가 증가할 것으로 예측된다. 이러한 경우의 가족생활은 물리적 생활공간은 물론 가족간의 인간관계가 중요한 요소가 될 것이다.

또한 광의의 인간관계로 고려되는 지인, 친구와의 친목, 교제 등은 인간성 회복의 일조가 되는데, 가족까지 모두 부합을 하는 데에는 현재의 주거에서는 무리인 세대가 많다.

자녀 교육에 대해서도 아내에게 전면적으로 맡겨버리는 경향이 보이는데, 이러한 가족관계는 과연 올바른 것인가. 남편은 주거의 협소를 이유로 업무를 칭하여 주거는 취침만의 공간이 되는 경우가 있다. 최근 한국에서도 아내의 출산에 따른 아내의 육아휴직제도뿐만 아니라 남편에게도 육아휴직제도가 시행되고 있지만, 자녀는 부부의 공동책임이라는 점을 잊어서는 안 될 것이다.

주택이 협소하더라도 어떻게 거주하면 좋을 것인가는 가족의 지혜일 것이다. 가족 전원이 심신이 건강하며, 가정내의 인간관계, 즉 가족관계가 원만하고, 제삼자와의 인간관계도 즐길 수 있는 생활공간이어야 할 것이다.

(3) 고령화사회와 주거

우리나라는 지난 2000년에 고령화율 7%인 고령화사회에 진입하였고, 2018년에는 고령화율 14%인 고령사회에 들어설 것으로 예측되고 있다.

고령화에 대비하기 위해 노동력 인구 감소와 사회보장재정 악화, 노인 생활불안 등의 문제 완화를 위해 노인 고용증대가 중요하다. 주거도 이러한 급격한 고령화사회에 어떻게 대응할 것인가가 절실하다. 노인의 거주방식으로는 동거, 인거, 근거, 노인복지시설에의 입소 등 여러 가지 방법이 있다.

노인주택은 노인의 주거욕구에 적합하도록 의도하여 건축된 주택이라고 할 수 있는데, 노인부부세대와 독신세대가 매년 증가하고 있어 그 필요성이 더욱 커지고 있는 주거유형이다. 이 주택의 가장 큰 특징은 노인의 신체적인 조건을 충분히 고려하여 설계된 것으로, 선진복지국가의 주택 및 복지정책 중에서 많은 비중을 두고 있는 주거유형이기도 하다.

우리나라에서 아직은 노부모와 함께 사는 일반주택이 많은 편이나, 세대간 가치관의 변화와 생활양식의 다양화로 3세대 주택도 호평을 받고 있다. 3세대 주택은 일반주택보다는 세대간의 생활을 보장하면서도 동거할 수 있는 주거형태로 개인공간과 공용공간을 구분하거나 연결하면서 3세대가 동거할 수 있도록 계획된 주거라고 할 수 있다.

노후의 주거조건으로는 다음의 3가지를 들 수 있다.

1) 인간관계를 중심으로

노후의 주거는 동거인가, 별거인가가 문제가 된다. 동거 · 별거에 상관없이 노후의 주거는 가족과의 관련을 유지하여야 할 것이다.

노인전용의 부분이 증가함에 따라 독립된 생활이 가능하게 되지만, 현실적으로는 건강이나 경제적 뒷받침이 필요하다. 그 뿐만 아니라 배우자의 유무, 성별 · 직업의 유무나 그 종류 등에 따라서도 주요구가 다르기 때문에 어느 형태가 가장 바람직하다고는 할 수 없다. 「수프가 식지 않는 거리」가 가장 바람직하다고 한정할 수 없는 것이다. 다양한 욕구에 대응하는 주거가 마련되어 있는 것이 바람직할 것이다.

또한 가족뿐만 아니라 친구 · 친척과의 교류가 활발히 이루어지도록 노후의 주거는 교통이 편리한 곳에 마련할 필요가 있다. 또 지역주민과의 교류를 위해서는 구매시설이나 단지의 집회소 가까운 곳 등도 바람직한 위치일 것이다. 특히 가족이 없다든지, 멀리 떨어져 있다든지 하여 노인만이 생활하고 있는 경우에는 더욱 그렇다.

마찬가지로 양로시설의 경우에도 주거인 이상 폐쇄성이 아니라 거실을 충실히 도모하여 진실한 「주택」이 되어야 한다.

2) 건강측면을 중심으로

어느 국가 어느 노인에게도 공통되는 걱정되는 점은 건강에 관해서 일 것이다. 양호한 주거환경이 건강에 바람직한 것은 물론이지만, 노인은 건강을 해치기 쉽고, 집 안에 머문 시간도 길므로 이 측면에 관해서는 특히 우대할 필요가 있다. 또한 약간의 경우에도 상처의 원인이 되므로 안전을 위하여 세심한 배려가 필요하다.

나이가 들어감에 따라 의료기관을 이용하는 기회가 많아진다. 따라서 주택은 병원 · 진료소 등에 가까운 곳이 바람직하다. 병원에 입원하면 노인은 장기입원하기 쉽지만, 가능한 한 빨리 퇴원하여 주택으로 돌아가고 싶어한다. 그리하여 주택뿐만 아니라 의료기관 측에서도 새로운 방법을 도입하는 것이 필요하다(예를 들면 중간시설의 마련, 지역의료서비스의 시행 등).

또한 집에 갇혀있는 것은 노화를 촉진하게 되는데, 그것을 예방하는 데에는 「인간관계를 중심으로」의 배려가 유효할 것이다.

3) 경제적 측면을 중심으로

구미의 노인주택의 제일원칙은, 「개인의 독립성 존중」인데, 그 기반이 되는 것은 경제보장일 것이다. 이것은 한국에서도 마찬가지이며, 독립성을 위할 뿐 아니라 가족과의 관계를 유지하는 데에도 중요한 것이다.

또한 주택에 드는 비용에는 큰 폭이 있고, 경제력이 떨어지더라도 주택은 교환되지 않는다.

가능한 한 같은 주택에 계속 거주하기 위해서는 재가 서비스와 아울러 주택수당제도를 검토하여야 한다.

1.3 인간생활과 환경

(1) 생활공간과 지역사회

사람들은 협의의 생활공간으로서의 주거에서 가정생활을 영위하는 한편, 광의의 생활공간인 지역사회에서 생활하고 있다. 환언하면 지역사회를 형성하는 것은 개별주호, 사회시설, 도로, 광장 등이고, 지역민들이다.

지역을 고려하는 경우 기본적인 점은 거기에서 생활하는 사람들에 대하여 장애가 없는 환경, 즉 사람들이 자유로이 스스로의 의사로 행동할 수 있는 환경인 것이 중요하다.

주거를 중심으로 한 좁은 범위의 지역사회, 즉 도보로 5~10분권 내에서는 어린이, 부인, 노인이 많이 생활하고 있다. 따라서 이들이 생활하기 편리한 사회시설을 완비하는 것이 필요하다. 그러기 위해서는 이들의 일상 생활행위를 파악하고, 생활에 지장이 없도록 하는 것이 바람직하다.

어린이에 대해서는 교외생활을 자유로이 활동할 수 있을 것, 친구를 만들도록 배려할 것, 외부의 위험한 환경에서 지키는 것 등을 지역에서 검토하여야 한다.

노인에 대해서는 독신자가 증가하는 경향이 있는데, 노인은 동일 지역에 장기 정주하여 낯익음이 증가하고, 안심한 인간관계 중에서 생활할 수 있다. 따라서 지역사회에서는 노인이 고립하지 않도록 친구 등과의 만남의 장을 많도록 하고, 취미생활을 할 수 있는 시설을 마련하고, 또한 건강상담, 생활상담 등이 자유로이 진행되는 시설계획, 지역계획을 고려할 필요가 있다.

(2) 자연환경과 인간생활

인간의 생활에는 녹지, 물, 공기 등의 자연환경의 좋은 점이 요구된다. 단독주택에서 정원은 주거공간과 아울러 인간생활을 위하여 필요불가결한 생활공간이다. 그러나 최근 도시주택에서는 지가앙등의 결과 정원을 가지는 것은 사치로 고려되는 측면이 있다. 그러나 공동주택에서 녹지공간의 확보가 이루어져 있는 것은 다행이다. 도심지역의 공동주택 거주자를 위해서는 다수의 공원이 정비되어 심신을 휴식할 수 있는 환경이 마련되어 있다.

한국은 온대지역에 속하고, 물이 좋고, 수목이 무성하기 쉽고, 춘하추동의 명확한 거주하기 적합한 환경이다. 그럼에도 불구하고 자연환경에 확보가 어려운 것은 무엇 때문일까.

특정지역에의 인구집중, 고도경제성장의 일그러짐이 그 주요인으로 고려되지만, 공해가 없는 아름다운 자연환경을 후세대를 위하여 남겨 물려주는 현세대의 의무가 아닐까. 그러기 위해서는 양호한 자연환경을 회복하기 위한 노력을 할 필요가 있다.

2. 생활공간의 질

2.1 주거복지

주거복지(Housing welfare)의 개념은 어떠한 관점에 주안점을 두느냐에 따라 주거복지란 용어 자체의 정의와 대상영역, 구체적 지원방안의 내용이 다르게 제시되고 있다.

이제까지의 주거복지 개념을 둘러싼 논의는 경제학적 차원, 사회복지적 차원, 거주자 차원의 3가지 경향으로 나눌 수 있다.[1)]

첫 번째, 경제학적 차원에서 논의된 주거복지 내용은 기본적 주걸=욕구를 충복시키기 위한 금전적 지원 및 기타 서비스를 의미하며, 개인효용의 획득 및 분배적 개념을 내포하고 있다.

두 번째, 사회복지 차원에서의 주거복지 논의는 정부가 주거복지 지원의 주체가 되어 복지적 주거서비스를 제공하고 사회 안정과 복지증진을 위한 제반 정책과 노력을 기울이는 데 초점을 두고 있다.

세 번째, 거주자 차원에서 접근한 주거복지는 주거를 인간 삶의 기본 조건으로 보고, 사람답게 살 수 있는 환경, 사람간의 관계를 맺을 수 있는 환경 등을 제공하는 데 초점을 두고 있다.

선진국에서는 주택 또는 주거라는 개념에 이미 복지적 접근이 포함되어 있어 별도의 주거복지라는 용어를 사용하기 보다는 주거수준(level of housing), 주거지표(housing indicators), 주거서비스(housing service), 주거기준(housing standard) 등의 용어를 사용하고 있다.

영국의 경우, 주거복지는 "모든 사람에게 쾌적한 주거기회를 제공하고, 이를 통해 사회통합(social cohesion), 안녕(well-being), 자기의존감(self-dependence)을 제고" 한다는 정책 목표를 두고 있다. 2006년 들어 영국정부는 혼합커뮤니티 접근방법을 통하여 쾌적주거, 근린재

1) 홍형옥외, 주거복지지표 개발에 관한 연구, 한국주거학회논문집, 제19권 제5호, p.78, 2008.

개발, 지속가능커뮤니티의 구축에 목표를 둔 정책을 수립하였다.

일본에서는 거주복지라는 용어를 사용하고 있는데, 사회복지 시책의 전개 과정에서 거주복지가 강조되고 있다.

2.2 주거의 질

주택은 인간생활의 중심으로 심신의 생리, 정서 등 기본적 요구와 생존, 적정, 쾌적의 최저수준(minimum standard)을 만족시키는 물리적 용기라고 볼 수 있다.

주택정책의 목적이 주거 질의 회복 · 유지 · 향상에 있다고 할 때 주택공급계획의 목적도 또한 그렇다.

주거 질의 구성요소는 실로 다양하지만, 대체로 다음의 3가지 측면에서 규정할 수 있다. 첫째, 주택과 물리적 상태에 대한 측면이다. 주택은 거주에 만족할 만한 일정의 넓이가 확보되고, 구조적으로 견고하며, 설비가 충복되어야 한다. 둘째, 주거환경 상태에 대해서이다. 자연적 입지조건에 문제가 없고, 직장과 주거의 거리가 통근 한계 내에 위치하고, 생활 관련 시설이 모두 갖추어져 있고, 공해나 재해에 안전하다고 한 점이 지표가 될 것이다. 셋째, 거주상태에 관해서이다. 가족인원과 주택의 규모가 걸맞고, 거주방식에 지장이 없는 주생활 조건과 주거비가 부담스럽지 않고, 거주자에게 주택의 유지관리 능력이 있는 경제조건이 만족되어야 한다.

주거의 질이 보장되고 있다는 것은 이들 3가지의 측면이 충족되어 있어 주택이 소비생활수단으로서 종합적 기능을 달성하는 것을 의미한다. 한편 주택난의 상태란 이들 3가지의 측면의 전부 또는 일부에 대하여 주택이 일정 수준에 도달하고 있지 않은 경우를 가리킨다고 보면 된다.

우리나라에서 앞으로 요구되는 주택정책은 주거 질의 달성을 목표로 마련하는 것이다. 그 실현을 위해서는 스톡대책에 관한 불량주거지 재개발(slum clearance)과 플로우대책에 관한 신도시(new town) 건설을 들 수 있는데, 전자는 환경침해요소(nuisance)의 제거를 통하여, 후자는 거주성(amenity)의 확보를 통하여 주거수준의 향상을 도모하는 데 있다. 이와 같은 주거의 질 확보를 위한 질적 정책 전개의 기초가 되는 것은 주거수준에 대한 제도적 규정이다.

질에 대한 기본대책으로는 2가지의 점이 중요하다. 첫째, 최적의 주거수준(주택기준)을 명확히 하는 것, 둘째, 기준 이하의 주택 · 환경에 대하여 질을 달성하기 위한 구체적 정책을 펴는 것이다.

앞으로의 주택은 풍부한 도시거주의 장에 적합하고, 높은 질적 수준이 요구되고 있다. 질적 수준은 주택의 규모나 안전성, 편리성이나 쾌적성, 경제성, 지속성 등에 첨가하여 디자인의 아름다움이나 도시적인 매력 등에 있어서도 균형을 이룬 종합적인 수준이 높은 것이어야 한다.

국민의 삶을 풍요롭게 하는 환경스톡의 충실은 주택 · 생활환경정비 및 복지를 중심으로 하는 토지 · 주택정책, 도시계획에 의해서 비로소 가능하게 될 것이다.

2.3 환경의 질

1969년에 미국에서 세계의 환경정책상 매우 중요한 법인이 연방의회를 통과한 국가환경정책법, 즉 NEPA(National Environmental Policy Act)이다. 미국에서는 이에 기초하여 연방정부 레벨에서의 영향평가가 세계에 선구적으로 1970년부터 이루어지게 되고, 이것이 그후 각국의 영향평가의 표준이 되었다.

NEPA의 목적은, 「인간과 환경과의 사이의 생산적이고 쾌적한 조화를 도모하는 국가정책을 선언할 것, 환경과 생물권에 대한 훼손을 방지, 또는 제거하고, 인간의 건강과 복지를 증진하기 위한 노력을 촉진할 것, ……」 등 4가지를 들 수 있는데, 이 중에서 특히 두 번째의 목적에 답하는 것이 영향평가이다. 이와 같이 환경을 배려한 인간행위의 선택을 목표로 한 NEPA가 성립한 이유는 미국인 중에 「환경의 질」 개념이 새로이 창출되었기 때문이다.

인간활동과 환경의 조화가 NEPA에서 선언되고, 의사결정이 요구된 것이다. 현재의 환경문제를 검토할 때의 키워드인 지속가능한 발전의 개념은 이미 NEPA의 선언 중에서도 읽을 수 있다. 지속가능한 발전이란 인간환경이나 사회시스템이 지속가능한 발전을 하기 위해서는 환경용량에 걸맞는 적정인구로 하는 성장관리의 발상이 필요하다.

지속가능한 발전이 이루어지는 사회를 구축한다는 목표를 향하여 환경을 관리한다면 때로는 사업을 중지하는 것도 필요하다. 영향평가란 개발이라는 인간행위를 관리하는 것이고, 인간활동이 집중하는 도시에서 환경관리를 위해서는 도시성장의 관리, 즉 성장관리가 필요하다. 특히 거주환경의 질을 높이기 위해서는 성장관리가 불가결하다.

NEPA에서는 환경의 질을 전면(前面)에 내세우고 있는데, 여기서 환경의 질이란 어떤 것인가. NEPA 모두(冒頭)의 선언에서 「생산적이며 쾌적한 조화」는 원문에서는 "productive and enjoyable harmony"로 되어 있다. 이 표현에 미국에서 환경 질의 도모 방식이 나타나 있다.

이것은 인간에 의하여 환경의 마이너스 측면을 없앨 뿐 아니라 플러스 측면의 증대를 강구하는 것이다.

미국의 환경영향평가에서는 물리적 환경 이외에 커뮤니티 등의 사회환경, 경제적 측면 또한 토지이용 측면에도 평가하고 있다. 물리적 환경 질에 한해서도 폭넓은 시야에서 평가하고 있다. 예를 들면 거주환경질은 표 1에 나타난 바와 같이 안전성, 건강성, 편리성, 쾌적성, 개성의 5 분야로 나누어 검토할 수 있다. 개성은 지역의 역사나 문화라고 할 수 있다. 대강 말하자면 표의 위쪽의 안전성이나 건강성은 마이너스 측면의 제거에 대응하고, 아래쪽의 편리성이나 쾌적성, 개성은 플러스 측면의 증대나 창출에 대응한다.

이 모든 영역을 대상으로 하는 것이 미국의 환경영향평가의 검토방식이다. 우리나라의 환경오염의 미연방지라는 목적은 이 중에서 안전성이나 건강성에 관련되는 마이너스 측면, 즉 대기질이나 수질, 소음 등의 공해항목의 제거에 주안이 두어져 있다. 우리나라에서도 경관이나 동식물 생태계, 문화재 등도 평가대상이 되면서 이들을 무시하고 있는 것은 아니다. 이들은 적극적으로 플러스 측면을 증대한다기보다 마이너스 측면을 감소하는 관점에서의 평가가 많다. 그러나 환경의 플러스, 마이너스 측면을 평가하는 미국에서도 환경오염의 미연방지는 최우선으로 고려되고 있음은 물론이다.

표 1_ 욕구단계와 환경차원

욕구단계	분 류	환경차원
기본적 생리적	안전성	생존차원 (기초환경, 생존환경)
	건강성	
	편리성	생활차원(편리환경)
선택적 정신적	쾌적성	쾌적차원 (쾌적환경, 창조환경)
	개 성	

2.4 삶의 질

삶의 질(Quality of Life)이란 용어는 1960년대 미국 Johnson 대통령의 Great Society Program이 실시되던 때에 미국에서 상용용어로서 사용되기 시작하였는데 이 당시의 삶의 질의 의미는 좋은 인생은 단순히 경제적 풍요 이상의 것이 필요하다는 것을 강조하기 위함이었다. 이 후 삶의 질은 사회적 정책과 건강관리에서도 중요한 관심사로 떠오르게 되었고, 1978년 WHO에서는 모든 인간은 신체적뿐만 아니라 심리사회적 보호와 적절한 삶의 질을 영위할 권리를 갖고 있다고 하여 삶의 질에 대한 중요성을 강조하였다.

삶의 질은 「욕구충족-불충족」, 「만족-불만」에 관련된다. 욕구는 심리학, 사회학, 소비론 그리고 경제학의 입장 등 다기에 걸친다. 먼저 심리학에서 욕구의 분류를 보면 예를 들면, Maslow(1970)의 생리적 욕구, 안전성의 욕구, 사회적 욕구, 자아의 욕구, 창조성의 욕구 등 인간 행동의 유인, 「동기부여」가 되는 욕구에 관한 계층적 단계설은 상당히 유명하다. 또한 소비론(소비재가 대상)의 입장에서는 양적 욕구, 질적 욕구, 감성 욕구, 표현 욕구 등의 구별이 가능하고, 그 욕구충족-만족이라는 도식을 만들어내는 것이 가능한가도 모른다. 욕구는 본래 다차원적이고, 개별적 욕구충족의 상태를 검토하여 전체 욕구충족의 상태를 밝히는 것은 아니고, 하나의 욕구가 충족되면 다음의 욕구가 나타나는 것도 사람들이 빈약한 단계에서는 타당하더라도 현재에는 여러 가지 욕구가 얽히어 있다.

또한 논리적으로 정밀하게 정식화되어 있는 경제학을 보면 효용이 중시되고 있다. Pigou, A.C(1953)에 의하면 ① 복지(후생)의 제요소는 의식의 상태 내지는 그 관계이고, ② 복지는 크고 작은 개념을 이용할 수 있고, ③ 개인의 복지는 만족, 불만족으로 구성되고, ④ 그 경제적 복지는 개인이 여러 가지의 재(財)에서 획득하는 효용의 완화이고, ⑤ 당해 사회의 복지는 제개인의 총화로 간주하고 있다.

삶의 질은 삶의 환경에서 주관적 측면과 객관적 측면을 내포하는 개념으로 볼 수 있는데, Kemp et al.(2003)은 삶의 질에 대한 기존의 연구를 크게 비교론적 접근(Comparison Approach), 적주론적 접근(Livability Approach), 민속론적 접근(Folklore Approach)의 3가지로 구분하고 있다.

비교론적 접근은 삶의 질에 대한 만족은 특정 상황과 다른 상황을 비교함으로써 이루어지는 것으로 과거와 현재, 타인과 자신, 기대와 실제 등의 경우이다. 적주론적 접근은 삶의 질에 대한 만족은 객관적인 질적 기준을 충복시킬 경우에 이루어지고, 민속론적 접근은 삶의 질에 대한 만족은 태도와 인식에 따라 달라지는 주관적인 것이다.

삶의 질에 대한 이들 각각의 접근은 삶의 질이 물리적, 경제적, 사회 · 문화적 속성을 포괄하는 종합적 개념이라는 점에서만 공감대를 형성하고 있으며, 구체적인 접근은 매우 상이하다. 그럼에도 불구하고 각각의 접근방법은 나름의 논리적 근거를 지니며, 현실적으로도 유용하다. 가령 민속론적 접근은 왜 빈국의 국민이 선진국의 국민보다 삶에 대한 만족도가 높을 수 있는 가를 설명하는 데 유용할 것이다.

하지만 삶의 질이 주관적 속성을 지닌다는 견해는 그 철학적 타당성에도 불구하고 실제 연구에서 조작하기 어렵다는 한계를 지닌다. 따라서 WHO 등에서는 객관적인 질적 기준에 따라 삶의 질을 평가하도록 권고하고 있다. 또한 Veenhoven(1996)은 비록 비교론적 접근 또한 삶의 질을 이해하는데 도움을 줄 수 있으나 보다 중요한 것은 객관적 조건이라고 주장하고 있다. 이러한 논의를 종합하여 Veenhoven(2000)은 삶의 질을 환경의 적주성과 객관적 가치, 개인적 능력과 주관적 만족도의 4가지 소범주로 구성되는 것으로 규정하고, 그 각각의 속성을 제시하고 있다(표 2).

표 2_ 삶의 질의 개념 및 구성요소

구 분	Quter Quality	Inner Quality
Life Chances	Livability of Environment - 생태환경 - 사회적·문화적 환경 - 경제환경 - 기타	Life Ability of the Person - 육체적 건강 - 정신적 건강 - 지식 - 기타
Life Result	Objective Utility of Life - 사회적, 가정적 가치 - 도덕적 성숙 - 기타	Subjective Appreciation of Life - 삶의 제측면에 대한 만족 - 삶에 대한 전반적 평가 - 기타

출처 : Veenhoven, The Four Qualities of Life : Ordering Concepts and Measures of the Good Life, Journal of Happiness Studies, Vol.1, pp.1~39, 2000.

미국 미시간 대학 Ronald Inglehart(1997)는 저서 『The Silent Revolution』에서 삶의 질을 나타내는 지수(indicator)는 즐거움 지수와 복지 지수로 구분할 수 있는데, 복지 지수는 객관적 지표로서 경제적, 물질적 조건과 관련된 주택, 이웃, 건강, 재정 형편, 자녀 양육, 친구, 여가, 정부, 교육 등이고, 즐거움 지수는 주관적 지표로서 만족감, 행복감 등을 나타내는 것으로 지적, 심미적 만족과 사랑과 존경에의 욕구의 실현 등이라고 하였다.

이와 같이 삶의 질은 복지나 행복의 정도를 말한다. 생활수준과는 달리, 삶의 질을 직접적으로 측정할 수는 없다. 앞의 정의에서 알 수 있듯 '삶의 질'이라는 개념에는 물질적인 측면(건강, 식사, 고통의 부재 등)과 정신적인 측면(스트레스나 걱정이 없고 즐거움 등)이 있다. 사람마다 어떤 것들이 갖추어진 상태에서 만족을 느끼는지가 다르므로, 특정한 사람의 삶의 질을 예측하는 것은 사실상 불가능하다. 그러나 일반적으로, 인구 집단이 누리는 식사나 주거, 안전, 자유 및 권리의 수준이 높을수록 집단에 속하는 이들의 전반적인 삶의 질이 높아질 것으로 예측할 수 있다.

3. 노인을 위한 주거환경

3.1 노인의 삶의 질

생활수준이 향상되고, 보건 · 의료기술이 발달하면서 우리나라도 평균수명이 늘어나고 노인인구가 빠르게 증가하고 있다. 65세 이상의 노인인구는 2000년에 전체인구의 7.1%가 되어 고령화사회에 진입하였으며, 2010년 현재 65세 이상 노인인구가 전체인구의 11.0%에 이르고 있으며, 2022년에는 753만 여명에 노인비율은 14.3%로 크게 증가하여 본격적인 고령사회가 될 전망이다. 이와 같이 전체인구 중 65세 이상 고령인구비율이 7~14% 미만은 고령화사회, 14~20% 미만은 고령사회, 20% 이상은 초고령사회로 구분하고 있다.

인간은 나이가 듦과 아울러 노화하여 노인이 된다. 그 노인의 의미를 생리학 · 심리학 · 사회학분야에서는 표 3에 나타난 바와 같이 규정하고 있다. 이와 같이 노년기는 당연히 인생에 있어서 획득한 것을 잃고, 또한 쇠퇴하는 시기이기도 하다. 그러므로 잃은 것을 보완하는 여러 가지 종류의 대응이 필요하다. 주거환경도 노인의 특성을 바탕으로 정비 · 개선이 요구되고 있다.

나이가 듦에 따른 생리적 기능의 변화는 개인차가 크지만 그 특징은, ① 방어반응의 저하, ② 회복력의 저하, ③ 적응력의 감퇴, 에 집약된다. 결과적으로는 제일선활동으로부터의 후퇴가 어쩔 수 없고, 또한 일상생활동작도 나이가 듦에 따라 서서히 부자유해지고, 최종적으로는 거동불능 상태가 되는 것은 누구라도 피할 수 없다.

표 3 _ 노인의 의미

1) 생리학적 규정	· 생활체의 기관, 조직, 기능의 쇠퇴 · 생애단계적 규정 인간이 영위하는 사회생활의 주기적 과정 형성 → 발전 → 쇠퇴
2) 심리학적 규정	· 환경변화에 대한 적응력의 감퇴 · 자기를 통합하는 능력의 감퇴
3) 사회학적 규정	· 제1선적 활동으로부터의 후퇴(정년이나 가사권의 양도) · 가족주기적 규정 탈부모기 … 막내가 결혼하는 시기 탈부부기 … 배우자의 한편이 사망하는 시기

심리적 측면에서는 환경변화에 대한 적응성의 감퇴, 지적능력의 저하 등에 수반하여 최악

의 경우는 노인성치매가 된다. 이와 같이 심신기능의 저하는 그 정도에 따라 개인차가 있는데 노인을 심신에 무엇인가의 장애를 지닌 사람으로 이해하는 것은 기본적인 시점이다.

사회학적 규정에서 보는 바와 같이 노후의 가정생활은 자녀가 자립하기 시작하여 노부부만이거나 혼자서 생활하고, 또는 자녀세대와의 동거하는 생활형태가 전개된다.

고령화사회에서의 노인의 주거환경계획에 관련하여 주목해야 할 점은 우리나라의 인구구성이 다만 노령인구의 증가뿐만 아니라 생리학적으로도 사회학적으로도 많은 문제를 아울러 지니고, 75세 이상의 후기노인층(old old)의 증가에 있다고 할 수 있다. 후기노인층의 일상생활동작능력이나 건강정도 등의 저하 정도는 전기노인층(young old)보다 현저하다. 한편 거동이 불가능한 노인이나 치매노인의 출현율을 보아도 후기노인층에서 보다 증가하는 실태가 보인다. 앞으로 노인의 주생활문제는 생리학적으로도 사회학적으로도 전환기에 있고, 공적 지원을 보다 충분히 필요로 하는 후기노인층의 주거환경에 많은 배려가 요구되고 있다.

우리나라의 복지서비스도, 「건강하며 문화적인 최저한의 생활」을 위한 생존권을 보장할 뿐 아니라 생활 전반의 질 향상을 목표로 한 질이 높고, 다양한 양질 서비스가 요구되고 있다. 오늘날 삶의 질(quality of life)은 재활이나 사회복지의 서비스를 기획 · 운영하는 측면, 서비스를 제공하는 측면의 기본이념이 되고 있다.

삶의 질을 구성하는 차원을 생활하는 사람의 욕구에서 정리하면, ① 생활의 물리적 차원, ② 생활의 사회적 차원, ③ 생활의 생리적 차원의 3가지로 정의할 수 있다. 생활의 물리적 차원은 건강, 경제, 안전, 위생, 서비스의 충족정도, 주택상황 등이고, 생활의 사회적 차원은 대인교류, 집단에의 소속, 타인으로부터의 수용 등이며, 생활의 심리적 차원은 행복감, 만족감, 자기실현, 사는 보람 등이다.[2] 생활의 질 충족에는 경제나 생활환경 등 객관적 차원의 충족은 부족하지 않고, 그 실현에 의해 개인의 생활만족감이나 사회적 교류 등 심리적 · 사회적 차원의 충실이 이루어지는 것이 중요하다.

삶의 질 추구에는 무엇보다도 독자성, 개별성을 가진 존재로 노인을 인정하는 가치의식, 노인의 기분이나 욕구를 헤아리는 상상력(imagination)과 지원내용 · 방법을 연구하는 창조력(creativity)이 지원실천자에게 요구된다.

앞으로 고령화의 진전에 수반하여 안정적인 거주확보가 곤란한 노인이나 장애인 등을 배려한 주거환경개선의 촉진 필요성이 증대할 것으로 보인다.

---

2) 小笠原祐次外, 『高齢者福祉』, 서울 : 有斐閣, 1998, pp.263-274.

3.2 고령화사회의 기본이념

도시는 생활양식이나 가치관이 다른 여러 계층의 사람들에 의하여 공유되는 공간이다. 본래 복지의 관점은 도시환경에서 고려해야 할 주요한 요소인데, 지금까지의 도시정비에서는 건강한 사람 및 젊은이를 대상으로 이루어졌던 측면도 있다.

앞으로의 사회에서는 노인의 증가, 장애인의 사회참여, 여성의 사회진출 등에 따라 보다 한층 다양한 세대가 다양한 가치관을 가지고 공존하는 도시상이 요구된다. 새로운 복지를 실현하기 위해서는 복지의 관점을 내재시키면서 노인을 비롯한 장애인, 여성도 포함한 모든 사람이 사회의 구성원으로서 자립 생활을 영위하고, 생활의 기초적 기반을 정비하며, 다양한 가치관을 존중하는 공통된 기본이념으로 대응할 필요가 있다.

다양한 가치관을 가진 여러 계층의 사람들이 공존하는 고령화사회에서는 「모든 사람들의 인격존중」이라는 가장 기본적인 이념에 의거하여,[3)]

1) 장애가 있는 사람도 없는 사람도 함께 살아가는 정상화(normalization)의 실현
2) 가정, 직장, 지역사회에서 참여(participation)의 실현
3) 세대간을 통한 생활, 거주의 안정 등 안정화(stabilization)의 실현을 중심으로 다루고, 이들 기본이념의 실현을 위하여 필요한,
4) 사회참여에의 장벽을 제거하는 배리어프리(barrier-free)의 실현
5) 선택기회가 균등한 평등화(equalization)의 실현

등이 실천되어야 한다.

3.3 노인을 위한 주거환경의 계획과 설계

(1) 배리어프리 환경

1960년대부터 세계 여러 나라에서 시작된 배리어프리 환경(barrier-free environment)에 대한 관심은 핸디캡을 가진 사람들의 접근을 위한 건축요구사항을 입법화하는 등의 배려가 이루어지고 있다.

우리나라에서는 장애인 · 노인 · 임산부 등이 생활을 영위함에 있어 안전하고 편리하게 시설 및 설비를 이용하고 정보에 접근하도록 보장함으로써 이들의 사회활동참여와 복지증진에

3) 快適で質の高いまちづくりのあり方検討委員會.『高齢社會に對應したまちづくりのあり方』, 建設省都市局都市計劃中央審議會, 1994.

이바지함을 목적으로 「장애인 · 노인 · 임산부등의편의증진보장에관한법률」(시행 2011.1.1)에 의하여 장애인 등이 생활을 영위함에 있어 이동과 시설이용의 편리를 도모하고 정보에의 접근을 용이하게 하기 위한 시설과 설비로 편의시설을 설치하도록 하고 있다. 대상시설은 공원, 공공건물 및 공중이용시설, 공동주택, 통신시설, 기타 장애인 등의 편의를 위하여 편의시설의 설치가 필요한 건물 · 시설 및 그 부대시설 등이다.

(2) 생활성능

1) 사용자의 요구조건

고령, 장애, 질병, 사고 등에 의하여 핸디캡을 지닌 사회적 약자들도 접근하기 쉽고 이용하기 편리하도록 공간적 · 건축적 장애를 제거하여 사용재료의 질을 나타내는 「재료성능」, 주택부위를 구성하는 부품의 질을 나타내는 「부품성능」, 에너지가 공급되는 공간의 질을 나타내는 「공간성능」을 종합한 「주택성능」을 검토할 수 있는데, 주택과 거주방식을 모두 고려하여 주거의 질을 「생활성능」으로 규정할 수 있다.

거주자의 요구조건은 다음과 같은 5가지 관점에서 대별할 수 있다.

① 생리적 요구조건

신체의 크기, 동작규모, 행동패턴도 포함하여 공간, 부품, 가구 등의 치수와 관련된 조건도 고려한 건강의 유지, 안전성의 확보를 위한 조건이다.

② 심리적 요구조건

거주자의 습관이나 생활방법 등의 요인이나 경제환경상황이나 사회환경상황 등에 따라 거주자의 반응으로 나타나는 쾌적성의 실현을 위한 조건이다.

③ 생물적 요구조건

재료에 의한 알레르기나 포름알데히드나 라돈에 의한 장애와 같은 건강성과 관련되는 조건이다.

④ 사회적 요구조건

국가나 거주자의 풍요로움과 같은 제반 요인에 의해 변하고, 지역이나 시대의 사회상을 반영하고 있는 사회환경상황에 대한 조건이다.

⑤ 경제적 요구조건

거주자도 경제적 여건이 여의치 않아 작은 주택으로 만족하지 않으면 안 되는 것처럼 주택에 대한 거주자의 요구를 최종적으로 지배하는 경제환경상황의 조건이다.

이들을 정리하여 일반적으로 주택이 갖추어야 할 성능 항목은 표 4와 같다. 핸디캡을 지닌 사회적 약자의 요구조건을 공통으로 원칙적으로 확보하면 그들을 위한 주택이 갖추어야 할 성능 항목도 밝혀지게 된다.

표 4 _ 이용자의 요구조건

범 주	예
1. 강도에 관한 요구조건	· 정적·동적 작용의 각각 또는 복합에 대한 기계적 저항 · 충격, 의도적 또는 혹사, 우연의 작용에 대한 저항, 반복의 작용(피로)
2. 화재의 안전성에 관한 요구조건	· 출화의 위험, 연소의 위험대책 · 연기와 열의 생리적 영향대책 · 경보시간(검지와 경보시스템) · 피난시간(피난통로) · 생존시간(방화구획)
3. 사용의 안전성에 관한 요구조건	· 위험한 작용인자에 관한 안전성(폭발, 연소, 날카로운 모서리, 작용하고 있는 기계, 감전, 방사선, 독극물의 접촉 및 흡입, 감염) · 이동·작업시의 안전성(바닥의 미끄럽지 않음, 장애가 없는 통로, 가드레일) · 사람 또는 동물의 침입에 대한 안전성
4. 밀폐성에 관한 요구조건	· 수밀성(비, 지표수, 음용수, 하수 등) · 공기·가스의 밀폐성 · 눈·먼지 등의 밀폐성
5. 온습도에 관한 요구조건	· 기온, 열방사, 풍속, 상대습도(시간 및 공간의 차이에 의한 제한·제어) · 결로의 제어
6. 공기청정성에 관한 요구조건	· 환기 · 냄새의 제어
7. 음향에 관한 요구조건	· 내외 소음의 제어(연속·단속음) · 음의 명료도 · 잔향시간
8. 시각에 관한 요구조건	· 자연조명 또는 인공조명(필요조도, 눈부심의 제거, 휘도비와 안정성) · 차폐와 가능성 · 일광(일조) · 공간과 마감의 외관(색, 재질, 균제, 균질, 수평성, 수직성, 직각성 등) · 내외부와의 시각적 접촉(프라이버시를 위한 차폐와 연락, 광학적 변형의 제거)
9. 질감에 관한 요구조건	· 표면특성(거칠음, 건조성, 따스함, 유연성) · 정전기의 제거
10. 운동성에 관한 요구조건	· 전신에 대한 가속도와 진동의 제한(순간적 및 연속적) · 이동하기 용이함(경사로의 구배, 계단의 피치) · 조작성(문·창·장치의 조작)

범 주	예
11. 위생에 관한 요구조건	· 인체의 돌봄과 청결을 위한 설비 · 급수 · 청결성 · 오수, 폐기물, 연기의 정화 · 오염 배출의 제한
12. 특별한 사용에 대한 공간의 적응성에 관한 요구조건	· 수, 치수, 위치, 실배치, 공간의 관계 · 설비와 장치 · 가구의 준비 · 가변성
13. 내구성에 관한 요구조건	· 정상적인 유지관리에 필요한 사용기간 중의 성능 유지
14. 경제성에 관한 요구조건	· 당초의 코스트 · 사용 코스트 · 유지 코스트 · 폐기 코스트

출처 : 德田哲男編. 『高齢社會の技術3 生活の技術』, 日本評論社, 1995, pp.186~187.

2) 생활공간

오랫동안 거주하여 왔던 주거이더라도 거주자의 심신기능이 변화함에 따라 일상생활을 영위하는 데 여러 가지 곤란이나 지장이 나타나게 된다. 이 생활공간에 있어서 환경측의 성능과 거주자측의 심신기능 특성과의 차이가 커지면 가정 내에서의 전도 또는 전락사고 등을 초래하는 배경요인으로도 된다.

3.4 계획추진을 위한 요소[4)]

(1) 건축상의 장애와 약자의 명확화

노인뿐만 아니라 휠체어를 사용하는 사람과 같이 건축물에 약간의 단차이가 있는 것만으로 이용상의 제약(barrier)을 받는 사람들이 있다.

건축물이 생활행위의 장애가 되는 상황을 창출하고, 휠체어 사용자에 대표되는 지체장애인 이외에도 시각, 청각, 난치병, 알레르기 등 건축물이나 환경에 의하여 약점(handicap)을 가진 많은 사람들을 배려하여야 한다.

건축상의 장벽(barrier)은 고유의 심신기능장애(질병 등에 의한 능력불능)에 의하여 초래되는 것이 아니라 인간생활에 영향을 미치는 주변환경의 문제이고, 그 환경에 의한 장애, 결국 사람이 환경으로부터 강해지도록 「약점」을 제거하는 것이 배려의 기본인 것이다.

4) 高橋儀平. 『高齢者·障害者に配慮の建築設計マニュアル』, 彰國社, 1999, pp.18-19.

(2) 자립을 도모하는 시가지조성의 이미지

지역사회는 여러 사람들이 모여 성립하는 사회이고, 모든 사람들이 함께 살아가는 편리한 사회이어야 한다. 신체적으로 약한 사람을 건강한 사람이 도와주고, 발이 부자유한 사람이 이동수단을 이용하지 않더라도 그를 도와주는 것은 극히 자연스러울 것이다.

「사람의 생활이나 신체를 건축물 또는 환경에 적합하게 하는 것이 아니라 환경이 사람에 적합해야 한다」고 노력하는 것이 당연한 사회가 되어야 한다.

모든 사람이 사회의 구성원으로서 스스로의 의지로 모든 사회활동에 참여할 수 있고, 건축공간이나 설비가 사람의 생활을 유지할 수 있도록 계획하는 것이 제2의 기본이다.

이동의 효율성이나 투자효과를 중시한 생활공간에서 사람들이 시가지에서 자연스럽게 이야기하고, 활발하게 만나는 장을 창조한다든지, 생각할 수 있는 건축이나 도시를 창출하는 것이 설계자의 사명이기도 하다.

(3) 안심하고 외출할 수 있는 지역환경, 이용할 수 있는 일상생활공간의 형성

앞으로의 사회에서는 세대구성이나 생활관에 의하여 다양한 시민생활이 출현한다. 노인이나 장애인의 독신가족도 급증한다. 그래서 여러 시민의 생활양식이나 생애단계에 대응하여 누구라도 불편없이 걷는 거리, 편리하게 이용할 수 있는 보행공간이나 교통기관, 또 그것들이 연속적으로 이어지는 것이 중요하다.

백화점이나 슈퍼, 서점 등 일상이용시설은 물론 지구의 집회소나 병원 등이 노인이나 장애인에게 이용할 수 있도록 설계되어 있는 것이 중요하다. 그리고 이들 공간이 쾌적한 보행공간에 의하여 연속적으로 이어지는 것이 요구된다.

(4) 건축주, 이용자의 협력

어떤 훌륭한 검토나 계획을 가지고 있더라도 실제의 건설에 적용되지 않으면 의미가 없다. 설계자는 건축주에 대한 배려의 필요성을 충분히 설명하여 공간의 사용방식이나 공사비 증가 등의 협력을 얻어야 한다. 동시에 설계시에 시민의 협력, 노인이나 장애인의 협력을 얻는 것도 중요하다. 설계상의 이미지가 실제에 이용하는 사람에 따라 어떤가를 반복하여 검증하면서 설계의 유효성을 확인한다. 노인이나 장애인이 계획이나 설계에 참여하는 것은 때로는 시간도 상당히 걸리지만 장애인의 사회참여에 의하여 매우 중요한 의미를 가지고, 이것만으로도 설계과정을 평가할 수 있다.

또한 준공 후에는 노인이나 장애인 등의 이용실태가 어떤가, 새로운 장애가 발생하지는 않는가 등 때로는 살펴보는 마음의 준비가 필요하다.

3.5 공간의 계획과 설계의 기본

(1) 연속적인 상하 및 수평의 이동 확보

이동하는 것, 먹는 것, 노는 것, 활동하는 것, 휴식하는 것, 배우는 것, 치료하는 것 등 일상생활상 필요불가결한 기본행위를 만족시키는 공간을 기본으로 계획한다. 그 중에서도 누가 자기의 의지로 자유로이 건축물에 접근할 수 있고, 가고 싶은 곳에 가는 이동의 확보가 계획과 설계의 근본이다.

많은 노인이나 장애인이 타인에 폐를 끼치지 않고 생활자립이 도모되고, 이동할 수 있는 데에 목표를 설정한다. 이동환경의 확보는 그 출발점이고, 사회생활에의 균등한 참여를 촉진하고, 아울러 정신적인 자립을 형성하는 것이다.

(2) 함께 이용할 수 있는 공간

장애를 가진 사람과 가지지 않은 사람이 공동으로 이용할 수 있는 건축공간을 설계하는 것은 정상화(normalization)의 구체화이고, 공간이나 건설비의 경제성에 관련된다. 공사비가 저렴하며 신뢰되는 보호기기 · 설비의 활용을 도모하거나 공간의 생력화를 도모하는 것도 보편화에의 일보이다.

기본적인 배려를 철저히 하면서 장래의 증개축, 또는 개조에 개별적인 대응을 하는 것도 시설공간의 공유화를 촉구하게 된다.

(3) 균일성의 배제

시설생활은 시설노인으로서의 특유한 인격을 형성하여 사회적 소외감이나 고립화를 깊게 할 수 있다. 집단생활의 대표적 심볼의 균일성을 공간구성에서 타파하는 노력은 중요하다. 거실에서도 노인이 스스로 꾸민다든지, 자기가 좋아하는 가구를 배치하는 등의 여유를 가지고 싶어한다. 거실의 출입구도 그 거주자의 개성이 표출될 수 있도록 장식선반을 마련하는 등의 검토가 필요하다. 또한 공공공간도 개개의 특성을 표출할 수 있는 분위기 조성이 필요하다.

(4) 프라이버시를 유지하는 공간 구성

시설에서 프라이버시를 유지하기 위해서는 적어도 제1단계로 개인이 그룹에서 떨어져 타인의 감시로부터 자유로운 개인실의 확보, 제2단계에는 친구끼리의 서클이나 차를 마시는 정도의 친구 등의 소그룹이 자유로이 친밀한 관계가 형성되는 공간이 필요하다. 이 공적공간 구성은 소탈하고, 일상적으로 사용하는 반공적공간과 많은 사람이 사용하는 집회실 등의 공적공간으로 분류하여 설계한다. 프라이버시를 중시하는 외국에서는 관리에 큰 지장을 초래하지 않을 정도의 프라이버시를 고려하여 너싱홈에서도 개인실로 하고 있다.

(5) 안전에의 배려

안전하게 접근할 수 있고, 도중에 넘어진다든지, 충돌하지 않는 것도 계획의 기본이다. 특히 복잡하고 복합적으로 계획된 건축물이나 도시의 구조물은 비상시의 피난계획도 중시되어야 한다. 약간의 단차이라도 배제하고, 미끄럽지 않은 바닥재를 사용하고, 전도 시에 위험이 없는 복도 등의 물건을 정리하는 것도 안전성에 대한 배려이다.

실제로 노인 · 장애인의 방재나 피난에 충분한 건축계획적 데이터가 축적되어 있지 않으면 설계자에 따라서는 가장 큰 과제이다. 이용자를 상정한 안전계획을 수립할 때에는 관계자와의 협의를 충분히 행할 필요가 있다.

(6) 쾌적한 배리어프리 디자인 계획

고령화사회에서 시민의 생활양식은 점점 다양화하는 것을 검토한다. 주거를 비롯하여 취로, 교통, 문화, 예술, 운동 · 레크리에이션시설 등에서는 이용하기 편리함과 아울러 아름다움을 실감할 수 있는 디자인이어야 한다. 의무적인 경사로가 아니라 공간의 풍부함을 느끼는 계획이 필요하다.

그러나 일반적으로 지금까지의 배리어프리 디자인은 노인이나 장애인을 위하여 특별한 디자인으로 보여왔다. 단차에 경사로를 설치하고, 엘리베이터를 설치하고, 넓은 스페이스의 휠체어 사용자용 화장실을 마련하는 등은 특별한 배려이고, 반드시 환영되는 것은 아니었다.

쾌적성은 개인차가 있는 개념이다. 미적 디자인에 평온함을 느끼는 사람, 기능상 훌륭하면 좋다고 하는 사람, 안심하고 지나칠 수 있는 공간에 쾌적성을 느끼는 사람 등이 있다.

결론적으로 많은 사람들이 보통으로 느끼는 디자인, 자연과 친화하는 건축공간 디자인이 포인트이다.

4. 노인주택의 기본이념과 계획기준

4.1 노인주택계획의 기본이념

노인주택(Housing for the elderly)은 노인을 거주할 수 있게 하고, 거주자에게 여러 가지의 보호와 서비스를 제공하며, 가능한 한 자립수준 · 프라이버시수준을 보장하는 것을 목표로 하는 다양한 건물 모두를 의미하는 포괄적인 용어가 되고 있다.

사회의 고령화가 진행되더라도 대다수의 노인이 일반적으로 자신의 현 주택에 계속해서 거주하는 상황은 변함이 없다. 그러므로 일반 주택에서도 거주자의 고령화에 대응할 수 있는 기본적인 공간요건을 갖추는 것이 요구된다.

노인이나 장애인을 배려한 주택계획의 기본 이념으로 배리어프리 디자인(barrier-free design : 장애 없는 설계)은 건축적 장애와 그것을 유지하는 사회적 장애, 편견과 차별, 의존과 단절, 건축기능의 고도화와 격리, 접근성 결여, 시설 · 설비의 부족 등의 장애, 공간적 · 사회적 · 심리적 장애 등으로부터 자유로운 디자인을 의미한다. 이 개념은 주로 노인 · 장애인의 자립 달성을 제한하는 요소를 제거하는 방법론적인 개념이다. 그런데 이 개념은 기법 · 방법 및 수단의 개념은 될 수 있으나 목적 개념으로서는 성립할 수 없는 측면이 있다.

이에 비하여 노멀라이제이션(normalization : 정상화)의 개념은 명확한 목적성을 나타내는 개념이다. 심신기능이 저하된 노인이나 교통사고 또는 기타의 원인으로 심신에 기능장애를 지닌 장애인이나 일시적인 환자, 임산부, 어린이 등이 타인과 평등한 권리와 의무를 가지고 일반사회에서 일상적인 생활이 가능하도록 보증하는 것을 목표로 한 노멀라이제이션의 사상은 주거나 공공시설은 물론 도시 전체의 생활환경창출에 있어 기본이 된다.

노멀라이제이션을 고려한 주택계획의 개념을 이념과 계획단계와의 관련에서 정리하면 표 5와 같다. 이 가운데 「움직이기 편리함 · 취급하기 편리함」, 「안전배려」, 「교류하기 편리함」, 「활동의 양호」, 「외출하기 편리함」의 5가지 개념은 종래 배리어프리 디자인론에서 많이 검토된 것이다. 그런데 배리어프리 디자인론에 거의 포함되지 않았던 「계속 거주」, 「친족과의 친밀함」, 「노인시설주거주의의 회피」, 「프라이버시의 보장」 등의 개념은 노인의 주거에 있어 매우 중요한 요소들이다.

표 5 _ 노멀라이제이션 주택계획의 개념

<table>
<tr><th>계획단계
이념</th><th>입 지</th><th>시설배치</th><th>노인집주규모
주동단지 등
규모</th><th>외관계획
외 관</th><th>주호규모
주호의 물리적
조건</th><th>주호배치
주호평면</th><th>내부디자인
주호설비</th></tr>
<tr><td>사회적
통합</td><td rowspan="3">일반커뮤니티 중에서 계속 거주함

친족과의 친밀함

외출하기 편리함</td><td>개방화
교류하기
편리함</td><td rowspan="3">가능한 한 분산하여 소규모로

친숙해지기 용이함
-규모-

외출하기 편리함</td><td rowspan="3">접근성의 양호

친숙해지기 용이함
-외관-

외출하기 편리함</td><td></td><td colspan="2">친숙해지기 용이함
-내부디자인-</td></tr>
<tr><td>생활의
영속성</td><td>익숙해진
시설을
가까이에</td><td rowspan="2">유지관리의
편리함

자립생활이
가능한 규모</td><td colspan="2">노인시설주거주의의 회피</td></tr>
<tr><td>자립과
활성화</td><td>시설의
활성화</td><td colspan="2">활동하기 편리함·
취급하기 편리함</td></tr>
<tr><td>개성의
존중</td><td rowspan="2"></td><td>서비스이용
의 수의성·
선택성</td><td rowspan="3"></td><td rowspan="2"></td><td colspan="2" rowspan="2">익숙해진 물건·필요한
물건을 두는 면적과 평면</td><td>장식하기
편리함</td></tr>
<tr><td>보유의
권리보장</td><td></td><td></td></tr>
<tr><td>프라이버시
의 보장</td><td></td><td></td><td colspan="4">프라이버시를 보장하는 규모·배치·평면·세부</td></tr>
<tr><td>안 전</td><td>안전배려</td><td>안전시설을
가까이에</td><td></td><td colspan="4">안전배려</td></tr>
</table>

3세대거주의 형태는 모자의 생활영역, 특히 부엌과 현관의 전 용도에 착목하여 동거 · 분거 · 인거 · 근거 · 별거로 분류되는데(표 6), 성인이 된 독신자녀, 형제끼리의 거주, 부모 · 친족 등의 장기 체재, 3세대 거주의 준비단계에서의 가족 사이의 프라이버시 확보 등 개개의 가정에서 보면 3세대거주에 준한 상황은 다양하게 발생하고 있음을 알 수 있다.

표 6 _ 노인과 가족의 거주형태

	동 거	분 거	인 거	근 거	별 거
전 용 부 엌	×	○	○	○	○
전 용 현 관	×	×	○	○	○
거 리	같은 건물	같은 건물	같은 건물이나 같은 부지에 이웃한 곳	약 10분 이내	10분 이상
		가계와 식사가 별도			

4.2 고령화사회에 대응한 주택정책의 기본

(1) 고령화사회에 대응한 주택정책의 이념

주택 · 주거환경은 인간의 생활을 유지하는 데 불가결한 기반의 하나이고, 개인의 행복을 실현하는 데 중요한 역할을 담당하는 것이다. 특히 자유시간이 증대하는 고령화사회에서 이 역할은 한층 증대할 것으로 보인다.

그리하여 「자립」한 각자가 스스로의 선호에 따라 일생을 통하여 최대의 행복을 실현할 수 있도록 주거를 「선택」할 수 있는 조건을 정비함과 아울러 고령화사회에 적절하고 충실한 복지 서비스로 누구라도 안심한 함께 더불어 사는 사회를 구축하는데 가장 기초적인 인프라로서 주택을 검토하고, 그 충실을 도모할 필요가 있다.

(2) 고령화사회에서 요구되는 주택의 질

안정되고 성숙한 고령화사회에서는 여유있는 공간을 확보함과 아울러 장수명의 의미에서도 양호한 주택 스톡의 축적이 필요하다. 이것은 안정 성장에 따른 귀중한 투자력을 유효하게 활용한다는 관점에서도 중요하다.

(3) 고령화사회에 대응한 주택정책의 기본적 관점

욕구에 따른 양호한 임대주택의 부족 등 현재 직면하고 있는 문제점이나 재가 보호의 증대에의 대응 등 장래 예상되는 문제점에 분명히 대응하면서 기본적인 「질」을 확보한 주택의 정비를 도모하는 주택정책을 구축하는 것이 필요하다. 그 때 특히 다음의 점에 유의하는 것이 중요하다.

1) 생애주기의 검토

일생을 통하여 최대의 행복을 실현하는데 각각의 생활양식이나 그것을 근거로 한 인생설계에 따라 주택을 선택하는 사람들의 욕구에 대응하는 것이 기본적인 과제이다. 예를 들면 이주에 의하여 욕구가 이루어진 거주를 실현하는 경우와, 거주에 익숙한 주택에 고령기에 이르기까지 계속 거주하는 경우에는 젊은 때에 선택하는 주거방식이 다를 것이다.

그리하여 주택의 거주방식을 검토하는 데에는 고령기 등 특정 시기에만 착목할 것이 아니라 생애주기 전체를 검토하는 것이 필요하다.

2) 다양화에 대응할 수 있는 선택성의 확보

자유시간이 많은 노인이나 가족과의 거주방식 등 생활양식이 다양화하고 있다. 이에 대응하여 직주근접 등 입지적 측면, 소규모 세대에의 대응 등 규모적 측면, 근린과의 교류의 장 확보 등 방배치적 측면 등 다양한 거주욕구가 나타난다.

또한 같은 고령기에 속한 노인, 건강한 노인과 요보호 노인은 가족과의 거주방식이나 필요한 구조상의 배려에 차이가 나타나는 등 고령기가 될수록 욕구 차이가 확대하는 측면에도 유의가 필요하다.

이와 같이 거주욕구의 다양화에 원활하게 대응하기 위해서는 여유, 장수명 등 기본적인 질을 갖춘 양호한 주택 스톡의 축적을 목표로 하면서 시장을 정비하는 것에 의하여 개인의 가치관이나 시정에 의한 다양한 선택성을 확보하는 것이 중요하다.

3) 주택 스톡의 효과적 활용

앞으로 사회전체에 질적 수준이 높은 주택을 장기에 걸쳐 효율적으로 활용하는 것이 한층 중요시되고 있다. 이 관점에서 양호한 주택 스톡의 형성을 촉진함과 아울러 그 유통성을 높임에 따라 각 개인의 생애단계, 생활양식에 대응한 최적 거주의 장을 선택하는 것이 중요하다.

이것은 거주자 각자가 자신의 주택 · 주거환경을 중요시하고, 거주하면서 그 가치를 유지 · 향상시키고자 하는 의식의 고양을 도모하는 데에도 기여한다.

또한 고령기에 개인이 그 때까지 구축한 거주자산을 활용하여 거주의 안정을 얻는 방책을 정비하는 것도 중요하다.

4.3 노화현상에 따른 건축설계상의 배려

(1) 신체기능

전반적으로 안전에 배려한다. 선반, 스위치, 부엌 등에서의 수납치수를 재검토하고, 동작상의 필요치수도 재검토한다. 단차이를 해소하고, 미끄럽지 않은 바닥재로 마감처리한다. 계단의 단너비, 단높이의 치수를 확보하고, 수전, 스위치, 손잡이의 형상을 고려하며, 가벼운 힘으로 수전류의 조작이 가능하여야 한다.

(2) 감각기능

조도를 확보하고, 주택 내 밝기의 균일성 확보하며, 조명방법을 검토한다. TV 등의 음을 크게 하므로 차음성능의 향상을 도모하고, 현관 초인종이나 전화의 음량을 조절한다. 가스 누설에 주의하고, 환기에의 배려가 요구된다. 실온의 균일화를 도모한다.

(3) 생리기능

침실의 방음성능, 차광성능의 향상을 도모하고, 침실과 화장실을 가까이에 배치한다. 냉난방, 환기, 일조, 통풍에의 배려를 도모한다.

(4) 심리기능

장식선반 등에의 배려가 요구되고, 개조 시에 회고되는 재료나 물건을 건축에 적절히 채용한다.

4.4 치매노인에의 배려

치매 노인은 개개인이 매우 다른 증상이나 행동을 보이고 일상생활 능력도 개인차가 많기 때문에 간호자는 치매노인의 행동을 세심히 관찰하는 것이 중요하다.

(1) 치매노인의 신체적 능력 저하

① 신체가 비교적 건강한 치매노인(보행, 식사 등 일상적 활동 가능)

낙상, 골절, 화재 등의 사고를 방지하기 위해서는 출입문, 부엌 등에서의 위험 요소를 차단하고 미끄럼 방지 바닥재나 창문 안전장치 등도 고려해야 한다.

② 와상 또는 신체적 능력이 극도로 저하된 치매노인(보행 불능, 일상생활 대부분 보조)

휠체어 사용을 위한 배려가 필요하며 노인이 너무 좁은 공간에만 제한되지 않도록 하고, 대소변 보조 등 신체 위생 관리 보조에 편리한 공간이 되도록 하여야 한다. 이를 위해서 전기콘센트나 조명 기구 등을 점검하고, 휠체어 사용을 편리하게 하기 위해 문턱을 제거하거나 목욕실을 개조하는 등 주된 거주공간(침실 등)에서의 위험 요소를 차단해야 한다.

(2) 치매노인의 문제 행동

치매노인의 문제행동에 대한 건축적 고려는 표 7과 같이 한다.

표 7 _ 치매노인의 문제행동에 대한 건축적 고려

문제 행동	문제점 및 사고 가능성	대처 방법
배회 및 이탈	· 가출시 길을 잃음으로써 사고 가능성 · 실 내외에서의 낙상에 의한 골절 등 부상 위험성 · 아파트 등 고층 건물에서의 추락사고	· 현관문에 경보벨 설치 · 현관문 노출 방지를 위한 방법 고안 · 거실, 침실의 유리창 및 베란다에 안전 장치
야간 수면 장애	· 야간 조명 미비로 사고 가능성, 가족의 수면 방해 · 야간 활동으로 주간 취침 · 야간에 불결 행위 또는 옷, 책, 벽지, 장판 등을 찢는 손상 행위	· 야간에 치매환자 침실, 화장실 등에 간접 조명 등을 설치하여 야간에 켜 놓도록 함. · 야간에 소음을 많이 내는 경우는 방음문 설치 및 벽에 방음 장치
위험에 대한 불인지	· 가스, 다리미 등 화기 취급 부주의에 따른 사고 발생 행위 · 창문, 베란다에서의 추락사고 · 계단에서 떨어지는 경우	· 전기, 가스 등 차단 장치가 치매환자 시각에 노출되지 않도록 한다. 부엌 주방 기구에 안전장치 · 창문, 베란다에 안전장치, 계단 입구에 차단장치
폭력적 행동	· 타인에 대한 폭력 행위 · 자해 행위	· 지팡이 등 타인에게 해를 끼칠 수 있는 물건들을 보관할 수 있는 시건장치를 갖춘 수납장 필요 · 머리를 벽에 부딪히는 등 자해가 심한 경우 벽에 압축스폰지 등을 부착하여 상처입지 않도록 한다.

(3) 치매노인의 인지 능력 보강

치매노인은 인지력의 저하로 장소, 시간, 인물 등에 대한 판단 능력을 잃게 된다. 독립된 공간에서 노인의 기호와 취향을 반영하여 그의 개인적인 애장품, 사진, 가구들의 활용을 통하여 과거 기억들을 떠올려 자신의 주체성을 확보할 수 있게 해 준다.

5. 노인복지시설

노인의 질환을 사전예방 또는 조기발견하고 질환상태에 따른 적절한 치료 · 요양으로 심신

의 건강을 유지하고, 노후의 생활안정을 위하여 필요한 조치를 강구함으로써 노인의 보건복지증진에 기여함을 목적으로 한 「노인복지법」(시행 2011.10.8)에 규정된 노인복지시설의 종류는 다음과 같다.

(1) 노인주거복지시설

1) 양로시설

노인을 입소시켜 급식과 그 밖에 일상생활에 필요한 편의를 제공함을 목적으로 하는 시설

2) 노인공동생활가정

노인들에게 가정과 같은 주거여건과 급식, 그 밖에 일상생활에 필요한 편의를 제공함을 목적으로 하는 시설

3) 노인복지주택

노인에게 주거시설을 분양 또는 임대하여 주거의 편의 · 생활지도 · 상담 및 안전관리 등 일상생활에 필요한 편의를 제공함을 목적으로 하는 시설

(2) 노인의료복지시설

1) 노인요양시설

치매 · 중풍 등 노인성질환 등으로 심신에 상당한 장애가 발생하여 도움을 필요로 하는 노인을 입소시켜 급식 · 요양과 그 밖에 일상생활에 필요한 편의를 제공함을 목적으로 하는 시설

2) 노인요양공동생활가정

치매 · 중풍 등 노인성질환 등으로 심신에 상당한 장애가 발생하여 도움을 필요로 하는 노인에게 가정과 같은 주거여건과 급식 · 요양, 그 밖에 일상생활에 필요한 편의를 제공함을 목적으로 하는 시설

3) 노인전문병원

주로 노인을 대상으로 의료를 행하는 시설

(3) 노인여가복지시설

1) 노인복지관

노인의 교양 · 취미생활 및 사회참여활동 등에 대한 각종 정보와 서비스를 제공하고, 건강증진 및 질병예방과 소득보장 · 재가복지, 그 밖에 노인의 복지증진에 필요한 서비스를 제공함을 목적으로 하는 시설

2) 경로당

지역노인들이 자율적으로 친목도모 · 취미활동 · 공동작업장 운영 및 각종 정보교환과 기타 여가활동을 할 수 있도록 하는 장소를 제공함을 목적으로 하는 시설

3) 노인교실

노인들에 대하여 사회활동 참여욕구를 충족시키기 위하여 건전한 취미생활 · 노인건강유지 · 소득보장 기타 일상생활과 관련한 학습프로그램을 제공함을 목적으로 하는 시설

4) 노인휴양소

노인들에 대하여 심신의 휴양과 관련한 위생시설 · 여가시설 기타 편의시설을 단기간 제공함을 목적으로 하는 시설

(4) 재가노인복지시설

1) 방문요양서비스

가정에서 일상생활을 영위하고 있는 노인으로서 신체적 · 정신적 장애로 어려움을 겪고 있는 노인에게 필요한 각종 편의를 제공하여 지역사회 안에서 건전하고 안정된 노후를 영위하도록 하는 서비스

2) 주 · 야간보호서비스

부득이한 사유로 가족의 보호를 받을 수 없는 심신이 허약한 노인과 장애노인을 주간 또는 야간 동안 보호시설에 입소시켜 필요한 각종 편의를 제공하여 이들의 생활안정과 심신기능의 유지 · 향상을 도모하고, 그 가족의 신체적 · 정신적 부담을 덜어주기 위한 서비스

3) 단기보호서비스

부득이한 사유로 가족의 보호를 받을 수 없어 일시적으로 보호가 필요한 심신이 허약한 노인과 장애노인을 보호시설에 단기간 입소시켜 보호함으로써 노인 및 노인가정의 복지증진을 도모하기 위한 서비스

4) 방문 목욕서비스

목욕장비를 갖추고 재가노인을 방문하여 목욕을 제공하는 서비스

5) 그 밖의 서비스

그 밖에 재가노인에게 제공하는 서비스로서 보건복지부령이 정하는 서비스

(5) 노인보호전문기관

국가 및 지방자치단체는 노인 학대에 관한 다음 각호의 업무를 담당하는 노인보호전문기관을 설치하여야 한다.

① 노인학대의 예방 및 방지를 위한 홍보
② 학대받은 노인의 발견 · 상담 · 보호와 의료기관에의 치료의뢰 및 노인복지시설에의 입소의뢰
③ 노인학대행위자, 노인학대행위자로 신고된 자 및 그 가정 또는 업무 · 고용 등의 관계로 사실상 노인을 보호 · 감독하는 기관이나 시설 등에 대한 조사
④ 노인학대행위자에 대한 상담 및 교육
⑤ 그 밖에 학대받은 노인의 보호를 위하여 필요한 사항

Chapter 9

한옥 건축

주요구조부가 목조 구조로서 한식기와를 사용한 건축물과 부속시설로 구성된 한옥(韓屋)은 우리나라 고유의 건축 양식으로 지은 집으로, 오랜 세월동안 우리 선조들이 우리의 삶에 맞게 여러 검증을 통하여 완성해 놓은 정주 공간이다. 그 안에는 우리 민족의 동질성이 있고 유 · 무형의 다양한 전통문화요소가 깃들어 있다.

한옥은 뒤로는 산을 등지고, 앞으로는 물을 마주하며 남쪽으로 짓는 것을 이상적으로 보는 배산임수(背山臨水)의 원칙을 지키는 것이 보통이다. 그러나 산의 모양이나 물의 모양에 따라 세부적으로 조율한다. 또, 한옥은 바람의 통로와 물의 위치, 산과 평야와의 거리와 방향, 즉 풍수지리 이론에 근거하며 집의 목적과 거주자의 성향에 따라 다르게 짓기도 한다. 온돌로 방바닥을 데워 추운 겨울을 나고, 마루 깐 대청이 있어 여름을 시원하게 보낼 수 있다.

현재 한옥보존지구로 지정된 곳은 서울시의 북촌지역의 한옥으로서 종로구 가회동, 재동, 삼청동 일대로서 조선시대의 고관대작들과 왕족, 사대부들이 거주해온 고급 살림집으로 모두 기와집이다. 또한 전주시의 교동, 풍남동 일원의 한옥은 1900년대 초부터 건립된 것이다.

전통한옥은 지역에 따라 방배치 등이 다르고, 거주성에 있어 현대주택(단독, 공동주택 등)과 차이가 있다. 한옥 고유의 외관과 구조를 유지한 채 현대생활에 맞는 내부구조를 꾸미는 데에는 한계가 있다. 특히 구조(기둥배열)에 어려움이 있다. 따라서 지역성을 고려하고 현대생활에 적합하며 강한 내구성이 추구된 지속가능한 한옥이 개발되어야 한다.

친환경 녹색성장 시대의 도래로 한옥의 산업화 · 대중화 · 현대화가 요구되고 있는 바, 한옥 고유의 멋과 우수성을 제대로 간직하고 현대인이 거주하기에 적합한 한옥을 위한 건축기술의 개발, 거주자의 건강증진 등 삶의 질을 높여 줄 수 있어야 할 것이다.

1. 한옥의 평면

우리나라 한옥 평면의 기본요소를 부엌, 방, 대청의 3공간으로 보았을 때 조선시대 주택의 지방별 평면 분류로는 그림 1과 같이 함경도지방형, 평안도지방형, 중부지방형, 서울지방형, 남부지방형, 제주도지방형으로 구분할 수 있다.

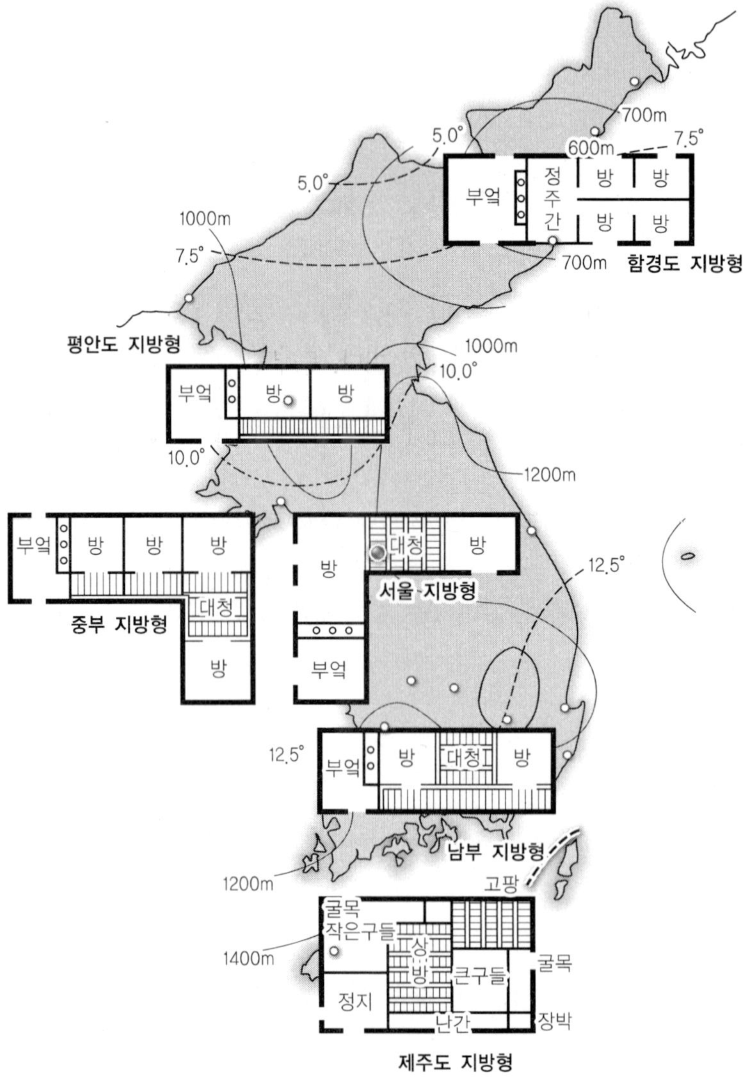

▲**그림 1**_ 한국 각 지방의 주택평면
출처 : 주남철, 한국주택건축, 일지사, p.74, 1990.

겨울이 길고 한랭한 관북지방에서는 田자형의 방 배치와 정주간(鼎廚間 · 부엌과 안방 사이에 벽이 없이 부뚜막과 방바닥이 한데 잇닿은 곳)을 찾아볼 수 있다.

북부지방의 가옥 형태는 일반적으로 방의 배치가 田자형으로 구성되어 있고 각 방들은 방과 방이 직접 통하도록 복도나 마루가 없는 것이 특징이다.

특히 방과 부엌 사이에 있는 정주간은 벽이 없어 주방 작업이나 가족들의 식사 또는 휴식의 장소로 사용되어 지금의 거실과 같은 공간이었다.

田자형의 평면 형태는 함경도 지방에서 흔히 볼 수 있으나, 평안도 지방에서는 가끔 찾아볼 수 있는 독특한 형태이다. 평안도와 황해도 지방의 경우는 一자형으로 건물을 배치하는 경우가 많다. 반면 북서풍의 영향이 강한 관서지방에서는 ㄱ자형의 가옥구조가 많이 나타나며, 넓은 대청마루를 찾아보기 힘들다.

중부 지방가옥은 주로 ㄱ자형과 ㄴ자형, ㅁ자형의 구조가 많다. 일부 지역에 있어서는 一자형도 분포하고 있으며, 강원 산간 지방에서는 田자형 주거도 가끔 볼 수 있다. 이와 같이 다양한 주거의 평면 형태가 나타나는 것은 기후적으로 북부와 남부의 중간 지역에 해당함으로써 양 지역의 평면형태가 절충되었기 때문이다. 중부형 가옥은 경기도, 강원도, 황해도, 충청도 일부 지역이 속한다.

전라남북도 지방과 충청도 일부지방을 지칭하는 서부지역의 가옥구조는 남부지방의 一자형 3칸 집과 거의 비슷하다. 그러나 서부 해안지방의 칸잡이(집 규모를 설정할 때 기둥과 기둥사이가 몇 칸인가를 결정하는 것)는 네칸 또는 다섯칸잡이 집이 많이 지어졌다. 네칸 집의 평면은 집 중앙에 주로 마루방을 두고 양쪽에 건넌방과 큰방을 두는 형식인데 이때 부엌은 인편 머릿칸에 두고 머릿퇴를 달이 모방이니 정지방을 민들이 사용한 집도 있다.

그리고 툇마루로 된 다섯칸잡이 집에서는 주로 부엌을 가운데에 두고 양쪽에 큰방과 건넌방을 두었으며, 초가의 경우 지붕 줄매기는 서해안 지방에서 가끔 볼 수 있는 마름모매기의 기법과 일자매기를 주로 했다. 기후가 따뜻한 남부지방에서는 일자형의 홑집구조가 주로 나타나며, 여름을 시원하게 보내기 위한 대청마루가 안방과 건넌방 사이에 존재한다.

남부지방 중에서도 섬 지역인 제주도와 울릉도의 가옥구조는 그 지역의 자연환경과 관련하여 독특한 구조가 나타난다. 제주도는 기온이 연중 온화하므로 난방의 필요성이 적다. 따라서 집 중앙에 있는 마루를 중심으로 방과 부엌이 분리되어 있으며, 곡식 등을 보관하는 창고 역할을 하는 고팡이라는 특이한 공간이 있다. 그리고 특히 눈이 많이 내리는 울릉도에서는 강설에 대비하기 위해 우데기라는 독특한 가옥구조를 갖추고 있다.

바람이 심한 해안지방이나 북서풍의 영향을 많이 받는 평야지역에서는 강풍에 의한 피해를 줄이기 위해 독특한 가옥구조가 나타난다. 예를 들어 호남지방에서는 바람을 막기 위해 대나무로 집 둘레를 두르는 등 방풍림을 조성하거나, 제주도에서는 돌담의 높이를 높게 하여 강풍의 피해를 막으며, 또 지붕도 강풍에 잘 견디도록 새끼나 그물로 얽어맨다.

한옥의 구조는 다음과 같이 구성된다(표 1)

- 안방 : 집 안채의 부엌에 딸린 방으로 안주인이 거처하는 방
- 건넌방 : 안방에서 대청을 건너 맞은편에 있는 방으로 노인이나 자녀가 거처하는 방
- 사랑 : 집의 안채와 떨어져, 바깥주인이 거처하며 손님을 접대하는 곳
- 정주간 : 부엌과 안방 사이에 벽이 없이 부뚜막에 방바닥을 잇달아 꾸민 부엌
- 행랑채 : 대문 양 쪽, 또는 문간 옆에 있는 문간채로, 노비를 비롯한 사역인이 거처하는 곳
- 별당 : 몸채의 곁이나 뒤에 따로 지은 집이나 방

표 1_한옥의 구조

안채	사랑채	사당채
안공간인 안채는 집안의 주인마님을 비롯한 여성들의 공간으로 대문으로부터 가장 안쪽에 위치하였으며 보통 안방, 안대청, 건넌방, 부엌으로 구성된다.	사랑채는 외부로부터 온 손님들에게 숙식을 대접하는 장소로 쓰이거나 이웃이나 친지들이 모여서 친목을 도모하고 집안 어른이 어린 자녀들에게 학문과 교양을 교육하는 장소이기도 하였다.	제사와 같은 조상숭배의식의 정착과 함께 중상류의 주택에는 대문으로부터 가장 안쪽, 사랑채 뒤쪽 제일 높은 곳에 '사당'이라는 제사를 지내고 위패를 모시는 공간을 마련하기도 하였다.
행랑채	**별당채**	**곳간채**
경제적으로 여유가 있는 집안의 경우에는 안채와 사랑채 외에도 하인들이 기거하거나 곡식 등을 저장해 두는 창고로 쓰였던 행랑채가 따로 있었다.	규모가 있는 집안의 가옥에는 별당이 집의 뒤, 안채의 뒷쪽에 자리하고 있었으며 이용하는 사람에 따라 그 이름이 다르게 불리웠다.	칸수가 많은 전통주택에는 곳간채가 별도로 마련되어 있어 오래 저장해두어야 할 음식이나 여러 가지 생활용품들을 저장, 보관하였다.

2. 한옥의 구성요소

1) 기단

기단은 튀는 빗물을 막고 땅의 습기를 피하며 건물의 권위를 높이기 위하여 건물 아랫도리에 돌을 쌓거나 다른 자재를 써서 쌓아 올린 단인데, 축조재료에 의해 토단과 화강석 기단으로 나누어 볼 수 있다. 토단은 서민주택에서, 화강석 기단은 중류 이상의 주택에서 주로 사용되었다.

화강석 기단은 축조양식에 따라 막돌 허튼층 쌓기와 장대석 쌓기, 다듬돌 쌓기로 대별되고, 이는 다시 다듬돌+막돌 쌓기, 사괴석 쌓기+막돌 쌓기로 분류할 수 있다.

기단의 높이는 지형이나 주택의 규모에 따라 차이가 있으나 최소한 1자 정도(30~50cm)의 높이를 갖는다. 이 높이는 사회적 신분이 높은 사람의 집일수록 높으며, 한 주택에서도 각기 달라 사랑채가 가장 높고 그 다음은 안채가 된다.

돌로 쌓은 석축 기단이 가장 많이 사용되며, 쌓는 방식에 따라 자연석 기단과 가구식 기단으로 구별된다.

① 자연석 기단

비슷한 크기의 자연석을 가공하지 않은 채 외부에 돌출된 면만 대충 다듬어서 쌓는 것을 말한다. 쌓는 방식에 따라 각 단의 층이 구분이 되도록 쌓는 '바른층(고른층) 쌓기'와 성벽의 석축과 같이 층의 구분이 없이 쌓는 '허튼층(난층) 쌓기'로 분류된다.

② 가구식 기단

쌓는 돌을 모두 정교하게 다듬어 맞추어 올리는 기단으로 지면에 놓는 지대석과 지대석 위에 수직으로 세워 놓는 면석, 그리고 면석을 덮어 기단의 바닥면을 이루는 갑석으로 이루어져서 가구를 쌓는 것처럼 구성한 기단을 말한다. 특히 삼국시대나 통일신라시대의 기단에서는 면석과 면석 사이에 목조건축의 기둥과 같은 형태의 탱주를 조각하여 넣거나 면석에 연화문이나 십이지 신상 등의 문양을 조각하기도 하였다.

2) 초석

초석은 기단 위에 놓아 기둥을 받치는 기초이며 상부하중을 지면에 전달 분산시켜주는 역할을 한다. 형태에 따라 원형, 사각형, 팔각형 등으로 가공하거나 적당한 크기의 자연석을 가공하지 않고 그대로 사용하기도 한다. 궁궐이나 주요 사찰 등의 건물에는 정교한 초석을 사용하였으나 일반 주택이나 기타 건물들에는 가공된 초석의 사용이 금지되었다. 마무리 정도에 따라 정평주초(正平柱礎)방식과 덤벙주초(柱礎) 방식으로 구분된다.

3) 기둥

기둥과 기둥 사이로 만들어지는 공간을 주간이라 하는데 주칸 치수는 목재의 길이로 대부분 일정하지만 칸의 위치에 따라 약간의 차이를 지니고 있다.

정면의 중앙칸은 출입을 해야 하므로 약간 넓고 귀기둥과 연결된 측면은 역학적인 취약성 때문에 칸 너비를 좁게 하는 편이다. 기둥은 세워지는 위치에 따라 평주기둥 · 귀기둥 · 내진 · 고주로 나누어지며 마감 형태에 따라 원기둥과 각기둥으로 구별되며 경우에 따라 육각과 팔각기둥도 있다.

원기둥은 궁궐의 정전이나 사찰의 주불전 등 규모가 큰 중요 건물에 사용되며, 각기둥은 주택이나 사찰, 궁궐의 부속 건물 등에 주로 사용된다. 원기둥은 나무를 다듬는 방법에 따라 배흘림, 민흘림으로 분류된다.

사각기둥은 가장 보편적으로 사용되었고, 원형기둥은 서민주택에서 사용된 경우와 상류주택에서 사용된 경우가 있는데, 이는 모두 예외적이다. 전자는 직경 4寸 정도가 되는 둥근 자연목을 껍질만 제거하여 그대로 사용한 것으로, 이는 사각기둥으로 만들 재목의 구득 및 가공에 필요한 경제적 또는 기술적 능력의 부족에 기인하는 것이라 할 수 있다. 대체로 초가에서 사용되었다.

이에 비하여 후자는 사각기둥보다 고급이고 장엄한 분위기를 연출하고 보다 고도의 가공기술 및 경제적 지불을 요하는 것으로 지방의 상류주택에서 사용되었는데, 그 직경은 7寸角 정도가 된다.

4) 창호

창호의 종류는 그 의장에 따라 卍자 창호, 亞자 창호, 세살 창호로 대별할 수 있다. 卍자 창호는 주로 상류주택에서 사용되었으며, 직각으로 된 부분이 문양 속에 돌출하고 있는 문살로서 매우 다양한 변화성을 지니고 있다. 亞자 창호도 주로 상류주택에서 볼 수 있는데, 문살이 모두 수직 부재로 구성되며 이들 부재가 서로 짜여서 만드는 대소의 사각형은 매우 안정된 분위기를 느끼게 한다. 세살 창호는 가장 보편적으로 사용된 창호이다. 이들 창호는 대체로 문살이 격자형으로 구성된다.

창호에 부착하는 창호지는 실내의 차광에 있어 광선을 부드럽게 하고, 습기를 흡수한다.

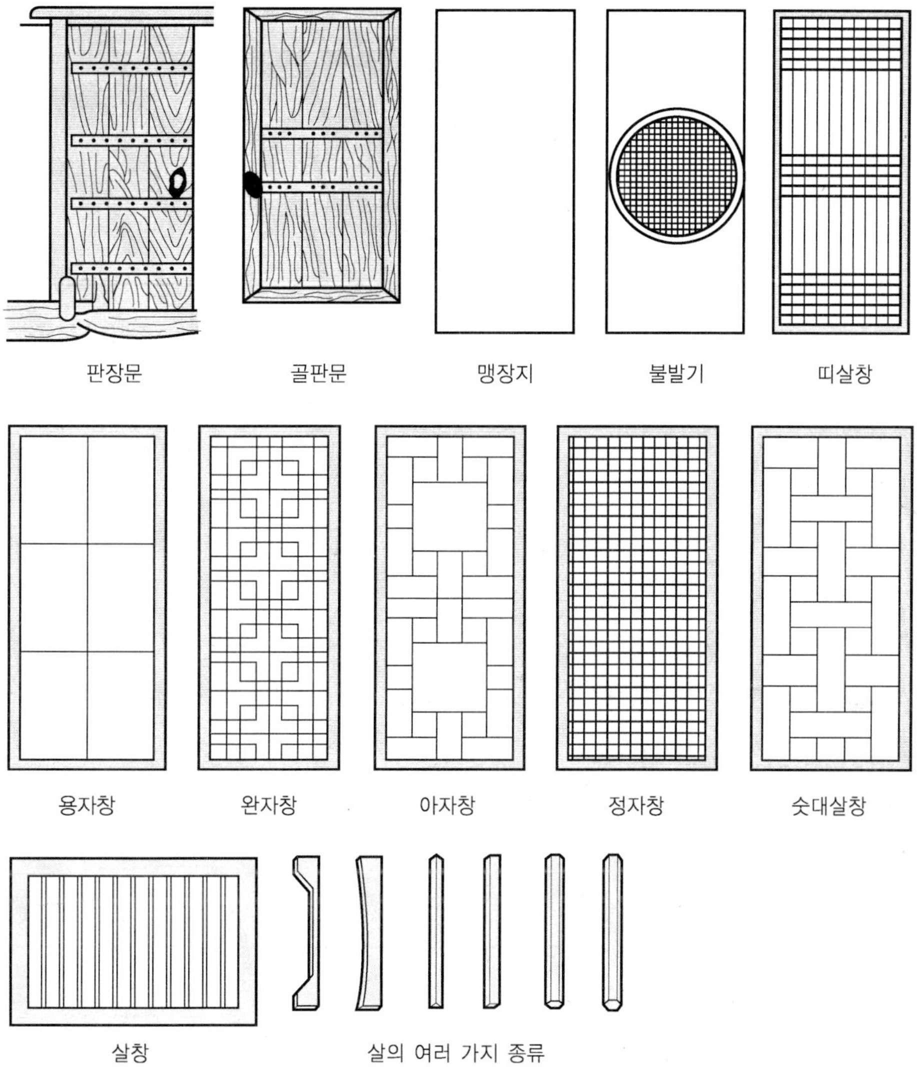

▲**그림 2** _ 창호의 종류

5) 벽

벽에는 진흙, 모래, 푸석푸석한 돌이 많이 섞인 흙인 석비레, 여물 등 손쉽게 구득할 수 있는 자연자재를 사용하며, 외부는 석회로 치장하고 내부는 벽지로 마감하는 것이 보통이다.

벽의 구조는 심벽 구조로 기둥 사이에 인방, 벽중깃, 가시새, 설외, 눈외 등을 엮어 뼈대로 하고 있어 벽의 외부 형태는 기둥, 인방 등의 목조 구조체가 노출되어 있다.

6) 실의 바닥

실의 바닥은 흙바닥, 마루, 온돌 등으로 구분된다.

흙바닥은 별다른 치장없이 지반을 다듬어서 형성하며, 주로 광, 부엌 등에 채택되었다. 마루는 나무널판으로 구성되며, 구조상 우물마루와 장마루로 구분할 수 있는데, 우물마루는 마루널을 제혀쪽매로 하여 끼우고, 장마루는 긴 널판을 깐 구조로 되어 있다.

온돌의 구조는 흙을 바른 구들 위에 정식으로 도배를 하기 전에 허름한 종이로 애벌로 도배하는 초배(初褙) 및 기름종이인 유지(油紙)로 마감하는 것이 보통인 채난(採暖)이 가능한 바닥 요소이다.

7) 천장

천장은 구조상 지붕 아랫면이 곧바로 천장이 되어 가구를 노출시킨 연등천장과 반자를 달아서 천장을 만드는 반자식 천장으로 대별된다.

연등천장은 반자식 천장에 비하여 천장면이 높고 변화가 있어 다양한 공간감을 연출하는 바, 특히 대청에 채택되어 대들보, 중도리, 서까래 등의 구조재들이 서까래 사이사이에 바른 흰 석회를 배경으로 상호 공간적으로 노출되어 강한 구조미를 나타낸다. 반자식 천장은 주로 문양지 또는 색지로 마감하며, 가끔 천장널로 만들어지는 경우가 있는데, 천장 전체의 형태에 따라 다시 평반자, 경사진 빗반자, 삿갓모양으로 중앙부가 높은 삿갓반자 등이 있다.

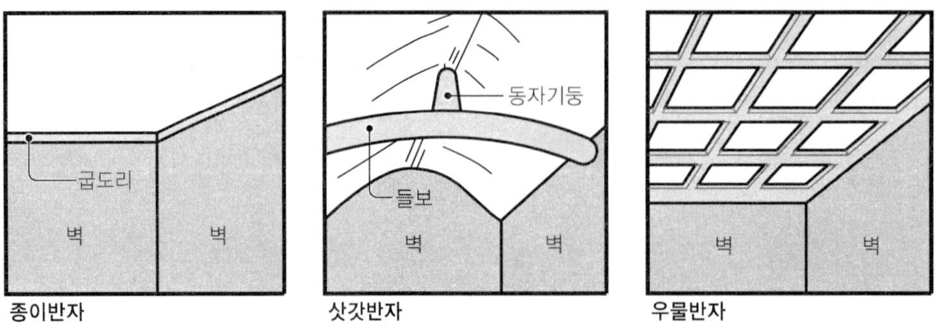

▲**그림 3**_ 천장의 종류

8) 공포

공포는 앞으로 내민 처마를 받치며 그 무게를 기둥과 벽으로 전달시켜준다. 지붕 처마의 하중을 받치기 위해 기둥머리 위에 주두, 소로, 첨차, 제공 등의 부재를 층상으로 구성하여 서까래 기울기를 맞추는 일련의 부재세트를 말하는데 양식에 따라 다포계, 주심포계, 익공계 등으로 구분된다.

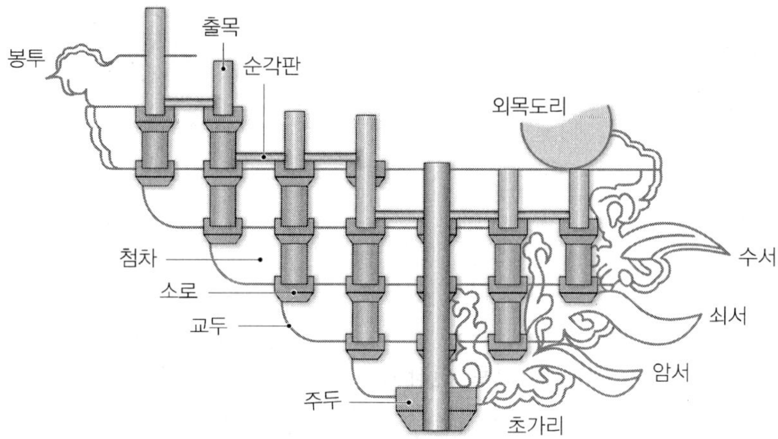

▲그림 4 _ 공포

9) 가구

가구는 기둥이나 공포 위에 얹혀 내부공간을 형성하는 구조나 구조물의 총칭으로 지붕가구는 보, 도리, 대공 등의 기본 부재로 이뤄지며 이들 상호간의 맞춤이나 형태 등에서 일정한 형식을 갖추고 있다. 일반적으로 도리의 수에 따라 3, 5, 7, 9량집으로 구분한다.

10) 사래

추녀 끝에 설치하여 겹처마를 이루게 하는 굵은 부재. 부연의 선자서까래가 사래 좌우에 배설된다. 사래는 추녀 끝에 있으면서 끝이 노출되어 썩을 염려가 있으므로 토수(吐首) 등을 씌우거나 귀면와(鬼面瓦 · 귀신얼굴을 한 기와)를 박아 방지시켜 준다. 추녀와 사래를 설치할 때 그 곡률(曲率)을 얼마나 잡아 주느냐에 따라 처마의 앙곡(仰曲)과 안허리가 잡히는 것이므로 그 제작 기법은 까다롭다.

11) 지붕

좁은 의미로는 지붕잇기 마감재 부분을 말하고, 넓은 의미로는 지붕잇기 밑바탕(지붕널)까지를 말한다. 더 넓은 의미로는 지붕틀까지 포함해서 말한다. 지붕은 벽체와 같이 외부에 면해 있으므로 의장적으로도 중요한 요소가 되고, 그 형상이나 마감재료는 건축물 외모에 큰 영향을 미친다. 지붕은 자체의 형태를 유지하기 위해서 벽체구조와 긴밀한 관계가 있고, 지붕구조는 벽체 각 부분을 상호 연결시켜 준다. 아치나 셸 구조에서는 지붕과 벽과의 구분이 분명하지 않아서 형태적으로나 구조적으로 지붕과 벽을 구별할 수 없을 때가 많다.

지붕의 형태에는 맞배지붕, 팔작지붕, 우진각지붕 등의 기본형이 있다. 삼국 시대부터 우리 목조 건축은 대부분 맞배지붕이었다. 그러다 고려중기에 중국에서 새로운 형식인 팔작지붕이 건너온 것으로 추측된다. 맞배지붕의 특징이 엄숙하고 경건한 기풍에 있다면, 팔작지붕은 날아갈 듯한 화려한 멋에 그 특징이 있다.

주택의 지붕은 사용재료에 따라 기와지붕과 초가지붕으로 대별할 수 있다. 기와지붕은 대체적으로 초가지붕보다 장중하고 화려한 감이 있으며, 중 · 상류주택에 주로 채택되었다. 초가지붕은 대부분 서민주택에 채용되었으며, 특히 지역적인 산출재료의 특성을 반영하여 짚, 억새 등이 선택되었다.

지붕의 형태는 기와지붕의 경우 맞배지붕이 주를 이루며, 팔작지붕이 드문드문 사용되었고, 초가지붕은 우진각의 형태로 이루어졌다.

① 맞배지붕 : 건물의 측면에서도 지붕면이 용마루까지 올라가게 되어, 측면에 삼각형의 벽이 생기는 지붕을 말한다. 지붕의 앞면과 뒷면을 마치 사람 人자 모양으로 배를 맞댄 모양을 하고 있어 '뱃집지붕', '박공지붕'이라고도 한다.
건물의 앞뒤에서만 지붕면이 보이고 용마루와 내림마루로만 구성되었으며 주로 주심포집에서 많이 사용되었다. 맞배지붕은 측면에는 지붕이 없기 때문에 추녀라는 부재가 없으며 측면가구가 노출되기 때문에 조선시대에는 풍판을 사용했다. 주로 상류주택의 행랑채와 서민주택의 본채의 건축양식으로 이용되었다.

② 우진각지붕 : 지붕 네 모서리의 추녀마루가 처마 끝에서부터 경사지게 오르면서 용마루 또는 지붕의 중앙 정상점에서 합쳐지는 형태인데, 그 구조는 정면 · 측면 · 후면 쪽으로 모두 지붕면을 형성하고, 처마와 추녀를 가지고 있다. 건물의 네 면에 처마를 두는 형식으로, 용마루의 길이가 짧고 측면에서 보면 경사가 완만한 사다리꼴 모양을 하고 있는 것이 특징이다.

③ 팔작지붕(八作屋蓋) : 우진각지붕의 세모꼴 측면에 다시 八자의 모양을 덧붙여 마치 부채살이 퍼지는 듯한 형상이 되었다고 해서 합각(合閣)지붕이라고도 한다. 기와지붕 중에서 가장 아름다운 구성미를 지닌 지붕이라 할 수 있다. 주로 건물의 규모가 크거나 격식을 차릴 때 사용하는 지붕의 형태이다.

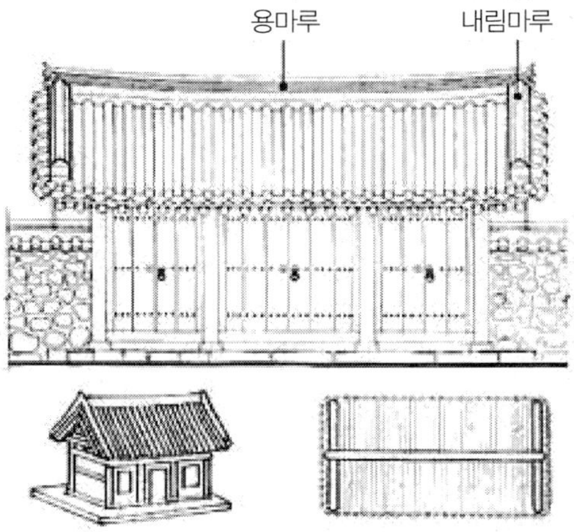

▲그림 5 _ 맞배지붕

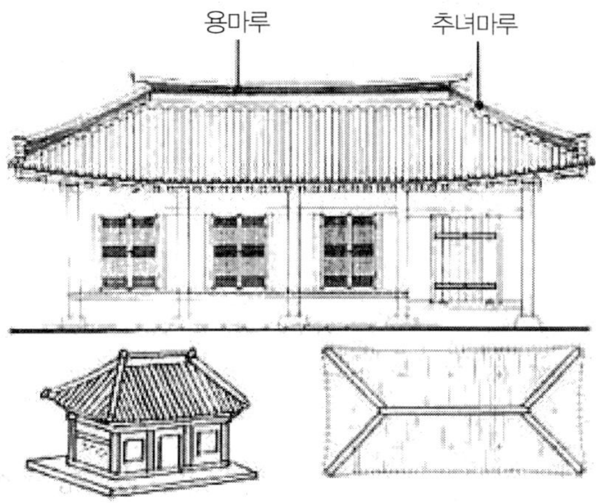

▲그림 6 _ 우진각지붕

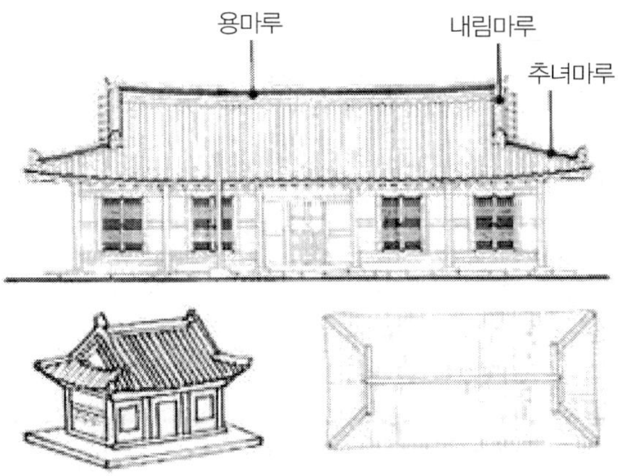

▲그림 7 _ 팔작지붕

12) 담

담은 그 성격에 따라 한옥 벽의 역할 및 대지의 구획을 위해 축조되는 담과 단순히 대지의 구획만을 하는 빈담으로 대별된다.

담은 지형에 순응하여 축조되는 등 자연과의 조화를 도모하고, 담의 상부는 본 건물과 유사하거나 동일한 재질 및 형태를 지닌 지붕으로 처리되어 일관성 있는 형태요소가 되고 있다.

13) 대문

대문은 일반적으로 목조식 가구에 기와를 덮은 지붕으로 형성되며, 형태에 따라 평대문과 솟을대문으로 구별되는데, 평대문은 대문간의 지붕이 대문이 딸린 건물의 지붕과 같은 높이로 이루어진 것으로 서민주택 및 중류주택에 주로 축조되었다. 솟을대문은 대문간의 지붕높이가 대문이 딸린 행랑채의 지붕보다 일층 더 높게 된 대문이며, 상류주택에 주로 축조되었다. 그 밖에 마당과 마당 사이에 주로 기둥 2개를 사용하여 축조하고 상부에 지붕을 씌운 일각문이 있으며 건물과 대문 사이에 설치되는 중문이 있다.

14) 마당

마당은 각 채(棟)로 분화되는 내부공간의 수와 비례하여 설치되는데, 그 종류는 안마당, 사랑마당, 행랑마당, 앞마당, 뒷마당 등이다.

안마당은 안채의 앞, 또는 중문간과 안채, 담장으로 형성되는 공간으로 가사노동의 활동공간, 친족의 집회장으로 쓰이는 공간이다.

사랑마당은 흔히 정원으로 꾸미는 경우가 많고, 이 정원이 없으면 화단을 한쪽에 꾸미고 내부공간이 못다한 기능을 한다.

행랑마당은 옥외작업공간으로 장작을 패거나 농사일을 하는 곳으로 가마고, 마굿간, 외양간들과 노비들이 기거하는 곳과 연결된다.

앞마당은 안채 옆의 마당으로 담장으로 둘러싸이고 우물과 장독대가 있고, 가사노동의 일부가 부엌으로부터 확장되는 곳이며 채소밭, 나무더미, 절구 등이 있는 곳이다.

뒷마당은 완경사를 이룬 뒷동산과 연결되기도 하고, 축대를 쌓기도 하며, 과실수를 심기도 하는 후원을 꾸미는 곳이다.

3. 한옥의 건축재료

(1) 기와

기와의 형태 중 가장 기본적인 것이 암키와(평기와)와 수키와(둥근기와)인데, 일반적으로 지붕은 산자 위에 진흙을 이겨 얇게 편 다음, 위 · 아래로 암키와를 걸치고 좌우의 이음매에 수키와를 덮는다. 그리고 처마 위에 물끊기로 막새를 붙이는데 암키와 끝의 것을 암막새, 수키와 끝의 것을 수막새라고 한다. 지붕마루는 기왓골에 맞추어 수키와를 옆으로 세워 막고, 그 위에 수키와를 한 줄로 세워 댄다. 전자를 착고(着高), 후자를 부고(付高)라 하며, 그 위에 마루장을 3~7겹 덮고 최상부에 수마루장을 덮는다. 마루의 양 끝에는 용두 기와를 세워 장식을 겸한다.

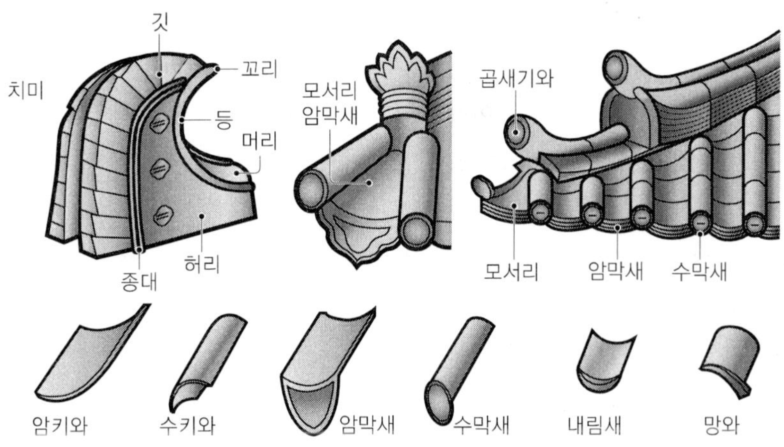

▲그림 8 _ 기와의 종류

(2) 전돌

전돌은 형태에 따라 방형 전돌, 삼각 전돌, 능형 전돌(陵形塼), 이형 전돌로 구분되고 문양의 유무에 따라 민무늬 전돌과 무늬 전돌로 나뉘기도 하며, 글씨가 새겨진 명문 전돌도 있다.

(3) 흙

1) 개체식공법

개체식은 작은 덩어리들을 차곡차곡 쌓는 방법으로서, 흙벽돌을 만들어 쌓는 흙벽돌 방식

(adobe)과 흙덩어리를 만들어 손으로 쌓는 알매흙 방식(cob, bogue), 푸대나 자루 속에 흙을 넣거나 김밥처럼 말아서 쌓는 흙자루 방식(earth bag) 등이 있다. 이 방식은 특별한 기술을 요하지 않고 누구나 만들어 쓸 수 있는 장점이 있다. 이 중 개량한옥에서 많이 보이는 공법은 흙벽돌 공법이고 기본 골조는 목구조에 황토벽돌을 기초로 한 흙건축이 많이 지어졌다. 경우에 따라서 복층구조로 지어진 농촌형 주택들은 철골과 콘크리트를 기본골조로 하여 벽체를 흙벽돌로 채운 사례를 볼 수 있고 내부는 대부분 흙미장을 하였다. 최근 들어 목구조를 기반으로 한 흙벽돌, 흙미장으로 이루어진 현대적 개량 한옥 형태가 보급되고 있는 것으로 나타났다.

2) 일체식공법

일체식은 하나의 커다란 벽체를 만드는 방법으로서, 거푸집을 만든 후 그 속에 흙을 넣어 다지는 흙다짐 공법(Rammed Earth, Pise)과 흙을 콘크리트화하여 타설하는 흙타설 공법(Earth concrete)이 있다. 그 중 대부분 흙다짐 공법으로 지어진 주택이 많으며 농촌건축의 현대화 가능성이 많으나 아직 시공성이나 경제성면에서 보급형이 되기에는 한계가 있다.

3) 보완식 및 기타공법

보완식은 나무나 다른 재료의 틀 위에 덧붙이거나 바르는 방법으로서, 직접 흙을 바르는 미장공법(plaster, wattle and daub)과 흙을 보드나 패널로 만들어 붙이는 붙임공법(board & panel), 볏단벽을 쌓고 그 양쪽에 흙을 바르는 볏단벽 공법(straw bale), 짚을 흙물속에 넣어 반죽하여 목조틀 속을 채 흙넣는 어스스트로 공법(earth straw), 벽체위에 뿌리는 뿜칠공법(earth spray) 등이 있다. 이중 전통적인 방식인 심벽공법으로 지어진 주택이 많으며 그 중에서도 심벽공법의 단열성능에 있어서 단점을 보완한 이중심벽공법으로 지어진 주택도 있다.

(4) 목재

나무는 천연재료로서 감촉이 좋고 외관이 아름답다. 흡음성이 있고 내약품성 등 환경에 대해 내구성도 강하며, 구조재로서 열팽창률이 작고, 단위 무게에 비해 강도가 비교적 뛰어나고 가공이 용이한 장점을 가지고 있다. 다만 흡수성이 높아 부식하기 쉽고 함수율에 따른 치수 변화와 뒤틀림이 생기며, 재질 또한 균일하지 못하여 부분적으로 강도 차이가 있다.

한옥의 재목으로는 소나무를 가장 많이 사용하며 밤나무가 흔한 지방에서는 기둥을 밤나무로 사용하기도 한다. 밤나무는 지네가 모여드는 단점이 있긴 하지만 내구성이 강하여 기둥으로 많이 쓰인다.

1) 종류

① 수종별

㉠ 침엽수

건축재료로 많이 사용되는 침엽수는 수목이 곧게 자라서 큰 자재를 얻기 용이하고 벌목 후에도 건조가 빠르며, 수액의 점도가 높아 부패가 잘 되지 않는다. 또한 나무마다 독특한 향기가 있고, 춘재와 추재의 구분이 뚜렷하며 결이 곱고 아름답다. 그러나 춘재와 추재의 강도 차이가 심해서 가공상의 문제점도 있다. 소나무, 낙엽송, 전나무, 가문비나무 등과 일본, 대만 등지에서 많이 사용하는 삼나무가 있다.

㉡ 활엽수

주로 장식재나 가구재로 사용하며 침엽수보다 강도는 우수하나 나이테가 명확하지 않고 불규칙하며 큰 자재를 얻기 힘들다. 또한 건조에도 상당한 시간이 소요되며, 성장시 가로방향으로 퍼지면서 성장하는 것이 많아 취재율이 낮다. 느티나무, 참나무, 벚나무, 밤나무, 대추나무, 오동나무, 참죽나무, 피나무 등의 다양한 수종이 있다.

② 산지별

㉠ 국산목

한옥용의 목재는 전통적으로 소나무를 즐겨 사용한다. 소나무는 탄력이 풍부하고 내습성이 강하며 가공이 쉬워서 구조재뿐만 아니라 가구재로도 많이 사용된다. 소나무에는 육송(陸松, 赤松), 홍송(잣나무), 해송(곰솔, 黑松) 등이 있고, 중국이 자생지인 백송이 있는데, 건축용으로는 보통 육송을 사용한다. 육송 중에는 소위 '춘양목'으로 알려진 적송(홍송)을 고급으로 여긴다. 춘양목이란 경상북도 봉화군 춘양에서 생산된 소나무를 말한다. 적송(홍송)은 주로 태백산맥 동쪽 해발 500~800m의 높은 지역에서 자란다. 태백산맥 줄기에 따라 금강산에서 양양, 명주, 울진, 봉화에 이르는 지역이다. 잘라낸 면이 붉은 색을 띠므로 적송(홍송)이라는 이름이 붙여졌다. 나이테의 간격이 좁고 치밀하며 열악한 환경에서 자란 만큼 변형이 적다. 같은 적송이라 해도 영동지방 소나무가 영서 내륙지방 소나무보다 나무의 터짐이나 뒤틀리는 정도가 훨씬 덜하며, 껍질이 얇고 결이 곱다. 결속력도 강하여 주택의 재목감으로 적합하다.

㉡ 수입목

북아메리카산 다글라스는 다섯 등급으로 분류된다. 최상급인 A등급은 미국과 캐나다에서만 사용할 수 있을 뿐 다른 나라에 수출은 금지되어 있다. 우리나라에는 채산상 주로 D등급의 것이 수입되고 있다. 다글라스는 일반적으로 육송보다 강도가 높다. 강도가 높다고 좋은 것은 아니다. 강도가 높으면 가공성이 낮아지므로 한옥과 같이 조각 등의 손작업이 많은 경우에는 불리하다.

㉢ 국산목(육송)과 수입목

수입목은 육송에 비해서 섬유질이 곧은 편이기 때문에 갈라짐이 일직선으로 길게 일어나기 쉽다. 따라서 기둥만큼은 육송을 사용할 필요가 있다. 육송은 섬유질이 얽혀 있는 편이므로 일직선으로 길게 갈라지지 않는다. 서까래는 육송을 사용하는 것이 유리하다. 그것은 적당히 휜 부재를 사용해야 하기 때문이다. 수입목은 우리나라와 같이 사계절이 뚜렷한 환경에서는 그 성능을 충분히 발휘하지 못하는 경우가 있다.

③ 부재별 수종채택

부재별 수종채택은 표 2와 같이 한다.

표 2_부재별 수종

부재명	1차	2차	3차
기둥	육송	다글라스	미송
보	육송	다글라스	미송
장여, 도리	육송	미송	외송
추녀	육송	다글라스	미송
서까래	육송	편백나무	낙엽송
판재(박공/개판/풍판)	육송	수입육송	외송
선재(평고대/연암)	육송	다글라스	미송
동자주/대공/보아지	육송	미송	외송
인방재	육송	미송	외송

[주] 1차의 수종이 추천 우선이며, 2차, 3차로 갈수록 단가를 고려한 선택이 된다.

2) 목재의 가공 제품

① 합판 : 통상 목재를 얇게 절삭한 단판에 접착제를 도포하고 홀수매가 되도록 적층하되

인접 단판간의 목리(섬유방향)가 서로 직교하도록 구성하여 제조한 1매의 판상제품

② 집성재 : 제재판 또는 소각재 등을 섬유방향이 일치되도록 길이, 폭, 두께 방향으로 집성, 접착하여 제조한 목질재료

③ 라미우드 : 원목의 2차 가공제품 표면에 특수 래핑필름을 접착한 라미네이트 목재시스템으로, 뒤틀림, 휨 등의 변형이 없고, 무늬와 질감을 가진다.

④ 파티클보드 : 식물성 섬유를 접착제로 성형, 열압하여 제판한 비중 0.4 이상의 판으로, 강도에 방향성이 없고 큰 면적의 판을 만들 수 있다.

⑤ 코펜하겐 리브판 : 긴 판에다 표면을 리브로 가공한 것으로, 목재루버라고도 하며 리브새 앞에 생기는 빈틈과 뒷면 띠상 부분의 공기층이 고음을 저리하게 되어 음향 효과가 좋다.

4. 온 돌

온돌은 한국의 전통적인 가옥 난방 방법으로 방구들이라고도 한다. 한옥의 아궁이에서 불을 피우고, 아궁이에서 생성된 열기를 머금은 뜨거운 연기가 방바닥에 깔린 구들장 밑을 지나면서 난방이 되고, 그 연기는 구들장 끝 굴뚝으로 빠져나가는 방식의 난방방법이다.

(1) 온돌의 역사

한반도에 사람이 살기 시작한 것은 구석기시대부터이지만, 취사와 난방을 위한 시설은 신석기인들의 주거에서 비롯된 것으로 여겨진다. 신석기인들의 주거는 움집(竪穴住居)으로 중앙 또는 중앙 가까운 곳에 냇돌이나 판석으로 주위를 돌리거나 진흙으로 둑을 쌓은 화덕자리가 있다. 이 화덕은 취사용 화덕이지만 난방과 야간 조명도 겸했던 것으로 추측된다. 그러나 두만강 유역의 서포항유적 제1기층의 집자리 9호에서는 여러 개의 화덕자리가 발견되었는데, 이것은 취사용과 난방용을 분리하여 만든 것으로 보인다.

청동기시대(BC 1000~300)에도 역시 움집이 일반적인 주거 형태였으며, 화덕의 위치가 신석기시대와는 달리 움의 중앙에서 벽쪽으로 치우쳐 있고, 화덕이 2개인 경우가 많은 것으로 보아 취사용과 난방용을 구분하여 사용했던 듯하다. 예를 들어 함경북도 회령 오동 제2기 집자리 8호에는 움 안에 2개의 화덕자리가 있는데, 동남쪽 화덕은 방바닥을 파고 그 둘레를 막

돌 8개로 둘러쌓았으며 재가 차 있던 것으로 보아 항상 불을 피우던 취사용이고, 서북쪽 화덕은 방바닥 위에 진흙으로 둘러싼 것으로 불을 피운 흔적만 있어 추운 겨울에만 불을 피웠던 난방용으로 추측된다.

철기시대(BC 300～AD 1)에도 일반주거는 움집이었으나 움 안에서 ㄱ자형 구들의 유적이 발견되고 있어 난방시설에 획기적인 발전이 있었던 것으로 보인다. 수원 서둔동 주거지의 난방시설은 움의 북벽에 한 변의 길이가 약 30cm인 얇은 흙벽돌을 30cm 간격으로 양 옆면에 세우고 그 위에 똑같은 크기의 벽돌을 덮어서 방(方) 30cm 크기의 터널형 구들을 구축하고, 서단에서 다시 서벽을 따라 굽어져 아궁이를 만들고 동단에서 벽에 붙여 굴뚝을 높이 쌓아 지붕 위로 뽑아 올린 것으로 보인다. 그러나 이 ㄱ자형 구들의 아궁이가 취사와 난방을 겸한 것이었는지는 확실하지 않다.

원삼국시대(AD 1～300)의 주거 유형은 움집·귀틀집·고상주거가 있으며, 이들 주거의 건축은 이전시대의 주거보다는 발달되었다. 추운 지방의 경우 철기시대에 나타난 ㄱ자형 구들이 그대로 계승되었으나, 따뜻한 한반도의 남부지방에서는 ㄱ자형 구들이 발견되지 않고 있어 남부지방까지는 ㄱ자형 구들이 전파되지 않았던 것으로 보인다. 그러나 삼국시대에는 ㄱ자형 구들이 한반도 남부지방에까지 전파된 것으로 보인다.

고구려는 삼국 중 한반도의 북쪽과 만주라는 추운 지역에 위치한 지리적 이유 때문에 일찍부터 취사와 난방시설이 발달했다. 안악3호분의 부엌칸 벽화를 보면 독립된 1채의 부엌에 부뚜막이 있고, 연기를 빼는 굴뚝이 측면 벽에 뻗어 나와 있어 부뚜막은 난방용 아궁이와 독립되었던 것으로 보인다. 〈구당서〉 동이전(東夷傳) 고려조의 기록에 의하면 일반 서민주택에서는 장갱(長坑)이 건조되어 난방을 했다고 한다. 그러나 장갱은 조선시대의 온돌처럼 방 전체가 구들로 된 것이 아니며 철기시대의 ㄱ자형 구들을 계승한 것으로 여겨진다. 이러한 예는 지안[輯安] 동대자 주거지에서 볼 수 있는데 특히 이 유적은 고구려 후기 귀족계급의 것으로, 장갱이 처음에는 서민의 난방수단으로 쓰이다가 나중에는 귀족계급에까지 전파되어 널리 사용되었음을 알려준다. 백제의 난방시설에 대한 기록이나 유적·유물은 거의 없는 편이지만, 철기시대의 서둔동 주거지가 백제지역에 해당되고, 〈삼국유사〉 권2 남부여 전백제 북부여조의 기록에 돌석(堗石)이 있는 것으로 보아 백제에서도 고구려의 장갱이 널리 퍼졌던 것으로 보인다. 또한 중국문헌에서는 장갱으로 표현된 것이 〈삼국유사〉에서는 돌(堗)로 표현되어 있어, 후일 온돌로 이어지고 있음을 알 수 있다. 또한 부소산성내 제3건물지에서 구들과 부뚜막의 시설이 발굴·조사되었는데 고구려의 ㄱ자형 구들이 일직선 구들로 변화된 데 비해, 이는 고구려에서처럼 아궁이가 실내에 있고 구들과 직각방향으로 되어 있다. 신라와 통일신라의 난방시설에 대하여 현재까지 밝혀진 자료는 거의 없는 실정이다. 다만 〈신당서〉(新唐書 · 중국 송[宋] 역사서) 동이전 신라조의 기록에 겨울에는 옥내의 부뚜막에서 취사를 하고, 여름에는 밖에서 취사를 했다고 되어 있으므로 부뚜막은 항상 있었으나 단지 계절에 따라 실내의 부뚜막과 옥외의 부뚜막이 따로 있었던 것으로 볼 수 있어 온돌의 존재를 부정할 수는 없는 것으로 여겨진다. 그러나 적어도 통일신라시대에는 고구려와 백제에서 사용되었던 ㄱ자형 구들과 같은 난방시설이 전파되어 사용되었을 것으로 짐작된다.

고려시대에는 장갱과 같은 ㄱ자형 구들과 마루구조가 그대로 계승 · 발전되었으며 취사와 난방시설의 기틀이 잡힌 시기로 생각된다. 〈고려도경〉 권28 공장1조와 탑조의 기록에 귀족계급은 와탑(臥榻)을, 서민계급은 대부분 흙침상으로 땅을 파 구들[火坑]을 만들고 그 위에 눕는다고 했는데, 여기에서 장갱을 화갱 또는 토탑(土榻)이라고 표현한 것으로 보아 이 갱은 고구려의 폭이 좁은 장갱과는 달리 폭이 상당히 넓어진 갱임을 추측할 수 있다. 또한 최자의 〈보한집〉에 의하면 13세기초에는 이미 구들이 방 전체에 만들어지고, 아궁이가 방 밖에 만들어졌음을 알 수 있다. 이인로의 〈동문선〉 공주동정기에 보면 겨울에는 욱실(燠室), 여름에는 양청(凉廳)이라는 기록이 있어 구들을 놓은 방이 널리 축조되었으며 이러한 방을 욱실이라 불렀고, 도배를 하여 마감했음을 알 수 있다. 한편 온돌과 부뚜막의 관계를 알려주는 자료들이 거의 없어 확실한 결론을 내릴 수 없지만, 온돌의 발달은 부뚜막의 발달을 가져왔음이 틀림없다고 여겨진다. 그리고 부뚜막과 온돌방 아궁이가 겸용으로 된 것도 있었으나 필요에 따라 이를 구분하여 축조했을 것으로 여겨진다.

조선시대에는 고려시대의 온돌을 계승하여 초기부터 온돌이 널리 축조되었다. 온돌이라는 용어는 고려시대와 같이 욱실이란 용어를 계속 사용하면서, '구들항'(炕)이라는 한자표기로 온돌이라는 용어가 조선 초기부터 사용되기 시작했다. 또한 구들을 놓은 방 전체를 온돌방이라 부르고, 이외에 장갱 · 난돌(煖突)이라는 용어도 사용되었음이 기록을 통하여 확인되며, 이러한 용어는 조선 중기까지 사용되었던 것으로 여겨진다. 조선시대 온돌의 발달은 온돌방의 마감, 특히 장판법의 발달을 초래하여 영조 때는 장판마감에 여러 가지 방법이 사용되기도 했다. 또한 조선시대의 부엌에 만들어진 온돌 아궁이는 대부분 취사용 부뚜막을 겸했다. 그러나 대가(大家)에서 반빗간(음식을 만드는 곳)이 독립될 때 안방의 아궁이에는 부뚜막을 만들지 않고, 그 자리 아래층은 안방에 불을 피우는 아궁이를 둔 함실로 사용하고, 위층에는 누마루를 놓아 안방마님의 여름거처로 이용했다. 이러한 예는 창덕궁 금원의 연경당 안채에서도 볼 수 있다.

(2) 고래의 형식

온돌은 불을 피우는 아궁이, 방 밑에 화기가 통하게 하여 난방하는 구들고래, 연기를 빠지게 하는 굴뚝으로 구성된다. 온돌의 형식은 구들고래의 형식에 따라 나누어지며, 허튼고래·줄고래·선자고래 등이 있다. 허튼고래는 구들골을 만들지 않고 구들장 네 귀에 동바리처럼 쌓거나 괴어 만든 구들이며, 줄고래는 구들을 놓을 때 온기와 연기가 흘러 나가는 고래를 평행하게 만든 것이고, 선자고래는 온돌방의 구들고래가 부채살 모양으로 아궁이에서 방사형으로 퍼져나간 것이다. 또한 방의 안쪽 구들 밑에서 불길이 지나도록 만든 온돌을 함실구들이라 한다. 또한 고래구조의 홑구들과 이중구들이 있으며, 고래 끝부분과 굴뚝 아래에는 온기의 저장 및 완충역할을 하고 그을음 등 이물질이 모이는 개자리가 있다. 온돌의 구들고래에서 발생되는 연기를 배출하는 굴뚝은 속이 뚫린 통나무굴뚝·옹기굴뚝·오지굴뚝·기와굴뚝·흙벽굴뚝 등이 있고 그 높이와 크기는 다양하다. 또한 굴뚝을 내는 방향에도 차이가 있어 보통 아궁이는 남쪽에 놓고, 굴뚝은 북쪽·동쪽에 내는데 남쪽에 내는 경우도 있다. 이는 구들구조의 차이에서 생기는 결과이며 지역에 따른 특성과도 관련이 있다. 예를 들어 경상남도·전라남도 등 남해안 지방의 경우는 일반적으로 구들을 아궁이 쪽으로 내는 경우가 많다.

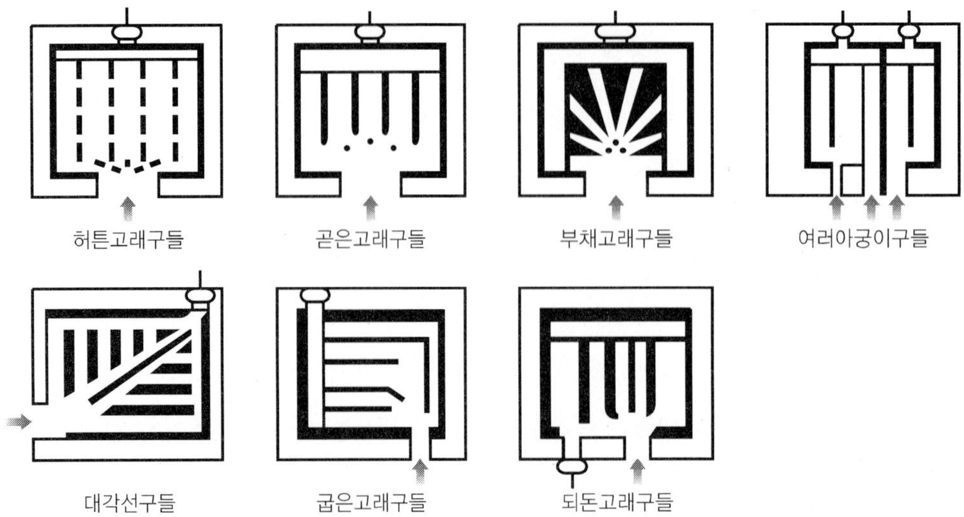

▲**그림 9**_고래의 형식

① 허튼 고래 구들

② 곧은 고래 구들 : 아궁이와 고래 및 굴뚝이 직선 방향

③ 부채 고래 구들 : 개자리에서 고래가 부채꼴로 퍼져 있는 구들

④ 대각 고래 구들 : 고래가 아궁이와 굴뚝을 대각선으로 연결한 구들

⑤ 굽은 고래 구들 : 아궁이와 굴뚝 방향이 직각으로 굽은 구들

⑥ 되돈 고래 구들 : 아궁이에서 고래가 방을 한 바퀴 돌아 다시 아궁이로 나온 구들

(3) 구들의 구조

구들은 크게 불을 지피는 연소부분, 연소된 연기에 의해 실내로 방열이 되는 채난부분, 연기를 배출하는 배연부분으로 나눌 수 있다.

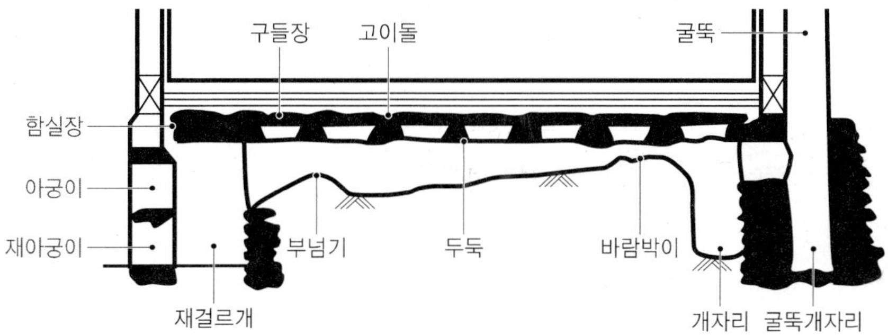

▲그림 10 _ 구들의 구조

1) 연소부분

① 아궁이(분구, 화구, 곡구락, 취구, 솥자리, 부넹기)

불을 피울 때 공기와 연료를 공급하고, 연소가 잘 되기 위한 부지갱이의 사용통로로 연소 상태 확인이 가능하다. 연소가 잘 되려면 산소의 공급이 잘 되어야 하므로 아궁이는 부엌바닥과 같게 낮추고, 앞이마도 낮춰 연기가 밖으로 나오지 못하게 한다.

② 부뚜막 후렁이(불주머니, 화상, 연소실)

아궁이에서 공급된 공기로 인해 연료가 연소된 후 급격히 체적이 팽창될 경우 이를 완화시켜주고, 불꽃표면에 산소를 원활히 공급, 밑에서 위로 유체의 흐름이 좋게 유선형으로 되어 있고, 연소시의 팽창압력으로 부넹기로 유입한다.

③ 불고개(불넘개, 부넹기, 불목)

부뚜막 후렁이와 구들 개자리를 연결하는 통로. 양쪽의 압력차에 의해 열기의 흐름을 조절하며, 굴뚝에서 오는 역풍도 막아준다.

2) 채난부분

① 고막이

목조벽체의 토대 또는 하인방의 하부 접지부분 등을 보호하기 위하여 쌓는 부재

② 시근담

구들장을 걸치기 위해 고막이 안쪽으로 내어쌓는 고래둑 고막이와 같이 시공한다.

③ 구들개자리

연소시 흡입되는 재를 갈아 앉히며, 개자리를 공간의 크기에 따라 연소공기의 속도에 영향을 주어, 연소가스의 흐름을 조절한다.

④ 고래둑

구들장을 올려놓기 위해 진흙, 돌, 와편, 흙(적)벽돌 등의 재료를 사용하여 만든 두둑

⑤ 고래

고래둑과 고래둑 사이의 공간으로서 굴뚝쪽은 높고 구들 개사리쪽은 낮아 저온의 연소가스가 고래바닥으로 내려오고, 고온의 연소가스는 상부로 다시 올라가며 축열된다.

⑥ 고래바닥

고래둑을 쌓아 올리거나 굄돌을 놓기 위해 다져놓은 바닥

⑦ 고래켜기

구들방에 구들을 놓을 때 바닥을 도랑모양으로 줄지어 파고 그 옆 두둑을 만드는 일

⑧ 고래구멍

아궁이 불목에서 고래로 화기와 연기가 지나갈 수 있도록 고막이벽을 뚫은 구멍

⑨ 구들장(온돌석, 방장)

연소가스에 의해 가열되어 축열을 한다. 주로 화강암 판석을 사용하며 아궁이에서 가까운 부분은 낮게, 먼 부분은 높게 설치하여 아궁이 가까운 곳은 점토를 두껍게 바르고, 먼 곳은

얇게 발라 바닥온도를 균일하게 하도록 한다. 특히 구들 개자리를 덮는 큰 구들장을 이맛돌이라 한다.

⑩ 함실장

함실아궁이 위를 덮는 넓고 두꺼운 구들장

⑪ 불목돌

불목을 덮는 넓고 두꺼운 구들장

⑫ 굄돌

고래둑을 설치하지 이니하는 곳 또는 허튼고래에 구들장을 받도록 한 구조물

⑬ 고래개자리(개고래, 가루고래, 언골, 도구, 회골, 머리골)

연소된 재를 갈아 앉히며 그 크기에 따라 연소공기의 속도에 영향을 주어 연소가스의 흐름을 조절한다.

⑭ 사춤돌(자갈, 세석)

구들장 위에 진흙 반죽을 덮어 깔되, 구들장 사이의 구멍을 잔돌로 메워 진흙이 고래로 새서 빠져 나가지 않게 한다.

⑮ 거미줄치기(부토)

마른 진흙을 세석 위에 부어 부토 후 밟아 다지고 수평이 되도록 한 후, 초새 및 재새를 한다.

⑯ 초새(초벌 바르기), 재새(재벌 바르기), 마감바르기

진흙 반죽을 흙손으로 초벌 바른 후, 완전 건조된 뒤 다시 중벌 바르기를 하며, 마지막으로 진흙을 물에 타서 진흙앙금을 만들거나 진흙을 채로 쳐서 세사를 써서 반죽하여 수평한 진흙 피막이 형성되도록 바른다.

3) 배연부분

① 굴뚝개자리

굴뚝하부를 한층 깊이 파서 연기의 역류를 막으며, 그을음. 재 등을 모이게 하는 곳으로 그 크기에 따라 연소공기의 속도에 영향을 주어 연소가스의 흐름을 조절한다.

② 연도

개자리에서 굴뚝으로 연결하는 연기의 통로로서 진흙을 두껍게 바르고 볏짚을 엮어 보온하여, 열을 뺏기지 않도록 하며, 연기의 배연통로로서 작용한다.

③ 구새(굴뚝, 연돌, 연통)

연기의 급속한 방출을 막고 비나 눈이 들지 않게 하며, 구들 안에 있는 열기의 최종배출구이다.

(4) 구들의 재료

① 구들장(구들돌)

화강암, 현무암, 중류문암, 또는 갱화석, 안산암, 운모석, 하원석 등이 사용되며, 휨강도 30~60kg/cm^2, 비중 0.78~1.37, 흡수율 1.2 정도의 돌이 가장 좋다.

② 고래쌓기 돌

고래가 되는 고래둑을 쌓을 돌. 주로 각석이나 편석이 좋으며, 상황에 따라 하원석을 쓸 수도 있다. 쌓기에 알맞는 돌을 진흙을 물리면서 쌓아 올리게 되므로 평평한 면이 있는 것이 좋다. 작은 돌은 일이 많아지므로 될 수 있는 데로 굵은 돌을 준비해야 한다.

③ 황토

주로 실트 크기의 지름 0.002~0.005mm인 입자로 이루어진 퇴적물로서 '뢰스(Löss)'라고도 한다. 우리나라 황토는 규석과 장석, 석회석 등이 다량 함유되어 있다. 구들 공사의 전 과정에서 접착제 역할뿐만 아니라 지지의 역할과 저장, 건강 증진, 성형 기능 등 매우 중요한 재료이다.

④ 괫돌

구들 고래둑 위에 구들장을 얹을 때에 구들장을 고이는 돌. 괫돌 혹은 고임돌이라 부른다. 구들장마다 3~4개씩 있어야 하므로 큰 것, 작은 것을 충분히 준비한다.

(5) 구들 놓기

① 구들 개자리와 부넘기 또는 함실 만들기

구들 개자리 만들 곳에 개자리 바닥까지 흙을 파내고 벽돌을 쌓아 올리며 굳은 후 뒤메우기를 하여 잘 다진다. 함실 구들인 경우는 불을 넣는 아궁이 후렁이가 함실이 된다.

② 고래 개자리와 연도, 굴뚝 자리 만들기

굴뚝이 나갈 방향으로 연도를 뚫어놓고 고래 개자리 바닥까지 흙을 파내고 벽을 벽돌로 쌓고 굳은 후에 뒤메우기를 하여 잘 다진다. 굴뚝 크기에 맞추어 굴뚝 개자리를 파고 자리를 만든다.

③ 고래바닥 만들기

구들 개자리 상단과 고래 개자리 상단인 고래바닥을 가운데가 볼록한 곡면으로 경사지게 만들면서 잘 다진다. 고래바닥에 지나친 습기를 막기 위해 생석회를 깔아준다.

④ 고래둑 쌓기

고래 간격에 맞게 고래둑을 쌓는다.

⑤ 구들장 만들기

고래둑 위에 진흙을 깔고 구들돌을 놓는다. 구들돌 사이는 잔돌로 새침을 하고 진흙 반죽을 내리쳐서 공간이 없도록 만든다.

⑥ 부토 또는 초벌바르기

구들장 위에 마른 진흙을 깔고 잘 다지거나 짚을 섞은 진흙 반죽으로 초벌바르기를 한다.

⑦ 중벌바르기

중간 정도 묽기로 된 진흙 반죽을 수평하게 흙손으로 중벌바르기를 한다.

⑧ 건조시키기

중벌바르기를 한 바닥이 굳으면서 완전히 마르도록 불을 피운다. 연기가 새어나는 곳이 없도록 바닥을 마무리한다.

⑨ 아궁이와 부뚜막 만들기

함실 아궁이는 벽돌을 쌓고 아궁이 문틀을 끼우고 빈 공간을 잘 메워 아궁이를 만든다. 부뚜막 아궁이는 솥을 걸고 부뚜막을 만든다.

⑩ 굴뚝 만들기

굴뚝 개자리에 항아리를 묻거나 벽돌을 쌓고 연도와 연결시킨다. 굴뚝은 집의 겉모습과 어울리게 만든다.

5. 한옥건축의 설계 방향

정면 주간 거리는 전통한옥보다 300~600mm 정도 넓은 2,700~3,300mm 정도로 한다. 전통한옥의 경우처럼 2,400~2,700mm 정도로 할 경우 특히 방(침실) 평면구성에 어려움이 따른다. 측면은 3,150~3,300mm이다. 툇간은 1,200~1,350mm로 한다.

전통한옥에서 툇마루는 입면 상으로나 기능적으로 중요한 공간이다. 그러나 본 설계에서는 본채의 실내 공간 확보를 고려하여 2간만 설치한다(정면 4간 이상 규모).

전통한옥에는 없는 현관을 정면 또는 측면에 설치하여 편리성을 최대로 추구한다.

공사비, 본채 이용률 등을 고려하여 욕실, 다용도실, 보일러실 등은 가급적 본채 뒤의 처마 밑을 이용한다. 이러한 실은 건물이 남향배치일 경우 후면에서 방한벽 역할을 한다.

전통한옥에서와 같이 가급적 수납공간을 최대로 확보한다.

북위도 지방에서는 겨울의 추위에 대비하여 평면구성상 북측에 면한 벽을 2중으로 하는 기법이 도입된다. 평면상 밀폐할 수 있는 공간을 북측에 일렬로 배열하여 일종의 완충대를 설정하는 것이다. 예를 들면 부엌과 방은 북측에 밀폐된 공간을 설정(다용도실, 보일러실, 욕실 등)한다.

전통한옥의 벽체는 상인방과 하인방, 벽선 등의 부지에 중깃을 설치하여, 여기에 눌외, 설외를 새끼로 엮어 바탕을 마련하고 맞벽을 친 다음 표면마감을 하는 외엮기 벽이다(마감은 회벽, 또는 재사벽 마감). 그러나 시공이 복잡하고 공사기간이 많이 걸리는 단점이 있고, 겨울철 외풍의 주원인의 하나이기도 하다. 따라서 내부에 단열재를 충전하는 이중벽(단일벽)으로 하는 방법을 권장한다.

벽체를 단일벽으로 함과 아울러 북측에 면한 벽은 물론 다른 벽의 창호의 경우에도 모두 2중창으로 구성하면 방한에 더욱 유리할 것이다.

황토벽돌을 사용하면 전통흙벽에 대해서 시공이 간편하고, 튼튼할 뿐 아니라 시멘트 벽돌에 비해서는 친환경적이다.

난방방식으로는 온수 파이프 온돌을 사용하도록 하고 있다. 그러나 여러 개의 방 중에서 하나 정도는 구들을 설치하여 전통적인 온돌공간의 향취를 맛볼 수 있도록 배려하여 일부 유형에 전통구들을 설치하였는데, 온수온돌과 겸용할 수 있도록 시공하여 방의 활용에 가변성을 확보하였다.

6. 한옥건축의 공사 도구

(1) 측정공구

표준단위계인 미터법에 의하여 도면에는 mm로 표기하고 있지만, 현장에서는 아직 척관법을 사용하고 있다.

① 곡자(曲尺) : 재질은 스테인리스강이며 ㄱ자 앞면은 尺으로 자(尺) · 치(才) · 푼(分) · 리(里)가 뒷면에는 척과 $\sqrt{2}$ (=1.4142…)의 값과 원주율이 표시되어 있다.

② 미레자 : ㄱ자 또는 T자 형태로 나무에 치수를 매겨 기준선에 대해 직각으로 선을 그을 때 사용한다.

③ 장척(長尺) : 현장에서 만들어 사용하는 것으로 기둥이나 보, 장여 등 긴 부재를 치목할 때, 그리고 주칸의 길이 등에 사용한다.

④ 줄자 : 강철띠나 부직포띠에 눈금을 매겨 둥근 갑 속에 감아 두었다가 사용할 때 풀어서 측정한다. 5m, 7.5m 등 길이가 다양하고 휴대가 편리하다.

⑤ 직각/연귀자 : 직각을 본뜨거나 직각을 검사할 때 사용한다. 2변을 3 : 4로 하고 사변길이를 5로 하면 직각자가 된다.

⑥ 수평/수직기 : 짧은 거리의 수평을 확인할 때에는 수평계를 사용하고 먼 거리의 수평 확인에는 물수평을 사용한다. 수직을 가늠할 때에는 줄에 추를 매달아 사용한다.

(2) 매김공구

① 그레자 : 컴퍼스 모양을 한 자로 그레칼, 또는 그렝이 칼이라고도 한다. 한쪽 다리를 기준선에 대고 다른 한 다리를 벌려서 그렝이할 부재에 대고 그려나간다. 주로 주초석 위에 기둥을 세울 때나 문선, 벽선 등을 기둥에 맞추어 조립할 때 사용한다.

② 그므개(촌목) : 여러 부재에 동일한 치수선을 그릴 때나 얇은 판재를 일정한 간격으로 홈을 낼 때 사용하는 것으로 칼날이나 먹칼(펜)을 꽂아 사용한다.

③ 먹통/먹칼 : 먹통은 먹물을 담아두는 통으로 먹줄감개(도래)에 실을 감아 놓는다. 먹칼은 대나무로 만들어 사용한다. 대나무를 쪼개어 한쪽 끝을 얇게 깎은 다음 먹물을 머금을 수 있도록 다시 작게 쪼개어 칼날처럼 날카롭게 깎아 만든다.

(3) 가공공구

목재가공용 공구로는 각종 자귀/도끼, 톱, 대패, 끌, 메/망치, 줄, 숫돌, 송곳 등이 있다(그림 11).

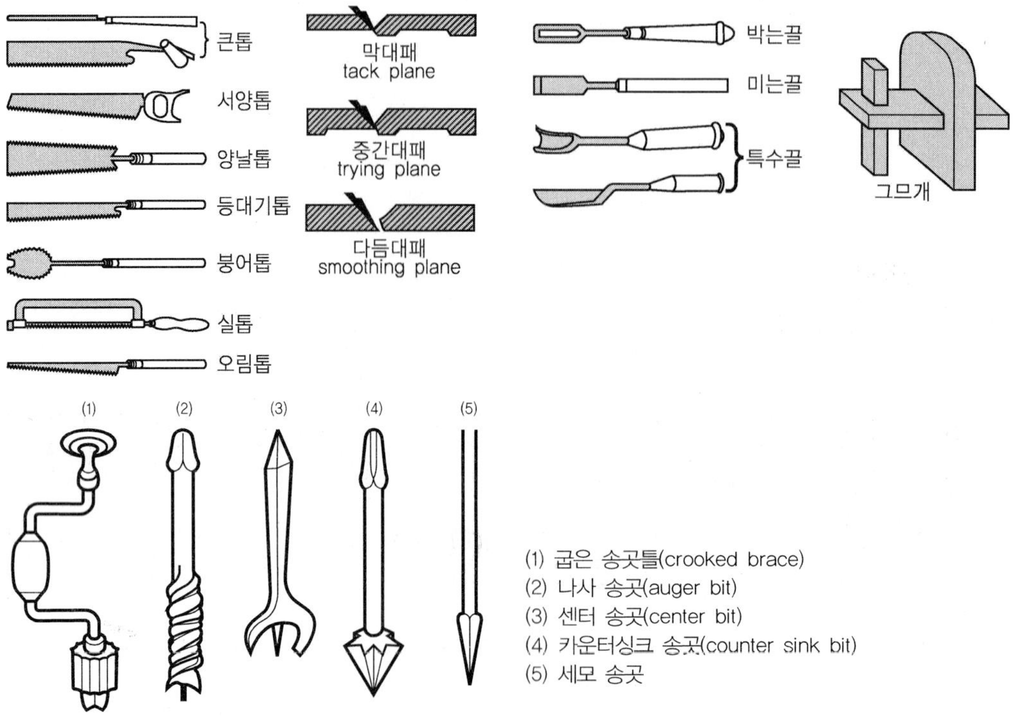

▲**그림 11**_목재용 공구

7. 목공사의 치목순서/단계

목재를 톱으로 자르거나 대패로 깎아내고 끌로 구멍을 파는 등 조립할 수 있도록 만드는 전반적인 작업공정을 치목(治木)이라고 한다.

(1) 부재별 치목순서

치목은 서까래부터 하는 것이 일반적이다. 다른 부재와는 달리 원목상태로 길이만 맞추어 들여오고, 혹시 변형이 생기더라도 골격에 미치는 영향이 비교적 적기 때문이다. 서까래의 치목이 끝나면 일손을 재배치하여 주요 부재의 치목에 들어간다. 그 밖의 부재의 치목순서는 확실히 정해져 있지 않다. 일반적으로 단면이 큰 부재부터 하는 것이 유리한 측면이 있다. 단면이 작을수록 변형이 커지므로 치목과 조립 사이의 기간을 단축할 필요가 있기 때문이다.

다만 기둥은 조립 바로 전에 치목하는 것이 좋다. 치목 후 시간이 지나면 건조되면서 뒤틀어져 다른 부재와 결구가 어려워진다. 원기둥의 경우에는 뒤틀림이 있어도 다른 부재와의 결구에는 큰 무리가 없으므로 미리 치목해 둘 수 있다. 그리고 장여도 되도록 조립 직전에 치목한다. 길이에 비해서 단면이 작은 만큼 뒤틀림 등의 변형이 심하기 때문이다.

(2) 공정별 치목순서

한 부재의 치목은 일반적으로 겉목치기－먹매김－대패질－마름질－바심질의 순으로 진행된다. 바심질이 끝나면 부재번호를 기입하여 치목을 일단락한다(번호는 양판에 기입한 기둥번호를 기준으로 한다). 치목 전에는 굽이의 파악, 말구와 벌구의 구별 등을 한다.

1) 굽이의 파악, 말구의 구별

① 굽이 : 치목은 자재 고유의 성질을 충분히 파악하여 그 특성을 최대한 살려야 한다. 먼저 굽이를 볼 줄 알아야 하는데, 굽이란 휘어서 굽은 상태를 말한다. 이것은 장차 나무의 변형(방향 등)을 예측하고, 내구성을 높이는 데 중요한 요소이다. 예를 들어 압축하중을 받는 부재는 아래로 휘기 때문에 굽이가 위로 가게 사용한다.

② 위, 아래 : 나무의 상하를 구별하여 치목해야 한다. 목재는 위부분인 말구와 뿌리 쪽인 벌구로 구분되는데, 주택을 시공할 때에는 반드시 말구가 위로 가게 조립해야 한다.

2) 겉목치기(도끼/자귀)

겉가지 등을 엔진톱, 낫, 도끼, 자귀 등으로 쳐낸다.

3) 먹매김(먹긋기, 먹치기, 먹선매김 등)

치목의 기본은 먹매김이다. 먹칼이나 먹줄을 이용하는데, 먹줄을 놓을 때에는 정확한 위치에 팽팽히 고정시킨 다음 수직으로 당겼다가 놓아야 한다. 수직으로 당기지 않으면 휜 상태로 쳐진다.

4) 대패질

① 수평/수직 : 대패질은 먹줄을 놓고 곡자를 사용해 수평과 수직을 확인하면서 정확히 해야 한다. 직각이 맞지 않으면 조립이 되지 않은 경우가 생긴다.

② 결 : 바심질이 완료되면 대패질을 하는데, 이 때 결을 따라 하는 것이 기본이다.

5) 마름질(톱)

필요한 치수로 잘라내고 깎아내는 작업을 '마름질'이라고 한다. 보통 대패질이 끝난 다음에 한다.

6) 바심질(톱넣기, 끌/망치로 따내기)

대패질과 마름질이 끝난 부재는 바심질을 한다. 다른 부재와 조립되는 부분을 정해진 맞춤/이음법에 따라 깎아내는 작업이다. 먼저 곡자와 먹칼을 이용해 먹선을 친다. 이 때 직각이 맞지 않으면 대패질이 잘못된 것이다. 깎아내기는 헐겁게 조립하여야 할 경우에는 먹선까지 깎고(먹선죽이기), 빡빡하게 조립할 경우에는 먹선이 보이게 깎는다(먹선살리기).

8. 뼈대의 조립

(1) 일반사항

① 부재의 조립시 무리한 힘을 가하여 부재가 손상되지 않도록 한다.

② 기존 부재의 재사용 시에는 철물, 수지처리 등으로 충분히 보강한다.

③ 수리시 두 개의 부재를 연결 · 조합하여 재사용 시에는 한 개의 부재와 같은 강도를 지속적으로 유지할 수 있는 보강처리를 하여야 한다.

④ 단일부재는 설계도서에 정한 바가 없는 경우에는 이음 및 맞춤을 하지 않는다.

⑤ 나무는 수직재인 경우 밑마구리를 아래로 보내고 끝마구리를 위로 하며, 수평재의 연결 부위는 밑마구리와 끝마구리가 맞대지도록 한다.

⑥ 이음의 위치는 상 · 하부재가 한 곳에 집중되지 않도록 한다.

⑦ 이음 및 맞춤은 편심하중을 받지 않도록 하며, 보 등 횡기재의 이음 및 맞춤은 응력이 작은 곳에서 한다.

(2) 조립순서

조립순서는 건물구조의 차이에 따라 변경될 수 있으며, 표 3은 일반적인 시공과정을 나타낸다. 골조부의 주요 부재–기둥, 보, 도리, 서까래 등은 일단 만들어 놓고(치목) 한꺼번에 결구(조립)하는 수순을 밟는다(그림 12 참조).

표 3 _ 양식별 조립순서

분 류	민도리	익 공	
준비작업	보양, 보관, 이동(목도 또는 거중기 등). 각종 규준틀 확인(초석 십자먹 놓기 및 초석 수평 높낮이 보기)		
기둥조립	기둥세우기(다림보기, 그레질) → 보아지 조립 → 창방걸기 → 기둥버팀대설치(다림보기)		
연결부조립	주두조립 → 소로조립		평방걸기 → 주두조립 → 두공조립
포조립	–	익공조립	제공조립 → 첨차조립
지붕틀 조립	대들보걸기 → 장여걸기 → 처마도리걸기 → 중도리걸기 → 종보걸기 → 대공세우기 → 종도리걸기(상량) → 추녀걸기(합각, 우진각 지붕)		주심장여조립 → 대들보걸기 → 외목, 내목, 장여걸기→ 도리걸기 → 종보걸기 → 대공세우기 → 종도리 장여걸기 → 종도리걸기(상량) → 추녀걸기(갈모산방)
서까래 조립	평고대설치 → 서까래 · 선자서까래걸기 → 서까래개판걸기(산자엮기 또는 개판깔기) → 부연평고대걸기→ 부연걸기, 부연개판판깔기 (부연 위 개판깔기) - - - (맞배지붕 → 목기연걸기 → 박공설치)		
	동연걸기 → 집부사걸기 → 종심목걸기(배추꼬리) → 박공걸기 → 목기연걸기 → 목기연개판깔기 → 목누리개걸기 → 부연누리개걸기 → 지붕마루손질 → 기와잇기로 계속		

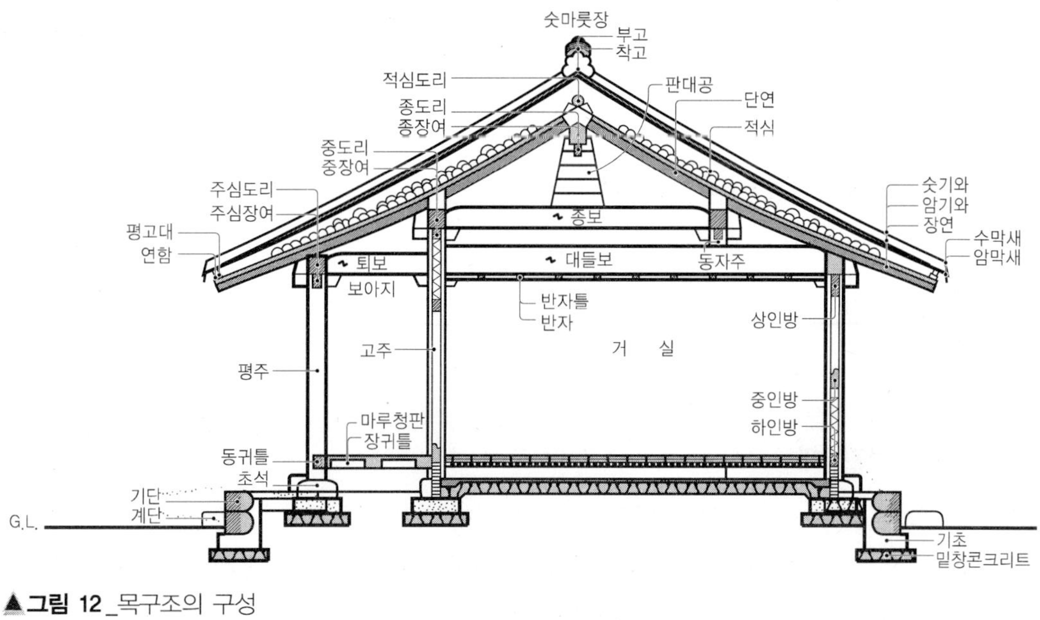

▲**그림 12** _ 목구조의 구성

9. 한옥의 건축과정

(1) 공사준비와 치목

집을 짓는 순서 중 제일 먼저 할 일이 좋은 집터를 잡는 일이다. 집터는 대개 지관을 불러 좌향(坐向)을 보는데, 이 때 집 주인이 될 대주(大主)의 운세와 함께 마을의 산세와 지세를 보며, 오목하고 양지바른 곳을 선택하여 주위보다 약간 높으면서 전망이 확 트인 곳이 가장 이상적인 집터로 본다. 따라서 방위는 주로 동향, 남향으로 앉히는데 마을의 지세에 따라 좌향이 정해진다.

집을 지으려면 집지을 나무와 땅을 마련해야 하는데 목재는 건조가 필요한 부재로서 중요한 재료이므로 미리 구입하여 가공해야 한다. 특히 한옥은 현장 조립성격이 강하므로 잘 건조된 부재를 치목하고 미리 마름질한 뒤 현장으로 가져오게 된다. 이렇게 만들어진 부재를 현장에 잘 쌓아 두어야 한다.

헌집(舊家)의 재목을 사용할 때는 다른 구가의 재목들과 함께 섞어 사용해서는 안되며 구가의 재목과 새 재목을 혼용하는 것은 가능하다. 구가의 재목으로 집을 지을 경우라도 필히 마룻대는 새 재목으로 사용하여야 하며 안채를(위채) 뜯어다 행랑채(아래채)를 지어서는 안되지만 행랑채를 뜯어다 안채를 짓는 것은 가능하다.

그 이유는 안채를 뜯어다 행랑채를 짓는 것은 재목의 강등(降等)을 의미하므로 목신이 화를 내지만, 행랑채를 뜯어다 안채를 짓는 것은 행랑채의 승격을 의미하기 때문에 목신이 좋아한다고 한다. 이 밖에 선박이나 사찰에서 사용했던 재목은 가재목으로 사용하지 않으며 고사목, 벼락 맞은 나무나 단풍나무 등도 사용하지 않는다.

공사는 대개 추운 겨울철과 장마기인 여름철을 피해 봄이나 가을에 시작한다. 집터와 좌향을 잡고 나면 택일을 하는데 택일은 땅을 파는 개토(開土 · 터 닦는 일)와 주추를 놓는 정초(定礎), 기중을 세우는 입주(立柱), 마룻대를 올리는 상량(上樑), 입택(入宅) 등의 순으로 날을 받는다.

(2) 개토와 토신제

개토는 집터를 닦기 위해 처음 땅을 파는 일로서 택일하여 지신(地神)에게 먼저 고사(告祀)를 지낸 후 일을 시작해야 동티(흙이나 돌을 잘못 다루어 지신의 노여움을 사서 받는 재앙)가 생기지 않는다고 한다. 고사는 지방에 따라 약간씩 다르지만 대주는 목욕재계하고 정성들여 제상을 준비한다.

제수로 쓰이는 물건으로는, 계란 1개를 땅에 묻고 그 위에 밥 한 그릇, 마른명태, 술 한 잔을 차려놓고 엎드려 절을 하며 개토를 선고한다.

그런 후 동서남북 사방으로 술을 한 잔씩 땅에 붓기도 하고 소금을 한줌씩 뿌리기도 한다. 이와 같은 의식은 건물이 완공될 때까지 무사고를 기원하며 집에 불이 나지 않고 잡귀가 들지 못하게 부정을 치기 위함이다. 고사(텃제)를 마치면 곧바로 집터를 고르는 작업을 시작하는데 이때도 대주의 운세에 맞는 방향부터 땅 파기를 시작한다.

(3) 정초

터다지기가 끝이 나면 지관(地官)이 정해 놓은 좌향에 따라 도편수(집을 짓는 총책임자로 목수의 우두머리)는 기둥을 세울 자리에 주춧돌을 놓게 된다. 이때 지관은 패철을 놓아 기둥 중심선의 정확한 위치를 알려주고 그 위에 열십자(+)로 기둥의 중심축 자리를 표시한다.

이렇게 초석 놓을 자리를 정하게 되면 도편수는 규준틀을 세우고 실을 띄워 기둥 놓일 자리를 정하고 초석 중심에 먹을 놓아 십반을 그려놓는다.

이와 같이 기초를 만드는 건축적 행위는 집안에 새로운 성주신의 잉태를 위해 어머니를 상징하는 땅(穴)에 아버지의 씨앗(生命)을 의미하는 주추를 박아 성주신을 잉태하게 한다는 상징적 의미를 갖고 있다.

(4) 입주

초석 위에 기둥을 세우는 작업을 입주라고 한다. 기둥을 세운다는 것은 초석에 그려진 십반과 기둥 하부에 목수가 먹선 놓은 십반을 맞추어 세우는 일을 말하며 기둥이 수직으로 잘 세워졌는지 도편수는 사게부리(추)를 내려 다림을 보게 된다.

수평과 수직이 맞으면 기둥에 버팀목을 대고 기둥머리에 창방을 연결하게 된다. 이렇게 작업이 진행되면 기둥머리에 보와 도리, 포작을 얹음으로써 건물의 구조틀이 만들어지게 된다.

입주 역시 지관으로부터 택일(擇日)을 하여 시행하는데 기둥을 세우는 과정은 수태(受胎)된 성주가 모태(母胎) 안에서 발육하여 뼈대를 갖추는 과정으로 정상적 골격을 갖춘 성주 출산을 위해서 기둥 수직 세우기는 매우 중요하다.

주춧돌 위에 기둥을 세우고 나서는 차례로 보를 건다. 골조가 완성되면 서까래를 올리게 된다. 서까래를 걸 때에는 되도록이면 촘촘히 걸어야 하중을 많이 받아도 문제가 생기지 않는다. 벽면도 세부골조를 세워 벽체를 만든다. 우선 기둥에 구멍을 뚫어 기둥과 기둥을 가로로 연결시켜 나무를 댄 후 이 가로로 댄 나무에 세로로 힘살을 박아 넣는다. 벽면의 힘살이 완성되면 힘살에 수수깡이나 겨릅, 대나무, 싸리나무 등을 사용 가로로 외를 촘촘히 댄다.

기둥과 보가 얹히면 지붕틀을 꾸미게 되는데 지붕틀은 서까래를 얹을 수 있도록 짜여진 지붕구조를 말한다. 지붕틀을 마감하는 마지막 작업이 바로 종량 마룻대를 올리는 작업인데 이로써 구조체는 마무리되고, 다음부터는 벽을 치고 마루를 놓는 등의 내부 공사가 진행된다.

서까래를 올리고 벽체가 완성되면 그 벽체에 흙을 쳐야 한다. 흙치기를 하기 전에는 우선 흙을 다져야 하는데 흙다지기할 때에는 물을 뿌려가며 흙알갱이 하나하나에 수분이 스며들 수 있도록 충분히 밟아준다. 다진 흙은 곧바로 사용하지 말고 며칠 동안 물을 뿌려가며 덮어두었다가 사용하는 것이 좋다. 며칠간 충분히 숙성시킨 흙으로 벽을 시공하면 갈라지지 않는다.

벽은 세 차례에 걸쳐서 치는데 처음 치는 벽을 초벽이라고 한다. 초벽은 황토에 짚을 5cm 정도 되게 썰어 넣고 물을 많이 부어 질게 다진 후 사용한다. 벽을 바를 때에는 벽체 골조를 사이에 두고 양쪽에서 각각 2cm 정도의 두께로 마주보고 발라준다.

초벽이 끝나면 재벽을 치는데 재벽은 초벽을 친 위에 짚을 넣지 않은 순수한 황토만으로 곱게 발라준다. 재벽이 끝나면 사래로 친 고운 흙에 풀이나 모래, 강회, 백시멘트 등을 섞어 벽표면을 마무리해 발라준다. 이렇게 하면 견고하여 벽이 터지지 않게 되는데 이것을 새벽이라고 한다.

새벽을 할 때에는 지면에 가까운 곳의 벽면은 강회나 석회를 섞은 황토를 발라주면 큰 비나 장마로부터 벽체를 보호할 수 있다. 새벽까지 끝나 마무리된 벽의 두께는 8~12cm 정도가 된다. 이러한 벽치기의 방법을 맞벽치기라고 한다.

방바닥에는 구들을 놓는다. 아궁이 쪽과 연결시켜 바닥을 파고 몇 개의 불목을 만들고 불목 끝에는 굴뚝 쪽으로 가는 홈을 만들어 준다. 불목은 아궁이보다 30cm 정도 깊이 파고 아랫목에서 윗목으로 갈수록 얕게 파 45도 정도 경사지게 해준다. 불목 끝의 가는 홈은 불목보다 깊이 파야 굴뚝을 통해 찬바람이 들어와도 온기를 지속시킬 수 있다. 불목을 만든 후에는 두께 10cm 정도의 화강암으로 구들장을 놓는다.

구들장이 놓여지면 그 위에 황토를 발라 방바닥을 만든다. 방바닥을 시공할 때에는 그 가운데다 숯이나 쑥을 넣은 후 황토를 바르면 건강에도 좋다. 또 수맥파를 차단하기 위하여 동판을 깐 후 그 위에 황토를 덮는다. 방바닥을 바를 때에는 보리풀이나 볏짚, 솜 등을 섞은 황토로 발라주면 단단하고 갈라지지 않는다. 또 찰수수풀에 쑥이나 소나무 등의 가루를 함께 사용하면 향도 좋고 오래간다.

이렇게 하여 황토집이 완성된 후에는 15일 동안 하루에 3번 이상 군불을 지펴 서서히 마르게 해주어야 한다. 처음 말릴 때는 습기가 차 연기가 잘 안 빠지는데 차츰 마르게 되면 연기가 잘 빠진다.

(5) 상량제

상량을 올리는 일은 큰 사고 없이 구조체 공역을 마침으로써 큰 고비를 넘겼다는 의미를 지니게 되므로 공사일정의 중요행사가 된다.

주인의 경제적 형편에 따라 떡 · 과일 · 술 등을 준비하고 돈이나 피륙도 갖추는데, 이날의 제물들은 목수가 모두 갖게 되므로 상량일을 목수의 생일이라고 한다. 상량식을 할 때 대목(목수)은 정시에 상량을 할 수 있도록 기둥위에 보와 도리를 얹은 후 대공을 세우고 마룻대를 미리 준비하여 의식에 차질이 없도록 해야 한다. 또한 대주가 성조운(成造運)이 들었는지를 알아보고, 만약 그렇지 않을 경우 가족 중에 운이 맞는 사람을 대주로 삼아 택일하여 상량 시(時)를 정해 의식을 행한다.

대주와 상량 일시가 정해지면 의식이 시작되고 상량문(上樑文)이 쓰인 마룻대를 상량할 위치에 놓고 그 앞에 제상을 차린다. 제상에는 돼지머리 또는 명태와 밥, 흰시루떡, 삼색 과일, 술, 돈 등의 제물(祭物)을 차려 놓고 향불을 피워 정해진 대주가 두 번씩 3회 절을 한다.

대주의 절이 끝나면 아들, 손자들도 차례대로 절을 올린 다음 부어 놓았던 술을 마룻대에 뿌리면서 자손대대로 무병장수하며 가정의 화목을 빈다. 절이 모두 끝나고 나면 돈과 광목, 명태, 실, 쌀(쌀은 종이봉지에 넣음)을 마룻대에 매어 상량을 한다.

상량 때 집주인의 성주(집을 지키고 보호한다는 조상신)를 모셔다 "대주가 새집을 지었으니 아무 탈 없이 집을 잘 지켜 달라"는 뜻으로 목수가 창호지를 접어서 기둥머리에 흰 실타래로 묶어 놓기도 한다. 상량의식이 모두 끝나고 나면 대주는 마을 주민들을 초청하여 술과 음식을 나누어 먹으며 목수는 상량일을 종도리 하단이나 보 바닥에 적어 넣는다. 경우에 다라서 상량문을 적어 부재 사이에 껴 넣기도 한다. 이러한 의식이 바로 한옥문화의 중요한 한 형태이며 역사의 기록이 된다.

이런 의식을 거쳐 지붕이 구성되는데 지붕의 짜임은 벽체나 바닥과 더불어 건축공간을 구성하고, 외부로부터 비 · 눈 · 이슬 등을 비롯해 온도 · 습도 · 음향 · 일광 · 바람 · 시선 · 외적 등을 차단하는 기능을 갖게 되므로 벽체와 같이 시각적으로도 중요한 요소가 된다.

(6) 입택(집들이)

집이 완성되면 손 없는 날을 길일로 정한 후 집들이를 한다. 각 지방 풍습에 따라 약간씩 차이는 있으나 대체로 조왕솥(부엌에 있는 솥 중에서 주로 밥을 짓는 솥이다. 조왕이란 부엌을 맡은 신을 말하며 부엌의 모든 길흉을 관장한다)을 제일 먼저 가져간다. 이때 솥 안에 흰시루떡(백설기)을 만들어 넣어 옮기는 지방도 있고, 불씨가 담긴 화로를 넣어가는 지방도 있다.

새집에 이삿짐이 도착하면 마당에 멍석을 깔고 조왕솥을 내려놓고 고사(절)를 지낸다. 그 다음 입택 시간에 맞추어 솥을 부엌에 걸고 밥을 지어 조왕신께 고한 후 술과 음식을 마을 주민들에게 대접한다.

그리고 세간을 모두 집안으로 들여놓게 되면 제일 먼저 조상을 모시는 의례를 행한다. 안방 북쪽 상인방 밑에 조상신을 좌정시킨 후 음식을 차려놓고 새집으로 이사 들었음을 알리며 가족들의 수복을 빈다. 다음으로 성주신과 잡신들에게도 집안의 안녕과 번성을 기원한다.

Chapter 10

전통 주거

인류는 그들 거주지역의 기후풍토 등 자연조건뿐만 아니라 사회제도나 경제, 기술 등 사회적 조건의 영향을 받으면서 그 조건에 적합하게 생활하고 거주해 왔다. 주거는 흔히 우리를 담고 있는 그릇이라고 표현된다. 그만큼 우리 생활과 관련이 깊고 관련이 깊은 만큼 많은 역사와 문화, 생활방식을 담고 있다는 것이다. 이러한 생활방식과 주거는 동일 지역에서의 기후 · 풍토가 변하지 않더라도 사회적 조건의 변화에 영향을 받으며 변화되어 왔다.

주택은 선사시대에서 조선시대에 이르기까지 시대와 지역에 따라 변천 발전되어 왔다. 선사시대에서 고려시대에 이르는 주택의 현존유구는 없으며, 다만 발굴된 주거지와 고구려의 고분벽화에 그려진 주거에 관한 그림들과 약간의 문헌자료만이 있다. 그러나 조선시대의 주택유구는 적지 않을 뿐 아니라 우리의 조상들이 오랜 세월동안 생활하면서 공감하는 가운데 형성해 온 모든 것이 나타나고 있어 조선시대의 주택이야 말로 한국주택의 전통성을 지닌, 이른바 한국전통주택이라 할 수 있다. 조선시대의 주택은 소유주의 사회적 계급이나 계층에 따라 규모의 크고 작음, 공간의 활용방법과 구조양식 등에 많은 차이가 있고, 또 같은 계층의 주택의 경우에도 지역에 따라 평면구성에 다소 차이를 보이는데, 중 · 상류주택보다 서민주택에서 비교적 명확히 나타난다.

'민속마을'은 예로부터 이어져 내려오는 마을로서 혈연중심(씨족마을)과 자연중심(각성마을)형으로 나눌 수 있다. 전자를 대체로 반촌(班村)이라고 한다면 후자는 민촌(民村)에 해당된다.

우리의 민속마을은 '전통 보존'과 '정주(定住) 환경 유지'라는 두 가지를 만족시켜야 하는 과제를 안고 있다고 할 수 있다.

1. 한국의 주거형태

주택이라는 말은 머무를 주(住)와 집 택(宅)의 합성어로서 그 뜻은 사람이 들어사는 집을 말한다. 이 말은 순수한 우리말인 '집'에 대한 한자어이며, 같은 한자어인 주거(住居)와 유사하나 주택이 집 자체의 건물만을 지칭한다면 주거는 집에서 이루어지는 생활도 포함된다고 할 수 있다. 우리나라의 주택법에서는 「주택이란 세대(世帶)의 구성원이 장기간 독립된 주거생활을 할 수 있는 구조로 된 건축물의 전부 또는 일부 및 그 부속토지를 말하며, 이를 단독주택과 공동주택으로 구분한다」고 정의하고 있다.

우리의 주거문화는 구석기 시대의 동굴 및 생나무를 이용한 주거에서 출발하여 수혈주거, 귀틀집, 초가, 기와집의 형식을 거쳐 현재의 주거모습을 보이고 있다. 전통적인 주거형태는 사회제도, 신분계급, 각 지역의 환경 및 기후특성 등에 의하여 변화, 발전되어왔다. 그러므로 지역에 따른 기후와 생활양식에 의한 한일자 홑집, 겹집, 양통집, 그리고 곱은자집으로 구분된다.

홑집은 퇴칸을 제외한 평면이 한일자 한 줄로 늘어선 집을 말한다. 분포지역은 함경도와 제주도를 제외한 우리나라 전역에 분포한다.

겹집은 중앙에 대청을 두고 양쪽에 구들을 배치하되 평면이 홑 또는 겹으로 배열되는 집이며 분포지역은 대표적으로 제주도의 살림집에서 볼 수 있으며 남해안 일부 지방에 분포한다.

양통집은 기둥을 3열로 배열하고 각 공간을 2줄로 배치한 집을 말하며 각 공간이 3겹이 되는 사방집(세겹집)도 여기에 포함된다. 분포지역은 함경도, 동해안, 안동지방 등지에 주로 분포한다. 양통집이 겹집과 다른 점은 전후퇴를 제외하고 기둥을 정확히 세줄로 배치한다는 점이다.

곱은자집은 홑집으로 구성되는 것이 일반적이지만 지역에 따라서는 각 지방의 겹집이나 양통집의 평면형태가 혼용되어 쓰이기도 한다.

시대별로 주거의 변천을 살펴보면 다음과 같다.

① 신석기시대

신석기시대에는 주로 낮은 구릉의 경사면에 소취락을 형성하고 살았다. 바닥에는 엷게 진흙을 깔고 다지거나 불을 피워 단단하게 굳혔다. 어로와 수렵이 주요 생계 수단이었기 때문에 내부시설로는 노(爐)와 야장공(野藏孔)과 출입구가 있었다. 주로 집 안쪽에 해당되는 부분에서는 취사와 관련된 작업이 행해졌고, 출입구 가까운 부분은 남자들의 거처였다.

② 청동기와 초기철기시대

청동기와 초기철기시대의 주거는 하천이나 해안에 형성되었으며, 이전보다는 좀 더 큰 취락을 이루었다. 수혈의 깊이가 낮아서 실제로는 거의 지상주거의 형태를 띠었다. 이 시기는 농경이 보급되어 큰항아리를 바닥에 거꾸로 설치한 저장공은 사라지고 규모가 큰 저장시설이 등장하여 주거부분과 독립되었다.

③ 삼국시대

삼국시대에는 불교의 도입과 함께 건축술이 발달하였다. 사찰 건축 기술의 도입으로 종래의 초석이 없는 소규모의 초옥건물에서 초석과 주, 양, 방 및 도리를 갖춘 기와집이 건축되었다. 또한 대규모의 궁전이나 주택 등이 건축되었다.

④ 고려시대

고려시대의 주거는 삼국시대에서 통일신라에 이르는 주거문화가 그대로 전승되었다. 특히 일반민중에게 온돌이 보편화되었다. 고려시대의 온돌은 난돌, 화돌, 빙돌 등으로 불렸다. 주로 흙침대를 만들어 땅을 파서 화갱을 만들고 여기서 잠을 잤다. 당시 귀족들의 입식생활이 좌식생활로 바뀌어지기도 했다.

⑤ 조선시대

조선시대의 주거는 기능적인 분화와 건축구조적인 발달이 현저하게 이루어졌다. 특히 이 시대의 주거는 한옥이 바탕이 되었다. 사회적 특성과 깊은 관련을 맺으면서 계층에 따른 규제가 엄격했다. 주택의 공간구성은 '방'이라는 건물 내부의 공간과 '마당'이라는 건물 외부의 공간으로 나누어졌다. 마당은 중류 이상의 주택에서는 행랑채와 담장으로 둘러싸인 공간이었으며, 서민주택에서는 외부담장과 연결된 바깥쪽의 공간이었다.

또한 주택의 종류별로 살펴보면 다음과 같다.

① 기와집

우리나라에서 언제부터 기와를 사용하게 되었는지 구체적인 기록이 없어 분명히 말하기는 어렵지만 삼국사기 초기 기록에 의하면 대략 기원 전후에 궁궐이나 큰 건물에 기와를 사용한 것으로 추정된다.

일본 서기에 의하면, 세계에서 가장 오래된 목조 건물로 알려진 법륭사를 지을 때 백제에서 기와 박사 네 사람이 일본에 건너와 기와를 구었다는 기록이 있어, 7세기 경 이미 기와 굽는 기술이 외국에까지 널리 알려질 정도의 수준에 올라 있었던 듯하다.

기와 쌓기는 먼저 암키와를 나란히 깔고 사이사이에 수키와를 덮고 나서, 수키와 앞에 흙과 백토로 빚은 아귀토로 막는 것으로 끝이 난다. 그러나 경우에 따라서는 암막새를 먼저 놓고, 암키와를 서너 겹으로 겹쳐 깔아서 한두 장이 깨져도 물이 새지 않도록 한다. 수키와도 역시 숫막새를 먼저 놓고 홍두깨흙을 얹은 뒤에 덮어 나간다. 지붕마루에는 적새라 하여 암키와를 여러 겹으로 쌓아 올리고 맨 위에 수키와를 덮는다. 따라서 암키와를 많이 덮을수록 지붕마루가 높아져서 집 자체가 커 보인다. 어떤 기와집에서는 적새 위에 수키와를 얹을 때, 한가운데의 두 장을 서로 어스러지게 八자 모양으로 마주 세워 두는 일이 있는데 이를 복문이라 한다.

▲**그림 1**_기와집

팔작지붕의 경우에는 지붕마루마다 망와라 하여 도깨비 모양의 암막새를 얹는다. 망와는 시대를 거슬러 올라갈수록 귀면(鬼面 귀신의 얼굴)에 가까우나 뒤에 점차 약화되어 왔으며, 곳에 따라서는 태극이나 주역무늬가 새겨진 것을 쓰기도 한다. 근래에는 사람 얼굴 모양의 기와를 많이 얹으며 꽃잎을 양각한 것도 볼 수 있다. 이러한 망와는 잡귀를 물리쳐 준다는 속신에서 비롯된 것이다.

② 초가집

초가집은 볏짚으로 지붕을 만든 집이다. 볏짚을 언제부터 지붕에 덮기 시작하였는지 단정적으로 말할 수는 없으나, 벼농사가 시작된 삼국 시대에 이미 등장했으리라 추측된다.

초가지붕을 잇는 방법은 비늘 이엉법과 사슬 이엉법의 두 가지가 있다. 전자의 경우 모양이 물고기의 비늘을 닮은 데에서 이름이 유래했는데, 짚의 수냉이를 한 뼘 정도 밖으로 내어서 엮는 방법이다. 길게 엮은 날개 두 장을 이엉꼬챙이로 꿰어 올린 다음, 지붕의 앞뒤를 덮고 남은 부분으로 좌우 양쪽의 벽을 가릴 수 있다. 수명은 사슬 이엉보다 오래 간다.

▲**그림 2**_초가집

사슬 이엉은 수냉이가 밖으로 나오지 않도록 일정한 크기로 엮은 날개 수십 장을 둥글게 말아서 지붕 위로 올린 뒤에, 멍석을 깔듯이 펴나가면서 지붕을 덮는 방법이다. 처음에는 수냉이가 처마 밑으로 오도록 깔고, 다음에는 이와 반대로 해서 덮어 나간다. 바람에 날리지 않도록 적당한 간격을 두고 새끼를 늘여 서까래 끝에 잡아맨 뒤 용마루에 용구새를 얹어서 마무리 짓는다. 이 때 빗물이 잘 흘러내리게 좌우양쪽으로 비탈이 지도록 솜씨 있게 엮어야 한다. 바람이 심한 곳은 바람에 날리는 것을 막기 위하여 새끼를 그물처럼 엮어 지붕을 덮는다.

초가지붕은 대체로 지붕의 추녀마루가 처마 끝에서부터 경사지게 오르면서 지붕 중앙의 한 점에서 합쳐지는 모임지붕의 형태를 이룬다. 또한 겹집인 경우 까치구멍이라고 하여 용마루를 짧게 하고 좌우 양끝의 짚을 안으로 우겨넣어 까치가 드나들 만한 구멍을 내어 두는 경우도 있다. 이 구멍으로 집안에 햇볕이 들어오고 연기가 빠져 나가기도 한다. 이러한 구멍은 초가집뿐만 아니라 너와집이나 굴피집에서도 볼 수 있다.

③ 샛집

샛집은 주거지역의 주변에서 흔히 얻을 수 있는 풀을 이용한 집들을 말한다. 주로 들이나 산에서 나는 억새풀의 한 종류인 새풀을 베어서 썼는데, 수명이 20~30년 정도되므로 볏짚으로 엮은 초가집보다 내구성이 뛰어나다고 볼 수 있다. 새풀 이름은 각 지방에 따라 조금씩 다르지만 보통 왕골, 왕새, 세골, 갈대 등이 있다. 샛집 지붕은 볏짚 지붕보다 경사가 더 급하고, 지붕이 무겁고 그늘져 습기 찬 곳은 쉽게 썩기 때문에 부분적으로 갈아 끼워 사용하기도 했다. 낙동강 주변에는 갈대로 지붕을 이은 갈집이 많이 있었는데 창녕 하병수 고택에서 갈대로 만든 샛집의 원형을 확인할 수 있다.

▲**그림 3** _ 샛집
전남 남원시 주천면 덕치리 회덕마을

④ 너와집

너와를 강원도에서는 느에, 또는 능애라고도 한다. 너와는 2백 년 이상 자란 소나무 토막을 세워 놓고 도끼로 쪼갠 작은 널판을 말한다. 너와의 크기는 일정하지 않으나 보통 가로 20~30cm, 세로 40~60cm이고 두께는 5cm 내외이며 수명은 10~20년이다.

▲**그림 4** _ 너와집
강원 삼척시 도계읍 신리. 중요민속자료 제33호.

너와를 지붕에 올릴 때 바람에 날리는 것을 방지하기 위해 무거운 돌을 얹어놓거나 '너시래'라 부르는 통나무를 처마와 평행하여 눌러놓는다. 너와 쌓기는 지붕의 용마루 쪽으로부터 끝을 조금씩 물리면서 덮어 내려간다.

너와 70장을 한 동이라고 하며 한 간 넓이의 지붕에는 보통 한 동 반에서 두 동 쯤이 들어간다. 기와지붕을 수리할 때처럼 그때그때 필요에 따라 썩은 것을 갈아 내고 새것으로 바꾸어 끼운다. 아궁이에 불을 지필 때에는 굴뚝으로 빠지지 못한 연기가 너와 사이로 뿜어져 나오므로, 지붕이 불에 타는 듯한 착각을 일으키게 한다.

원래 너와집은 수목이 울창한 지대에서 볼 수 있는 살림집으로 개마고원을 중심으로 한 함경도 지역과 낭림산맥 및 강남산맥을 중심으로 한 평안도 산간지역, 태백산맥을 중심으로 한 강원도 지역, 울릉도 등지에 분포한 것으로 알려져 있는데, 이는 대체로 화전민들의 분포지역이다.

지역에 따라 평면형태와 구조면에서 상당한 차이가 나타나는데 평면상으로는 홑집과 겹집으로 나누며, 지붕의 형태로는 우진각 · 합각 · 박공지붕 등으로 구분되고, 벽체 구성의 재료 차이에 따라 귀틀집 · 토벽집 등으로 나눈다.

⑤ 굴피

지붕에 너와 대신 참나무껍질을 덮는 집으로 한 지붕 아래 방과 외양간이 같이 있다. 집안에는 지금의 벽난로인 고콜, 불씨를 모아두는 화로인 화티, 호롱불을 설치하는 두등불 등을 두었다.

▲그림 5 _ 굴피

굴피는 상수리나무의 껍질로, 산간지대에서는 이것을 벗겨 지붕을 덮었다. 20여 년 이상 자란 나무의 껍질이지만 크기를 일정하게 벗기기는 힘들기 때문에, 이를 덮은 지붕을 보면 마치 누더기를 걸친 것처럼 어지럽다.

굴피는 대기가 건조해지면 바짝 오므라들어 군데군데 하늘이 보일 정도로 틈새가 많지만 비가 내리든지 하여 습도가 높아지면, 이내 늘어나서 틈을 메운다. 이음새에는 바람에 날리지 않도록 돌로 지질러 둔다. 굴피 지붕의 수명은 매우 긴 편이어서 '기와 만 년에 굴피 천년'이라는 말이 전해질 정도이다.

⑥ 귀틀집

귀틀집은 목재가 풍부한 산간지대의 주민들이 짓고 살던 원시 가옥의 한 가지이다. 둥굴이

▲그림 6 _ 귀틀집

나무를 가로와 세로로 겹쳐 우물 정자 모양으로 쌓아 올려서 벽체를 삼으므로 이를 방틀집, 또는 말집이라고도 한다.

양끝을 우묵하게 쪼아낸 자리에 나무를 얹어서 움직이지 않도록 하며 나무와 나무 사이의 벌어진 틈에는 진흙을 발라 막는다. 벽체가 완성되면 느리개(서까래 위에 걸치는 지붕 널)를 놓고 이에 산자를 깐 뒤에 흙을 발라 천장을 삼은 후 이 위에 지붕틀을 덧씌운다.

따라서 귀틀집의 지붕은 맞배지붕을 이루며 기둥은 천장에서 마룻대를 받치는 동자기둥 하나를 세울 뿐이다. 지붕틀과 천장 사이의 합각은 수장 공간으로 이용된다.

다른 나라에서는 서너 칸의 집을 모두 귀틀로 만드나 우리나라에서는 두 칸 방만을 귀틀로 하고, 부엌이나 마구 등의 공간은 일반 가옥처럼 널벽을 쳐서 벽을 삼고 나머지 공간은 기둥, 도리, 들보 등을 짜맞추는 가구식으로 꾸민다. 고구려에서는 부경이라 하여 창고를 귀틀로 짜서 만들었으며 최근까지 강원도와 경남에서 이를 흔히 볼 수 있었다.

⑦ 까치구멍집

▲그림 7 _ 까치구멍집
경북 영덕군 창수면 갈천리 6-1, 경상북도 민속자료 제2호

까치구멍집은 안방 · 사랑방 · 부엌 · 마루 · 봉당 등이 한 채에 딸려 있고, 앞뒤 양쪽으로 통하는 양통집의 속칭이다. 지붕 용마루의 양쪽에 공기의 유통을 위하여 구멍을 낸 모양이 까치둥지와 비슷하다 하여 붙은 이름이다. 한국 전역에 흩어져 있는 주택을 평면구성으로 볼 때 외통집 · 양통집 · 곱은자집 · 겹집으로 나눌 수 있다.

양통집은 처음에는 대개 6칸 집인 것이 8칸 · 10칸 또는 그 이상으로 발전하였다. 양통형 집은 안동지방뿐만 아니라 태백산맥을 중심으로 동해안 산간 지방에서 아직도 많이 볼 수 있는데, 그 구조가 한국집의 고대양식이라는 점에서 특별한 의미를 가진다.

양톱집은 낙동강 유역에서 출토된 가야(伽倻)시대의 가형토기(家形土器)가 6칸 양통집과 외형이 같다는 점과, 근래에 발굴된 대부분의 선사시대 주거지가 모두 통간이기는 하지만 평면구성이 양통형이라는 점에서 그 존재를 확인할 수 있다.

고대사회에 하급계층 사람들의 집이 반구덩식(半竪穴式)이었던 점으로 보아 양통집은 부유계층 사람들의 집이었을 것으로 추정한다.

⑧ 움집

움집의 바닥은 대부분 장방형을 이루나 방형의 것도 있으며 기둥을 두 줄로 세워서 벽과 지붕이 나누어지고 지붕은 맞배지붕이나 모임지붕의 형태를 이룬다.

움집터는 압록강, 두만강, 대동강 그리고 한강 유역에 많이 발견되었다. 움막이 빗살문 토기 시대의 주거임에 반해, 움집은 농경이 발달한 민무늬토기 시대에 들어와 나타나기 시작했다.

▲**그림 8**_움집
전남 화순 세계유산 고인돌

움집은 벽과 지붕이 분화되어 움막처럼 땅을 깊이 파고 지을 필요가 없어짐에 따라 벽이 땅으로 반쯤 들어가는 이른바 '반움집'의 형태로 등장했다가, 철기시대 초기에 들어와서는 모두 땅 위에 세워진다. 지붕에는 용마루가 생겨났고, 이를 의지하여 원시적인 서까래를 걸고 짚 따위를 덮은 뒤에 흙을 얹었을 것이다. 지붕면에 채광 시설을 마련하고 맞배지붕의 좌우 양측에는 배연을 위한 구멍을 내었으리라 추정된다. 벽은 수직으로 세운 기둥과 기둥 사이에, 통나무나 널판을 가로 질러 대어서 꾸몄을 것이다. 이는, 지상에 세웠던 집자리에서 벽에 판지를 데었던 흔적과 불에 탄 널판이 나왔고, 기둥 지리가 촘촘하지 않고 띄엄띄엄 있던 점에서 미루어 짐작할 수 있다.

움집은 규모가 커서 장방형의 한 면이 4~7m이고, 넓이는 50~60m^2에 이른다. 그러나 서기 7세기쯤의 것으로 추측되는 경기도 파주군 덕은면의 집자리 중에는 깊이가 40~90cm, 동서 15.7m, 남북 3.7m가 되는 것도 발견되었다. 움집의 기둥 구멍은 모두 수직을 이루며 기둥이 주저앉는 것을 막기 위해 주추를 놓은 집도 있고, 간을 막은 흔적이 있는 집자리가 발견되기도 하여 공간 분화의 가능성을 추측하게 한다.

움막의 중앙부에 있던 화덕이 어느 한 쪽으로 밀려나 두 개의 화덕을 갖춘 집도 있고 출입을 위한 층계나 비탈이 없는 경우도 많다. 같은 움집 안에서도 안쪽을 상청, 가운데를 중청, 문간 쪽을 하청이라 하여, 노인들은 상청에, 그리고 젊은이들은 하청에 모여 앉아 장기나 바둑을 두거나 짚신 등을 삼는 작업을 하였다. 움집은 서너 집 내지 백여 호가 모여 마을을 이루는 것이 보통이었다.

2. 민속마을의 입지 특성

2.1 사례 민속마을의 선정

민속마을은 "자연조건에 의해 마을의 영역이 형성되면서 마을의 전통이 역사적으로 계승되어온 유형, 무형의 문화적 고유성을 보존하여온 마을"로 정의할 수 있다.

사례마을의 선정은 민속마을로서의 가치가 인정되는 지역 중에서 국가나 광역자치단체에서 민속마을로서의 보전가치를 인정하여 문화재로 지정한 마을을 고려했다. 또한 민속마을의 원형이 유지관리되고 있다고 평가되는 마을 중에서 총 12개를 사례지로 선정했다(표 1).

표 1 _ 전통마을의 입지 특성

마을명	소재지	시기구분	주산	안산	마을좌향	주거입지유형	풍수평가	비 고
왕곡마을	강원 고성군	조선전기	오음산	있음	남동	능선형	은둔	중요민속자료 235호
하회마을	경북 안동군		회산	있음	남	평지형	명당	중요민속자료 122호
한개마을	경북 성주군		영취산	있음	남서	능선형	명당	중요민속자료 255호
양동마을	경북 경주시		설창산	있음	남	능선형	명당	중요민속자료 189호
낙안읍성	전남 순천시		오봉산	있음	남서	평지형	방어	전남 순천시 사적 302호
성읍마을	제주 서귀포시		한라산	있음	서북	평지형	방어	중요민속자료 188호
닭실마을	경북 봉화군	조선중기	백설령	있음	남서	능선형	은둔	경북 사적 및 명승 3호
외암마을	충남 아산시		설화산	있음	남서	평지형	명당	중요민속자료 236호
강골마을	전남 보성군		오봉산	있음	남	능선형	명당	
옻골마을	대구시 동구	조선후기	대암	없음	남	계곡형	은둔	대구 민속자료 1호
호지마을	경북 영덕군		망월봉	없음	서	계곡형	경제개념	경북 민속자료 75호
해저마을	경북 봉화군		응방산 줄기	없음	남	계곡형	경제개념	도지정 전통문화마을

2.2 사례 마을의 입향특성과 성장과정

(1) 시기 구분

마을의 구성은 인구와 건축 그리고 사회적 현상을 바탕으로 형성되는 것을 고려해 조선시대를 전기, 중기, 후기로 나눈다.

마을의 시기구분은 입향시점을 기준점으로 왕곡, 하회, 한개, 양동, 낙안읍성, 성읍마을은 전기, 닭실, 외암, 강골마을은 중기, 옻골, 호지, 해저마을은 후기로 구분된다.

(2) 입향 특성

마을의 입지형태는 크게 두 가지로 구분된다. 새로운 마을 입지를 선정해 입향하는 경우와 기존의 마을에 새로이 편입하여 입향하는 방식으로 구별할 수 있다.

사례지에서는 새로운 마을 입지를 선정해서 입향한 개척입향은 한개와 닭실마을의 경우이다. 대부분의 지역은 기존에 선주민공동체가 있었던 것으로 볼 수 있다. 때문에 입향 초기에 선주민공동체와 공존하면서 살지만 새로이 입향한 성씨가 사회경제적으로 입지가 강해지면 선주민공동체가 위축되어 마을을 떠나는 형태를 보이고 있다.

(3) 마을의 발전과 성장

씨족마을이 발전해 가는 과정은 크게 3가지 유형으로 대별할 수 있다.

먼저 3단계의 성장과정을 거치는 마을 유형으로서 입향과 마을 정착과정을 거쳐 외부적으로 마을의 입지가 다져지는 3단계의 과정을 거치는 경우이다. 이 경우가 사례지에서 가장 많은 마을 발전 형태를 나타내는 유형이다. 입향조가 입향하여 마을의 기반을 닦아가는 단계를 거쳐 일정 시점에 이르러 사회정치적 측면에서 역량이 강화되고, 마을의 규모가 확장해 가는 단계를 거친다. 그리고 마지막으로 마을이 외부적으로 알려지면서 반촌(班村)마을로시의 위상을 구축하게 된다. 이처럼 3단계의 과정을 거치면서 성장한 마을은 한개, 양동, 외암, 호지마을이다.

둘째, 2단계 과정을 거치면서 성장하는 마을유형이다. 이는 최초 입향조가 사회경제적으로 안정되어 있는 상태에서 복거된 마을로서 하회와 옻골마을이 그 대표적 사례이다. 닭실마을도 유사한 형태의 성장 패턴을 보이고 있다. 하회마을의 경우 입향조 류종혜가 선주민공동체에 상당기간 경제적 지원을 했다고 한다. 이는 입향조가 부를 축적하고 있었기 때문에 가능했을 것이며, 경제력을 바탕으로 선주민공동체에 쉽게 정착할 수 있었을 것이다. 옻골마을의 경우에는 입향조인 대동 최동집은 입향 후 마을 인근에 사양서당과 연경서원을 조성했다. 입향시기는 임진왜란이 끝나고 사회가 어느 정도 안정된 1616년으로서 전란이후 안전한 지역을 찾아 이동했다. 입향 당시에 경제력의 바탕이 있었기 때문에 입향과 동시에 서원과 서당을 건설하여 선주민공동체와 유대관계를 맺을 수 있었다. 그 후 최홍원이란 인물대에 옻골마을이 사회경제적 지배가 인근 지방에 영향을 미쳤다. 닭실마을은 입향조 충재 권벌이 기묘사화

(1519)로 파직되어 1520년 닭실마을에 내려와 입향한다.

마지막으로 마을이 뚜렷한 성장과정을 거쳤는지 확인이 힘든 경우이다. 해저마을은 조선후기에 번성했다고는 하나 그 구체적 사료는 발견되고 있지 않다. 다른 사례에서 알 수 있듯이 마을 구성에서 주거공간 이외의 정자나 사당이 발달하고 있다. 하지만 해저마을의 경우 단사정이란 정자는 그 규모면에서 협문 1동과 정자 1동으로 중앙실 한칸에 좌 · 우 반칸으로 그 소박함을 알 수 있다.

(4) 마을의 입지 특성

1) 지형과 토지 이용

마을이 입지하고 있는 지역의 경사도에 따른 토지의 이용이다. 경사에 따른 주거지와 경작지를 보면 하회마을과 외암마을에서 예외가 있으나 주축단면을 기준으로 4% 미만 평탄지역은 경작지로, 4~10% 지역은 주거지로 이용되고 있으며, 10% 이상의 지역은 배후지로 보전되고 있다. 주거지가 4~10%의 경사지에 위치하고 있다는 것은 별도의 성 · 절도 없이 건물과 도로의 배치가 가능하다는 점에서 시사하는 바가 있다. 또한 전통한옥이 빼어난 산봉우리를 바라볼 수 있도록 경관축을 확보한다는 측면에서는 평탄지보다 완만한 경사지가 주변의 양호한 경관 확보 차원에서 유리했을 것이다.

이와 같이 민속마을은 주산을 기준으로 주변 지세에 순응하여 완만한 경사지에 자연의 환경 파괴를 최소화할 수 있도록 주거지를 형성했다. 또한 각 건물들의 시야는 자연지세를 통해 자연스럽게 확보되고 있음을 알 수 있다.

2) 주거지의 입지

주거지의 입지형태는 3가지 유형으로 대별할 수 있는데, 이러한 유형화는 주거지의 경사, 주변지형 등으로 구별할 수 있다.

첫째, 능선형 입지이다. 이는 상대적으로 지형이 높은 곳에 위치하고 있고, 주변지형에 안산이 있으면서 주산의 위상이 상대적으로 높다. 즉 주산–주거지–경작지–하천–안산의 배치로 주산과 안산 사이의 능선상에 주거지가 입지한 형태이다. 한개, 양동, 닭실, 왕곡, 강골마을이 능선형에 속한다.

둘째, 평지형으로 하회와 외암, 성읍, 낙안읍성마을이 여기에 속한다. 이들 지역은 주거지역의 경사가 미약하거나 주축단면과 횡축단면의 경사가 유사하다. 또한 하천이 주축과 횡축

단면 모두에서 발견되며, 주거지와 인접해 있다는 특징이 있다.

셋째, 계곡형 입지이다. 계곡형 주거입지는 상대적으로 위치가 낮은 지역으로 주산의 위상이 상대적으로 낮아졌다. 하천이 주거지에 인접하여 위치하고, 안산이 없는 것이 특징이다. 사례지역으로 옻골, 호지, 해저마을이 여기에 해당한다.

(5) 전통주거의 특성

1) 왕곡마을

왕곡마을은 14세기 경부터 강릉 함씨와 강릉 최씨, 용궁 김씨 등이 모여 사는 집성촌이다. 고려 말에 함부열이 조선의 건국에 반대하여 은거한데서 비롯되며, 임진왜란으로 폐허화된 후 150여년에 걸쳐 형성된 마을이다.

▲**그림 9**_ 왕곡마을의 주택

19세기를 전후하여 지어진 기와집들은 모두 강원도 북부지방에서만 볼 수 있는 양통집이다. 가옥구조는 안방과 사랑방, 마루와 부엌을 20~30평 규모를 한 건물에 수용하고 부엌에 마구간을 덧붙여 ㄱ자형으로 추운 지방에서 생활하기 편리하게 만든 기와집이다. 굴뚝위에 항아리를 엎어 놓았는데 그 이유는 굴뚝을 통한 열손실방지를 위해서이다. 이는 긴 겨울의 추위를 견디기 위한 구조로, 특히 부엌 앞 처마에 외양간이 있는 것이 특징이다.

기와집이 많은 것은 인근 마을에 기와굽는 가마가 있었다고 한다. 또 하나의 특징은 마을에 우물이 없다는 점인데, 마을 모양이 배의 형국이어서 우물을 파면 마을이 망한다는 전설 때문이라고 한다.

2) 하회마을

하회마을은 풍산유씨(豊山柳氏) 동족마을이며 그 터전이 낙동강의 넓은 강류가 마을 전체를 동 · 남 · 서 방향으로 감싸도는 태극형(太極形) 또는 연화부수형(蓮花浮水形)의 명기(名基)위에 위치해 있다. 유씨가 집단마을을 형성하기 이전에는 허(許)씨와 안(安)씨가 유력한 씨족으로 살아왔으나 1635년의 동원록

▲**그림 10**_ 하회마을

(洞員錄) 기록을 보면 삼성(三姓)－許 · 安 · 柳이 들어 있고 조선 선조 때 벼슬을 하였던 유운룡 · 유성룡 형제의 유적이 마을의 종추를 이루고 있는 것으로 보아 고려말～조선초 사이에 현재의 모습을 갖춘 것으로 추정된다.

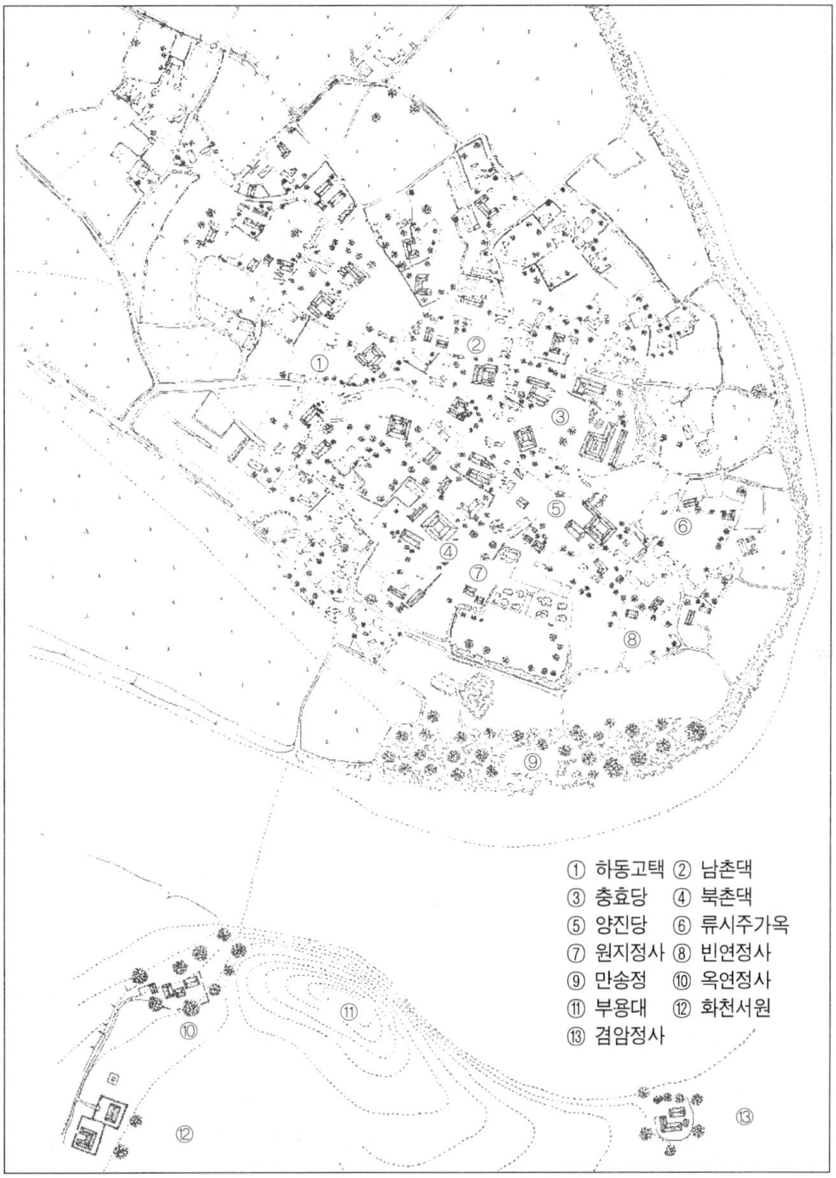

▲그림 11 _ 하회마을의 배치도

문화재로 지정된 건축물들은 보물 2점, 중요민속자료 9점 등을 포함하여 11점이고 이밖에 국보 2점이 있다. 2010년 7월 경주 양동마을과 함께 세계문화유산에 등재되었다.

① 고택

- 입암고택 또는 양진당 : 보물 제306호인 입암고택은 입암(立巖) 류중영의 호를 따서 입암고택(立巖古宅) 또는 양진당(養眞堂)이라고 부른다. 현재 풍산류씨 겸암파의 대종택으로 보물 제306호이다. 사랑채는 고려시대의 건축양식을 가지며, 안채는 이조의 건축양식을 가지고 있는 고려와 조선의 건축양식이 공존하는 고택이다.
- 충효당 : 보물 제414호인 충효당은 서애의 문하생과 삼림들이 장손 류원지를 도와서 지었고, 증손자 류의하에 의해 확장된 조선시대 사대부 양식의 고택이다.
- 작천고택 : 중요민속자료 제87호로 작천고택 또는 류시주 가옥이라고 부른다. 원래 작천 류도관의 호를 따서 작천고택이라고 불렀는데, 현재의 집주인인 류시주의 이름을 따서 부르기도 한다. 조선중기의 건축양식을 따랐으며, 1934년 대홍수로 1채가 유실되고 현재는 일자형의 안채만 남아있다. 사랑방에서 안방으로 이어지는 앞마당에는 작은 토담을 쌓아 사랑방 손님과 안채의 부녀자가 마주치는 일이 없도록 만든 것이 재미있는 특징이다.
- 하동고택 : 중요민속자료 제177호로 하회마을 동쪽에 있다고 하여 하동고택이라고 불린다.
- 귀촌고택 : 풍산 류씨 귀촌파(龜村派)의 종가집이며, 사당에는 귀촌 류경심 공의 위패를 모시고 있다. 그의 어머니 영양남씨와 며느리 문소김씨는 모두 열녀로 정려비가 마을 입구에 세워져 있다.
- 북촌댁 : 중요민속자료 제84호로 북촌댁은 1797년 정조 21년에 지중추부사 류사춘에 의해 처음 건물이 세워졌고, 1862년 철종 13년에 경상도도사 류도성에 의해 증축되어 제 모습을 갖추게 되었다. 마을 북쪽의 99칸 집으로 불려졌으며, 사랑채와 안채, 별당, 사당, 대문간채를 두루 갖춘 전형적인 사대부 집의 건축양식을 가지고 있다. 주요 건축물로는 큰 사랑채인 북촌유거와 중간 사랑인 화경당, 작은 사랑인 수신와를 비롯하여 안채 등이 있다.
- 남촌댁 : 중요민속자료 제90호로 정종 21년에 지은 99칸의 건물로 하회마을 남쪽 사대부의 가옥을 대표하였으나, 1954년 화재로 안채와 사랑채가 소실되고 내부에 있던 진귀한 도서와 골동품들이 모두 불타버리고, 현재는 대문간채와 별당, 사당만 남아있다.
- 주일재 : 주일재는 중요민속자료 제91호로 사랑채, 안채, 사당, 광채로 구성되어 있다. 마당에 들어서면, 정면에 사랑채가 있고, 왼편에 내외담이라고 하는 작은 담장이 있다. 안채로 통하는 문 앞에 쌓아서 안채가 보이지 않게 하였다.

• 지산서루 : 지산서루(志山書樓)는 대문없이 널찍한 정원을 가지고 있으며, 사랑채와 안채가 있는 고택이다. 사랑채는 정사와 유사한 형태로 지어졌으며, 우승지와 대사간을 지낸 류지영이 독서에 매진하기 위해 지은 도서관이다. 그의 호를 따서 사랑채 이름을 지산서루로 하였다.

• 하정재 : 원지정사와 가장 가까이에 있는 고택으로 사랑채의 마루에서 보면 부용대와 시내가 한눈에 보이며 동쪽으로는 화산을 바라보고 있으므로 전형적인 선비의 음풍농월을 즐길 수 있는 고택이다.

• 담연재 : 담연재는 신축된 전통양식의 저택이다.

② 서원

• 병산서원 : 병산서원(屛山書院)은 사적 제260호로 1572년 서애 류성룡이 31세 때에 건립하여 후진을 양성하던 서원이다. 복례문, 만대루, 동재, 서재, 입교당, 장판각, 존덕사, 전사청, 고직사 등이 있다.

• 화천서원 : 화천서원(花川書院)은 부용대 동쪽 기슭에 세워져 있으며, 고종 5년 서원 철폐령에 따라 강당과 주소만 남고, 철거되었다가 1996년 다시 복원되었다. 경내에는 사당 경덕사를 비롯해, 강당인 숭교당, 동재와 서재, 문루 지산루, 원문 유도문, 주소 전사청 등이 있다.

③ 정사

• 원지정사 : 원지정사(遠志精舍)는 조선 중기의 정자 건축물로 중요민속자료 제85호로 원지산(遠志山)을 바라보고 있다고 하여 원지정사로 이름지었다.

• 빈연정사 : 빈연정사(賓淵精舍)는 퇴계 선생의 형으로 원주목사를 지낸 겸암 류운룡이 서재로 사용하던 집이다. 부용대의 절벽 아래 깊은 곳은 빈연(賓淵)이라고 불렀는데, 이것을 따서 이름지었다. 1583년에 지었을 것이라고 추측하며, 중요민속자료 제86호이다.

• 옥연정사 : 옥연정사(玉淵精舍)는 중요민속자료 제88호로 서애 류성룡이 재정적인 문제로 세우지 못하다가, 탄홍 스님이 자청하여 10년동안 시주를 거두어 선조 9년 1576년 짓기 시작하여, 선조 19년 1586년에 완성하였다.

• 겸암정사 : 겸암정사(謙庵精舍)는 중요민속자료 제89호로 지정되어 있으며, 1567년 명종 22년 겸암 류운룡이 학문연구와 후진 양성을 위해 건립한 조선 중기 양식의 정자채이다. 정사는 2층 누각 형식으로 되어 있고, 겸암정이라는 현판은 스승인 이황의 글씨라고 전해

진다.

• 상봉정 : 상봉정(翔鳳亭)은 마을 강 건너 서쪽 언덕에 있으며, 서애는 봉이 나는 형국이라 하여 상봉대(翔鳳臺)로 이름짓고 정사를 지으려 하였으나 재정적인 문제로 뜻을 이루지 못하고 류운룡의 증손이 류세철이 현재의 정사를 세웠다.

3) 한개마을

영취산 아래 성산이씨가 모여 사는 전형적인 집성촌으로 조선 세종 때 진주 목사를 지낸 이우가 처음 자리 잡은 후 대를 이어 살아왔으며 현재 월봉공 이정현 후손들이 집성촌을 이루고 있다.

▲**그림 12**_ 한개마을의 주택

경상북도 문화재로 지정된 건조물과 민속자료 등이 많이 있는데. 월봉정, 첨경재, 서륜재, 일관정, 여동서당 등 다섯 동의 재실이 있고, 이석문이 사도세자를 그리며 북쪽으로 사립문을 냈다는 북비고택, 이진상이 학문을 닦던 한주종가, 20세기 초 목조건축인 월곡댁, 마을에서 가장 오래된 교리댁 등이 경상북도 민속자료로 지정되어 있다.

4) 양동마을

양동은 풍수 형국론으로 보면 물(勿)자 형국이 된다. 마을이 입지하고 있는 형태가 한자의 물자(勿字)를 닮았는데, 산과 물이 마을을 잘 감싸고 있다. 향단에서 보면 관가정이 우백호가 되고, 무첨당이 좌청룡이 된다. 서백당은 청룡과 백호가 여러 겹으로 둘러싼 최적의 입지가 된다.

▲**그림 13**_ 양동마을

15~16세기 이후 월성 손씨, 여강 이씨 두 가문이 대대로 살아 온 조선시대의 대표적 양반마을로 500년 동족집단마을을 형성하고 있다. 현재 150여 호의 크고 작은 옛집과 20여점의 지정문화재가 있다.

양동마을에는 제법 큰 양반 가옥들이 집단을 이루고 있다. 종가일수록 높고 넓은 산등성이 터에 양반들의 법도에 따라 집을 배치하고 있는데 오랜 역사를 지닌 큰 집들을 잘 보존하고 있다. 주택들의 기본구조는 대개 ㅁ자형이거나 튼ㅁ자형을 이루고 있고 간혹 대문 앞에 행랑채를 둔 예도 있다. 혼합배치 양식으로 ㄱ자형이나 一자형도 있지만 대체로 집의 배치나 구성 따위가 영남지방 가옥이 지니는 특색을 띠고 있다.

무첨당(보물 제411호), 향단(보물 제412호), 관가정(보물 제442호)을 비롯해 월성 손씨 종가집, 안락정, 강학당, 낙선당, 심수정, 근암고택 등의 13점이 중요민속자료로 지정되어 있다.

5) 낙안읍성

둘레 1,384m, 높이 4m, 너비 3~4m의 현재 성벽과 동·서·남 문지(門址), 옹성(甕城) 등이 남아 있다. 고려 후기에 왜구가 자주 침입하자, 1397년(태조 6) 질제사(節制使) 김빈길(金彬吉)이 흙으로 읍성을 쌓았다. 《세종실록》에는 1424년 9월부터 토축의 읍성을 석축으로 쌓으면서 본래보다 넓혀서 쌓았다고 기록되어 있다. 당시 성 안에는 우물 2개·연못 2개가 있었으며, 해자(垓字)는 파지 않았고, 문의 보호시설인 옹성은 그 후에 설치하였다.

▲그림 14 _ 낙압읍성 마을

낮은 구릉을 포함한 평지에 동서 방향으로 긴 직사각형이며, 체성(體城)의 축조나 적대를 구비한 점에서 조선 전기의 양식이다. 동문에서 남문으로 이어지는 성곽이 가장 잘 보존되어 있으며, 옹성은 남·서문터에서만 흔적을 볼 수 있다. 성곽은 커다란 자연석으로 쌓고, 돌과 돌 사이에는 작은돌로 쐐기박음을 했지만 아직도 견고하다. 남문터는 마을 안 골목길에 있는데, 네모진 바위를 3단으로 쌓아올린 성문벽이 길가에 그대로 남아 있다. 성 안에는 1536년(중종 31)에 지은 객사(客舍)가 온전히 남아 있고, 대성전(大成殿) 등 9채나 되는 향교가 보존되어 있다.

낙안읍성은 성 안의 동문과 서문을 잇는 주도로를 기준으로 위쪽에는 관아 건축물이 위치하고, 아래쪽과 성벽에 인접한 바깥에는 민가가 자리하고 있다. 민가 중에서 중요민속가옥으로 9채가 지정되어 있다. 민가는 초가집이 대부분이고, 규모는 작으며 외채형과 튼ㄱ자형이 많다.

6) 성읍마을

제주도는 조선조 태종(太宗)16년(1416), 안무사(安撫使) 오식(吳湜)의 건의에 따라 약 5세기 동안 삼분(三分)하여 통치했었다. 이는 한라산을 가운데 두고 대체로 지금의 제주시와 북

제주군을 합친 산북(山北)은 제주목(濟州牧)으로 하고, 한라산 남쪽 곧 지금의 서귀포시와 남제주군은 둘로 나눠 서(西)는 대정현동(大靜縣東)은 정의현(旌義縣)으로 행정구역이 나누어졌었다. 이 삼현분립통치기간(三縣分立統治期間)은 1914년까지 이어졌었으니 무려 498년간에 이른다. 당초 정의현의 도읍지는 성산읍(城山邑) 고성(古城)이었다. 고성리(古城里)는 그 위치가 정의현의 구석으로 치우쳐졌다는 데서 7년만인 세종 5년(1423)에 도읍을 성읍리로 옮겨졌다. 곧 해안마을 표선리(表善里)에서 8km쯤 올라간 성읍 민속마을은 대평원 속에 오름(峰)들이 마을 주변에 병풍처럼 둘러친 아늑한 산촌이다.

▲그림 15 _ 성읍마을의 주택

성읍(城邑)마을의 민가는 뭍과는 다른 독특한 건축기법을 사용하고 있다. 대개 一자형 평면을 가진 집 2채를 중심으로 몇 가지 배치방식으로 구성되어 있다.

7) 닭실마을

닭실은 동북으로 문수산이 병풍처럼 둘러있고 그 줄기에서 서남으로 뻗어 내린 백설령이 알을 품은 암탉의 형세, 즉 간좌곤향(艮坐坤向)으로 마을을 내려다보는 지세를 이루고 있다. 옥적봉은 동남에 자리한 안산으로서 수탉이 활개치는 형상을 하고 있다. 이처럼 닭실의 지세는 수탉과 암탉이 서로 마주보고 사랑을 나누며 알을 품고 있는 명당이다.

▲그림 16 _ 닭실마을

이 마을은 안동권씨의 집성촌으로, 권벌의 종가인 솟을대문 집이 있다. 종가는 소박한 양반가의 전형이다. 대문 밖의 청암정은 거북 모양의 너럭바위 위에 세운 정자로, 미수 허목(許穆)의 친필 편액이 걸려 있다.

8) 외암마을

외암마을은(속칭 외암골) 온양에서 남측으로 약 8km 떨어진 설화산 동남기슭에 위치하고 있다. 마을은 전체적으로 보아 동북에서 서남쪽으로 흐르는 거의 완만한 경사지에 배치되어 있으며 설화산 계곡에서 시원(始源)된 작은 냇물의 주류는 마을동측 개울로 흐르고 한편으로는 마을내 가옥들 사이를 흐르는데 이 물줄기는 마을입구 지역에서 주류와 합쳐서 서남쪽으로 흘러나가고 있다.

▲그림 17 _ 외암마을의 주택

이 마을은 약 500년 전에 강씨와 목씨 등이 정착하여 마을이 형성되었다 전하며 조선 명종 때 장사랑(將仕郎)을 지낸 이정(李廷) 일가의 낙향이주로 예안이씨(禮安李氏) 세거(世居)가 시작되었으며 그 후손들이 번창하고 많은 인재를 배출함으로써 반가(班家)급의 가옥들이 다수 건립되어 점차 반촌(班村)의 면모를 갖추게 되었다 한다.

이 마을에는 영암댁, 참핀댁, 송화댁, 교수댁, 외암종기댁, 신창댁, 감찰댁, 조실댁, 참봉댁 등의 반가와 그 주변의 초가집 등 50여 가구가 상당부분 원형을 유지한 채 남아있으며 돌담으로 연결된 골목길 및 주변의 울창한 수림이 마을경관을 더욱 고풍스럽게 하고 있다. 현재 약 60~70호의 크고 작은 고가옥과 부속시설 등이 자연석으로 쌓은 돌담에 둘러싸여 자연스럽게 마을 분위기를 형성하고 있는데 대가집은 조선시대 상류고택의 구성요소를 갖추고 있을 뿐 아니라 넓은 마당과 나름대로의 특색있게 꾸민 정원이 있어 그 당시 사대부의 생활상이나 풍류를 느낄 수 있고 초가집은 고졸한 모습을 보이고 있다. 특히 한 마을에 전통적인 기법의 상류가옥, 중류가옥 그리고 서민가옥이 함께 잔존하고 있다.

9) 강골마을

강골은 강동(江洞)으로 부르기도 한다. 11세기 중엽 양천허씨가 처음 터를 잡은 뒤, 원주이씨를 거쳐 16세기 말에 광주이씨(廣州李氏)가 들어와 정착하면서 광주이씨 집성촌이 되었다. 지금 남아 있는 가옥의 대부분은 19세기 이후 광주이씨 집안에서 지은 것들이다.

▲그림 18 _ 강골마을의 주택

마을은 조선 후기의 전통가옥 30여 채가 오봉산(五峰山)을 바라보면서 작은 골짜기 안에 접시 꼴로 똬리를 틀고 앉은 모습을 하고 있다. 특히 규모가 30여 채밖에 되지 않으면서도 3채의 가옥과 1개의 정자가 중요민속자료로 지정될 만큼 역사적 · 문화재적 가치가 높다. 이금재(李錦載)가옥, 이용욱(李容郁)가옥, 이식래(李湜來)가옥, 열화정(悅話亭) 등은 19세기 중엽부터 20세기 초에 걸쳐 세운 것으로, 안채 · 사랑채 ·

행랑채 · 헛간채와 안마당 · 사랑마당 등을 갖추었다.

큰 가옥마다 앞뜰에 연못을 만든 것도 특징인데, 지금은 흔적만 남아 있다. 마을 중앙에 있는 이용욱가옥에는 조선시대 양반가옥의 전형을 보여주는 솟을대문이 솟아 있는데, 담장으로 막아서 사랑마당이 외부로 드러나지 않도록 하였다. 마을 뒤 숲 가운데 자리잡은 열화정은 둘레의 숲(자연)을 그대로 살려 아름다운 공간을 연출하는 전통적인 한국 조경의 기법을 잘 간직하고 있는 곳이다.

10) 옻골마을

옻골은 마을 남쪽을 뺀 나머지 3면의 산과 들에 옻나무가 많아 붙은 둔산동(屯山洞)의 다른 이름이다. 경주최씨 종가 및 보본당사당(報本堂祠堂)을 비롯해 20여 채의 조선시대 가옥으로 이루어져 있다. 거북의 옆모습처럼 생긴 산자락이 병풍처럼 마을을 감싸고 있는데, 뒷산 봉우리가 마치 살아 있는 거북과 같다 해서 이 봉우리를 생구암(生龜岩)이라 부른다.

▲**그림 19** _ 옻골마을의 주택

경주최씨 광정공파(匡正公派) 후손들의 집성촌이다. 조선 중기의 학자 최동집(崔東集)이 1616년(광해군 8) 이곳에 정착하면서 경주최씨의 집성촌이 되었다.

대구지방에 있는 조선시대 가옥 가운데 가장 오래된 경주최씨 종가 및 보본당사당은 풍수지리설과 음양오행설을 반영해 지은 건물로, 마을 가장 안쪽에 있다.

11) 호지마을

경북 영덕군 영해면 소재지에서 동북쪽으로 800m쯤 가면 고려 말의 대학자 목은(牧隱) 이색(李穡)의 탄생지이자, 조선시대 전통가옥들로 둘러싸인 고색창연한 마을 괴시리가 모습을 드러낸다. 원래 이름은 호지촌(濠池村)인데, 목은이 중국 사신으로 갔다가 돌아와 자신의 고향이 중국의 괴시(槐市)와 비슷하다 하여 괴시로 부르면서 명칭이 굳어졌다. 아직까지 호지골 · 호지마을 · 호지촌으로 부르는 이들도 있다.

▲**그림 20** _ 호지마을의 주택

1260년(고려 고종 46)경 함창(咸昌)김씨가 처음 터를 잡은 뒤 수안(遂安)김씨, 영해신씨를 거쳐 1630년(인조 8) 무렵 영양(英陽)남씨가 정착하면서 영양남씨 집성촌이 되었다. 마을은 주봉인 동쪽의 망월봉(望月峰) 아래 여덟 팔(八)자 형국으로 자리를 잡고 있다. 전체 100여 호에 300여 명의 주민이 살고 있는데, 이 가운데 30여 호가 조선시대 양반가옥의 모습을 그대로 간직하고 있다. 주민 역시 100여 명이 영양남씨다. 마을 앞에는 동해안의 3대 평야 가운데 하나인 영해평야가 드넓게 펼쳐져 있어, 이 마을이 예부터 세도가들의 터전이었음을 짐작할 수 있다.

마을의 전통가옥들은 조선시대 양반가옥의 전형적인 모습을 보여준다. 지금 남아 있는 고택들은 모두 200여 년 전에 지어진 것들로, 'ㅁ'자형 구조이다. 뜰을 마주보고 서 있는 사랑채 뒤에 인채를 숨겨 안팎을 완전히 분리하는 사대부가의 건축 양식이 잘 나타나 있다. 30여 호의 가옥 가운데 괴정(槐亭), 영해 구계댁(邱溪宅), 영해 주곡댁(注谷宅), 물소와서당(勿小窩書堂) 등 국가 및 도 문화재자료만도 14점이나 된다.

12) 해저마을

마을의 전면에 위치한 도로를 가로질러 넓게 펼쳐진 경작지가 있으며, 후면으로는 해발 592m의 응방산이 있어 마을은 그 사이에 산을 따라 길게 남북으로 비스듬히 뻗어 있으며 전체적으로 마을의 집들은 동남쪽을 향하여 배치되어 있다.

▲**그림 21** _ 해저마을의 주택

의성 김씨의 집성촌인 해저마을의 입향조는 팔오헌 김성구로 1693년에 현재의 종가인 팔오헌을 건축하여 마을에 정착하기 시작하여 마을의 서쪽 전면에 위치하고 있다. 그 후 김성구의 증조부인 개암 김우굉의 후손을 이 마을에 모셔오면서 또 다른 종가의 역할을 하여 그 뒤쪽으로 산기슭에 자리잡아 이 마을에는 2개의 종가가 존재하고 있다.

종으로 마을의 중앙을 자르면서 지나고 있는 제방을 중심으로 서쪽을 아랫마, 동쪽을 웃마라고 부르며 구분하고 있는데, 웃마는 다른 성을 가진 사람들이 주로 거주하고 있으며 아랫마에는 두 종가를 비롯하여 대부분의 의성 김씨들이 모여 살고 있다. 이례적으로 웃마의 동쪽 끝으로 의성 김씨가 여씨에게 구입하여 살아왔던 만해고택과 김종구주택이 위치하고 있다. 따라서 마을 전체로 볼 때 마을의 양쪽 끝으로 의성 김씨의 ㅁ자형의 전통주택들이 위치하고 있으며, 그 사이에 기타 서민용 주택들이 자리잡고 있는 양상을 보이고 있다.

3. 제외국의 전통주거

3.1 중국의 전통주거

중국은 광대한 영역을 가지고 있으며, 기후조건도 각 지역마다 큰 차이가 있어 여러 종류의 주거형식이 산재해 있다. 산간의 지형변화가 많은 지역과 땅은 넓고 인구가 적은 상황에서 이에 적절한 각종 주거유형들이 성행하였는데, 모두 그 지역의 풍토와 문화적 특성을 적절하게 반영하고 있다.

중국의 자연환경은 모래와 먼지가 많은 관계로 외부와 단절된 형상의 건물배치가 유리하다. 따라서 외부로는 폐쇄적이고, 내부로는 개방적인 구성을 하고, 내부에는 채광과 통풍의 기능을 수행할 수 있는 중정(Courtyard)이 반드시 존재한다. 또 하나의 특징은 건물이 대칭을 이루면서 규칙적으로 배치되어 중정을 형성하는데, 이 중정을 중심으로 건물을 배치한 사합원(四合院)이 생겨난 것이다.

1) 사합원

사합원(Siheyuan Housing)은 비교적 한랭한 북부의 화북(華北)지방에 주로 분포한다. 네 곳이(四) 합쳐진(合) 곳(院)으로서, 즉 '口'형태의 구조인 사합원은 네 개의 건물이 중정(中庭)을 둘러싸는 구조이다. 따라서 정방(正房), 사랑채(倒座), 동서 곁채가 사면을 둘러싼 담으로 집과 집 사이를 연결하여 완전히 외부와 봉쇄된다.

▲그림 22 _ 중국의 사합원

2) 푸젠토루

푸젠성(福建省), 광동성(廣東省), 장시성(江西省) 등 중국의 남부지방에 주로 분포하는 푸젠토루(福建土楼)는 흙으로 다져 굳힌 하카인과 푸젠성 남서 다른 산악 지방의 흙 건축물이다. 이것들은 대부분 12세기에서 20세기에 걸쳐 지어진 건축물이다. 외부는 두터운 흙벽으로 구축되고 내부는 목구조로 이루어져, 흙과 목조의 혼합구조로 크게 에워싼 공동주택이다. 사각형이나 원형으로 구성되며, 2층에서 5층의 높이로 쌓는다. 이 흙건축물은 하나의 출입문을 만드는데 10cm 정도 두께이다. 맨 꼭대기에는 비적을 방어하기 위한 총구를 만들어 두고 있다.

건물의 중앙에는 대가족 전체의 제반 행사에 사용되는 공유공간이 마련되어 있다. 내부에는 벽을 따라 일정한 형식의 생활공간이 정연하게 배열되어 있다. 생활공간 내부에서 1층에는 부엌, 식당 등 공적 공간, 2층에는 창고, 3층에는 사적 공간인 침실로 구성된다.

▲그림 23 _ 중국의 푸젠토루

3) 동굴주택

산서(山西), 섬서(陝西), 감숙(甘肅), 하남(河南) 등 황토고원 지대 주민들은 그 지역의 지질, 기후 지형 등의 조건에 알맞은 요동(窯洞)이라 불리는 독특한 동굴 집을 짓고 살았다. 시베리아로부터 세찬 바람에 실려온 누런 흙들이 쌓여서 이루어진 황토고원은 두께가 200m에 달하는 곳도 있다. 황토는 광물질을 많이 함유한 점토질이어서 압축과 건조상태에서 매우 단단해지는 특징을 가진다.

▲그림 24 _ 중국의 동굴 주택 요동(窯洞)

이 지역 사람들은 황토의 이러한 특성을 이용하여 황토를 파서 집을 지었다. 그 방법에는 대개 두 가지가 있다. 하나는 천연 토벽에 동굴을 판 것인데, 보통 여러 개의 동굴을 서로 연결하거나 상하의 여러 층을 연결하였다. 또 하나는 비교적 평탄한 산등성이에 사각형의 깊은 구덩이를 파고 구덩이 3면 또는 4면에 다시 가로로 구덩이를 파서 요동을 짓는 방법이다. 이런 요동은 여러 형태의 계단을 통해 지면위로 연결된다.

4) 휘주(徽州)의 민가

중국 안휘성(安徽省, Anhuisheng) 남부의 휘주(徽州, Huizhou)에는 중국의 독자적인 주거 형식으로 인식되어 온 휘파민가(徽派民宅) 또는 휘주민가(徽州民宅)라고 부르는 주택들이 있다.

휘주지방의 전통주택은 화북지방의 사합원과 전반적으로 유사한 형식을 취하면서도 강남

특유의 공간구조를 갖고 있다. 휘주민가의 독자성과 특이성은 천정(天井)이라고 불리는 공간에 있다. 천정은 2층 또는 3층 규모의 건물로 둘러싸인 일종의 광정(光井)으로서 매우 응축되고 실내화한 중정이다. '하늘이 담겨 있는 우물'이라고 할 수 있는 이 공간은 중국 강남의 주거문화를 특징짓는 매우 중요한 요소이다.

천정은 북방 사합원의 중정, 즉 원자(院子)의 성격을 그대로 지니지만 더욱 응축된 공간으로서 반외부의 성격을 갖는다. 이 천정은 여름에 발생되는 기온의 심한 일교차를 극복하는 동시에 주택 내부에 적절한 채광을 확보하려는 합리적인 이유에서 고안되었다. 즉 채광, 통풍, 배수라는 제반 환경적인 요구를 충족시키고 동시에 생활의 중심으로서의 기능을 부여하기 위해 천정의 도출은 필수적이었다고 할 수 있다.

▲그림 25 _ 휘주민가

▲그림 26 _ 휘주민가의 천정

3.2 일본의 전통주거

일본의 주택은 일반적으로 높고, 목조 주택이 많다. 이는 고온 다습한 관계로 통풍이 잘 되고 습기를 방지할 수 있도록 건물을 높게 짓고, 주로 목재를 사용한 것은 유연성을 이용한 지진의 대비를 위함이다. 지붕의 경사가 급한 것은 다우(多雨), 다설(多雪) 때문이다. 일본은 고온다습한 기후적 특성을 고려해서 개방적인 주택 구조를 가진 여름형 주택을 기본으로 한다. 창문을 많이 만들고 지붕을 높게 만들어 통풍성의 향상을 위한 구조이기 때문에 추운 겨울에는 적합하지 못하지만 겨울에 비교적 온난한 기후이어서 겨울철보다는 여름철의 온도와 습도 조절을 더 중시하였다. 그러나 이러한 목구조는 화재와 소음에는 취약하다.

방에는 일반적으로 미닫이문과 미닫이창이 있다. 이 문을 트면 두 개의 작은 방을 큰방으로 쓸 수 있다. 전통가옥에서 현관, 복도 및 부엌 바닥은 나무인 반면, 그 외의 방들은 골풀로 엮은 자리를 깐 다다미 바닥이다. 다다미는 보온과 방습의 효과를 위한 것인데, 한 장의 크기는 보통 90×180cm 정도의 장방형으로 규격화하여 시판된다. 여름에는 통풍이 잘되고 시원해서 좋지만 청소하기가 까다로운 단점이 있다.

일본의 전통적인 난방기구는 고다쯔이다. 상 밑에 방열기구인 고다쯔를 놓고 그 위에 이불을 덮어 보온하는 형태의 겨울철 난방기구로 사람들은 이불 속이나 상 밑에 발을 넣고, 정담을 나누거나 독서 따위를 한다.

실내 장식의 방법으로 토코노마가 있는데, 서화를 걸거나 화병이나 장식물을 놓기 위해 바닥을 한 단 높인 것이다. 그것은 전통적인 분위기로 문학적인 의미를 지니며, 서로 관련되어 하나의 이야기로 이어지는 공간을 연출하고 성스러우며 상징적인 공간으로서의 의미를 강조한다.

실내 마루방 입구에는 이로리(화덕 : 방바닥 또는 마루바닥을 네모나게 파서 그 가운데 난방 겸 취사를 위한 화로를 놓은 것)가 설치된다. 일상적 식사는 이로리 주변에 둘러 앉아 하는데 가족간의 서열에 따라 자리가 정해져 있다. 또한 일반가정에서 불상이나 조상의 위패를 모시는 곳으로 부쯔단(佛壇)이 있다.

▲그림 27 _ 일본의 전통주택

▲그림 28 _ 일본의 토코노마

3.3 베트남의 전통 주거

베트남의 주택은 좁고, 긴 형태로 2~3개의 방에 주방과 화장실이 딸려 있다. 가정의 중심에는 조상을 모시는 제단을 두고 있는데 초나 향을 피우며 4대 조상까지 모신다. 농촌 지역의 경우 보통 대나무로 둘러쳐진 작은 부락들로 구성되는데 다수의 세대가 하나의 생활공간에서 거주하는 것이 일반적이다. 나무로 검소하게 만든 침대에 골풀자리를 깔아 사용하고, 화장실은 외부에 있으며, 때로는 집과 멀리 떨어진 연못에 설치되는 경우도 있는데 그 연못은 양어

▲그림 29 _ 베트남의 단독주택

▲그림 30 _ 베트남의 다세대 주택

장으로 이용된다.

한 부족이 함께 거주했던 주택은 일자형으로 길게 구성되어 있다. 날씨가 너무 더워, 지열을 피하기 위해 지평면에서 조금 높게 하여 집을 지었다.

3.4 캄보디아의 전통주거

캄보디아의 전통가옥은 네 개의 기둥으로 받쳐진 2층 구조로 되어 있고, 1층은 주로 평상 같은 것을 놓고 쉼터로 많이 이용하고 있으며, 가축을 키우는 집들도 가끔 있다. 주로 2층에서 생활하는데 집의 크기에 따라 방이 1~2개 정도된다. 전통가옥은 거주자의 재산상태에 따라 여유있는 경우에는 벽돌이나 판자로 집을 짓고, 가난한 경우에는 나뭇잎으로 집을 짓는다. 2층집을 지어 2층공간에서 생활하는 데, 그 이유는 1층은 폭우에 곧잘 침수가 되고, 뱀 같은 동물들을 피하기 위해서이다. 또한 강가나 개울가의 물위에 지은 수상가옥들을 많이 볼 수 있다. 완전히 물 위에 떠 있는 집들도 있고 둑에 반 정도 걸쳐 있는 집들도 있다.

▲그림 31 _ 캄보디아의 주택

3.5 인도네시아의 전통주거

인도네시아의 남슬라웨시(South Sulawesi)州 타나 토라자(Tanah Toraja)지방은 통코난(Tongkonan)이라고 불리는 특징적인 관습가옥-「선형지붕」을 지닌 고상식 주거-으로 유명하다. 통고난은 원래 '앉다(sit)'라는 뜻을 지닌 단어에서 유래한 것으로, 부족(가문)을 창건한 존경받는 조상이나 높은 위계의 인물이 앉는 곳(자리)으로 여겨지는 단어이다. 인도네시아 사회에서 '누가 어디에 앉는가?'라는 것은 엄격하게 강조되는 위계적 개념에 속한다.

▲그림 32 _ 토라자의 전통 집락경관

'산에 사는 사람들'을 의미하는 '토라자'라고 불리는 이 곳의 정착민은 배로 이주해 온 남아시아인으로 추정된다. "통코난"이라는 전통가옥은 지주(stilt) 위에 지붕의 양쪽 끝이 올라간 배 모양으로 건축되어 있는데, 그들의 조상들이 타고 왔던 배 모양과 흡사하다. 통코난은 모두 북향인데, 그 이유는 토라자에 온 조상들이 북쪽에서 왔기 때문이라고 한다. 또 한편 어떤 사람들은 북쪽이란 삶을 지배하는 신의 영역이라고 여기기 때문이라고도 한다.

전통주택의 방 수는 2실이나 4실인데, 3실의 것이 기본이 되고, 남쪽에서 순분(침실) · 사리(거실겸 부엌) · 탄드(거실겸 침실)이라 하고, 사리가 가장 넓고, 순분과 탄드는 그 반 정도의 넓이이다. 이 고장 사람들에 의하면 3실 이상의 방 수가 아니면 통코난이라고 부르지 않는다고 한다. 현재에도 신축되는 통코난은 거의 3실이고, 오래된 주거도 3실이 압도적으로 많다. 4실의 것은 그 지방 유력자의 통코난에 한정된다. 또한 3실 이상의 방 주거의 대부분은 볼 만한 조각이 새겨져 있고, 2실의 것에는 드물게 빨래판과 같은 선 모양의 조각이 있는데, 대부분 조각은 새겨져 있지 않다. 옛날부터 토라자에서는 계급에 따라 건물의 규모나 조각에 제약이 있었다고 한다.

통코난이 기조를 이루고 있는 4개의 색상과 원과 선 그리고 기하학적인 문양들은 제각기 다른 의미를 지니고 있는데, 흰색은 뼈를 상징함으로써 곧 인생을 의미하게 되고, 검정 색은 어두움, 곧 죽음을 나타낸다. 붉은 색은 피를 나타내는 것으로 혈통과 계급을 상징하며 황색은 태양과 벼를 상징함으로써 권력과 부를 의미하기도 한다. 통코난의 전면을 장식하는 조각물들도 제각기 나타내고자 하는 특성을 지니고 있는데, 제일 위에 있는 수탉은 인간의 규범과 법을, 그리고 그 밑의 태양은 신의 섭리와 이법을 나타낸다. 검(劍)은 신분이 귀족이었음을 뜻하고 용머리는 '카틱'이라 불리며 신을 상징한다. 물소의 머리는 혈통과 리더십을 상징하는데, 이렇게 장식되어 있는 물소는 모두 얼룩물소이다.

Chapter 11

문화 유산

우리 민족의 문화적 전통과 삶의 역사를 가장 극명하게 보여주는 문화재를 선조들이 물려준 그대로 우리도 후손들에게 온전히 물려주는 것이 문화재 보호의 가장 기본적인 목표라고 하겠다.

오랜 기간동안 자연 마모된 문화재와 인위적으로 훼손된 문화재에 대하여 철저한 고증을 거쳐 더 이상 손상되지 않도록 하는 행위를 일반적으로 문화재 보수 정비라고 한다.

건조물문화재는 오랜 세월의 경과에 따른 풍화, 부식은 물론 기후온난화, 대기오염 등으로 퇴락 · 훼손이 가속화되고 있으며 이러한 보존환경의 전반적 악화로 보수정비 주기가 갈수록 짧아지고 있다.

전통건축환경의 보전은 역사 · 생태적 환경이 지니고 있는 특수성과 속성이 내재하고 있다. 역사성과 장소성, 아이덴티티, 예술적 가치, 기술적 가치, 그리고 소유주의 성향과 특성이 있다. 전통건축환경은 보존대상 건조물과 주변경관이 함께 계획될 수 있어야 한다. 보전은 항구적으로 그 지역과 국가의 모습에 변화를 줄 것이고, 건축은 체험, 관계성, 그리고 과거의 사물에 대한 기억 등에의 관심을 강하게 하며, 자긍심을 키워줄 것이다.

건축문화재는 여러 부위에 의장적 · 역사적 · 학술적인 가치가 인정되는 데, 일률적인 기준에 의하여 개수를 행하는 것은 곤란하다. 그렇지만 건축문화재 등에는 유지관리 · 정기적인 보수 · 입지조건 · 사용방법 등의 점에서 재해상 문제를 가지는 것이 있어 재해시의 안전성 확보가 필요하다. 이러한 점에서 가능한 범위에서 구조면의 보강 등을 강구하는 동시에 소프트면의 대책도 아울러 실시할 필요가 있다.

1. 건축문화재의 개념 및 종류

1.1 문화재의 개념

문화재는 흔히 문화재(cultural properties) 또는 문화유산(cultural heritage)으로 표현되는데 이 용어는 산업혁명 이후 영국에서 천연자원의 개발이 활기를 띠게 됨에 따라 자연의 파괴와 역사적 문화유산의 훼손을 예방하기 위하여 일어난 민간의 자발적인 보호운동의 과정에서 문화적 가치를 지닌 산물이나 보존할 가치가 있다고 판단되는 것을 지칭하는 의미로 처음 사용되었으며, 우리나라에서는 1962년 문화재보호법이 제정되면서부터 공식적으로 사용되기 시작하였다.

「문화재보호법」 제2조에서는 인위적이거나 자연적으로 형성된 국가적 · 민족적 또는 세계적 유산으로서 역사적 · 예술적 · 학술적 또는 경관적 가치가 큰 유형문화재, 무형문화재, 기념물, 민속문화재를 문화재로 정의하고 있다.

1) 유형문화재 : 건조물, 전적(典籍), 서적(書跡), 고문서, 회화, 조각, 공예품 등 유형의 문화적 소산으로서 역사적 · 예술적 또는 학술적 가치가 큰 것과 이에 준하는 고고자료(考古資料)

2) 무형문화재 : 연극, 음악, 무용, 놀이, 의식, 공예기술 등 무형의 문화적 소산으로서 역사적 · 예술적 또는 학술적 가치가 큰 것

3) 기념물 : 다음 각 목에서 정하는 것

① 절터, 옛무덤, 조개무덤, 성터, 궁터, 가마터, 유물포함층 등의 사적지(史蹟地)와 특별히 기념이 될 만한 시설물로서 역사적 · 학술적 가치가 큰 것

② 경치 좋은 곳으로서 예술적 가치가 크고 경관이 뛰어난 것

③ 동물(그 서식지, 번식지, 도래지를 포함한다), 식물(그 자생지를 포함한다), 지형, 지질, 광물, 동굴, 생물학적 생성물 또는 특별한 자연현상으로서 역사적 · 경관적 또는 학술적 가치가 큰 것

4) 민속문화재 : 의식주, 생업, 신앙, 연중행사 등에 관한 풍속이나 관습과 이에 사용되는 의복, 기구, 가옥 등으로서 국민생활의 변화를 이해하는 데 반드시 필요한 것

1.2 문화재의 종류

우리나라에서 문화재는 성격에 따라 유형문화재, 무형문화재, 기념물, 민속자료로 크게 구분하고 있다.

또한 지정주체에 따라 국가지정문화재, 시 · 도지정문화재, 문화재자료로 구분하며, 지정여부에 따라 지정문화재와 일반 동산문화재 · 매장문화재 등의 비지정문화재로 구분하기도 한다. 그리고 지정문화재가 아닌 건조물 또는 기념이 될 만한 시설물 중에서 보존 및 활용을 위한 조치가 필요한 문화재를 보호하기 위한 등록문화재가 있다.

- 국보 : 보물로 지정될 가치가 있는 것 중에 제작연대가 오래 되고 시대를 대표하거나, 유례가 드물고 우수하며 특이하거나, 역사적 인물과 관련이 있는 것을 지정한다.
- 보물 : 예로부터 대대로 물려 오는 귀중한 가치가 있는 문화재로서 국보 다음가는 중요 유형 문화재를 이른다. 유형 문화재 중 중요한 것을 보물로 지정할 수 있다. 보물로 지정된 건물은 궁전(宮殿) · 성문(城門) · 전묘(殿廟) · 사우(祠宇) · 서원(書院) · 누정(樓亭) · 향교(鄕校) · 관아(官衙) · 객사(客舍) · 민가(民家) · 불전(佛殿) 등이다.
- 중요민속자료 : 우리 민족의 기본적 생활 문화의 특색을 나타내는 것 중 전형적인 것을 지정하는데, 의식주 · 생업 · 신앙 · 연중행사 등에 관한 풍습 · 관습과 이에 사용되는 의복 · 기구 · 가옥 등으로 일상생활의 발전 과정을 이해하는데 중요한 것을 말한다.
- 사적(史蹟) : 역사적 자취가 남아 있는 현장 가운데 보존할 만한 가치가 있는 것을 지정하여 국가에서 보호 · 관리하고 있는 문화재이다. 이에는 선사시대 유적(집터 · 고인돌 등등), 제사 · 신앙에 관한 유적(제단 · 질터 · 향교터 등등), 정치나 국방에 관한 유적(성곽 · 성터 · 고궁 · 도읍지 등등), 산업과 교통 및 토목에 관한 유적(뚝 · 옛길 등등), 교육 및 사회사업에 관한 유적(서원 · 사고지 등등)이 있다.
- 명승 : 기념물 중 경승지로서 중요한 것을 지정한다.
- 기념물 : 성곽 · 옛무덤 · 궁궐 · 도자기가마터 등 사적지로서 역사적 · 학술적 가치가 큰 것과 경승지로서 학술적 · 경관적 가치가 큰 것 및 동물 · 식물 · 광물 · 지질 · 동굴 · 특별한 자연현상 등 생성물로서 역사적 · 예술적 또는 학술적 가치가 큰 것을 말한다.
- 유형문화재 : 건조물 · 전적 · 서적 · 고문서 · 회화 · 조각 · 공예품 등 유형의 문화적 소산으로서 역사적 또는 학술적 가치가 큰 것, 또는 이에 준하는 고고자료를 말하며, 무형문화재는 연극 · 음악 · 무용 · 공예기술 등 무형의 문화적 소산으로서 역사적 또는 예술적

가치가 큰 것을 말한다.

(1) 목조건축

고려시대 이전의 목조건축은 하나도 남아 있지 않다. 남한에 있는 고려건축은 부석사 무량수전 · 부석사 조사당 · 수덕사 대웅전 · 강릉 객사문 등인데, 이들은 모두 주심포집에 배흘림기둥을 하고 있다.

한편 북한에 있는 고려 건물은 고려 말에 들어온 다포집 계통이다. 남한의 고려 건물은 모두 국보로 지정되어 있다. 조선 전기의 건물들은 고려건축의 기법을 계승하였으며, 그 좋은 예가 송광사 국사전 같은 건물이다.

아름다운 벽화를 가진 불전으로 무위사 극락전, 성문루의 대표적 건물로 서울 남대문, 판고의 대표적 건물로 해인사 장경판고, 목탑의 유일한 건물로 법주사 팔상전, 중층 불전의 대표적인 것으로 화엄사 각황전, 삼층 불전으로 금산사 미륵전 등이 시대와 기법을 대표하는 건축물들이다. 조선시대의 건물은 다포집이 유행하였다.

궁궐건축의 경우는 표 1과 같이 용도와 사용하는 사람의 신분에 따라 전, 당, 합, 각, 재, 헌, 누, 정으로 명칭을 달리한 것을 알 수 있다. 즉 궁궐의 주거공간은 생활공간, 의식공간, 작업공간, 휴식공간 등으로 구분되어졌으며 각 공간들은 독립적으로 또는 상호 연계되면서 위세를 이루며 사용주체의 목적이나 용도에 의해 그 성격을 규정하였다.

표 1_궁궐건축의 용도 및 사용자의 구분

<table>
<tr><th>명칭</th><th colspan="2">궁궐 건축의 기능</th></tr>
<tr><td>전(殿)</td><td colspan="2">정전, 편전, 정침, 중궁전, 대비전 등 임금과 왕비, 대비의 활동공간, 가장 품격이 높은 건물</td></tr>
<tr><td>당(堂)</td><td colspan="2">세자, 임금의 후궁, 왕자들이 사용하던 공간(자선당, 중희당 등)</td></tr>
<tr><td>합(閤)</td><td colspan="2" rowspan="2">당(堂)의 부속건물의 성격을 띰.</td></tr>
<tr><td>각(閣)</td></tr>
<tr><td>재(齋)</td><td>일상 주거용도, 독서·휴식을 취하기 위한 공간</td><td rowspan="2">왕실 구성원들의 휴식이나 거주공간, 관료들이 업무를 보던 건물</td></tr>
<tr><td>헌(軒)</td><td>공무적 기능, 구조상 대청마루가 붙어있음.</td></tr>
<tr><td>누(樓)</td><td colspan="2">건물바닥이 땅에서 사람 한 길이 높이 이상 떨어져 마루로 형성된 경우 이층건물의 위층으로서 연회, 휴식 목적으로 이용</td></tr>
<tr><td>정(亭)</td><td colspan="2">휴식이나 연회 목적으로 지은 정자 형태의 작은 집</td></tr>
</table>

(2) 잡상

경복궁 근정전이나 경회루, 창덕궁 홍화문, 그리고 종묘의 정전과 같은 왕실의 기와건물 내림 마루에는 잡상(雜像, 어처구니)이라고 일컫는 동물 모양의 조각상(土偶)이 일렬을 이룬 채 서 있다. 이 잡상은 잡귀와 요괴들이 건물에 범접하지 못하도록 한다는 상징적인 의미가 있다. 이들 잡상은 서유기의 인물들과 토신들이 대부분인데 이들은 모두 살(煞)을 막아주는 신으로 알려져 있다.

조선시대 건축물 잡상에 이 손오공 외에도 저팔계와 같은 서유기에 등장하는 소재를 활용한 경우가 많은 까닭은 조선시대에 이 소설이 널리 읽힌 데서 비롯된 것으로 보인다.

▲그림 1 _ 경복궁 경회루의 잡상

▲그림 2 _ 한국의 잡상

건물의 격에 따라 올려지는 잡상의 수가 다른데 3, 5, 7, 9, 11의 홀수로 올려진다. 일반건물에는 보통 5개를 올리지만, 숭례문에는 9개, 경복궁 내 경회루에는 11개가 있다. 잡상이 많을수록 건물의 품격이 높은 것이다.

잡상의 설치시기는 중국의 송대에 나타난 잡상의 영향을 받아 조선시대에 우리나라에 들어와 임진왜란 이후에 성행했던 것으로 추정된다.

잡상의 설치는 궁전건물과 궁궐과 관련이 있는 건물에 한정된다. 옛날에는 목조 건물의 화재가 가장 두려웠고 화재 예방을 위한 주술적인 뜻으로 잡상도 생겼을 것이라고 생각된다.

1) 대당사부(大唐師父)

대당사부는 잡상의 첫 순위(맨 앞자리)에 놓인다. 대당사부는 당(唐)나라 때 현장(玄奬)이라는 승(僧)으로 법명이 삼장법사(三奬法師)이다. 삼장법사는 천축(天竺)으로 佛經을 구하러 가는 길에 손오공 저팔계 사오정을 데리고 간다. 천신만고 끝에 불경을 구하여 당나라로 돌아오는 이야기를 엮은 소설이 서유기(西遊記)이다. 대당사부는 실제 인물이었기 때문인지 사람의 얼굴 모습으로 삿갓을 쓰고 있는 형상이다.

그런데 대당사부가 아니라 손오공인 것으로 여겨진다는 주장도 있다. 1647년에 나온 창덕궁 수리 보고서인 '창덕궁수리도감의궤'(昌德宮修理都監儀軌)에서 여러 잡상 이름으로 손행자 또는 손행자매, 준견 또는 준구, 마룡, 산화승 등을 거론했으나, 대당사부는 전혀 보이지 않는다는 데 연유한 것이다.

창덕궁 인정문에 설치된 잡상에서 실측한 크기는 키(높이)가 0.43m, 어깨폭 0.27m, 전후폭(발과 등) 0.35m이다(이하 수치는 창덕궁 인정문의 잡상의 크기를 실측한 수치로 다른 건물도 이와 비슷하다).

2) 손행자(孫行者)

손행자는 孫悟空이라고도 한다. 돌원숭이인데 삼장법사를 따라 천축으로 불경을 구하러 가는 길에 삼장법사를 호위하며 길동무가 되었다. 서유기라는 소설속의 주인공이 되는 조화(造化)의 영물이었다. 손행자는 원숭이의 얼굴 모습을 하고 있으며 삿갓을 쓰고 앞발을 버티고 앉아 있다. 키가 0.35m, 어깨폭이 0.11m, 전후폭이 0.9m이다.

3) 저팔계(猪八戒)

저팔계는 손오공과 같이 삼장법사를 따라 천축에 갔던 멧돼지이다. 저(猪)는 돼지이고 八戒는 부처님이 가장 싫어하는 여덟 가지의 음식물을 뜻하기도 한다. 얼굴의 모양은 돼지의 형상이며 삿갓은 쓰지 않았다. 키는 0.35m, 어깨폭이 0.13m, 전후폭이 0.23m이다.

4) 사화상(獅畵像)

사화상은 사화상(沙畵像)이라고도 한다. '獅'자는 사자이고 '沙'자는 서유기에서 나오는 사오정(沙悟淨)의 '沙'자로 풀이하면 사오정 역시 손오공과 같이 삼장법사를 호위했던 괴물로, 원래는 옥황상제를 모시고 궁전에서 수렴지기를 했다는 짐승이라고 한다. 얼굴 모습은 사자상을 하고 있으며 삿갓은 쓰지 않았다. 크기와 앉은 자세는 저팔계와 비슷하다.

5) 이귀박(二鬼朴)

우리나라의 용어에는 보이지 않은 이름으로 불교의 용어를 빌어 풀이하면 '二鬼'는 '二求'의 다른 음(音)으로 보아, 二求는 중생이 가지고 있는 두 가지 욕구인데 낙(樂)을 얻으려는 得求와 낙을 즐기려는 命求이다. 생김새는 허리의 앞과 뒤에 뿔이 난 짐승의 형상이다. 크기와 앉은 자세는 다른 잡상과 비슷하다.

6) 이구룡(二口龍)

입이 둘이어서 二口龍이라고 했을까? 머리에는 두개의 귀가 나있고 입은 두 개로 보인다. 크기와 앉은 자세는 다른 잡상과 비슷하다.

7) 마화상(馬畵像)

마화상은 말(馬)의 형상을 하고 있다. 서유기에는 필마온(弼馬溫)이라 하여 '馬'자를 쓴 것과 출세마왕(混世摩王)이라고 하여 '摩'자를 쓴 것이 있는데 지금까지 사용된 용어에는 음으로는 같으나 한자(漢字)가 다르게 馬畵 · 魔畵 · 麻畵 등으로 표기되어 있다. 크기와 앉은 자세는 다른 잡상과 비슷하다.

8) 삼살보살(三殺菩薩)

살(殺)은 살(煞)과 같은 의미이며 삼살(三煞)이란 세살(歲煞) 겁살(劫煞) 재살(災煞) 등으로 살이 끼어서 불길한 방위라는 뜻으로 쓰이는 용어이다. 보살은 불교에서 위로는 부처님을 따르고, 아래로는 중생을 제도하는 부처님에 버금가는 성인(聖人)이다. 이 두 가지의 뜻으로 해석하면 삼살보살이란 모든 재앙을 막아주는 잡상이라고 생각된다. 잡상에서는 대당사부와 같이 인물상으로 표현되어 있다. 두 손을 합장하고 무릎위에 팔꿈치를 받치고 허리를 꾸부려 앉은 모습이다. 크기는 다른 잡상과 비슷하다.

9) 천산갑(穿山甲)

인도 중국 등지에 분포된 포유동물의 일종이다. 머리 뒤통수에 뿔이 돋아 있고 등이 다른 잡상보다 울퉁불퉁 튀어 나왔다. 크기와 앉은 자세는 다든 잡상과 비슷하다.

10) 나토두(羅土頭)

나토두의 형상은 상와도에 그려져 있지 않다. 나토라는 짐승은 알려져 있지 않으나 '나티'의 다른 표기라고 생각된다. 나티는 짐승같이 생긴 귀신으로 작은 龍의 얼굴형상 또는 검붉은 곰의 형상이라고 한다.

(3) 탑파

불교에서 사원 건립의 목적은 탑파와 불상을 봉안하고 예배하기 위함이었다. 탑파는 석가모니의 사리를 봉안하기 위하여 건립된 것이고, 불상은 직접 예배를 올리기 위해 만들어진 것이다.

탑파는 목탑 · 전탑(塼塔) · 석탑 · 모전(模塼)석탑 · 청동탑 및 금동탑 등으로 구별된다.

목탑은 그 자체가 목재가 주여서 전란이나 화재로 소실되어 남아있는 수는 많지 않다. 예를 들어 경주 황룡사9층목탑터와 사천왕사 목탑터는 신라 목탑 터자리의 대표적인 것이고, 부여 군수리 목탑터는 백제, 평양 청암리사터 목탑터는 고구려 시대의 대표적인 목탑터자리이다. 다만 목탑 양식을 전해주는 것으로는 조선시대 후기(17세기 초)의 건축물인 충북 보은의 법주사 별상전과 전남 화순의 쌍봉사 대웅전이 있을 뿐이다.

전탑은 전국적으로 크게 유행하지는 못하였다. 건탑에 앞서 벽돌을 생산해야 한다는 조건 때문에 전국적인 조탑 활동에는 장애가 많았을 것으로 보이는 데, 안동 · 칠곡 · 영양 등 경북 지방에서 조성되었다.

모전석탑의 경우도 마찬가지이다. 전탑처럼 석재로 벽돌형태를 다듬어 모전석(模塼石)을 생산하기까지에는 많은 노고가 뒤따랐을 것이기 때문에 크게 유행하지는 못했던 것 같다.

청동탑과 금동탑은 실제 가람 배치의 중심이 되었다기보다는 옥내의 봉안탑으로 건조되었을 것이므로 일반적인 건조물로서의 탑파라기보다는 하나의 공예탑 또는 공예품으로 보는 것이 좋을 것 같다.

그러나 석탑은 양질의 화강암이 다량 채취할 수 있는 여건으로 크게 발달하였던 것으로 보인다. 따라서 석탑은 모양도 다양하고 기법도 다채롭다. 흔히 중국은 「전탑의 나라」, 일본은 「목탑의 나라」, 한국은 「석탑의 나라」로 특징지어지듯이 석탑이 많다.

석탑은 가람 배치와 예배의 중심 대상물이었다. 따라서 석탑은 어느 시기에나, 또 어느 사찰을 막론하고 초창 또는 중창기의 건조물로, 대개는 일단 건립 안치되면 최초의 형태가 그대로 보존되었다. 후대에 이르러 파손으로 보수가 되었다 하더라도 거의 원형에 가까운 흔적을 오늘날까지 전해주고 있다.

백제 석탑은 목탑구조를 석탑으로 조성한 익산 미륵사지석탑과 부여 정림사지 5층석탑이 있고, 고신라의 분황사석탑은 전탑의 구조를 모방한 것이다.

통일신라 석탑은 백제의 목탑구조와 신라의 전탑구조를 결합시켜 발전하였다. 감은사 3층석탑 · 고선사지 3층석탑 등은 우석 · 탱석면석 등이 목조구조처럼 별석으로 구성되고, 옥개석 받침은 전탑구조를 모방한 것이다.

이러한 3층의 정형탑은 8세기에 탑신과 옥개석이 각각 한 돌로 간략하게 만들어져서 불국사 3층석탑형이 조성되었다. 8세기 말에서 9세기로 접어들면서 탑신에 사천왕상이나 보살상 등의 조각이 새겨졌다. 불국사 다보탑 같은 독특한 조형을 가진 이형탑도 만들어졌다.

고려 석탑은 옥개석의 귀꽃이 위로 들리고 지붕면이 급해지면서 받침 층단이 적어져 둔감하게 되어 있다. 5층 · 7층 등 층이 많아지고 탑신에 난간 같은 것이 생기기도 하였다. 고려시대에도 경천사 10층석탑 같은 이형탑이 조성되었다.

조선시대의 초기에 건조된 석탑으로 오늘날 전하는 것은 방형중층의 일반형 석탑으로는 강원도 양양의 낙산사 7층석탑과 경기도 여주의 신륵사 다층석탑, 경남 함양의 지리산 벽송사 3층석탑 등을 대표로 들 수 있다. 그러나 원각사지 10층석탑은 고려 탑을 모방한 것이었다.

(4) 불상

불상(佛像)이란 산스크리트어로 붇다-프라티마(buddha-pratima)라 하는데, 프라티마(pratima)란 말은 모방 또는 모사를 뜻하는 동사에서 비롯되었다. 따라서 불상이란 말은 본래

부처님의 참모습을 모방, 모사한 것이라는 뜻에서 부처님의 형상을 그림이나 조각으로 나타낸 것을 일컫는 말이다. 그러나 보통 불상을 포함하여 보살상, 신장상, 조사상 등 불교에 나타나는 모든 존상을 통틀어 말한다.

부처님 모습을 조성한 것이 언제 어디서 처음 이루어졌는지에 대해서는 여러 의견이 있다. 종교적 입장에서 경전에 따르면 부처님이 이 세상에 계실 때 이미 불상이 만들어졌다고 한다. '증일아함경' 등 여러 경전에 따르면 부처님이 하늘나라에 올라가 마야부인을 위해 설법하시는 동안 부처님을 사모하던 코삼비나라의 우다야나(Udayana)왕에 의해서 처음으로 만들어져 공양되었다고 한다.

그러나 미술사적인 입장에서는 이러한 경전의 내용은 불상이 만들어진 후에 꾸며진 전설이며 지금까지 얻어진 고고학적 자료에 의하면 불멸 후 5세기가 지나서 서력기원을 전후한 무렵에 인도의 간다라(Gandhara) 지방과 마투라(Mathura) 지방에서 각각 불상이 조성되었다고 한다. 이곳에서 불상이 출현하고 있는 사실에 대해서는 의견이 일치하고 있으나, 불상이 불멸 후 5세기가 지난 후에 간다라와 마투라에서 거의 동시에 만들어진 연유에 대해서는 의견이 엇갈리고 있다.

불상 출현의 배경에 관한 견해 중 널리 받아들여지는 것은 대승불교의 흥기와 더불어 불상이 조성되었다는 견해와 더불어 헬레니즘의 영향으로 그리스의 신상(神像) 조각이 들어오면서 직접적으로 불상의 조성에 크게 영향을 끼쳤을 것으로 보는 의견이다.

부처님이 열반에 들자 그를 따르던 제자와 일반신도들은 부처님을 기리는 마음에서 사리(sarira)를 봉안한 탑을 세우거나, 생전에 부처님과 인연이 깊은 곳에 기념물을 세우고 예배공양하고 탑의 동서남북의 네 곳에 탑문(塔門)과 난간(欄干)에는 부처님의 생애나 부처님의 전생이야기(本生談, jataka)를 부조로 새겨 놓았으나 이곳에도 직접적인 부처님의 모습은 표현하지 않고 탑이나 성수(聖樹), 윤보(輪寶), 삼보표지(三寶標指), 불족적(佛足蹟), 불좌(佛坐) 등 부처님의 존재를 상징하는 표현으로 대신하고 있다.

이와 같이 부처님의 직접적인 표현이 나타나지 않는 시기를 일러 이른바 무불상(無佛像) 시대라고 한다. 상징적 표현은 실재(實在)하는 부처님을 의미할 뿐 아니라, 부처님의 일생 가운데 특히 중요한 사건들을 암시하고 있어, 기능면에 있어서도 역사적이고 전기적인 동시에 설화적인 기능을 갖고 있다. 상징물은 부처님의 생애나 전생에 관련된 이야기를 설명하는데 빈번히 나타나며, 이때 다른 인물들은 사람의 형상으로 표현되고 있다. 구체적인 형상을 지닌 사람들 중에 오직 상징적인 표현으로 나타나는 부처님의 존재는 보다 큰 순수성과 정신성을 나타내는 극적인 대비의 효과를 거두고 있다.

상징적 표현은 처음에는 스승에 대한 존경의 행위에서 비롯된 것이었으나 점차 의식적인 행위로 바뀌면서 초월자에 대한 경의의 표시로 행하여졌다. 그러다가 마침내 상징적 표현은 인간의 형상을 갖추게 되고, 이것을 교리적으로 불타관(佛陀觀) 내지는 불신관(佛身觀)의 변화라고 일컫는다.

2. 한국의 종교건축

2.1 불교건축

불교사원에 있는 모든 구조물 및 건축공간인 사원의 대지에 이르는 일체의 것을 통틀어 불교건축이라 한다. 불교사원은 초기에는 승려들이 거주하는 승원만 있다가 그 뒤 불탑이 크게 유행하자, 탑과 승원이 모두 갖추어진 종합적인 사원으로 발전하게 된다.

본래 원시불교교단에서 출가수행자는 무수처(無隨處)를 원칙으로 삼았으나, 세속의 번거로움을 벗어나 한적한 곳을 가려 수행처로 삼았으니, 이런 곳을 일러 아란야(aranya)라 하였고, 안거(安居) 기간동안 비바람을 피하기 위해 간소하게 만든 일시적인 거주처를 아바사(avasa 住處)라 하였다. 또한 부처님께서 교화활동을 위해 여러 곳을 유행할 때 특히 도시나 큰 마을일 경우 교화하기도 좋으며 걸식하기에도 편리하고 또 수행하기에도 알맞은 도시나 마을 주변의 한적한 숲을 일러 아라마(arama 園林)라고 불렀다고 한다.

이러한 수행처가 점차 확대되어 영구적인 시설물을 갖춘 것이 이른바 비하라(vihara)이며 승원(僧園)이라 불렸는데, 수행자가 사는 방을 포함하여 여러 시설물이 있었다.

그리고, 부처님 사리를 봉안한 탑을 예배하고 수호하는 시설물인 차이티야(caitya 支提)가 있었는데 이것은 예배당의 성격을 지닌 건축물로서 탑원(塔園)이라 한다. 이와 같은 탑원은 처음에는 신도들이 중심이 되어 조성되어 공양하였으나, 승려들이 적극 참여하면서 승원(僧園)과 탑원(塔園)이 합쳐지게 된다.

이렇게 되어 마침내 상가라마(samgharama 衆園)가 만들어지고, 수행자의 거처(비하라 vihara)는 물론이고 포살당(佈薩堂 uposathagara), 강당(講堂 upatthaanasala), 식당(食堂 bhattaga), 경행당(經行堂 cankamanasalaa) 등 정비된 시설물이 모두 갖추어져 완전한 불교사원 형태가 마련된다.

2.2 유교건축

조선 500년을 꾸밈없는 검소한 건축으로 일관해온 우리나라 유교건축에는 향교, 서원, 재실, 가묘, 정려 등이 있다. 유교건축은 조선시대 중앙의 성균관(成均館)과 4부학당(四學), 그리고 지방의 각 고을에 설치되었던 향교(鄕校)가 대표적인 예이고, 사학교육기관인 서원(書院), 정사(精舍), 사우(祠宇), 서당(書堂) 등과 아울러 재실(齋室), 가묘(家廟), 정려(旌閭) 등도 유교적 산물이며 이를 통칭하여 유교건축이라고 할 수 있다.

(1) 성균관

성균관(成均館)은 고려 말부터 이어진 조선의 최고 교육기관이다. 한국의 옛 대학(大學)으로 그 명칭은 고려 충선왕 때 국학(國學)을 성균관으로 개명한 데서 비롯하였다. 공민왕 때는 국자감(國子監)이라 부르다가 곧 성균관으로 복귀되었는데 1894년 갑오개혁에 이르기까지 조선 일대를 걸쳐 한국의 최고 교육기관이었다.

고려의 최고교육기관인 국자감이 고려 충렬왕 때 성균감으로 바뀌었다가 충선왕 때 성균관으로 바뀌었다. 그 뒤로도 몇 차례 개칭되었다가 1362년에 성균관으로 개칭되어 조선으로 이어져서, 조선 시대에는 성균관이 한양과 개성에 한 곳씩 두 개가 존립하였다. 한편 고구려 때부터 나라의 최고교육기관을 가리키던 이름인 태학(太學)이라는 이름으로도 불리었다.

1398년(태조 7) 조선 태조는 숭교방(崇敎坊 : 명륜동)에 성균관 건물을 준공하고 고려 제도대로 유학(儒學)을 강의하는 명륜당, 공자(孔子)를 모신 문묘(文廟), 유생들이 거처하는 재(齋)를 두었다. 태종은 땅과 노비를 지급하고 친히 문묘에서 제사지내고 왕세자의 입학을 명령하니 그 후 이것은 상례가 되었으며, 여러 왕을 거치는 동안 경기도 연해의 섬, 전라남도 해안의 어장과 많은 땅이 부속되었다. 규모는 성종 때에 완성되었는데, 향관청(享官廳)과 존경각(尊經閣 : 도서 창고)도 이때 증설되었고 현종 때 비천당(丕闡堂 : 과거장), 숙종 때 계성당(啓聖堂)이 세워졌다. 현재의 성균관은 유교 및 전통문화 전문 교육기관으로 운영되고 있다.

자격진사시와 생원시에 합격한 사람에게는 우선적으로 성균관 입학 기회가 주어졌고, 그 외에 선발시험인 승보(升補)나 음서를 통해 입학할 수 있었다. 정원은 200명으로 여기에 미달하면 사학생도 · 유음적자(有蔭嫡子) · 소과초시 입격자(小科初試入格者) · 조관(朝官) 등에서 보충하였다. 학생은 기숙사 '재(齋)'에 반드시 머물며 학령(學令)의 교칙을 엄수해야 한다. 그들의 자치활동으로 재회(齋會)라는 집회가 있고 장의(掌議) · 색장(色掌) 등의 회장과 간부진을 둔다. 장의는 재회를 절대적으로 선도하며 학령을 어긴 유생을 문책하여 출재(黜齋 : 퇴학)할 권한을 가졌다. 그리고 사문유사(斯文有事)나 토역(討逆)이 있을 때 장의의 발론으로 연명(聯命) 상소한다. 이를 유소(儒疏)라 하며 이 모임을 대의사(大議事)라 한다. 유소시에는 사학에서 호응하며 궐문 앞에 연좌하여 왕의 비답(批答)을 기다린다. 유소가 여의치 못할 때는 식사를 거절하는 시위로써 권당(捲堂)을 행하며 나아가 성균관을 비워버리는 공관(空館)이라는 동맹 휴학에 들어간다. 이것은 식자층의 여론을 환기하는 역할을 하였다. 그 밖에 유생은 대과(大科)에 응시할 수 있는 자격을 갖는다.

(2) 사부학당

조선시대 중앙의 4부(部)에 설치된 관립교육기관으로 사학(四學)이라고도 한다. 사학은 서울의 중앙(中學) · 동쪽(東學) · 서쪽(西學) · 남쪽(南學)에 설치한 성균관의 부속학교로, 고려의 오부학당 · 동서학당에 해당한다. 성균관에 비하여 규모가 작고 교육정도가 낮은 점, 문묘를 두지 않은 점을 제외하고는 교육방침 · 교육내용 및 방법 등에서 성균관과 비슷하였다.

직원은 교수(從六品) 2명, 훈도(正九品) 2명을 두어 교도케 했다. 교수는 경학(經學)에 밝고 덕망이 높은 자로 전임케 하였으며, 양반직에 있는 관리 중에서 교수를 겸하게 하기도 하였는데, 정원은 100명이다. 양반 · 서민의 자제 중에서 우수한 자를 뽑아 진사나 생원과에 응시할 준비교육을 시켰고, 반 편성은 5반으로 나누어 각 반에 20명씩 배치한 뒤 10일간 거학(居學)하는 방법을 취하였다.

사학의 교육내용 · 학과목 · 교수법 및 훈육 등은 성균관과 비슷하였으며, 다만 평가에 있어서 매일 학생들이 읽은 글을 강(講) 받아 그 성적을 정하였다. 또 각 학교에서 우수한 유생 20명을 뽑아 남학(南學)에 모아놓고, 예조에서 강론과 제술(製述)로써 시험한다. 이 결과로 10명을 뽑아 생진복시(生進覆試)의 응시자격을 주었다.

그러나 사학은 제도적으로는 체제를 갖추었으나 학생의 정원 미달, 재정의 빈곤, 운영의 불합리, 직원의 부족 등으로 크게 발전을 못보다가, 고종 31년(1894년)의 갑오경장(甲午更張)을 계기로 폐지되고 말았다.

(3) 향교건축

『향교란 시골에 있는 문묘(文廟)와 그곳에 부속된 옛날의 학교, 일명 교궁(校宮), 재궁(齋宮), 학궁(學宮), 향학(鄕學)이라 하고, 고려시대를 비롯하여 조선에 계승된 관학으로서의 지방교육기관이다』라고 사전적 의미로 정의하고 있으며, 『牧民心書』에는 "옛날의 소위 학교는 예(禮)를 익히고 락(樂)을 익히는 것이다…"라고 의미를 두고 있다.

향교의 향(鄕)은 서울을 제외한 행정구역을 일반적으로 지칭하는 말이고 교(校)는 학교를 의미하는 것으로 즉 '지방의 학교'라고 할 수 있다.

우리나라의 교육제도는 삼국시대부터 시작되었다고 볼 수 있다. 고구려는 소수림왕 2년(372)에 태학을 설립하였고, 백제는 오경박사(五經博士)를 두고 성현의 가르침을 받기 위한 교육이 시작되어 일본에까지 전파하였다는 기록이 있다. 또한 신라는 신문왕 2년(682)에 국학이 설립되었다고 한다. 그러나 이들의 교육기관은 수도에 설치된 관학(官學)으로서 중앙의 귀족자제들에게만 입학을 허용했기 때문에 본격적으로는 지방교육이 시작된 것은 고려시대부터이다.

고려시대는 중앙에 국자감(國子監)을 설치하고 지방의 3경(三京) 12목(十二牧)을 비롯한 군, 현에 박사와 교수를 파견하여 생도들을 교육시켰다는 기록이 있는데, 이를 향학(鄕學)의 시초라고 할 수 있다.

조선시대의 교육기관으로는 중앙에 성균관, 4학이 있었으며 지방에는 관학기관인 향교와 사학기관인 서원과 서당이 있었다. 그 중 향교는 고려시대에 설립되어 조선시대에 들어와 신진 사대부의 지배이념인 유교정신을 널리 보급하고 인재를 양성하며 국가기관의 중앙 통제력을 강화하기 위하여 발전하였다. 그러나 후기에 들어서 국가재정의 결핍과 양반자제들의 입학 기피, 국가의 관심 소홀, 사학기관인 서원의 난립으로 쇠퇴해갔다. 그럼에도 불구하고 향교는 유교의 이념과 인재양성이라는 소기의 목적을 달성하는 데 크게 이바지하였다.

성종 때에는 지방 통제를 강화할 목적으로 일단 향교를 폐쇄시킨 후 다시 중앙 통제하에 재정비하였다. 인종 때에는 「모든 주에 학교를 세워 널리 가르친다」는 교서를 내려 전국에 향교를 세우고 지방교육을 활성화 시켰고 「배움(學)이 없이 쌓은 선(善)이란 선이 아니고, 선현에 임하지 않은 성공이란 성공이 아니다. 그러므로 안으로는 상서(學校)를 열어 유교의 학술을 돈독히 숭상토록 하고 밖으로는 학교를 설치하여 생도들에게 근면토록 하여 기예(技藝)를 겨루는 장으로 가르치게 하라」하였다.

이어 성종은 지방 12목에 경학박사(經學博士), 의학박사(醫學搏士)를 파견하여 지방교육을 담당하게 하였다. 그러나 고려 중기 이후 무인집권과 몽고의 침입으로 향교는 잠시 쇠퇴하였다. 그 후 공민왕과 공양왕의 적극적인 교육정책으로 향교는 다시 진흥을 맞게 되었다. 이는 신진 사대부들이 유교 정신을 새로운 국가의 사상적 기반과 통치 이념으로 확립하고자 향교 진흥책을 적극 장려하였기 때문이다.

조선이 건국되면서 향교는 더욱 국가의 적극적인 보호 정책 아래 육성되었다. 조선왕조는 중앙집권체제를 강화하기 위해 성리학을 지방 사회로 보급하는 등 유교문화를 널리 확산시켰다. 이러한 일환으로 태조는 즉위 직후부터 향교 육성 정책마련에 힘썼다.

향교는 초창기에 전국의 주에 1개소씩 설치되었으며 조선의 건국과 더불어 현까지 확대되었다. 그리하여 전국의 주, 군, 현에 1개씩 329개소가 설치되어 지방의 교육 · 문화를 전반적으로 지배하였으며 사상적 중심 역할을 수행하였다. 향교는 一邑一校의 원칙에 의해 군현의 흥망성쇠와 함께 운명을 하여 중간에 변동되기도 하고, 또 군현의 발전에 따라 규모가 확충되기도 하였다.

(4) 서원건축

사립교육기관인 서원의 강당과 동 · 서재(東 · 西齋)는 교육시설이고, 사당(祠堂)은 종교시설이다. 최초의 서원인 소수서원은 자유로운 구성을 하는 반면, 이후의 서원들은 규범에 얽매어 있다. 그 가운데서도 병산서원, 옥사서원, 도산서원, 도동서원 등 영남학파의 서원들은 특유의 건축적 절제성이 자연 경관과 환상적인 조화를 이루고 있다. 반면 기호학파의 돈암서원과 필암서원은 인위성이 부각된다. 향교의 대성전은 공자의 사당이고, 명륜당은 학교다. 향교의 형식은 매우 공식적이이시 특색을 발견하기 어렵다. 그러나 영남과 호남, 충청의 지역차는 뚜렷하다. 서울의 성균관이 향교건축의 원형이라면, 나주향교 · 경주향교 · 강릉향교가 수준있는 지방향교들이다.

서원의 교육은 성현의 삶과 가르침을 따르자는 것과 관리를 양성하는 데 목표를 두었다. 이를 위해 서원의 원생들은 소학부터 시작하여 대학, 논어, 맹자, 중용, 시경, 서경, 주역, 예기, 춘추 등의 순서로 공부를 한 다음, 서원에 따라서 가례, 심경, 근사록, 사기 등을 공부하여 철학, 역사류의 기본적인 소양이 되는 지식들을 쌓고 서로 토론을 나누거나 강독하게 하였다.

사원에서 또 하나 빼놓을 수 없는 것이, 사당에 모셔진 선현들의 배향의식, 즉 제사를 지내는 일이다. 조선왕실은 유교 사상을 조선에 뿌리내리기 위해서 서원의 설립을 지원하고, 학덕이 높은 사람을 본받게 하는 것이 효과적이라 생각하였다. 사회적으로도 효를 중요하게 생각하고, 조상을 모시고 그 은덕에 보답하자는 의식이 강조되면서, 제향의식의 기능도 커졌다.

유교건축은 궁극적으로 선조들을 제사하기 위한 시설이며, 묘의 성격을 갖는다. 이 가운데 왕가의 사당인 종묘와 토지신, 곡식신을 제사하는 사직은 한 국가를 구성하기 위한 필수적인 시설이다. 서울의 좌측에 종묘가 우측에 사직단이 있다면, 지방도시는 이를 향교(문묘)와 사직으로 대신하였다. 종묘는 동양의 파르테논으로 불릴 정도로 유교건축의 이상을 실현한 작품이다.

(5) 재실건축

재실(齋室)은 일반적으로 시조나 中始祖의 묘소 또는 支派의 會奠 근처에 세워진 건물로서, 陵이나 墓 등의 제사 지내는 집을 말한다. 한편 재실은 文廟에서 儒生들이 공부하는 집을 말하기도 하고 祠堂 옆에 지어 제사를 지낼 때 사용하던 집을 말하기도 한다. 재실건축은 齋殿, 齋家 등이라고도 하며 안동지방 등에서는 齋舍라고 부르기도 한다.

재실이란 時享祭나 墓祀의 제수를 장만하거나 준비하고, 문중회의나 모임에서 제례절차나 분방 등을 논의하고, 제사를 모시기 위해 모인 제례 참례인의 숙박, 묘소 · 위토 · 종산 · 선산 · 재실 자체 등의 묘역을 관리하는 墓直이나 山直의 기거 그리고 식사접대나 음복 등을 하는 곳이다. 즉 재실건축은 시향제나 묘사의 준비장소이고, 문중공유재산이나 문중 관련 문제 그리고 제례과정 등을 논의하는 종회장소이며, 참례자의 식사와 숙소 등의 장소가 되는 건축적 공간이라고 할 수 있다.

(6) 가묘건축

효를 중심적인 덕목으로 보는 유학에서 조상에 대한 제사는 추원보본(追遠報本)의 의미를 갖는 중요한 의식이었다. 이것은 개인뿐 아니라 집단에도 매우 중대한 의미를 갖는 것이었다. 『춘추좌씨전』에 "나라의 중대한 일은 제사와 전쟁이었다"라고 한 말에서 나타나듯이, 제사는 국가의 중대사로서 그 조상을 모시는 사당인 종묘(宗廟)는 토지신과 곡식신을 제사하는 사직(社稷)과 함께 국가를 상징하는 개념으로까지 쓰였던 것이다. 종묘가 집단생명을 상징하는 것이라면, 가묘(家廟)는 바로 한 가족의 생명을 상징하는 것이라고 할 수 있다. 생명의 계승을 효의 가장 중요한 내용으로 보는 유학에서, 가묘는 단순히 조상의 위패를 모시고 제사하는 장소라는 의미를 넘어서서 그 가족생명의 역사성을 확인하고 가족생명 자체를 상징하는 신성소(神聖所)라고 할 수 있다. 따라서 가묘는 제사장소 이외에 가족의 중대사를 결정하는 모임의 장소로 이용되었을 뿐 아니라, 혼인이나 과거급제와 같은 중요한 일이 있을 때는 반드시 그 사실을 보고하는 장소이기도 하였다. 이와 같은 기능을 가진 가묘는 집단생명을 상징하는 종묘의 기능과 대비될 수 있는 것인데, 이 점은 그 구조에 있어서도 마찬가지이다. 거처하는 곳의 동쪽 정결한 곳에 사당을 짓고 내부에는 조상의 위패를 모시는 감실을 두며, 중앙에 향로와 향합을 둔다. 다만 종묘에는 시조를 불천지위(不遷之位)로 중앙에 두는 데 비해, 가묘에는 대체로 부모에서 고조부까지 4대만을 제사하며, 대가 바뀌면 차례로 그 조상의 위패를 철거한다.

가묘가 일반화되기 시작한 것은 주자(朱子)가 『가례 家禮』를 지으면서 반드시 가묘를 두고 조상을 제사하도록 한 뒤부터라고 할 수 있다. 가묘제도가 우리나라에 들어온 것은 주자학의 유입과 궤를 같이한다고 볼 수 있는데, 특히 정몽주는 『주자가례』와 함께 이 가묘제도를 시행할 것을 건의하였으며 이후 조선왕조에서는 사대부는 물론 점차 일반인에게까지 확대 시행되었다. 다만 초기에 일반인은 물론 사대부의 경우도 반드시 고조부까지 4대를 봉사한 것은 아니었고, 부모나 조부모만을 봉사하던 것이 점차 확대되어 고조에까지 이른 것이다.

(7) 정려건축

조선의 태조 이성계는 충신이나 효자, 열녀의 행실을 널리 권장하고, 정려(旌閭)를 세워 모범으로 삼도록 하였으며, 이후 조정에서는 각 고을 수령의 추천을 받아 연초에 나라 차원에서 충신이나 효자, 열녀를 결정하였다.

충신이나 효자, 열녀로 인정되면 그 가문의 직계가 군문에 들어가거나 부역에 동원되는 것을 면제해 주고, 쌀과 옷감 등을 하사하였다.

정려의 대상이 된 사람들은 양반이 많았지만 경우에 따라서는 상민이나 노비의 정려가 세워지는 경우도 있었다. 이 제도는 원래 사회 양반층의 윤리 도덕의식을 강화하기 위한 목적으로 만들어졌는데 일반 평민들에게도 그 영향을 미쳤다.

3. 세계문화유산

3.1 세계문화유산의 정의

유산이란 우리가 선조로부터 물려받아 오늘날 그 속에 살고 있으며, 앞으로 우리 후손들에게 물려주어야 할 자산이다. 자연유산과 문화유산 모두 다른 어느 것으로도 대체할 수 없는 우리의 삶과 영감의 원천이다.

유산의 형태는 독특하면서도 다양하다. 아프리카 탄자니아의 세렝게티 평원에서부터 이집트의 피라미드, 호주의 산호초와 남미대륙의 바로크 성당에 이르기까지 모두 인류의 유산이다. '세계유산'이라는 특별한 개념이 나타난 것은 이 유산들이 특정 소재지와 상관없이 모든 인류에게 속하는 보편적 가치를 지니고 있기 때문이다.

유네스코는 이러한 인류 보편적 가치를 지닌 자연유산 및 문화유산들을 발굴 및 보호, 보존하고자 1972년 세계 문화 및 자연 유산 보호 협약(Convention concerning the Protection of the World Cultural and Natural Heritage ; 약칭 '세계유산협약')을 채택하였다.

세계문화유산은 세계유산협약이 규정한 탁월한 보편적 가치를 지닌 유산으로서 그 특성에

표 2_세계문화유산의 정의

구 분	정 의
문화유산	·기념물 : 기념물, 건축물, 기념 조각 및 회화, 고고 유물 및 구조물, 금석문, 혈거 유적지 및 혼합유적지 가운데 역사, 예술, 학문적으로 탁월한 보편적 가치가 있는 유산 ·건조물군 : 독립되었거나 또는 이어져있는 구조물들로서 역사상, 미술상 탁월한 보편적 가치가 있는 유산 ·유적지 : 인공의 소산 또는 인공과 자연의 결합의 소산 및 고고 유적을 포함한 구역에서 역사상, 관상상, 민족학상 또는 인류학상 탁월한 보편적 가치가 있는 유산
자연유산	·무기적 또는 생물학적 생성물들로부터 이룩된 자연의 기념물로서 관상상 또는 과학상 탁월한 보편적 가치가 있는 것. ·지질학적 및 지문학(地文學)적 생성물과 이와 함께 위협에 처해 있는 동물 및 생물의 종의 서식지 및 자생지로서 특히 일정구역에서 과학상, 보존상, 미관상 탁월한 보편적 가치가 있는 것 ·과학, 보존, 자연미의 시각에서 볼 때 탁월한 보편적 가치를 주는 정확히 드러난 자연지역이나 자연유적지
복합유산	·문화유산과 자연유산의 특징을 동시에 충족하는 유산

따라 자연유산, 문화유산, 복합유산으로 분류한다(표 2).

3.2 한국의 문화유산

세계문화유산에 등록된 한국의 경우 건조물과 관련된 것은 불국사와 석굴암, 종묘, 창덕궁, 수원화성, 경주역시지구 등이다.

(1) 종묘

종묘는 조선왕조 역대 왕과 왕비 및 추존된 왕과 왕비의 신주를 모신 유교사당으로서 가장 정제되고 장엄한 건축물 중의 하나이다. 종묘는 태조 3년(1394) 10월 조선 왕조가 한양으로 도읍을 옮긴 그해 12월에 착공하여 이듬해 9월에 완공하였으며, 곧이어 개성으로부터 태조의 4대조인 목조, 익조, 도조, 환조의 신주를 모셨다.

56,503평의 경내에는 종묘정전을 비롯하여 별묘인 영녕전과 전사청, 재실, 향대청 및 공신당, 칠사당 등의 건물이 있다. 정전은 처음에 태실 7칸, 좌우에 딸린 방이 2칸이었으나 선조 25년(1592) 임진왜란 때 불타버려 광해군 즉위년(1608)에 다시 고쳐 짓고, 그 후 영조 헌종 때 증축하여 현재 태실 19칸으로 되어 있다.

영녕전은 세종 3년(1421)에 창건하여 처음에는 태실 4칸, 동서에 곁방 각 1칸씩으로 6칸의 규모이었는데, 임진왜란 때 불타버려 광해군 즉위년에 10칸의 규모로 지었으며 그 후 계속 증축하여 현재 16칸으로 되어 있다.

조선시대에는 정전에서 매년 춘하추동과 섣달에 대향을 지냈고, 영녕전에는 매년 춘추와 섣달에 제향일을 따로 정하여 제례를 지냈으나 현재는 전주이씨 대동종약원에서 매년 5월 첫째 일요일을 정하여 종묘제례라는 제향의식을 거행하고 있으며 제사드릴 때 연주하는 기악과

▲그림 3 _ 종묘

노래와 무용을 포함하는 종묘제례악이 거행되고 있다.

종묘의 주전인 정전은 건평이 1,270m²로서 동 시대의 단일 목조 건축물로는 세계에서도 그 규모가 가장 큰 건축물로 추정되며, 종묘의 건축 양식은 궁전이나 불사의 건축이 화려하고 장식적인데 비하여 유교의 검소한 기품에 따라 건립된 특수목적용 건축물이다.

종묘는 한국의 일반 건축물과 같이 개별적으로 비대칭구조를 하고 있지만 전체적으로 대칭을 이루고 있으며 의례공간의 위계질서를 반영하여 정전과 영녕전의 기단과 처마, 지붕의 높이, 기둥의 굵기를 그 위계에 따라 달리 하였다.

중국 주나라에서 시작된 종묘제도는 7대까지 모시는 제도로 시작되어 명나라 때에 와서 9묘 제도로 확대되었는데 중국의 태묘에서는 태실이 9실에 불과하나 한국의 종묘만은 태실이 19칸인 매우 독특한 제도를 가지고 있으며, 정면이 매우 길고 수평성이 강조된 독특한 형식의 건축은 종묘제도의 발생지인 중국과도 다른 건축양식이며 서양건축에서는 전혀 그 유례를 찾아볼 수 없는 세계적으로 희귀한 건축유형이다.

종묘제례는 종묘인 의례공간과 함께 의례절차, 의례음식과 제기, 악기와 의장물, 의례음악과 의례무용 등이 조화되어 있으며, 1462년에 정형화된 형태를 500년 이상 거의 그대로 보존하고 있다는 점에서 현재 세계에서 가장 오래된 종합적 의례문화라고 할 수 있다.

종묘제례와 종묘제례악에 나타난 의례 절차, 음악, 무용 등은 중국의 고대문명을 바탕으로 형성된 하, 은, 주 시대의 의례문화에 기원을 두고 있을 뿐 아니라 동양의 고대문화의 특징과 의의를 거의 그대로 보존하고 있기 때문에 동양 고대문화를 연구하기 위한 귀중한 자료로 활용될 수 있는 문화유산 중의 하나이다.

종묘는 조선시대의 전통건물로서 일반건축이 아닌 신전건축임에도 불구하고 건축의 보편적 가치를 지니고 있어 많은 현대 건축가들의 연구대상이 되고 있으며 종묘의 뛰어난 건축적 가치는 동양의 파르테논이라 칭하여지고 있을 만큼 건축사적 가치가 크다.

종묘는 1995년 12월 유네스코 세계유산으로 등록되었다.

(2) 불국사

불국사는 석굴암과 같은 서기 751년 신라 경덕왕 때 김대성이 창건하여 서기 774년 신라 혜공왕 때 완공하였다.

토함산 서쪽 중턱의 경사진 곳에 자리한 불국사는 심오한 불교사상과 천재 예술가의 혼이 독특한 형태로 표현되어 세계적으로 우수성을 인정받는 기념비적인 예술품이다.

불국사는 신라인이 그린 불국, 이상적인 피안의 세계를 지상에 옮겨 놓은 것으로 법화경에 근거한 석가모니불의 사바세계와 무량수경에 근거한 아미타불의 극락세계 및 화엄경에 근거한 비로자나불의 연화장세계를 형상화한 것이다.

▲그림 4 _ 불국사

불국사의 건축구조를 살펴보면 크게 두 개의 구역으로 나누어져 있다. 그 하나는 대웅전을 중심으로 청운교, 백운교, 자하문, 범영루, 자경루, 다보탑과 석가탑, 무설전 등이 있는 구역이고 다른 하나는 극락전을 중심으로 칠보교, 연회교, 안양문 등이 있는 구역이다.

불국사 전면에서 바라볼 때 장대하고 독특한 석조구조는 창건당시 8세기 유물이고 그 위의 목조건물은 병화로 소실되어 18세기에 중창한 것이며, 회랑은 1960년대에 복원한 것이다. 불국사의 석조 구조는 길고 짧은 장대석, 아치석, 둥글게 조출된 기둥석, 난간석 등 잘 다듬은 다양한 형태의 석재로 화려하게 구성되었는데 특히 연화교와 칠보교의 정교하게 잘 다듬은 돌기둥과 둥근 돌난간은 그 정교함, 장엄함과 부드러움이 보는 이의 감탄을 자아낸다.

높이 8.2m의 삼층석탑인 석가탑은 각 부분의 비례와 전체의 균형이 알맞아 간결하고 장중한 멋이 있으며, 높이 10.4m의 다보탑은 정사각형 기단위에 여러 가지 정교하게 다듬은 석재를 목재건축처럼 짜맞추었는데 복잡하고 화려한 장엄미, 독특한 구조와 독창적인 표현법은 예술성이 매우 뛰어난 것으로 평가되고 있다.

불국사는 불교교리가 사찰 건축물을 통해 잘 형상화된 대표적인 사례로 독특한 건축미를 지니고 있으며, 1995년 12월 석굴암과 함께 세계문화유산으로 공동 등록되었다.

(3) 석굴암

석굴암은 서기 751년 신라 경덕왕 때 당시 재상이었던 김대성이 창건하기 시작하여 서기 774년인 신라 혜공왕 때 완공하였으며, 건립 당시의 명칭은 석불사로 칭하였다.

석굴암의 석굴은 백색의 화강암재를 사용하여 토함산 중턱에 인공으로 석굴을 축조하고 그 내부 공간에는 본존불인 석가여래불상을 중심으로 그 주벽에 보살상 및 제자상과 역사상, 천왕상 등 총 39체의 불상을 조각하였으며, 석굴암의 석굴은 장방형의 전실과 원형의 주실이 통로로 연결되어 있는데 360여 개의 판석으로 원형주실의 궁륭천장 등을 교묘하게 구축한 건축기법은 세계에 유례가 없는 것이며, 석굴암의 입구쪽에 위치하고 있는 평면방형의 전실에는 좌우로 4구씩 8부신장을 두고 있으며 통로 좌우 입구에는 금강역사상을 조각하였으며, 좁은 통로에는 2구씩의 사천왕상을 조각하였다.

주실 입구에는 좌우로 8각 석주를 세웠고 이곳을 지나면 평면원형의 주실로 본존은 중심에서 약간 뒤로 안치되어 있으며 입구 좌우로부터 천부상 이구, 보살상 이구, 나한상 십구로 주벽을 채우고 본존 정후면에는 십일면관음보살상이 있다.

▲그림 5 _ 석가여래불상

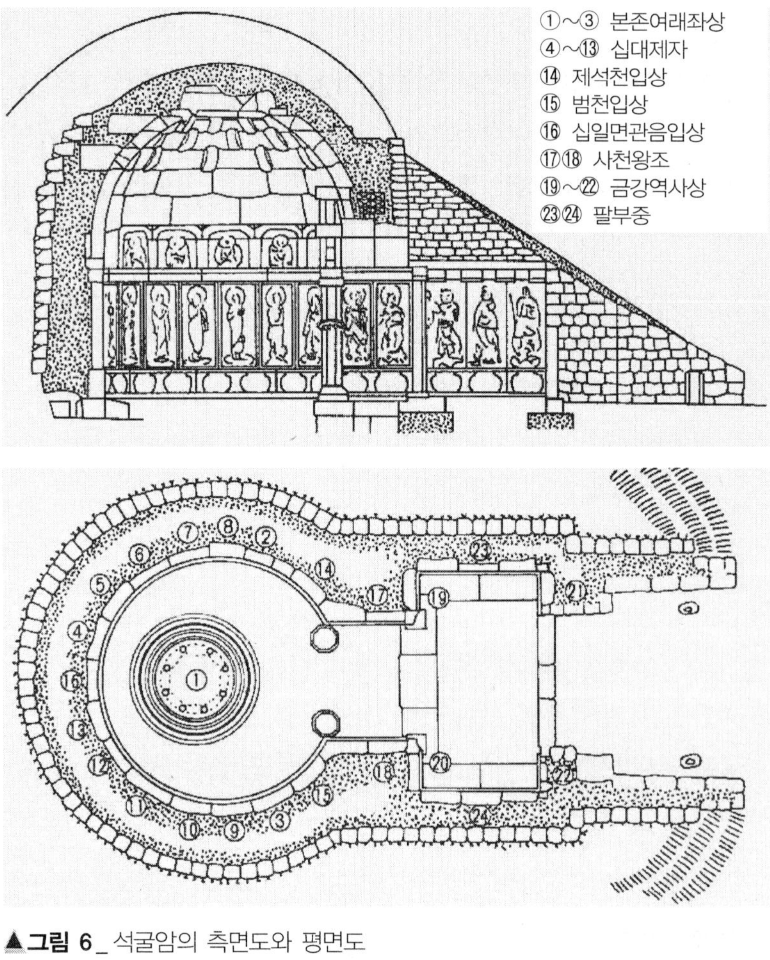

▲그림 6 _ 석굴암의 측면도와 평면도

조각에 있어서 원숙한 조법과 사실적인 표현에서 완벽에 가까운 석가여래상, 10구의 얼굴과 전신이 화려하게 조각된 십일면관음보살상, 인왕상의 용맹, 사천왕상의 위엄, 주실내의 보살들의 유연 우아한 모습, 나한상들의 개성있는 표현 등은 동아시아 불교조각의 최고의 걸작품이라 할 것이다.

특히, 주실내에 봉안되어 있는 굽타양식의 본존불 석가여래불은 고요하고 결가부좌한 모습, 가늘게 뜬 눈, 온화한 눈썹, 미간에 서려있는 슬기로움, 금방이라도 말할 듯한 입과, 코, 길게 늘어진 귀 등 그 모든 것이 내면에 깊은 숭고한 마음을 간직하도록 조성된 것으로서 세계에서도 가장 이상적인 미를 대표하고 있다.

이 석굴은 신라시대의 전성기에 이룩된 최고 걸작으로 평가되며, 그 조영계획에 있이 건축, 수리, 기하학, 종교, 예술이 총체적으로 실현된 것이다.

방형 공간인 전실에는 팔부중상과 금강역사상이 있고, 사천왕상(四天王像)이 있는 좁은 통로를 지나면 궁륭(Dome)천정으로 짜여진 원형공간의 주실이 나온다. 주실의 중앙에는 석가모니대불이 있고, 벽면에는 입구에서부터 범천상(梵天像)과 제석천상(帝釋天像), 보현(普賢)·문수(文殊)보살상, 그리고 십대제자상(十大弟子像)이 대칭을 이루도록 조각되어 있다.

석굴암은 석가모니가 정각, 즉 깨달음을 얻은 순간을 가시적인 건축과 조각으로 재현한 것이며, 조각에 있어서도 인위적인 기교나 부자연스러움 없이 생명력이 넘치며 원숙한 조법과 탁월한 예술성이 돋보인다. 절대적인 경지인 정각을 통해 인간 석가모니는 형이상학적 존재인 석가여래가 되고, 속세는 법계라는 이상향이 된다.

석굴암은 신라시대 전성기의 최고 걸작으로 그 조영계획에 있어 건축, 수리, 기하학, 종교, 예술이 총체적으로 실현된 유산이다.

(4) 창덕궁

창덕궁은 조선왕조 제3대 태종 5년(1405) 경복궁의 이궁으로 지어진 궁궐이며 창건시 창덕궁의 정전인 인정전, 편전인 선정전, 침전인 희정당, 대조전 등 중요 전각이 완성되었다. 그 뒤 태종 12년(1412)에는 돈화문이 건립되었고, 세조 9년(1463)에는 약 6만 2천평이던 후원을 넓혀 15만여평의 규모로 궁의 경역을 크게 확장하였다.

▲그림 7 _ 창덕궁

임진왜란 때 소실된 것을 선조 40년(1607)에 중건하기 시작하여 광해군 5년(1613)에 공사가 끝났으나 다시 1623년의 인조반정 때 인정전을 제외한 대부분의 전각이 소실되었다가 인조 25년(1647)에 복구되었다. 그 후에도 여러 번 화재가 있었으며, 1917년에 대조전 · 희정당 일곽이 소실되어 1920년에 경복궁의 교태전 · 강녕전 등 많은 건물을 철거하여 창덕궁으로 이건하였다.

창덕궁은 1610년 광해군 때 정궁으로 사용된 뒤 1868년 고종이 경복궁을 중건할 때까지 258년 동안 역대 제왕이 정사를 보살펴 온 법궁이었다.

창덕궁 안에는 가장 오래된 궁궐 정문인 돈화문, 신하들의 하례식이나 외국사신의 접견장소로 쓰이던 인정전, 국가의 정사를 논하던 선정전 등의 치조공간이 있으며, 왕과 왕후 및 왕가 일족이 거처하는 희정당, 대조전 등의 침전공간 외에 연회, 산책, 학문을 할 수 있는 매우 넓은 공간을 후원으로 조성하였다.

정전 공간의 건축은 왕의 권위를 상징하여 높게 되어 있고, 침전건축은 정전보다 낮고 간결하며, 위락공간인 후원에는 자연지형을 위압하지 않도록 작은 정자각을 많이 세웠다.

건물배치에 있어, 정궁인 경복궁, 행궁인 창경궁과 경희궁에서는 정문으로부터 정전, 편전, 침전 등이 일직선상에 대칭으로 배치되어 궁궐의 위엄성이 강조된 데 비하여, 창덕궁에서는 정문인 돈화문은 정남향이고, 궁 안에 들어 금천교가 동향으로 진입되어 있으며 다시 북쪽으로 인정전, 선정전 등 정전이 자리하고 있다. 그리고 편전과 침전은 모두 정전의 동쪽에 전개되는 등 건물배치가 여러 개의 축으로 이루어져 있다.

대부분의 정자는 임진왜란 때 소실되었고 지금 남아 있는 정자와 전각들은 인조 원년(1623) 이후 개수 · 증축된 것이다. 이곳에는 각종 희귀한 수목이 우거져 있으며, 많은 건물과 연못 등이 있어 왕과 왕비들은 이곳에서 여가를 즐기고 심신을 수양하거나 학문을 닦고 연회를 베풀었다.

창덕궁은 조선시대의 전통건축으로 자연경관을 배경으로 한 건축과 조경이 고도의 조화를 표출하고 있으며, 후원은 동양조경의 정수를 감상할 수 있는 세계적인 조형의 한 단면을 보여주고 있는 특징이 있다.

창덕궁은 1997년 12월 유네스코 세계문화유산으로 등록되었다.

(5) 수원화성

수원화성은 조선왕조 제22대 정조대왕이 선왕인 영조의 둘째왕자로 세자에 책봉되었으나

▲그림 8 _ 수원 화성

당쟁에 휘말려 왕위에 오르지 못하고 뒤주속에서 생을 마감한 아버지 사도세자의 능침을 양주 배봉산에서 조선 최대의 명당인 수원의 화산으로 천봉하고 화산부근에 있던 읍치를 수원의 팔달산 아래 지금의 위치로 옮기면서 축성되었다.

수원화성은 정조의 효심이 축성의 근본이 되었을 뿐 아니라 당쟁에 의한 당파정치 근절과 강력한 왕도정치의 실현을 위한 원대한 정치적 포부가 담긴 정치구상의 중심지로 지어진 것이며 수도 남쪽의 국방요새로 활용하기 위한 것이었다.

수원화성은 규장각 문신 정약용이 동서양의 기술서를 참고하여 만든 성화주략(1793년)을 지침서로 하여, 재상을 지낸 영중추부사 채제공의 총괄아래 조심태의 지휘로 1794년 1월에 착공에 들어가 1796년 9월에 완공되었다. 축성 시에 거중기, 녹로 등 신기재를 특수하게 고안 · 사용하여 장대한 석재 등을 옮기며 쌓는데 이용하였다.

수원화성 축성과 함께 부속시설물로 화성행궁, 중포사, 내포사, 사직단 등 많은 시설물을 건립하였으나 전란으로 소멸되고 현재 화성행궁의 일부인 낙남헌만 남아있다.

수원화성은 축조이후 일제의 강점기를 지나 한국전쟁을 겪으면서 성곽의 일부가 파손 · 손실되었으나 1975~1979년까지 축성직후 발간된 "화성성역의 궤"에 의거하여 대부분 축성 당시 모습대로 보수 · 복원하여 현재에 이르고 있다.

성의 둘레는 5,744m, 면적은 130ha로 동쪽지형은 평지를 이루고 서쪽은 팔달산에 걸쳐 있는 평산성의 형태로 성의 시설물은 문루 4, 수문 2, 공심돈 3, 장내 2, 노내 2, 포(鋪)루 5, 포(砲)루 5, 각루 4, 암문 5, 봉돈 1, 적대 4, 치성 9, 은구 2등 총 48개의 시설물로 일곽을 이루고 있으나 이 중 수해와 전란으로 7개 시설물(수문 1, 공심돈 1, 암문 1, 적대 2, 은구 2)이 소멸되고 4개 시설물이 현존하고 있다.

수원화성은 중국, 일본 등지에서 찾아볼 수 없는 평산성의 형태로 군사적 방어기능과 상업적 기능을 함께 보유하고 있으며 시설의 기능이 가장 과학적이고 합리적이며, 실용적인 구조로 되어 있는 동양 성곽의 백미라 할 수 있다.

성벽은 외측만 쌓아올리고 내측은 자연지세를 이용해 흙을 돋우어 메우는 외축내탁의 축성술로 자연과 조화를 이루는 성곽을 만들었으며, 또한 수원화성은 철학적 논쟁 대신에 백성의 현실생활속에서 학문의 실천과제를 찾으려고 노력한 실학사상의 영향으로 벽돌과 돌의 교축,

현안 · 누조의 고안, 거중기의 발명, 목재와 벽돌의 조화를 이룬 축성방법 등은 동양성곽 축성술의 결정체로서 희대의 수작이라 할 수 있다.

특히, 당대학자들이 충분한 연구와 치밀한 계획에 의해 동서양 축성술을 집약하여 축성하였기 때문에 그 건축사적 의의가 매우 크다.

축성 후 1801년에 발간된 "화성성역의궤"에는 축성계획, 제도, 법식뿐만 아니라 동원된 인력의 인적사항, 재료의 출처 및 용도, 예산 및 임금계산, 시공기계, 재료가공법, 공사일지 등이 상세히 기록되어 있어 성곽축성 등 건축사에 큰 발자취를 남기고 있을 뿐 아니라 그 기록으로서의 역사적 가치가 큰 것으로 평가되고 있다.

수원화성은 1997년 12월 유네스코 세계문화유산으로 등록되었다.

4. 건축문화재의 보전전략

4.1 보전계획

보전 및 보존 대상이 되는 물리적 자원에는 문화재를 비롯하여 민속마을을 형성하는 자연지형, 산림, 수계, 농경지, 동산, 수목 등이고, 비물리적 자원에는 마을의 입지구조 및 공간구조, 주택형식, 마을의 향약, 민속놀이, 마을제사, 마을 자체 행사, 생활도구, 생활양식 등을 들 수 있다.

전통건축환경의 보전계획의 일반적인 원칙은, ① 유적의 역사적 · 문화적 존재가치를 훼손하지 않을 것, ② 유적의 보존은 다만 문화재 개체의 보존뿐만 아니라 그것을 둘러싸는 자연환경을 포함한 보전으로서 현지보전을 계획의 원칙으로 할 것 등이다. 이것은 유형문화재의 종류 · 분포역의 환경의 여하에 관계 없이, 특히 자연과 문화재의 일체적인 보전이 요청되고 있는 지역에서의 현지보전은 필요불가결한 요건이다. 유적이나 자연환경의 현실의 존립상황은 이론이나 기대와는 별도로 다양한 조건하에 놓여져 있다. 이 점이 계획측면의 연구의 출발점이다.

그런데 현지보존계획이 필요한 경우와 비현지보존계획이 필요한 경우가 있다. 비현지보존계획의 경우는 건축적 시설이 필요할 것이다(표 3).

표 3 _ 보전 및 보존 계획의 분류

<table>
<tr><td rowspan="7">현지보전계획</td><td rowspan="2">동결보전계획</td><td>완전동결보전계획</td></tr>
<tr><td>동결보전활용계획</td></tr>
<tr><td rowspan="2">보존활용계획</td><td>보전활용조경계획</td></tr>
<tr><td>환경수복활용계획</td></tr>
<tr><td rowspan="2">긴급조사 · 보전계획</td><td>긴급조사 · 개발규제유도계획</td></tr>
<tr><td>긴급조사 · 수복보전계획</td></tr>
<tr><td colspan="2">유적지보존계획</td></tr>
<tr><td rowspan="2">비현지보존계획</td><td colspan="2">유물보존</td></tr>
<tr><td colspan="2">기록보존 · 유물재현보존</td></tr>
</table>

4.2 역사적 환경의 보전유형

역사적 환경의 보전을 어떻게 강구할 것인가는 원칙적으로 그것이 지니는 가치와 한편으로는 자연환경의 보전, 안전, 편리, 생활수준의 향상 등 주민의 행복한 생활을 확보하기 위한 방책을 고려하면서 주민 자신이 충분한 검토를 행하여 결정하는 것이다.

현재 세계 각국에서 시행하고 있는 건물 레벨의 보존 · 재생의 실천 예를 검토하면 보존은 「보존」과 「파괴」 사이의 단순한 이자택일이 아니라 중간의 넓은 단계가 있고, 그것이 많은 사람에 의하여 인식되고 있는 것을 알 수 있다(표 4).

표 4 _ 역사적 건물의 보존과 재생기법

<table>
<tr><td colspan="4">보 존</td></tr>
<tr><td colspan="4">↓ ↓ ↓</td></tr>
<tr><td rowspan="7">재생</td><td rowspan="3">재이용형</td><td>보존형</td><td>현상을 유지하고 노후한 부분을 수리한다</td></tr>
<tr><td>보존 · 갱신형</td><td>현상을 유지하면서 새로운 요구에 응하여 고친다</td></tr>
<tr><td>갱신형</td><td>외관, 구조 등을 유지하고 내부 등을 고친다</td></tr>
<tr><td colspan="2">전체보존형재개발</td><td>주 건물을 전면적으로 보류하면서 개발한다</td></tr>
<tr><td rowspan="3">재개발형</td><td>파사드보존형</td><td>가로에 면하는 부분을 보류하면서 개발한다</td></tr>
<tr><td>엘리먼트보존형</td><td>특징있는 부분을 새로운 디자인 내에 도입한다</td></tr>
<tr><td>이미지보존형</td><td>건물의 역사적 또는 거리의 공통 이미지를 계승한다</td></tr>
<tr><td colspan="4">↑ ↑ ↑</td></tr>
<tr><td colspan="4">파 괴</td></tr>
</table>

역사와 문화를 착실히 연속시키기 위하여 역사적 건물에 새로운 소재를 도입하여 그 기능

을 갱신하는 것이 재생이다. 물론 재이용할 수 있는 건물은 「재이용형」의 재생을 할 수 있으나 지나치게 노후화하여 재이용할 수 없는 경우에는 유적으로서 보존하든가, 재개발하든가의 어느 쪽인가를 선택하여야 한다. 재개발하는 경우에는 환경의 이미지, 시가지의 공통 아이디어를 유지하고 계승할 필요가 있을 것이다.

역사적 경관정비를 위한 사업제도를 도입할 때의 유의점으로서, ① 전체계획의 책정과 그 중의 보조사업의 검토, ② 전체를 총괄하는 부서 설치 및 각 관계부서간의 긴밀한 연계, ③ 사업은 지자체가 주무적으로 행한다, 등을 들 수 있다. 특히 전체 계획을 분명히 책정하는 것이 중요하고, 전체 중에서 역사적 지구를 어떻게 검토할 것인가, 정비방침은 어떻게 할 것인가를 명확히 하는 관계부서의 공통된 인식이 필요하다.

4.3 보전대책조사

전통건조물군의 보존대책조사는 문화재로서의 전통건조물군을 지역발전이나 활성화에 연결짓는 계기가 될 수 있도록 하며, 그러기 위해서는 조사위원회를 설치하여 전문가인 조사원뿐 아니라 지역자치회대표나 지역의회관계자 등으로 위원을 위촉하고, 관계부서에도 옵서버로서 출석하도록 하며, 조사에서 판명된 사항에 대해서는 정기적으로 설명하고 자료제공의 의뢰를 하는 동시에 장래의 방향에 대하여 의논하는 것이 이상적이다. 또한 이러한 조사위원회를 구성하면 조례제정 후의 보존지구심의회로 자연스럽게 이행할 수 있다.

조사의 범위에 대해서는 자치회단위를 기준으로 가능한 한 넓게 고려하는 것이 불필요한 마찰을 피하는 데도 도움된다. 문화재지정을 꺼리는 소유자도 많을 것이므로 이 단계에서는 조사가 보존시책의 실시는 아니라는 점도 강조한다.

구체적인 조사내용은 조사의 주체가 되는 조사원에 위임하지만 필요사항으로서는 다음과 같은 내용을 들 수 있다.

① 역사성 조사

넓은 시야에서 당해 지구의 역사성 검토 및 당해 지구의 역사적 변천과정 파악.

② 집락 · 도시구조조사

당해 지구의 가로구성 · 토지이용형태 · 수계 등의 파악.

③ 집락 · 도시의 룰 · 시스템조사

당해 지구가 지금까지 유지되어 온 배경에 있는 룰이나 시스템의 파악.

④ 개개의 건조물조사

기존건조물의 조사와 당해 지구에 있어서 전통적 특질의 추출.

⑤ 보존계획 1차 시안의 책정

당해 지구의 가치와 문제점의 인식에서 앞으로의 방침을 시안의 형으로 작성.

4.4 보전의 기준

(1) 문화재의 현상변경

1) 문화재 보존의 기본원칙

문화재(보호물 · 보호구역 포함)의 보존 · 관리 및 활용은 원형보존을 기본원칙으로 한다(법 제2조의 2). 문화재 원형보존이란 문화재의 원래의 모습대로 보존하는 것으로 문화재의 현상을 변경하지 않는다는 의미를 가지고 있다. 그리고 문화재는 주변 환경과 함께 무분별한 개발로부터 보호되어야 하며 임의로 파괴되거나 훼손되어서는 아니 된다는 것이다.

2) 문화재 주변 500m까지 현상변경허가

국토법기본법 제2조 국토관리의 기본이념에 의하면, "국토는 모든 국민의 삶의 터전이며 후세에 물려줄 민족의 자산이므로 국토에 관한 계획과 정책은 개발과 환경의 조화를 바탕으로, 국토를 균형 있게 발전시키고 국가의 경쟁력을 높이며, 국민의 삶의 질을 개선함으로써 국토의 지속가능한 발전을 도모할 수 있도록 이를 수립 · 집행하여야 한다."고 규정하고 있다.

이와 같은 국토기본법의 국토관리의 기본이념에 따라 역사문화 환경권의 보존과 난개발을 방지하여 국토를 지역특성에 맞게 합리적으로 이용하고 쾌적한 환경에서 국민 모두가 안정되고 편리한 삶을 누릴 수 있도록 복리향상에 이바지하는 데 목적이 있다.

3) 문화재보호법에 규정한 '현상변경 행위'

문화재의 현상변경 행위란 문화재 원래의 모양이나 현재의 상태를 바꾸는 모든 행위로서 문화재의 생김새 · 환경 · 경관 · 대지 등 문화재를 둘러싸고 있는 생성인자에 직접 또는 간접적으로 영향을 주는 조건이나 현 상태에 영향을 주는 일체의 행위를 말한다.

4.5 복원의 기본원칙

복원은 단순히 오래된 것을 새로운 것으로 바꾸는 것이 아니다. 전통건축의 열화나 부식의 현상을 최소한에 머물게 하고, 건축된 시대감을 훼손하지 않고 복원하여 후세에 전해지도록 하여야 한다.

이들 복원은 전통적 기법에 의해 계속 이어져 왔지만, 오늘날 고도한 지식과 기술을 바탕으로 현대과학을 이용한 새로운 기술의 향상이 이루어진 것으로 확신한다.

현재 복원작업은 다음의 2가지의 큰 고려 방법을 기본으로 이루어지고 있다.

첫 번째는 현상을 존중하는 것이다. 이것은 현상의 모습을 있는 그대로의 형태로 남기면서 손상의 원인을 찾고, 그 손상된 개소를 복원하여 손상의 진행을 억제하는 것이다. 그러기 위하여 여러 가지 방법이 이용된다.

두 번째는 장래의 재수리를 고려하여 수리하는 것이다. 수리 시에 접착제의 농도나 소재의 선정을 잘못하면 그 시점에서는 어렵지 않게 수리가 이루어지더라도 실제로는 상당한 손상을 입히는 경우가 있다. 그리고 다음 번의 수리 시에는 경년에 의한 소재, 접착제 등을 검토하면서 행하여야 한다.

이들 기본이 되는 방침에 의하여 작업은 충분한 조사분석을 바탕으로 수리기법을 검토하여 신중하게 추진하여야 한다.

4.6 보전 및 복원방법

(1) 환경인자의 작용

문화재의 환경은 실내와 외부 환경으로 크게 구분할 수 있다.

실내 환경은 자연환경과 사회환경으로 형성되며 모든 환경을 고찰하는 데에 기본이 된다. 자연환경으로 기온, 일조, 장마, 태풍, 계절풍, 열, 빛, 지진, 화산활동 등은 환경에 영향을 미치고, 사회환경으로 공기오염, 수질오염, 소음, 진동 등이 산업활동, 인구증가, 개발, 교통 등이 상호작용하여 복잡한 환경을 형성한다. 최근에는 여기에 환경오염이 부가되어 복합적인 현상을 야기시킨다.

공기를 오염하는 물질은 발생원에 따라 어느 정도 예측되기도 하지만 산성비나 산성안개와 같이 발생원을 특정할 수 없는 경우도 있다. 이 외에 분진이라 불리는 미립자상물질을 상당량 포함하고 있다. 분진의 문화재에의 영향은 표면에 부착되어 습기와 작용하여 변색 및 변질시킨다(표 5).

표 5 _ 공기중 주요 오염물질의 문화재에 대한 작용

공기중의 오염물질	문화재에 대한 작용	대 책
분진	체적, 들러붙음, 여기에 습기가 작용하여 일부가 용해하여 문화재의 재질에 작용한다.	고성능먼지필터의 설치
염(해수 먼지) (NaCl)	문화재에 부착하여 습기에 의해 끈적거린다. 부식을 일으킨다. 해변의 시설에서는 특히 주의가 필요하다.	고성능필터의 설치
아황산가스 (SO_2)	종이·솜 등의 셀룰로오스질·레이저·염안료·금속류·석회석·대리석·회반죽 등을 수분과 작용하여 H_2SO_4로서 침범한다.	활성탄필터 또는 물·약알칼리액에 의한 공기세정설비의 설치
황화수소 (H_2S)	은·동 제품에 대한 부식작용(沼澤地·온천·오염된 강 등에서 발생, H_2S와 비슷한 유기유황화합물 메르카프탄은 쓰레기처리장 등에서 발생).	상동
암모니아 (NH_3)	공기중의 SO_2와 반응하여 황산암모니움의 미립자를 만들어 유화의 표면 등을 덮는다. 이 현상을 blooming이라고 한다(화학공업·석유정제공장 등에서 발생).	공기세정설비의 설치
질소산화물(NO, NO_2)	염료에 유해(연료의 연소·화학공장 등에서 발생).	활성탄필터의 설치
오존 (O_3)	모든 유기물 셀룰로오스질·도료·아교·염료·고무 등을 침범한다(전기집진기에서의 발생에 주의).	활성탄필터의 설치
탄산가스 (CO_2)	탄산염을 만들기 쉬운 안료이며, 보호막이 없는 것 등에 작용, 관객의 호흡공기에 의한다(환기 불충분의 때 CO_2 고농도).	충분한 환기

[주] 활성탄필터 : 저농도가스를 제거할 수 있는 특수활성탄필터

(2) 목재문화재

목조건조물, 목조조각 및 목조문화재의 손상은 주위의 환경조건에 따라 물리적 화학적 성능이 저하되어 저분자물질로 분해, 변질, 소모되는데 이러한 형상을 목재의 손상이라고 한다.

일반적으로 목재의 손상은 화재, 생물, 물, 자외선, 산소, 오존, 기계적 작용 및 화학약품 등에 의해 발생되며 발생원인에 따라 화재, 생물피해, 오존피해, 방사선피해, 기계적피해, 화학적피해, 기상피해 등으로 구분되지만 실제로는 복합적으로 발생된다. 주요한 목재손상은 주로 화재와 가해생물에 의하여 발생한다.

생물에 의한 목재의 피해는 주로 균류, 곤충류에 의해 발생되며 목재를 손상시키는 미생물은 주로 진균류에 속하며 광합성과 운동성을 갖고 있지 않고 포자를 형성하여 증식한다. 목재는 유기물이기 때문에 여러 가지 균에 의해 침해를 받으며 손상상태에 따라 목재부후균, 연부후균(軟腐朽菌), 변색 및 오염균으로 구분된다. 목재에 피해를 주는 균류에는 목재 내에 침

입하여 번식할 수 있는 것에서부터 목재 표면에서만 생육할 수 있는 여러 가지가 있으나 과정의 차이는 있지만 생육하게 되면 목재 형태의 변화를 주게 된다. 이 중에서 가장 현저한 것이 부후이다. 목재의 부후는 주로 사상균에 의해 균사로부터 cellulase(섬유소분해효소)가 분비되어 발생된다.

1) 방제방법

우리나라의 목조건조물은 주변의 산림 등 자연적인 환경 내에 위치하고 있어 항상 충해에 의한 손상에 노출되어 있다. 목조건조물을 가해하는 곤충은 다양하지만, 그 중에서도 흰개미목과 딱정벌레목에 의한 피해가 발생하고 있다.

최근 목조건조물에 대하여 흰개미 피해가 증가하는 주원인으로 주변환경 및 기후변화를 들 수 있는데 이것은 흰개미의 서식에 알맞은 조건을 형성하기 때문인 것으로 보인다. 특히 환경변화에 의해 기온이 상승함으로써 앞으로 목조건조물에 발생하는 흰개미 피해는 점차적으로 증가할 것으로 예상된다.

이러한 목조건조물을 충·균해로부터 원형 그대로 보존하기 위한 방제 방법으로 물리적 방제(physical control), 화학적 방제(chemical control), 생물학적 방제(biological control) 및 통합 해충관리 시스템(IPM : Integrated Pest Management) 등 다양한 방제 방법이 개발되어 활용되고 있으나, 우리나라에서는 모니터링 조사와 훈증처리, 목부재의 방충·방부처리, 도양처리 등의 화학적 방제 방법에 사용되는 화학물질들이 환경오염을 가속화시킨다는 이유로 규제대상 물질이 되면서 점차적으로 친환경적인 방제 방법을 개발·적용하기 위해 많은 노력을 기울이고 있다.

목조건조물의 효율적 흰개미 방제처리를 실시하기 위하여 신축·해체 보수 대상인 목조건조물과 건축이 완료된 목조건조물의 2종류로 처리대상을 구분할 수 있다.

먼저 신축 혹은 해체 보수 대상인 목조건조물의 경우, 흰개미 방제를 위하여 방충효과가 장기적으로 유지되는 함침처리에 의한 목부재의 방충방부처리가 우선적으로 요구되고, 추후 목조건조물 주변에 대하여 흰개미 군체제거 처리가 요구된다.

건축이 완료된 목조건조물일 경우에는 먼저 흰개미의 모니터링을 통해 주변 지역의 흰개미 분포 상황을 파악하는 것이 중요하며, 중요 목조건조물에 대해서는 주기적인 훈증처리가 요구된다(표 6).

표 6 _ 목조건조물의 흰개미 방제방법

구분	훈증처리	방충방부처리	흰개미 토양처리	흰개미군체제거처리
처리 방법	목조물의 전체 피복 후 훈증제의 투입	목부재의 약품함침, 도포, 살포처리	목조물의 기단부 혹은 주변에 살충제 투약	목조물 주변에 설치
사용 약품	Methyl bromide와 Ethylene oxide의 혼합가스, Vikane 등	Woodkeeper II, Xylamon-TR 등	Kibe special-60, Bifenthrin 등	Sentricon system 등
특이 사항	단기간 유지 후속 방제처리 필수	장기간 유지	6년 정도 유지	군체제거
처리 시기	5~6월, 8~9월	3~10월	5~6월, 8~9월	3~11월 (처리기간 : 6개월~1년 이내)

2) 단청에 의한 보수 정비

단청이란 청색, 적색, 황색, 백색, 흑색을 기본으로 색을 배색하여 간색(間色)을 만들어 여러 가지 색을 표현하여 집의 천장, 기둥, 벽과 같은 건축의 가구부재에 여러 색깔로 문양과 그림을 그려 넣는 것과 조형품, 공예품, 석조건축, 고분, 불화, 동굴 등에 채화하는 경우 등 회(繪), 화(畵)의 개념을 통틀어서 하는 것이다.

단청의 종류에는 신색단청, 고색땜단청, 고색단청 등이 있다.

문화재 건축물의 단청할 대상은 보수건물, 단청이 거의 탈락되어 백골 집 같은 건물, 복원된 신 부재의 건물 등 대체적으로 3가지로 분류할 수 있다.

위와 같은 건축물에 신색단청, 고색땜단청, 고색단청의 3가지 종류에서 우선 선택해야 한다.

① 기존 건축물에 단청이 되어있는 권역에서 복원된 건축물의 신 부재의 단청

㉠ 기본적으로 신색 단청을 해야 할 것이다. 그러나 같은 권역에서의 이질감은 보여지나 현재 및 훗날 결과를 봤을 때 한 공간에서 신단청과 고색단청의 비교 및 시대적 감상을 할 수 있다.

㉡ 같은 권역에 옛 단청이 있을 시에는 고색단청도 검토해 볼 만하다. 권역권의 조화를 이룰 수 있다.

② 부분 교체된 보수건물

㉠ 부분적 교체의 양이 전체의 50% 이하일 때에는 고색땜 단청으로 하는 것이 바람직하다. 단 기본 단청의 중요하다고 판단되고 단청문양 등이 거의 사라져 갈 때에는

단청복원을 고려해 볼만하다.

㉡ 교체 부재가 50% 이상일 때에는 고색땜 단청, 전체적으로 고색 단청, 신색 단청으로 하는 것도 고려해 볼만하다.

고(古) 부재에 단청이 많이 남아있거나 단청의 역사성, 예술적, 학술적인 가치가 있다고 판단될 때에는 고 부재는 남겨놓고 하는 방법, 다만 신 부재에 고색 단청을 할 때 고 부재의 단청 문양이 탈락된 것과 나무가 갈라진 것처럼(고색땜 단청) 새로이 그릴 것인지는 다시 한번 고려해야 한다. 옛 단청은 얼마 안 가서 문양이 탈락되어 훗날 옛 문양 찾기가 쉽지 않기 때문이다.

그러나 고 부재에 고색 색상을 적용했을 때 훗날 기존의 색상과 새롭게 고색 색상을 만들어서 채화하였을 때의 색상이 동일하게 변색이 될 수 있으므로 검토해 보아야 한다.

(3) 석조문화재

우리나라에서는 석탑, 석불, 부도, 비석, 당간지주 및 산성 등 암석을 사용한 석조문화재가 전국에 많이 산재하여 있다. 이들의 시기는 2~3 백년에서부터 천 수백년에 이르기까지 다양하며 위치한 환경도 각각 다르다. 이러한 석조문화재는 비록 단단한 암석으로 되어 있지만 인위적인 영향뿐만 아니라 풍화 등과 같은 자연적인 영향에 의하여 많이 훼손되어 있다. 많은 석조문화재들이 이러한 자연적인 영향에 의하여 매우 심하게 훼손되어 있으며 경우에 따라 원래의 모양을 많이 잃어버렸거나 잃어가고 있는 중이다.

석조물의 손상은 일반적으로 기후적인 환경변화에 의해 손상되고 있다. 석조문화재에 있어서 나타나는 손상현상으로 석회암, 석회성사암, 사암, 응회암 등의 석조물에서 표면이 융기하게 되어 내부에 공간이 생긴 다음 균열이 발생하게 되어 층상으로 박리되는(scaling) 현상이 있다. Scaling 하부에 형성된 분리층에는 질소고정세균, 초화세균, 암모니아화성균, 유황세균이 형성하여 토양과 현미한 미생물상을 형성한다. 또 하나는 석회암, 안산암의 석조물에 mondmilch라고 하는 백색 또는 황백색의 딱지상으로 형성되는 현상을 말하며 성분은 탄산칼슘이다. 이것이 벗겨져 떨어지면 부조면(浮彫面)이나 문자가 침식되어 조각이나 명문(銘文)이 희미해진다. Mondmilch에도 토양과 유사한 미생물상이 확인되고 있다. 그리고 석조문화재를 손상시키는 생물적 요인으로는 수근(樹根)의 침입, 지의류, 선태류, 세균류의 번식을 들 수 있다.

석재표면에서 생물균체의 성장은 석조문화재의 외형을 변화시킬 수 있다. 특히 문양과 기록물이 조각된 석조문화재가 많은 우리나라에서는 생물체의 성장에 따른 미관의 손상 방지는 매우 중요하다. 또한 이러한 생물체의 미관 손상은 이차적으로 물리적 손상을 발생시킬 수 있다.

석조문화재의 손상을 줄 수 있는 생물은 미생물인 박테리아, 곰팡이에서 하등식물인 조류(algae), 지의류(lichen), 이끼류 및 선태류 그리고 고등식물에 이르기까지 다양하다.

석조문화재의 생물열화 문제를 해결하기 위한 방법을 고려할 때에는 3가지 요소로 생물체, 환경조건, 그리고 석재표면을 고려해야 한다. 이 가운데 어떤 한 조건의 변화도 생물체의 성장에 영향을 줄 수 있으며, 이는 생물열화에도 영향을 준다. 석조물에서 미생물의 제거 및 조절을 위해서 다양한 방제 및 보존처리 방법들이 사용되고 있다.

방제법(preventive method)은 간접적인 처리방법으로 이는 석조물 표면을 가능한 생물체의 성장에 좋지 않은 물리 · 화학적 특성과 환경조건으로 변화시켜 석조물 표면에 생물체의 발생을 방지하는 목적을 둔 모든 활동을 의미한다. 환경에 대한 생물체의 강한 의존성을 이용한 이러한 방법은 생물체의 불필요한 성장을 제거하기 위한 가장 효과적인 방법이다.

보존처리 방법(remedial method)은 석재에서 모든 생물체의 직접적인 제거 및 조절을 목적으로 한다. 이로써 화학적 처리(chemical treatment), 물리적 처리(mechanical treatment), 스팀세척(steam cleaning), 그리고 저압 물세척(low-pressure water washing) 등이 생물체의 성장을 조절하고 제거하기 위한 직접적인 방법들이다. 처리의 효능은 방법과 선택된 제품에 따라 다르지만, 궁극적으로 생물이 성장하기 좋은 환경조건을 조절하지 않는다면 새로운 생물체가 재발생할 수 있다.

(4) 민가의 복원방법

1) 민가 복원의 방법

민가 복원의 방법을 크게 4가지의 케이스로 나누어 고려할 수 있다.

① 건물의 소유주에 의한 현지복원(현재 건축되어 있는 장소에서의 복원)

② 건물의 소유주에 의한 이전복원(다른 장소로 건물을 이전시켜 복원)

③ 새로운 건축주에 의한 현지복원

④ 새로운 건축주에 의한 이전복원

①과 ②의 경우는, 건물이 민가라는 특이성을 포함한 「주택의 리모델링」에 해당하는 것으

로 특별한 문제는 없다. 민가의 매력이나 「민가의 지혜」를 이해한 신뢰할 수 있는 건축설계 사무소에 바로 연락을 취하여 상담을 한다. 설계의뢰 후의 흐름은 통상의 주택 리모델링과 거의 같다.

③은 복원하는 건물을 현재 건축되어 있는 부지에서 입수하는 방법이다.

민가 형태를 기후풍토와 연결짓고, 풍경의 일부로 받아들인 경우 현지에서의 복원은 이상적인 케이스라고 할 수 있다.

④는 건축주가 소유하고 있는 부지 · 새로이 구입한 부지에 민가를 옮겨와 건축하는 방법이다.

새로운 건축주는 입수한 건물을 원하는 장소에 건축할 수 있다. 그 선택의 폭이 넓어지는 반면에 어려움이 나타나 좀처럼 결단할 수 없는 경우도 있다.

2) 민가를 발견하는 방법

새로운 건축주에 의한 현지복원 및 새로운 건축주에 의한 이전복원의 경우는 먼저 민가를 찾아야 하는데, 지방에 가서 찾는다 · 친척지인에게 묻는다 · 민가복원을 전문으로 하는 건축설계사무소에 문의한다 · 문헌 자료를 통하여 알아보는 등 여러 가지 방법이 있다.

3) 복원을 위한 민가 선택 시의 포인트

민가 복원의 경우 통상의 신축과 가장 다른 점이 「존재하는 것을 이용한다」라는 것이다. 특히 민가를 선택할 때에는, 「왜 나는 복원민가에 살고 싶어하는가?」를 잊지 않고 판단하는 것이다. 이하에 민가를 선택할 때의 포인트를 들어본다(표 7).

표 7_복원을 위한 민가 선택 시의 포인트

선택요점	유의사항
부지가 딸려있는가? 건물만인가?	현지 복원인가, 이전 복원인가 등 목적에 적합한 건물을 선택한다. 그러나 건물이 마음에 들어 이전복원 목적에 관계없이 부지를 구입하는 사례도 있다.
건물의 규모는 적당한가?	가능하면 입수한 소재는 모두 사용한다. 지금 건축되어 있는 규모가 거의 완공시의 크기와 고려하여 검토한다. 다만 규모가 커지면 건축비가 당연히 올라간다. 주요한 가구(架構)를 활용하여 플랜을 검토하고, 과감하게 규모를 축소하든가, 별도의 방법을 고려한다.
건물의 손상 정도는 어떠한가?	특히 거주자 부재의 민가의 경우, 한번 보아 복원할 수 있다고 생각할 수 없었다든지, 반대로 괜찮다고 생각했으나 예기치 못한 곳이 부후해 있다든지 한다. 경험이 풍부한 사람이나 전문가의 의견을 구하는 방법이 안전하다.

선택요점	유의사항
매력을 느끼는가?	민가는 하나하나 다르다. 민가에 대하여 「이것이다!」고 자신의 오감에 느끼는 것을 선택한다. 다만, 잡지 등에서 본 기존의 이미지에 고집하면, 그렇게 간단히 적합한 건물은 볼 수 없다. 옛 건재를 「보석」이 아니라 「원석」으로 해석하여 아름다운 여러 가지 매력을 찾아내는 즐거움을 중요시 한다.
현지복원의 경우 입지조건은 어떠한가?	부지가 딸려 복원하는 것은 그 장소에 거주하므로 주변을 잘 살펴 고려한다. 또한 부지에의 통로가 좁아 중장비가 들어갈 수 없다·해체한 부재를 놓을 공간이 없다·공사에 대한 인접지의 이해를 얻기 어렵다 등, 입지에 따라서는 생각지 못한 장애가 있다.

4) 민가 복원의 과정

새로운 건축주에 의한 현지복원과 이전복원의 경우 준공까지의 표준적인 흐름은 다음과 같이 진행된다.

① 조건에 적합한 민가를 찾아 건축설계사무소 등을 통하여 소유주에게 접근한다.

② 현지에 가서 건물을 본다. 이 때, 복원경험이 풍부한 전문가(건축사 등)가 동행하면 선택의 판단을 하기 쉽다.

③ 건물이 결정되어 건물의 소유자와의 양도계약을 하고, 건축설계사무소와 설계감리위탁 업무계약을 한다. 계약 후, 설계사무소는 복원을 위한 실측조사에 착수한다.
이전복원의 경우, 건축주는 복원을 위한 부지를 마련한다.

④ 실측조사도면을 바탕으로 설계사무소와 플랜을 협의한다.
소재가 되는 민가의 가구(架構)를 활용하면서 합리적인 복원이 실현되도록 한다. 또한, 민가라고 하여도 확인신청이나 법규 체크는 필요하다.

⑤ 기본설계가 완료되면 실제 시공을 위한 실시설계로 옮겨가고, 단열소재나 마감 등을 구체적으로 결정한다. 이 때, 본디 자연소재만으로 건축된 민가의 우수함을 잃지 않고, 화학물질을 함유하지 않는 양질 소재를 선택한다.
실시설계 후에 예상공사비를 적산하는 설계사무소에서는 예산과 상담하면서 세부를 좁히어 행한다.

⑥ 시공업자를 선정하여 실시설계도에 의하여 공사비의 견적을 의뢰한다(복수의 업자의 견적을 비교하는 경우도 있다).
설계사무소가 복원경험이 있다면, 특히 복원전문의 시공업자를 찾을 필요는 없으나, 건축하려는 민가복원의 의도를 이해하는 열의와 성의있는 업자를 선정한다.

⑦ 업자견적서가 제시되면 예산조정을 하여 청부공사비를 결정하여 공사계약을 한다.

⑧ 건물의 해체를 시작한다. 이전의 경우는 전면 해체한다. 현지복원의 경우는 전면해체 · 부분해체 등이 있다.

어느 것이더라도 건물을 파기하는 경우와 다르고, 복원을 위한 해체는 시간이 걸린다. 부지의 명도 등 시간제약이 있는 경우는 실시설계의 도중에 해체하여야 할 수도 있다.

⑨ 이전복원의 경우는 해체한 재료를 복원지로 운반하여 보관한다. 준비된 부지에 공간이 부족할 때에는 별도로 보관장소를 마련하는 일도 있다. 현지복원의 경우, 대부분은 부지 내가 보관장소가 된다.

⑩ 기초공사에 착수하는 한편, 수선이나 가공이 필요한 부재(주로 구조재와 창호)는 시공업자의 작업장에서 복원 · 가공한다.

설계사무소는 현장감리를 행한다.

⑪ 건축방법→상량→준공까지는 일반주택의 공정과 거의 다르지 않다.

다만 복원의 즐거움을 깨달아 스스로 벽토를 만든다든지, 토벽을 바른다든지, 붙박이 가구를 DIY로 하는 건축주의 경우는 약간 변칙적인 진행이 된다.

5) 민가 복원의 공사비

① 민가복원에의 특별한 작업

민가 복원에는 그 정의상 저절로 발생하는 몇 가지의 특수한 작업이 있다. 「이미 있는 건

표 8_ 민가 복원의 작업

필요한 작업	구체적인 내용
건물의 실측	소재가 되는 건물을 파악하는 일부터 복원은 시작한다. 설계사무소원은 건물을 계측하고, 동시에 부재의 손상 정도를 체크하여 건축계획의 판단재료로 한다.
부재의 번호부여	해체한 부재에는 번호를 부여하여 복원할 때에 어느 재료가 어디에 쓰이는가를 명확히 한다.
건물의 해체, 폐기물처리, 정지(이전의 경우)	복원을 위한 해체는 부재의 이음이나 맞춤부분을 파괴하지 않도록 조심스럽게 해체할 필요가 있다. 또한 기초의 해체와 재이용할 수 없는 재료의 산업폐기물 처리비용도 필요하다. 기초가 석재의 경우, 파기시키지 않고 재이용한 경우도 있다.
부재의 운반	이전복원의 경우 해체한 부재를 복원지로 운반하지 않는다. 당연히 이동거리에 비례하여 운반비가 증가한다. 현지복원의 경우에도 해체의 정도에 따라, 또한, 기초설치 등을 위한 이동이 필요한 경우가 있다.
부재의 수선	주로 구조재·창호·기둥의 밑둥과 토태를 설치하기 위한 가공·보의 보강 등이 필요하다.

물을 사용하여 건축하는」 것이지만, 건축 후 수백년이라는 매력적인 민가일수록 적당하게 손상도 있어 사전의 조사 · 부재의 복원이 필요하다(표 8).

② 공사비 증가가 우려되는 요인과 그 대책

상기의 작업은 민가복원의 경우 필연적으로 나타나므로 공사비 삭감을 위한 검토 여지는 있지만 공정을 생략할 수는 없다. 그러나, 그 이전 단계에서 예를 들면 민가의 선택방법이나 부지의 선택방법, 또한, 설계단계에서의 플랜의 입안 방법 등을 주의한다면 불필요한 공사비 상승을 피하는 것은 가능하다.

㉠ 기초 : 대부분 민가의 기초는 석재로 축조되어 있다. 기본적으로 현행 법규에서는 일부의 예외를 제외하고 기초는 철근콘크리트로 축조하지 않으면 안 된다. 이전한다든지, 모두 해체하여 조립하는 경우는 기초부터 축조하므로 문제는 없으나 건축되어 있는 장소에서 복원하는 경우에도 증축부분이 있는 경우 등은 법률의 적용을 받으므로 주의가 필요하다.

법률적으로 의무가 아니더라도 기초나 토대가 손상되어 있는 경우에는 건물을 유지하기 위해서도 지반부터의 수선이 필요하다.

㉡ 벽 : 현행 법규에서는 벽이 중요한 내진요소가 되고 있다. 현재 주된 검토 방법은 지주나, 구조용의 합판으로 벽을 단단하게 축조하는 것이다. 간막이나 창의 위치 등 구조와의 관련 중에서 신중히 검토할 필요가 있다.

㉢ 방화 : 전통 민가의 대부분은 흙 · 나무 · 종이 · 풀 등의 소재로 축조되어 있다. 흙 이외는 모두 연소하기 쉬운 소재로 만들어져 있다고 볼 수 있다. 부엌 등의 화기를 사용하는 곳에는 내장제한이라는 것이 있고, 벽이나 천장은 방화성능이 있는 소재로 마감하여야 한다. 판자나 종이 등으로 마감하는 경우에는 주의가 필요하다. 또한 장소에 따라서는 외벽 · 지붕 · 처마속 등을 방화성능이 있는 재료로 마감하는 것이 의무화되어 있다. 부지를 구입한다든지, 민가의 이전을 검토할 때에는 그 부지 관할의 지자체 등에 확인하면 된다.

5. 건축문화재의 방재계획

5.1 보강을 수반하는 수리

(1) 수리의 필요성

건축문화재 등의 내진성능 향상에는 정기적 또는 필요에 따라 적절한 수리를 행하는 것이 큰 효과가 있다.

수리에는 소수리 및 대수리가 있고, 소수리는 주요한 건축구조부재(기둥, 보, 뼈대 등)의 해체를 수반하지 않는 부분적인 수리 및 부가적인 부재에 의한 보강행위 등을 말한다. 대수리는 건축물의 주요구조부에 대한 수리 또는 변경, 건축물의 외부형태의 변경 등인데, 구성부재의 전면해체를 수반하는 해체수리, 벽 및 조성재의 해체를 수반하는 반해체수리 및 지붕 전면수리 및 그에 준하는 것을 말한다. 어느 경우에도 소유자 등은 보강을 위하여 필요한 수리를 적극적으로 실시하려는 노력이 필요하다. 그 때에는 건축전문가의 지도를 받는 것이 바람직하다.

(2) 보강을 위한 소수리

건축문화재 등의 내진성능 향상에는 정기적 또는 필요에 따라 적절한 수리를 행하는 것이 큰 효과가 있다.

1) 주요한 구조부재 및 의장을 구성하는 부재(조각이나 채색 등에 의해 무늬가 나타난 부재 또는 부분)를 손상하지 않는다.

2) 지붕재나 벽재 등 소모품적인 부재에 대해서는 종래부터의 의장 · 재질 · 구법을 가능한 한 훼손하지 않도록 한다. 특히 벽체 등에서는 시방을 변경하여 보강하는 경우에는 종래의 시방을 나타내는 흔적을 없애지 않도록 한다.

3) 부가적인 부재에 의해 보강하는 경우에는 장래의 근본적인 수리 시에 용이하게 철거 가능한 방법으로 행하도록 노력한다.

(3) 근본적인 대수리

중요건축문화재에 근본적인 대수리를 행하는 경우에는 소유자 등은 수리 착수 이전에 지반조사 및 건조물의 구조진단을 행하고, 그 결과에 의하여 문화재청과 긴밀한 연락 · 협의를 행하면서 수리방법을 정하고, 수리계획서를 마련하는 것이 바람직하다.

또한 수리계획의 구체적인 마련은 중요건축문화재의 수리의 경험을 가진 기술자 또는 그에 준한 자가 참여하는 것이 바람직하다.

5.2 방재시설 등의 확보

(1) 방범시설의 설치 및 운용

유물전시관의 방범 · 방화시설은 다음과 같이 설치할 수 있도록 한다.

① 24시간 방호체계를 구성하며, 출입문 자동제어장치를 하여야 한다.

② 열선감지기, 벽감지기, 자석감지기, 카메라를 설치하여 가장 높은 보안상태를 유지한다.

③ 쇼 케이스는 강화유리로 설치하고 감지기를 설치하여 주간 전시 중에도 감시되고, 이상 발생시 내 · 외부에 통보가 되어야 한다.

방범장치의 운용에 대해서는 일반 관람, 의식 등의 필요한 경우 외에는 반드시 24시간 가동, 유지하여야 한다고 규정하고 있다.

그 운영방법을 보면 침입상황이 발생할 경우 경보음과 함께 방범 경비업체의 중앙 관제실로 상황이 접수된다. 관제실에서는 사찰 관리인에게 통보함과 동시에 관할 경찰서에도 침입상황을 알리게 된다. 문화재가 있는 사찰의 경우 2001년 9월 출범한 우리 문화재 지킴이 담당 경찰과 비상 연락망이 설치되어 있어, 즉각 출동하게 되어 있다.

(2) 소방용설비의 확보

건축문화재를 화재로부터 지키기 위한 설비에는 화재의 발생을 조기에 감지하고, 탐지하는 경보설비와, 화재의 발생 후 피해를 최소한에 그치게 하기 위한 소화설비, 낙뢰에 의한 화재를 방어하는 피뢰설비, 사람 및 귀중품을 안전하게 피난시키기 위한 방화벽, 방화담, 연소방지구획, 기동적인 소화활동을 위한 소방도로 등도 마련되는 것이 바람직하다.

화재에 대비하여 자체 건축물의 소방설비 마련 등에만 한정하지만, 주변에서 산불이 발생할 경우도 예상한다면 그에 대응한 소화시설 및 소화용수의 확보도 요구된다. 지진 시에는 단수 등에 의해 수도관에 직결한 소화전은 사용할 수 없게 될 우려가 있으므로 소유자 등은 소방기관 등에 협력 · 조언을 구하여 저수탱크의 설치 및 자연수리(하천 · 우물 등)의 확보 등에 힘쓸 필요가 있다. 건축문화재 등이 인가가 밀집한 시가지에 소재하는 경우나 식물성 지붕재를 사용하고 있는 경우에는 특히 소화설비의 확보에 배려하는 것이 바람직하다.

소방시설은 방사총, 물커튼, 물수막 등으로 해당 목조 건축물의 규모에 따라 적절하게 설계되어 조기 화재 진압에 활용될 수 있도록 설치한다. 대부분의 사찰에는 충분한 양의 물과 이를 보관하는 물탱크, 펌프시설이 구축되어 있으며, 소화시설들은 혼자서도 운영될 수 있도록 가볍고 편리하게 만든다. 소화용수는 맑은물을 사용하여 문화재에 대한 피해를 최소화하도록 한다.

(3) 연소방지구획의 확보

화재의 연소방지에는 연소방지구획으로서의 공지 설정이 유효하므로 소유자 등은 중요건축문화재의 주위에 일정범위의 연소방지구획을 설정함과 아울러 가연물을 설치하지 않도록 노력한다.

(4) 방재 매뉴얼의 마련

방재 매뉴얼은 유사시에 피해를 최소화하기 위해서 어떻게 행동하고, 어떤 조치를 취할 것인지를 알려준다. 이와 같은 사항을 숙지하고 평소 훈련이 잘 되어 있다면 재해를 당했을 때 신속한 대처가 가능해지고, 피해를 상당히 줄일 수 있다.

또 방재 매뉴얼은 개인과 사찰뿐 아니라 관계기관 사이의 공조에 대해서도 명확한 지침을 줌으로써 효과적인 대처를 가능케 한다.

(5) 방재훈련 등의 실시

소유자 등은 기존의 소화설비의 소재장소 · 기능 · 사용방법을 파악하고, 정기적으로 점검을 함과 동시에 피난방법도 파악하여 둘 필요가 있다.

또한 소방기관 등의 지도를 받아 방재훈련을 정기적으로 실시하도록 노력한다. 사찰과 문화재청, 해당 소방관서 등이 유기적으로 연계되어 있어야 한다. 그리고 주기적인 합동 훈련을 통해 시설을 점검하고, 대처능력을 향상시켜야 한다.

(6) 지진피해의 상정 및 대처안의 마련

건축문화재 등의 지진 시의 안전성 확보를 위해서는 구체적인 지진피해를 사전에 상정하고, 아울러 대처안을 마련하여 시행할 필요가 있다. 소유자 등은 당해 지역 또는 장소에서 상정되는 최대급의 지진이 발생했을 때에 건축문화재 등이 받는 피해의 정도 및 산사태나 화재 등 지진에 수반하는 2차 피해의 정도를 상정하여 두는 것이 바람직하다.

구체적으로는 전문가의 조언을 얻어 구조진단을 행함과 동시에 당해 문화재 및 주변지역이 과거의 지진 시에 어떤 피해를 받았는가를 사진 기타의 기록, 당시의 기억이나 전승 등에서 조사하여 현상의 조사와 비교하여 지진발생 시의 피해를 상정하는 등의 방법이 검토된다.

(7) 유물전시관의 개선

유물전시관의 역할을 강화하기 위해서는 시설 개선이 선행되어야 한다. 특히 목조로 건축된 유물전시관은 일반 전각보다 더 안전하다고 하기 어렵기 때문이다. 마곡사 · 은해사 · 직지사 · 갑사와 홍천 수타사 등의 유물전시관은 목조건물이다.

(8) 주요문화재의 실측

훼손시 복원 또한 예방 못지않게 중요한 문제이다. 복원을 위해서 가장 중요한 것은 사전 실측이다. 낙산사 '복원'은 소실 전각의 실측자료가 거의 남아있지 않아 복원을 하더라도 신축이 될 수밖에 없는 형편이다. 2003년 화재로 소실된 원주 구룡사 대웅전은 강원도가 사전에 제작해둔 실측보고서가 있었기에 2004년 복원을 완료할 수 있었다.

(9) 비상재해를 위한 필요한 응급조치

재해에 의하여 건축문화재가 피해를 입고, 이에 따라 피재자가 발생한 경우에는 그 구조를 우선하여 행한다. 그 후 소유자 등은 건축문화재 등과 그 부재의 보호에 노력함과 아울러 필요한 경우에는 다음과 같은 조치를 강구할 수 있다.

1) 건축문화재 등에 연소의 위험이 있는 경우

소화활동에 노력하고, 연소에 의해 연소가 확실하다고 판단되는 경우에는 당해 건축문화재 등의 해체 또는 철거도 포함한 적절한 대응을 한다.

2) 건축문화재 등의 큰 파손을 한 경우

위험부분을 철거 및 격납하는 동시에 우수의 침투를 방지하기 위하여 파손부분을 방수시트로 덮는다. 처마끝의 아래로 드리워짐에 대해서는 지주 등으로 지지하는 동시에 위험부분에 출입제한의 조치를 한다. 또한 파손부분이 공공도로 등을 막히게 하고, 주위에 막대한 영향을 줄 것으로 예상되는 경우에는 신속히 부재 등의 해체 또는 철거를 한다.

3) 건축문화재 등의 주요 구조부가 크게 경사한 경우

지주나 와이어 등으로 일시적으로 지지하는 동시에 전체에 출입금지 제한의 조치를 한다.

5.3 방재식재

(1) 방음식재

도로의 소음을 완화하기 위한 식재대는 가능한 한 소음원(도로)의 가까이에 두는 것이 유효하다. 전원지대에서는 도로 중심선에서 15~24m가 되는 곳에 식수대의 끝이 되도록 한다. 그러나 15m 이내에 접근하는 것은 강풍으로 나무가 넘어지거나 가지가 부러지는 등이 일어나 교통에 지장을 줄 우려가 있다. 식수대의 폭은 20~30m로 하고, 높이는 식수대의 중앙에서 13.5m 이상이 되도록 한다.

시가지에서는 도로중심선에서 3~15m의 곳에 식수대의 끝이 오도록 하고, 폭은 3~15m로 한다.

방음식재용 수종으로는 가지 밑이 낮고, 잎이 수직으로 밀실하고, 상록의 고목이 바람직하다(표 9).

표 9_방음식재용 수종

구분	수종
상록 大高木	향나무, 장미과의 작은 상록 교목, 녹나무, 좀감탕나무, 월계수, 비쭈기나무, 메밀잣밤나무속, 참식나무, 양옥란, 올리브, 돌참나무, 감탕나무, 후피향나무, 생달나무, 소귀나무
상록 中高木~小高木	상기의 외에 너도밤나무, 황칠나무, 산다화, 아왜나무, 동백나무, 죽백나무, 광나무, 호랑가시나무, 구골나무
상록 低木	식나무, 마취목, 댕강나무, 꽝꽝나무, 동백나무, 협죽도, 다정큼나무, 서향, 향나무, 차나무, 돈나무, 철쭉, 보리수나무, 우묵사스레피나무, 너도밤나무, 팔손이나무

(2) 방풍식재

방풍식재는 식수에 의하여 바람을 방지하는 외에 바람으로 날리는 흙먼지나 염분, 눈, 안개 등을 막아 그 피해를 방지하는 역할을 한다(표 10).

표 10 _ 수목의 내풍성

바람에 넘어지기 쉬운 나무	플라타너스, 버드나무, 포플러, 아까시나무
줄기가 부러지기 쉬운 나무	아까시나무, 버드나무, 유칼리나무
가지가 부러지기 쉬운 나무	꽃실, 메밀잣밤나무, 녹나무, 소나무
내풍력이 큰 나무	밤나무, 졸참나무, 느티나무, 떡갈나무
내풍력이 작은 나무	아까시, 포플라

(3) 방설식재

겨울철 많은 눈이 내리고, 눈보라에 의하여 철도, 도로 등에 눈이 쌓이면 교통에 큰 지장을 초래한다. 겨울철의 주풍향은 다소 변동하더라도 거의 일정하므로 도로 등에 대하여 예상되는 풍상측에 식수대를 두고, 거기에 의해 풍속이 감소되고, 바람에 운반되어 온 눈을 도로 밖으로 쌓이도록 한다. 이것이 식수대에 의한 눈보라 방지효과이며, 따라서 식수대의 풍하측에서는 그만큼 적설이 줄어들어 제설작업이 경감된다(표 11).

표 11 _ 눈보라방지용의 수종

主 木	副 木
가문비나무, 물참나무, 전나무, 가문비나무, 삼목, 노송나무, 소나무, 곰솔	잎갈나무, 들메나무, 산오리나무, 물참나무, 오리나무, 아까시

(4) 방화식재

수목은 푸른 잎이 달린 생목이더라도 화재에는 연소하므로 식수에 의하여 완전한 방화효과를 기대하는 것은 무리이지만, 통상의 1동 화재에서는 화재확대의 계속시간은 3~4분간이 보통이므로 이 사이를 견뎌낼 수 있도록 한다면 인접건물에의 연소는 거의 저지할 수 있어 방화식재를 통하여 화재의 저지와 방사열의 차단을 행하고, 큰 화재에 대해서는 공지와 식수대와의 병용에 의하여 완충공지의 방화력을 높인다.

화재면에서의 열은 방사상으로 직진하므로 장애물로 수목이 있으면 방사열을 차단하는 효

표 12 _ 방화용 수종

高木	호랑가시나무, 굴거리나무, 후피향나무, 감탕나무, 동백나무
中木	아왜나무, 비쭈기나무, 광나무, 사철나무, 호랑가시나무, 산다화, 붓순나무, 사스레피나무
低木	협죽도, 상록수, 팔손이나무, 돈나무

표 13 _ 내화수종

침엽수	은행나무, 나한백, 금송, 비자나무
상록광엽수	아왜나무, 메밀잣밤나무, 가시나무, 감탕나무, 서향, 사스레피나무, 사철나무, 돌참나무, 후피향나무, 남천촉
낙엽광엽수	벽오동, 단풍나무, 층층나무, 멀구슬나무, 상수리나무
외떡잎수	파초, 종려나무

과가 있다(표 12~표 13).

무풍시에도 화재가 발생하면 열대류에 의하여 상승기류가 발생하고, 더구나 바람이 있을 때에 화재가 발생하면 화염이 흐르고, 불티가 날린다. 수목의 존재는 기류의 움직임을 방해하므로 화염의 흐름을 저해하고, 비래하는 불티를 저지한다.

방화효과를 기대하는 점에서는 연소하기 쉬운 수종은 심지 않도록 한다.

1) 침엽수는 잎이 가늘고, 마른 잎이 잔존하여 연소성이 크다.

2) 잎에 수지분이 있는 수목, 예를 들면 소나무, 삼목, 녹나무 등은 일단 인화하면 활기차게 연소한다. 그 외에 비자나무, 양옥란, 박달목서, 메밀잣밤나무 등도 연소를 잘한다.

(5) 산사태와 녹지

경사도 30~45°의 토지 상하에 걸쳐 상당의 구역을 녹지보전구역으로 지정하여 개발을 금지하는 것은 피해를 미연에 방지하는 의미에서 필요한 방법이다.

일반적으로 경사도 10° 이하의 구역은 개발적지로 고려되지만, 그와 같은 장소에서라도 전후에 경사도 30~45°와 같은 언덕이 연속하는 경우에는 배수시설 등을 완비하고, 보다 신중히 행하지 않으면 위험하다. 또한 호우가 집중하는 장소도 녹지로 지정하는 것이 바람직하다.

산의 경사면에서 갑자기 많은 양의 물이 샘솟을 때에는 땅속에 과포화된 지하수가 있어서 산사태 위험이 커진다는 징조이다. 평소 잘 나오던 지하수가 갑자기 멈출 때에는 산위 지하수가 통과하는 토양층에 이상이 발생한 것으로 보아야 한다. 또한 갑자기 산허리의 일부에 균열이 생기거나 내려앉을 때에도 위험신호이다. 바람이 불지 않는 데에도 나무가 흔들리거나 넘어지고 산울림이나 땅울림이 들릴 때에는 이미 산사태가 시작된 상태이다.

산사태에 따른 예방을 위해서는 산사태 예 · 경보지역, 절개지, 급경사지, 노후 옹벽 등 위험지역에 대한 재난안전시설 설치 등 안전조치가 강구되어야 한다.

Chapter 12

건축 디자인 방법

예술은 자기의 표현이 모두이고, 디자인은 자기를 포함하여 사람이 무엇인가의 목적에서 사용하는 것을 자기나름의 표현으로 정리하는 행위이다. 그래서 한편에서는 사용기능의 충족을 목적으로 한 기술적 측면이 큰 경우도 있고, 다른 한편에서는 자기표현에 무게를 둔 경우도 있고, 그 양편 사이에 실로 다양한 디자인 대상과 디자인 자세가 확대되고 있다. 기능의 충족을 주목표로 한 경우에는 요구된 기능이 충족되지 않으면 양호한 디자인으로 평가되지 못한다. 그러나 기능을 충족하더라도 그것이 사용자의 문화적 배경에서 일탈하는 경우에는 이 또한 수용할 수 없는 것이다.

건축 디자인의 방법, 과정은 다양하다. 첫째로 건물의 종류별로 건물의 기능, 내용에 의하여 건축계획의 방법이나 과정이 다르다는 점이 검토된다. 또한 건축은 문화의 다름에 의하여 달라지는 것처럼 건축계획의 방법이나 과정도 문화에 의하여 달라진다. 설계자에 의해서도 건축계획의 방법이나 과정은 다양하다.

규모계획은 어떤 건물이든지, 미리 여건으로 설정되더라도 걸맞는 방법에 의하여 결정되더라도 계획 초기의 단계에서 필요하다. 구조계획이나 설비계획은 그 내용에 관계없이 필요하다. 초고층빌딩 등의 경우에는 설비나 구조의 방식, 또는 엘리베이터에 의한 수직적 교통방식의 결정이 선행하여 전체계획을 지배하는 경우가 있다. 건물의 종류에 의하여, 즉 계획내용에 의하여 계획을 위한 방법의 부하는 다르다고 볼 수 있는 것이다.

건축물과 공간환경은 변화하는 사회적 · 시대적 요구에 유연하게 대응하도록 다양성과 융통성을 확보하고 장소의 특성에 따라 적정하게 이용될 수 있도록 기획 · 설계 · 개선한다. 또한 건축물과 공간환경은 지역의 고유한 사회 · 문화적, 인문 · 지리적, 경제적 특성을 고려한다.

1. 건축계획과 설계

1.1 건축계획의 과정

현재의 설계행위가 어떤 과정으로 성립하고 있는가를 보자(그림 1).

제1단계는 기획 단계(thinking phase)로 건축하는 목적이나 의도를 명확히 하여 건축의 개요나 완성후의 운영, 또는 경영의 채산성 등에 대하여 여러 가지 각도에서 검토한다. 이러한 사회적 검토 외에도 건축은 긴 역사를 지니고 현실에 기능하는 생활공간이므로 역사적 · 문화적 검토도 필요하다. 이상과 같은 종합적 검토를 통하여 건축의 전체적 구상과 규모, 운영방식, 예산 등 설계의 기본이 되는 요구조건이나 제약조건을 정리한다.

제2단계는 계획 단계(planning phase)로 기획 단계에서 검토된 내용을 상세히 검토하여 여러 가지 문제점이나 모순점을 조절한다든지, 해결한다든지 하여 건축의 전체적 이미지를 창출한다. 먼저 건축을 이용하는 사람의 다면적 요구를 파악하고, 그 요구를 만족할 수 있는 필요한 제실의 내용과 규모를 명확히 하며, 건축이 안전하고 쾌적하게 기능하도록 여러 가지 기술적 측면에서 상세한 검토를 한다. 또한 기획한 건축의 시공관계 검토도 중요하고, 건설된 후의 운영이나 유지관리의 상세한 검토도 중요하다.

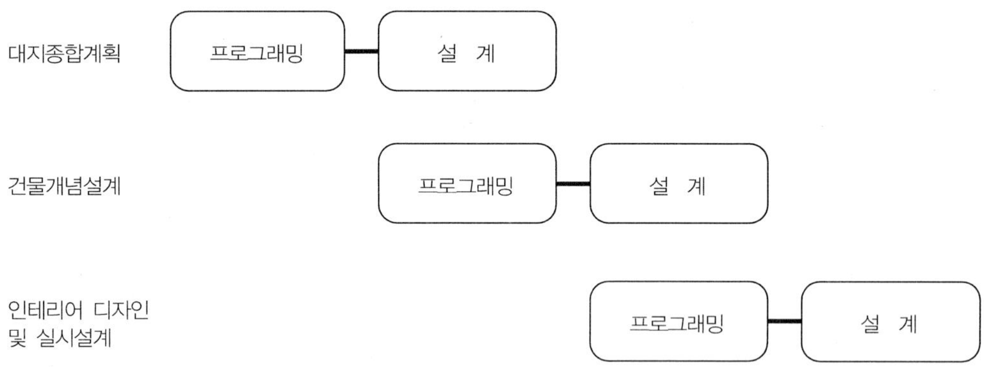

▲**그림 1**_건축의 기획 및 설계 과정

제3단계는 설계 단계(design phase)로 건축의 전체는 물론 건축의 상세한 부분에 대한 형태결정을 하고, 결정된 내용을 설계도서와 시방서에 정리하는 단계이다. 또 하나 이 단계에서 중요한 것은 정식 공사금액을 견적하는 것이다. 설계 단계는 기본설계와 실시설계로 대별된다. 또한 설계작업의 내용에서 의장설계, 구조설계, 설비설계로 분류된다. 기본설계의 단계에서는 여러 가지 요구조건이나 제약조건을 바탕으로 의장적 연구를 거쳐 건축의 전체적 형태 결정을 하고, 그것을 기본설계도서에 정리한다. 또한 구조 및 설비에 관해서도 개략설계를 하여 구조방식 및 설비방식을 체크한다. 다음에 실시설계의 단계에서는 기본설계도서에 바탕한 건축을 구성하는 모든 부분의 상세한 형태와, 거기에 사용되는 재료를 결정하고, 구조 및 설비의 상세한 설계를 하며, 시공에 필요한 정보를 실시설계도서 및 시방서로 정리한다.

이상은 설계행위의 과정을 이해하기 쉽게 설명한 것인데, 실제는 3가지의 단순한 누적적 과정이 아니라 복잡한 여러 가지 과정이 전개된다. 예를 들면 기획 단계에서 계획 단계로 진행하고, 다시 기획 단계로 피드백하는 경우가 있는가 하면, 기획, 계획 단계를 충분히 거치지 않고 설계 단계로 나아가는 경우도 보인다. 또한 기획 단계를 시공주가 행하는 경우가 있는가 하면, 기획 단계에서 설계자가 참여하는 경우도 있다. 또는 기획, 계획 단계를 자문사무소에서 독립적으로 행하는 경우도 있다. 일반적으로는 현상에서 계획 단계와 설계 단계가 명확히 분리되어 있지 않은 예가 많다.

1.2 건축계획의 기법

건축계획은 건축하는 목적이나 의도를 출발점으로 하여 건축적 이미지가 없는 상태에서 여러 가지 자료나 정보를 수집하여 건축의 전체적 윤곽을 작성하는 것이다. 그리하여 여러 가지 기법이 사용된다.

첫 번째 기법은 건축공간에 대한 이용자의 요구 등 전혀 형태를 수반하지 않은 설계상의 제요건을 건축적 형태로 치환하는 작업을 위한 기법이다. 이것은 공간적 이미지를 추상적 도식으로 치환하여 공간의 구성을 구상하는 기법으로 운영조직이나 사람의 움직임에서 기능도나 동선도를 작성하여 거기에 의하여 주로 건축의 평면계획을 행하는 기법이다.

다음에 계획 · 설계에 필요한 정보나 자료 및 데이터를 효율적으로 수집함과 아울러 건축가 스스로가 계획 · 설계에 새로운 지식을 적극적으로 획득하는 것이 요구되는데, 조사에 의한 인식활동이 가장 유효한 기법이 된다. 이것이 두 번째 건축계획의 주요한 기법이다. 건축가에 의하여 이루어지는 조사의 내용은 몇 가지의 종류로 분류되는데, 그 하나는 건설예정지에서의 현지조사이다. 현지조사는 부지 주변의 상황파악에서부터 제도의 제약조건의 정리, 방위의 확인, 풍향이나 배수 등의 확인, 상수도나 하수도, 전기나 가스 등의 점검이 이루어진다. 이어서 조사에 의한 인식에서 중요한 것은 유사시설을 방문하여 실제의 사용방법을 관찰한다든지, 이용자에 대하여 직접 히어링을 한다든지 하여 과거 건축물의 문제점이나 모순점을 파악하여 그 해결방책을 강구하는 것이다.

이러한 기법과 동시에 건축계획에서는 전체의 규모나 제실의 규모, 또는 엘리베이터나 변기 등의 제설비의 수량을 적정하게 추량하는 것이 요구된다. 그리하여 건축공간의 이용상황을 정확히 파악하여 수리적인 모델이나 시뮬레이션 또는 통계적 기법이나 추계기법을 적용하여 추량하는 것이 이루어진다. 종전은 경험적으로 판단처리된 것이 이러한 과학적 방법을 적용하는 것에 의하여 적정규모의 추량이나 수량의 결정이 이루어지게 되었다. 또한 건축계획에서 중요한 것은 건축의 내부에서 전개되는 생활이 날마다 변화하는 점에서 장래의 생활을 예측하고, 기능의 변화나 증축 가능성을 미리 예측하는 것도 중요하다. 세 번째의 기법은 이러한 규모나 장래의 변화를 추량한다든지, 예측한다든지 하는 기법이다.

1.3 건축설계의 기본

설계에는 통일과 조화가 이루어져야 한다. 건축은 현대공학기술을 집적한 것이다. 개개의 기술이나 조건을 그대로 소화하지 않고 계획에 반영하는 것만으로는 진실한 설계가 되지 못한다.

사실 거리에는 소화하지 못한 기술과 요구를 퍼즐과 같이 고려한 건물이 범람하고 있다. 이와 같은 건물의 외관은 건축법에 의하여 결정된 형태를 이루고, 외장은 커튼월의 카탈로그의 패턴으로 결정되고, 평면계획은 임대부동산업의 전문가에 의하여, 코어는 엘리베이터 기술자의 스톱워치(stopwatch)로 건설된다. 옥상의 형태를 디자인하는 것은 냉각탑 메이커이고, 지하주차장의 간사이나 경사로를 결정하는 것은 자동차 메이커의 기술자이고, 주방의 계획은 요리사의 몫이다. 모든 요구를 만족시켰다고 안심하는 설계자는 실은 혼란스러운 설계를 행하고 있는 데에 주의하고 있지 않다.

건축설계자는 오케스트라의 지휘자와 같다고 할 수 있다. 하나하나의 성능을 통일과 조화로 발휘시키는 것이 설계이다. 훌륭한 건축은 그 시대의 생활을 반영하여야 한다. 그리하여 설계자는 현대의 사회 · 기술 · 예술 · 생물 등에 관한 제문제에 정통하여야 한다.

구체적으로 설계의 기본을 들면 다음의 5항목이다.

① 건물이 갖추어야 할 기능을 분명히 파악할 것. 환언하면 누구를 위하여, 무슨 목적으로 건축을 할 것인가를 고려하는 것이다.

주택의 설계시에는 앞으로의 가정생활이 어떠해야 하는가에 대하여 설계자는 올바른 의식을 가져야 하고, 이 의식이 주택설계의 바탕이 되어 올바른 계획을 창출할 수 있게 된다. 예를 들면 가정은 생활을 구축하는 장이고, 어린이들의 인격형성의 장이고, 사회생활에 적응하는 장이고, 생활을 유지하는 장이라는 가정의 의의를 인식하여 이것이 주택이 지녀야 할 기능으로 이해하여 설계하는 것도 하나의 올바른 설계태도이다.

현대의 도서관의 경우는 도서의 수장뿐만 아니라 적극적인 도서의 이용 서비스가 그 기능의 중요한 요소로 요구되고, 출납시스템은 폐가식보다 개가식으로 이행하는 방향에 있다. 그리고 이용하는 사람들을 따뜻하게 맞이하는 쾌적한 장소이고, 이용 목적에 대하여 친절한 도움이나 결과를 주는 장소가 되고 있다.

또한 병원에 대해서도 마찬가지이다. 과거의 병원은 치료하는 측이 사용하기 편리하도록 고려하였지만, 최근에는 치료를 받는 환자의 입원생활을 다소라도 쾌적하게 하는 것을 중요한 병원성능의 하나로 설계하도록 되고 있다.

② 건축은 건강성을 갖추도록 할 것.

건축은 그 안에서 생활하고 활동하는 인간에게 충분히 건강한 용기이어야 하는 것이다.

③ 건축은 안전성이 충분할 것.

인간생활의 용기이고, 생명과 생활을 유지하는 것인 이상, 재해에 대하여 충분히 안전하여야 하는 것은 당연하다. 따라서 설계자는 구조와 아울러 방재에 관한 해박한 지식도 필요하다.

④ 건축은 지역사회와의 관계를 고려할 것.

건축은 그 건물 하나로 성립하는 것은 아니고, 지역사회, 입지환경, 도시환경 등과 밀접하게 관련되어 존재하고 있는 것이고, 개개의 건축이 모아져 근린이나 도시를 형성하고 있는 것임을 이해하여 계획하여야 한다.

⑤ 건축은 형태의 균형이 도모될 것.

건축은 인간 생활의 쾌적을 위하여 그 형태를 도시, 자연, 실내의 각부 등과 상호 균형되도록 하여야 한다. 거기에 아름다움이 보여야 비로소 건축은 살아있는 것이다.

1.4 BIM 통합 설계프로세스와 친환경건축과의 관계

최근 전 세계적으로 지구 온난화의 주범인 CO_2를 감축시키고 온실가스와 환경오염, 환경보전과 경제성장을 동시에 이루기 위해 저탄소 녹색성장이라는 화두를 내세워 환경을 고려한 경제발전을 하고 있다. 이와 함께 건축분야에서도 에너지절감에 대한 많은 대책과 연구를 진행하고 있다.

미국, 영국, 일본, 유럽 등은 빌딩의 에너지 등급제 정책으로 에너지 절감에 힘쓰고 있으며 해당 빌딩의 에너지 등급제를 표기해 빌딩의 가치를 부여하고 빌딩소유주에게 국가 인센티브를 적용하고 있다. 이러한 친환경건축의 에너지등급과 저에너지 검증을 위해서는 초기단계에서부터 에너지성능분석을 검증할 수 있는 BIM(Building Information Modeling)기술이 주목되고 있다.

BIM 통합 설계프로세스는 건물의 생성에서부터 폐기에 이르기까지 건물의 정보를 보유하고 있으며 기존의 2D 도면의 에너지성능 분석의 한계를 극복하고 초기단계에서부터 환경분석, 에너지성능분석 등 3차원 모델링을 통한 시뮬레이션으로 추상적인 정보가 아니라 구체적인 분석 자료와 시각적인 분석으로 친환경 디자인의 객관적인 대안의 평가를 가능케 할 것으로 판단된다.

미국 건축가 협회 AIA(American Institute of Architects)는 설계 단계를 4단계로 나누어 사용하고 있으며, 현재 국내에서도 설계과정을 기획설계(PD : Pre-Design)-계획설계(SD : Schematic Design)-기본설계(DD : Design Development)-실시설계(CD : Construction Document) 4단계로 구분하고 있다.[1] BIM기반 통합 설계프로세스는 최근 AIA에서 제안하고 있는 개념설계(Co : Conceptualization)-예비설계(Cd : Criteria Design)-상세설계(Dd : Detailed Design)-최종설계(Id : Implementation Documents)로 구분할 수 있다.

그림 2는 기존 설계프로세스와 BIM 통합 설계프로세스를 단계별로 비교한 그래프이다. 기존 설계프로세스는 기본설계가 끝나면 시공을 위한 실시도면을 완성시킨다. 실시단계에서 작성되는 도면은 시공사의 디테일문제, 발주처의 새로운 요구, 예상치 못했던 대지환경, 자재조달 가능성, 구조 설비의 충돌 등의 설계변경으로 DD(Design Deverlopment)-CD(Construction Documents)에서 많은 시간과 비용을 할애한다. 또한 잦은 설계변경은 불필요한 중복작업 등을 하게 되어 불확실하고 부정확한 도면을 만들게 된다.

이에 비하여 BIM 통합 설계프로세스의 경우 3D 모델을 기본으로 초기단계에서부터 구조, 설비, 발주자, 시공사들의 협업에 의해 작업이 이루어진다. 개념설계에서 고려된 사항들을 예

1) AIA California Council, A Working Definition Integrated Project Delivery Version 1-updated May 15, McGraw_Hill Construction, 2007.

비설계에서 협업자들의 긴밀한 협동작업을 통해 설계의 중요사항들이 시뮬레이션 및 분석되며 상세설계에서 그 설계를 결정하고 최종설계는 시공에 필요한 도면 및 정보를 완성하는 단계로 이루어진다. 따라서 기존 설계프로세스에서는 기본설계 및 실시설계에서의 업무량이 가장 많은 비중을 차지하지만, BIM 통합 설계프로세스에서는 설계가 진행되는 후반보다는 초기에 업무량이 집중되는 특징을 보여주고 있다.[2)]

따라서 이러한 특징은 설계 초반에서 친환경에 대한 고려를 할 수 있는 시간적 여유와 정보를 제공할 수 있을 것으로 판단되며 초기설계에 지속가능 개발을 위한 프로세스를 통합할 수 있는 환경을 제공하고 있는 것이다.

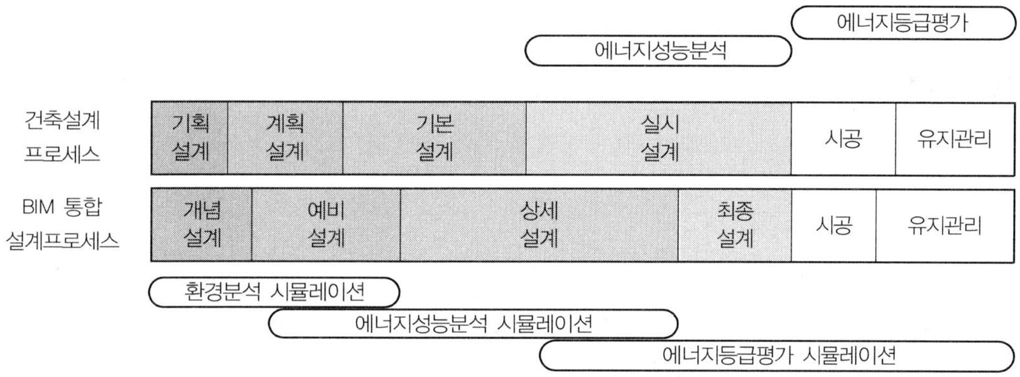

▲**그림 2** _ 기존 설계프로세스와 BIM 통합 설계프로세스의 비교

출처 : 김미경 외, 지속가능한 건축을 위한 BIM기반 친환경건축 설계프로세스 적용가능성에 관한 연구, 한국생태환경건축학회논문집, Vol.11 No.2, 2011.4.

기존에 친환경건축물을 설계하기 위해서는 건축 재료, 냉난방부하, 기후요소 등 설비분야의 전문적인 의사결정이 필요했기 때문에 친환경요소를 적용하기 위해서는 설비설계가 완료된 후에야 건축물의 에너지성능을 평가할 수 있었다. 그래서 기존 건축 설계프로세스에서는 에너지분석결과를 적용하여 계획안을 수정할 수 있도록 피드백하기 어려웠다.

그러나 BIM은 건축물을 3차원 형상정보와 함께 재료의 종류, 실의 용도와 같은 건물정보를 동시에 고려하여 설계할 수 있는 개념이기 때문에 설계 초기단계부터 에너지 효율적 디자인의 건축물을 설계할 수 있다.

이와 더불어 건물정보를 이용한 BIM 기술을 활용하여 에너지성능분석도구들이 개발되고

2) 이진희, 전한종, BIM기반 통합 설계프로세스의 국내 적용가능성에 관한 연구, 한국실내디자인학회 논문집, 제16권 6호 통권65호, 2007.12

발전하고 있다. 에너지성능분석 도구들은 건축설계 초기단계에 만들어진 BIM 모델을 활용하여 에너지부하 계산을 제공하여 최적의 계획안을 얻을 때까지 피드백이 가능하다.

따라서 에너지효율적 설계요소들을 추출하고 적용할 수 있도록 시뮬레이션을 실시함으로써 건축의 친환경성을 증대할 수 있을 것으로 예측된다.

BIM은 친환경건축 설계에 있어서 객관적 분석 기법들을 제시해 주는 도구들의 통합을 통한 프로세스의 구축을 가능케 하는 환경을 제공할 수 있는 것이다.

2. 친환경건축의 디자인

지역사회의 지속적 발전에는 경제환경과 자연환경의 지속적 보전의 양립이 불가결하다. 지역사회를 담당하는 주체들이 협력하여 지역의 지속적 발전의 사회시스템을 전략적으로 구축하여야 한다.

2.1 주변(지역)환경과의 친밀

밖이 시원함에도 불구하고 주택 안에서 냉방하거나, 주간인 데에도 조명기구를 사용한다면 자연의 혜택을 활용하여 곧 CO_2를 배출하게 된다.

건물의 주변환경이나 지역의 환경에는 자연에서 향유되는 여러 가지 혜택이 있다. 그것을 활용하여 설비기기에 의존하지 않고, 자연의 힘을 활용하는 계획을 행하는 것이 중요하다. 즉 주변환경의 양호함을 도입하는 것이 중요하다(표 1).

표 1_ 배려항목과 구체적인 방책

	배려항목	구체적인 방책
종합	① 지역의 기후와 풍토, 역사, 입지조건을 이해할 것	① 바람이나 태양열을 채용하는 건물의 배치를 계획할 것 ② 인접 녹지나 바람길에 배려하여 계획할 것
바람	① 봄, 여름, 가을의 바람을 도입하는 연구를 할 것. ② 사계절의 탁월풍(prevailing wind)의 방향을 확인할 것	① 상쾌한 바람을 도입하는 방을 풍상측에 계획할 것 ② 통풍에 배려한 창호를 계획할 것 ③ 통풍을 촉진하는 천창이나 상부의 창, 환기탑 등을 검토할 것

	배려항목	구체적인 방책
태양	① 자연광을 도입하는 연구를 할 것 ② 겨울의 태양열을 실내에 도입하는 연구를 할 것	① 채광을 위해 큰 창을 계획할 것 ② 빛을 도입하는 장치(lightshelf*, lightduct)를 검토할 것 ③ 채열을 위해 큰 창을 남면에 계획할 것
녹지	① 인접지의 녹지가 가능한 한 연속하도록 배려할 것	① 정비된 녹지나 연못을 계획할 것 ② 옥상녹화나 벽면녹화를 검토할 것
물	① 빗물의 유효이용에 배려할 것	① 살수 등 빗물의 유효이용을 행할 것

*주광을 반사하여 천장면에서 확산시키는 장치

2.2 지구환경의 보전

우리의 주택이나 건축물은 건축할 때에도 이용하고 있을 때에도 항상 한정된 자원이나 에너지를 소비하여 CO_2를 배출하고 있다.

자연에 환원하지 않은 물질보다 지구를 배려하여 자연재료로 건축하여 자연의 에너지를 활용하면서 설비기기를 사용하여 생활하는 것이며, CO_2의 배출량을 삭감하여 지구온난화를 방지하는 노력을 하는 것이 중요하다(표 2).

표 2 _ 배려항목과 구체적인 방책

	배려항목	구체적인 방책
종합	① 지구온난화 대책 등 지구환경의 부하저감에 배려할 것	① 건물의 라이프사이클을 확인하여 에너지절약·자원절약이나 CO_2의 절약을 추진할 것
바람	① 재생가능 에너지를 적극적으로 이용할 것	① 풍력발전장치를 계획할 것
태양	① 재생가능 에너지를 적극적으로 이용할 것 ② 동계 실내의 열을 밖으로 손실되지 않도록 검토할 것	① 태양열 온수기나 태양광 발전장치를 계획할 것 ② 채열한 태양열의 축열(바닥이나 벽)을 검토할 것
물	① 절수에 배려한 검토를 할 것 ② 물자원의 순환이용에 배려할 것	① 절수형의 위생기구(변기, 샤워기 등)를 계획할 것 ② 빗물이용이나 생활배수의 재활용을 검토할 것
흙	① 지열의 유효이용에 배려할 것	① 지중열이용 히트펌프 등을 계획할 것
단열·일사차폐	① 건물의 일사차폐에 배려할 것 ② 벽이나 창의 단열성능을 높여 열부하를 감소할 것	① 발, 루버 등의 일사차폐를 계획할 것 ② 창유리는 페어글라스나 단열새시를 계획할 것 ③ 벽에는 단열재를 충전할 것

	배려항목	구체적인 방책
에너지절약 기기 등	① 설비시스템의 고효율화에 배려할 것 ② 효율적인 에너지 이용에 배려할 것	① 기기효율이 높은 냉난방설비를 계획할 것 ② 전기히트펌프식 급탕기 등 고효율의 급탕설비, 또는 열병합발전설비 등 효율이 높은 설비를 계획할 것 ③ 에너지지절약기준달성률 100% 이상의 조명기구나 가전제품의 채용을 검토할 것 ④ 전기, 가스, 물의 소비량 계량
자원	① 저환경부하재료의 사용에 배려할 것 ② 지역생산의 건자재의 사용에 배려할 것 ③ 폐기처분시에 안전한 건자재의 사용에 배려할 것 ④ 건물의 내구성이나 리모델링에 배려할 것	① 재활용 자재나 건자재의 이용을 계획할 것 ② 대나무, 양마(kenaf) 등의 자연소재 이용을 계획할 것 ③ 대나무 등 지역생산 건자재의 사용을 계획할 것 ④ 가족구성의 변화에 대응할 수 있도록 건물을 간막이벽이나 설비와 구조로 분리하여 계획할 것

2.3 거주환경의 건강 · 쾌적성

건강이란 신체적 · 정신적 · 사회적으로 튼튼한 상태이고, 도달할 수 있는 최고의 건강을 향유하는 것은 인종이나 종교, 정치적 신념, 경제적 사회적 조건을 초월하여 모든 사람에게 기본적 권리이다.

건강대책의 의미에는 2가지의 의미가 있다. 첫째는 거주자가 건강하고, 둘째는 주택이 건강할 것이라는 의미이다.

쾌적하며 건강한 거주환경의 개념으로서, ① 재해에 대한 안전성, ② 생리적 쾌적성, ③ 정신적인 충족, ④ 사회적 활동에 대한 만족의 달성이 성립하는 것을 기본으로 하고 있다.

자연소재를 사용하여 시공되어 가족 모두가 쾌적하며 건강하게 생활할 수 있는 주택은 건강주택이 될 수 있다. 따라서 건강주택이란, ① 쾌적한 생활을 할 수 있는 주택, ② 안전하여 사고, 부상을 당하지 않은 주택, ③ 주택이 원인으로 질병에 걸리지 않는 주택, ④ 건전한 가족관계를 유지할 수 있는 주택, ⑤ 주택 자체의 건강을 지킬 수 있는 주택 등이다.

(1) 주거와 건강

WHO에서는 건강에 대하여 「육체적 · 정신적 · 사회적 · 심리적으로 양호하고, 증진하는 상태」라고 정의하고 있다. 건강하게 생활하는 것은 다만 육체적으로 양호한 것만으로는 만족할 수 없다. 건강은 육체뿐만 아니라 가족이나 지역, 학교나 직장에서의 인간관계나 정신생활에서도 양호함이 필요하다. 원활한 가족의 커뮤니케이션을 촉진하고, 가족 구성원이 건전한 자아실현을 이룰 수 있는 장을 제공하는 주거가 요구되고 있다.

주거의 구조는 끊임없는 기술개발로 새로운 소재나 공법이 점차 채용되고 있다. 또한 우리의 생활방식도 크게 변화하고 있다. 주거의 무인화나 개실화가 추진되고, 사계의 영향을 받지 않는 균일한 환경에서 생활하는 것이 가능하게 되었다. 그에 비하여 실내에서 사용되는 화학물질은 많아지고, 그것이 감소하기 어려운 실내환경을 초래하고 있다.

지금까지 주거건축에는 쾌적성이나 기능성을 추구하면서 건강하며 안전한 실내환경을 제공하는 인식이 그다지 충분하지 않았다. 또한 거주자측에서도 건강하며 안전하게 살고자 하는 인식이 부족하였다.

설계 · 시공자는 물론 거주자도 인생의 많은 시간을 보내는 주기에서 건강불안을 회피히기 위하여 건강과 안전의 요소를 갖춘 주거건축을 검토해 왔다.

건자재나 접착제 등에 함유되는 화학물질의 종류나 양은 제품에 따라 여러 가지이지만, 거기에서 약간씩 휘발하여 실내의 공기를 오염시킨다. 또한 방의 용도나 시공방법에 따라 화학물질의 종류나 발생량이 다르므로 재료의 품질이나 그것이 사용되는 장소 등을 검토하는 것이 중요하다.

이와 같이 주거의 「어디에」, 「어떤」 화학물질이 함유되어 있는가를 정확히 파악하는 것이 건강을 배려한 주거건축의 제일보이다.

실내공기질의 오염에 관련하여 화학물질의 발생을 고려하는 경우에는, 「발생하는 화학물질의 인체에 대한 유해성」 및 「화학물질의 발생량」이 중요하다. 즉 「유해성」X「발생량」이 적은 것이 건강확보를 위하여 필요하다.

합판, 파티클보드, 도료, 접착제, 벽지 등에서의 화학물질에 대해서는 다음과 같이 지적할 수 있다.

1) 건축재료의 종류에 따라 화학물질의 발생량에 차이가 있으나 같은 재료이더라도 제품에 따라 차이가 있다.

2) 동일 재료이더라도 조건(온도, 습도, 제조시에서의 경과시간 등)에 따라 발생량이 변화한다.

즉 건축재료에서 발생하는 화학물질의 종류나 그 발생량에 대해서는 현재 상세히 평가되어 있지 않다. 또한 화학물질의 발생을 억제하기 위한 건축재료의 개선도 활발히 진행되고 있다.

따라서 실제로 건축재료에서 발생하는 화학물질의 종류나 발생량을 판단하기 위해서는 재료규격에 의한 표시를 참고한다든지, 실제의 측정결과를 평가할 필요가 있다.

(2) 쾌적한 생활을 할 수 있는 주택

사람에게는 휴식의 장이 필요하며, 주택이 그 역할을 담당한다. 밖이 추워지면 스웨터를 하나 입는 것만으로 추위를 느끼지 않는 주택, 기후가 좋은 날에는 창을 열어 외기가 충분히 도입되는 주택 등과 같이 사람에게 부담이 되는 여름, 겨울에 그 기능을 충분히 발휘하여 스트레스가 적은 더위, 추위로부터 지켜질 수 있어야 이상적인 주택이다. 주택에서의 온도차(방 사이의 온도차뿐만 아니라 방의 상하에서의 온도차도 같다)가 크면 스트레스가 모여지고, 움직이기 어렵게 된다. 사람은 움직일 수 없다면 어떻게 될까. 고령자는 특히 체력이 저하하고, 뼈의 무기질과 단백질이 줄어들어 골다공증 등의 원인이 되고, 인체는 사용하지 않으면 급속히 쇠퇴한다. 집 안에서 걷는다든지, 움직인다든지 하는 것은 그것을 미연에 방지하게 된다. 이와 같은 환경은 온도차가 없고, 집 안에 단차이나 장애물이 없는 것처럼 배리어가 없는 주택이 되는 것이다(그림 3).

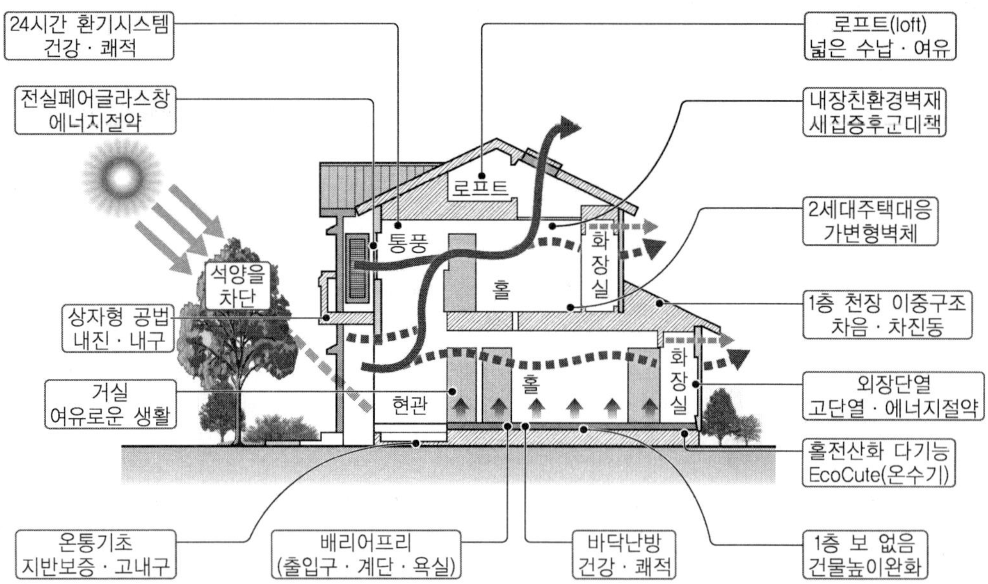

▲**그림 3** _ 친환경주택의 디자인

(3) 안전하여 사고, 부상을 당하지 않은 주택

1) 온도차이가 없는 실내환경

주택은 거주자를 재해로부터 지켜주어야 하는데, 현실에는 그 역할을 충분히 담당할 수 없으므로 주택에서 많은 사람들이 부상이나 사고를 당하고 있다. 특히 사고가 많은 연령층은 고령자와 유아인데, 고령자의 수가 압도적으로 많다. 주택 내에서 가장 사고 건수가 많은 곳은 욕실이며, 다음에 화장실이다. 사고가 많은 달은 1, 2, 8월이라고 한다. 1, 2월은 추위에서 그 이유를 설명하기 쉽지만, 8월은 왜 그럴까. 대부분의 주택에서 화장실은 서측에 위치하고, 석양으로 고온이 되어 신체의 컨디션이 좋지 않게 되는 것이다. 욕조, 화장실 어느 장소에서의 사고도 다른 곳과 같은 온도라면 방지할 수 있는 사고이다. 욕실의 사고는 실내의 온도차를 없애면 감소된다. 여름에 사고가 없는 것은 탈의실과 거실의 온도가 같으며, 벗고 있더라도 몸에 스트레스를 받지 않기 때문이며, 겨울의 사고를 방지하는 데에는 여름과 같이 온도차를 없애는 것이다. 화장실의 사고도 마찬가지로 보면 된다. 실내의 온도차를 없애어(작게 하여) 해결할 수 있는 점에서 그것을 구체화한 전체 난방으로 하면 된다. 또한 주방의 사고도 불이 없는 조리기를 사용하면 상당히 예방할 수 있고, 계단에서의 전도에 의한 사고도 발밑의 조명, 계단의 구배, 단너비 등이 분명히 보이고, 난간을 설치하고, 중간에 계단참을 마련하면 만일 넘어지더라도 미끄러져 떨어지는 거리를 반 정도로 하는 등의 대책을 마련할 수 있다.

노인에게 주거환경은 중요한 의미가 있다. 특히 중요한 것이 급격한 온도변화가 없는 주거환경이다. 쾌적한 주거환경에서는 옷을 많이 껴입을 필요가 없으므로 얇게 입고 활동할 수 있다. 또한 여러 가지 성인병에 걸린 적이 있더라도 재발을 예방할 수 있다. 무엇보다도 자기 자신이 자유롭게 움직이는 범위가 넓어지므로 생활에도 경쟁심이 나타날 수 있다. 주거환경이 변하는 것만으로 노쇠하거나 하여 병들어 오랫동안 누워있던 노인이 걷기 시작한다든지, 병원에서 포기된 노인이 건강하게 되었다는 등 여러 가지 실례도 보고되고 있다. 쾌적한 주거환경은 수명조차도 좌우하는 중요한 요소이다.

2) 실내 전체의 난방

일반 주택에서는 냉난방설비가 갖춰진 방과 설비가 갖춰지지 않은 복도, 화장실, 욕실 등과의 온도차는 10~15℃가 된다. 에너지절약이 강조되는 오늘날 당연히 개인실 냉난방을 하게 되고, 필연적으로 타실과의 온도차이가 발생한다. 고령자의 경우 이 온도차에 의한 히트 쇼크로 장애를 일으킨다든지, 때로는 죽음에 이르는 경우도 있다.

전체 난방의 주택이란 거실이나 침실은 물론 현관, 화장실, 욕실, 결국 주택 전체가 따뜻하고, 실내의 상하온도차, 방 마다의 온도차, 하루의 온도변화가 거의 없는 주택이다. 실온이 25℃이더라도 큰 창이 있어 그 창면이 차가워진 경우에 창에 면한 쪽이 차가운 느낌이 드는 경험은 누구라도 있을 것이지만, 사람이 느끼는 온도는 다만 실온으로 한정되지 않는다. 사람의 체감온도는 실온+복사열(벽, 바닥, 천장면의 온도)를 2로 나눈 것이다. 실온이 25℃이더라도 벽면 온도가 10℃가 되면 체감온도는 17.5℃가 되고, 실온이 20℃에서도 벽면 온도도 20℃에 가까우면 체감온도는 20℃가 되는 것이다. 결국 에너지를 낭비하지 않고 전체 난방을 하기 위해서는 주택 전체의 단열성을 높이고, 간극풍이 들어오지 못하는 주택을 만드는 것이 결국 고단열 고기밀주택이 된다.

심장병 · 뇌졸중 · 신경통 · 류머티즘 · 불임증 등 성인병을 유발하는 원인으로 주로 주택의 온도차가 있다. 실내의 추위, 상하의 온도차, 복도, 화장실, 욕실의 온도차는 히트쇼크를 일으켜 혈류의 이상 · 심근의 수축 등 수명에 관련되는 질병의 방아쇠가 된다.

머리는 따뜻하고 발밑이 추운 주택에서는 어른이 상체에서 느끼는 온도 10~15℃도 낮은 경우가 있다. 상하의 온도차가 높은 주택은 뇌졸중의 발생률이 높아질 수 있다.

주택 내부에 온도차가 없으면 결로가 발생하지 않는다. 그 때문에 토대나 기둥이 부후하지 않으므로 주택의 수명을 단축시키지 않는다.

곰팡이 발생의 큰 원인이 되는 결로가 없기 때문에 진드기의 발생이 적어진다. 현대 어린이의 큰 적이 되고 있는 소아천식이나 알레르기도 그 대부분의 원인이 주택에 있다. 그 메커니즘은 결로에서 시작한다. 결로로 곰팡이가 번식하고, 그 곰팡이를 먹고 진드기가 발생하면 그 사체나 똥, 곰팡이의 포자 등이 소아천식 · 알레르기의 원인이 되고 있다.

곰팡이는 온도, 수분, 영양 등 영호한 조건이 갖추어졌을 때에 급속히 증식하여 식품이나 가구를 훼손한다. 또한 진드기의 증식이나 알레르기의 원인이 된다. 곰팡이는 실온 20~25℃, 습도 80% 이상이고 어두운 장소를 선호한다.

(4) 주택이 원인으로 질병이 되지 않는 주택

양호한 주택이란 햇빛과 통풍이 양호한 주택이다. 주택이 원인으로 질병이 되는 예가 많이 알려져 있다. 좋지 않은 주거환경에서 생활하면 지병을 가지는 사람의 율이 거의 10배로 커진다. 햇빛이 비추지 않고, 통풍이 좋지 않고, 항상 습기가 있는 주택에서 건강이 지켜질 수 없다. 이와 반대의 조건이 된 주택으로 옮겨 증상이 호전하는 예도 많다.

1) 물리적 환경

질병이 되기 쉬운 주거의 조건으로는, ① 방이 좁다, ② 일조가 적고, 통풍이 좋지 않다, ③ 노후가옥, ④ 난방불비, ⑤ 화장실, 욕실의 불비, ⑥ 세면실, 부엌의 불비 등을 들 수 있다. 이와 같은 물리적 환경을 개선한다.

또한 단열재를 이중으로 하여 중간에 기밀시트를 샌드위치로 장착한 외단열공법으로 시공하고, 기초에도 기밀시트 위에 단열재를 사용하며, 출입구에는 방풍실을 설치, 개구부는 이중창 이상으로 하고, 이중창의 사이에는 열반사 블라인드를 부착하여 여름, 겨울 상반하는 기후에도 대응한 구조로 한다.

도시의 교통량이 많은 지역에서는 자동차의 배기가스에 의한 대기오염이 심각하고, 그 영향은 도로에 면한 주택은 물론 상당히 떨어진 장소에서도 배기가스의 탄소입자나 질소산화물(NOx), 유황산화물(SOx) 등의 화학물질 농도는 매우 높고, 공해에 괴롭힘을 당하고 있다. 이러한 경우에는 공해대책을 강구한다.

외부소음이 발생하는 지역에 입지한 주택에서는 방음대책을 검토하고, 실내에서 발생하는 취기(예를 들면 애완동물)는 기밀성이 높은 주택일수록 심해지기 쉽고, 또한 외기에서 침입하는 취기도 문제가 되므로 취기 대책을 검토한다.

2) 과학적 환경

실내공기는 화학물질에 오염되어 있다. 포름알데히드를 비롯한 건자재가 원인인 유해화학물질도 있지만, 사람의 건강을 훼손하는 것은 그 뿐만 아니다. 사람은 생활 속에서 실내공기를 더럽히고, 사람이 사용하는 유해화학물질(가구, 잡지, 기타)도 있다. 예를 들면 화학물질은 건자재에서 뿐 아니라 연소하면서도 발생하고, 취사 · 난방에서 발생하는 수증기, 일산화탄소, 질소산화물 등 문제가 되는 화학물질도 있다.

3) 생물적 환경

진드기 등과 공생하는 것은 싫지만, 진드기의 측에서 보면 사람이 없으면 서식할 수 없으므로 공생하지 않을 수 없다. 주택도 자연의 일부이면서 사람 이외의 생물도 당연히 그곳에서 생활하고 있다. 그것을 철저하게 배제하고자 하는 경우, 그러한 인공적 환경은 살충제를 사용하지 않으면 만들어질 수 없고, 항상 그것을 살포하지 않으면 안 된다. 사람에게 무해한 살충제는 없으므로 어느 쪽의 피해가 보다 큰가를 검토하여야 하고, 벌레나 세균이 없으면 사람의 저항력이 떨어진다고 한다. 벌레가 없는, 벌레가 서식하지 못하는 환경은 어쩔 수 없이 두려운 환경이 된다. 사람에게 피해를 주는 생물로 진드기와 곰팡이에 주의하여야 하지만, 이것도 주택의 성능을 높이고, 생활방식을 검토하는 것에서 감소시킬 수 있다.

최근 어린이들은 체력이 약하다는 소리를 자주 듣는다. 가을에 태어난 어린이와 봄에 태어난 어린이와의 사이에 차이가 있고, 가을에 태어난 어린이가 약하다는 속설이 있다. 봄에 태어난 어린이는 봄에서 가을에 걸쳐 창을 여는 시기가 길므로 신생아의 시기에는 오염이 적어 피해를 받기 어렵고, 가을은 환기하지 않는 시기이므로 그 차이가 성장한 후에도 남아있을 것이다. 이것은 신생아, 유아기 환경의 중요성을 가르쳐주고 있으므로 건강한 생활을 하고 싶다면 먼저 양호한 주택에서 생활하는 것을 검토하여야 한다.

(5) 건전한 가족관계를 유지할 수 있는 주택

주택은 가족의 건강, 안전을 지킴과 아울러 양호한 가족관계를 유지하고, 또한 발전시키는 장이다. 어린이의 성장과 아울러 사회생활에의 훈련의 장으로서 유익함이 가정에서 당연히 그래야 한다. 그렇지만 가정붕괴, 모자의 단절, 따돌림, 비행, 어린이의 무기력 등이 많은 것이 현실이다. 배경에 많은 문제가 있고, 잠재하고 있던 것이 나타나고 있을 것이다. 이것은 사회통념, 윤리관의 변화와 함께 교육의 문제도 관계하고 있지만, 평소 생활하고 있는 주택도 그 무대로서 관여하고 있다.

주택은 어린이가 건전하게 자라게 하기 위한 장이다. 어린이를 둘러싸는 환경이 크게 변하고, 어린이가 화제가 되는 경우가 많다. 그 원인은 많고, 복잡하게 관계하고 있겠지만, 주택도 그 역할에 따른 기능을 가지고 있는 것인가, 거기에 따른 실배치가 되어 있는가를 검토하여야 한다. 아무래도 답은 부정적이 된다. 물론 주택이 모든 것의 원인이라고 할 수는 없지만, 오늘의 어린이를 보면 상당한 부분이 거기에 의한 것으로 여겨진다. 가족붕괴, 어린이의 고독화, 사회성의 부재 등 그 배경에는 큰 결함의 여러 가지가 있을 것이다.

등교거부 등 어린이가 안고 있는 문제를 만든 한 원인은 건축가, 주택건설회사나 부모에게 있는 것은 아닐까, 문제를 일으킨 어린이의 주택의 방배치를 보면, 가족의 얼굴을 볼 수 없고, 자기의 방에서 문을 잠그고 있는 경우가 많다고 많은 사람이 지적하고 있다.

가족 단란의 장이 없고, 개인실만이 배치된 주택은 춥다. 좋은 가족관계를 유지하기 위해서는 가족 내의 인간관계, 마음의 교류를 길러낼 수 있어야 한다.

(6) 주택 자체의 건강을 지킬 수 있는 주택

1) 실내공기의 오염

닫혀진 방의 공기는 사용자의 활동으로 서서히 더러워진다. 이전의 주택은 틈새 바람 등으로 자연히 공기가 교환되었지만, 최근의 주택은 기밀성이 높아졌기 때문에 일부러 환기를 하는 것이 필요하게 되어 있다.

일반주택의 필요환기량은 거주자 1인당 1시간에 30m^3인데 2~3시간에 1회 정도, 실내의 공기 교환이 목표가 된다. 난방기간에는 환기횟수가 적어지는데 1시간에 5분 정도 창을 열어 환기를 한다. 저온의 외기는 건조하여 따뜻하게 하기 용이하므로 비교적 빠르게 실온과 같게 할 수 있다.

우리가 하루의 약 반 정도를 생활하고 있는 주택에서 알레르기가 되는 원인으로 실내 공기 오염의 원인물질로서는 크게 다음의 4가지로 분류할 수 있다.

① 생물 : 진드기, 곰팡이, 애완동물의 털, 바이러스 등의 세균

② 공기 : 일산화탄소, 이산화탄소, 질소산화물(NOx), 유황산화물(SOx)

③ 화학물질 : 포름알데히드, 휘발성유기화합물, 살충제 등의 농약

④ 입자상물질 : 진애, 담배 연기 등

2) 주택의 유지관리

거주자의 건강과 마찬가지로 주택의 건강도 고려하여야 한다. 주택도 질병에 걸리면 요절하는 원인이 된다. 결로로 목재가 부후하고, 식욕왕성한 흰개미가 먹어 피해가 발생할 뿐 아니라 거주자의 애정을 얻지 못하고 방치되는 것도 주택의 질병이 될 것이다.

목재가 부후하고 있지 않아도 어느 정도 물리적인 수명은 남아있지만, 생활하기 어렵게 되므로 리모델링한다. 손질의 부족에서 결함이 심해지고 애착도 없어져 싫어지게 된다.

거주할 수 없게 되면 철거하는데, 그 이유도 목재가 부후하고, 배관이 막히는 등 여러 가지가 있다. 이 원인의 일부에는 손질 부족도 있을 것이다.

주택을 장수명으로 하는 데에는 거주방식의 소프트면과 건자재 등이 오래 유지되도록 하는 하드면과의 양쪽에서 검토해야 할 것이다.

주택은 재산이다. 그 재산을 지켜나가야 한다. 주택의 장수명화는 신축시 주택 그대로 유지하는 것만이 아니다. 주택은 거주자와 아울러 성장하면서 그때그때 가장 생활하기 편리하도록 모습을 바꾸면서 수명을 연장하는 것이다. 어쨌든 사용하기 편리하고, 사람과 일체가 된

주택으로 오래 유지되도록 하는 데 있다.

효율적인 환기방법으로는 바닥 가까운 곳에서 급기하고, 천장에서 배기하는 「상승환기법」에 의해 방출되는 화학물질을 항상 배출을 계속하는 동시에 신선 공기를 계속 공급하는 것에서 화학물질에 의해 피해를 받지 않는 안전한 주택이 된다.

3. 공공디자인

3.1 공공디자인의 정의

문명의 발달과 함께 도시화가 진행되고, 기능이 한층 분화되면서 공공장소의 시설물들과 공간을 보다 합리적으로 계획해야 하고 여기에서 생겨난 개념이 공공디자인(Public design)이다.

국민 '삶의 질'이 향상됨에 따라 도시환경에 대한 기대 수준이 높아졌을 뿐 아니라 공공디자인이 국가 이미지를 결정짓는 요소로 작용하여 그 중요성이 날로 강조되고 있는 추세이다. 생활환경이 좋아질수록 편리하고 쉽게 이용할 수 있는 공공시설물에 대한 요구도 강해져 체계적이고 과학적인 디자인을 선호하게 된다.

디자인 정책 · 사업들은 국민의 삶의 영역인 생활공간을 문화화 하는 의미 있는 작업이며 지속적으로 추진되어야 할 시대적 과제라고 할 수 있다.

도로 · 공원 · 하천이나 공공건축물 등의 공공시설 등은 불특정다수인에게 이용되는 경우가 많고, 눈에 보이는 기회가 많은 시설인 점에서 공간문화상의 영향이 크고, 공간문화형성에 선도적인 역할을 담당하는 것으로 많은 시민에게 친밀하고, 수준 높은 공공시설 등의 정비가 요구되고 있다.

그리고 이들의 사례에서 보면 공공시설 등 정비는 주변에의 파급효과가 높은 사업이고, 우수한 공간문화 창출의 선도적 역할을 담당하고 있어 '공공시설 등 디자인가이드라인'은 그 도시의 공공공간에의 기본 목표를 명확히 하고, 또한 공통인식을 도모하며, 공공시설 등의 계획 · 설계에 해당하는 디자인 지침을 제시하고, 디자인 수준을 높이는 것을 목표로 마련되어야 한다.

3.2 공공건축물의 사회적 요구와 설계

(1) 공공건축물의 사회적 요구

공공건축물은 시민의 공유재산이므로 친밀하고 쾌적하며 안전한 것이어야 한다. 또한 최근 환경문제나 소자녀 고령화, IT기술의 발달 등 사회를 둘러싼 환경은 시시각각 변화하고 있고, 공공건축물에 대한 사회적 요구도 변하고 있다.

이와 같은 환경의 변화를 파악하면서 건물의 품질 유지향상, 공사비 저감에 노력하고, 사회적 요구를 반영한 공공건축물을 정비함과 아울러 기존시설을 적절하게 유지보전하여 장기에 걸쳐 효율적으로 활용하는 것이 요구되고 있다.

공공건축물에 요구되는 사회적 요구와 대응 예에는 다음과 같은 것이 있다.

표 3 _ 공공건축물의 사회적 요구

사회적 요구		대응 예
지구환경에의 배려	환경배려	· 자원절약, 에너지절약 · 환경부하의 저감 · 재활용이나 폐기물 등의 삭감
사람·공간문화에의 배려	기능우선	· 배리어프리, 유니버설디자인 · 실내환경(새집증후군 대책) · 공간문화에의 배려 · 이용자(시설관리자) 만족도조사
안심·안전성의 확보	안전대책	· 내진진단, 내진개수 · 석면대책 · 외벽개수·박락방지조치
기존스톡의 효율적 활용	기존활용	· 공사비 저감대책 · 기존스톡의 유효활용, 장수명화 · PFI(Private Finance Initiative)사업 등에의 틀

(2) 공간문화 설계 요건

1) 기능에 관한 요건

구조물의 건설은 어느 기능을 충족하는 것이 첫째 목적으로 구조물의 공간문화설계가 이루어지는 것은 당연하다. 요구되는 기능의 충족을 곤란하게 한다든지, 공간문화설계의 의도를 저해하는 것은 허용되지 않는다. 이는 하중조건을 대폭적으로 변경해서는 안 되는 공간문화설계나, 내구성을 저해하는 공간문화설계는 해서는 안 된다는 것을 의미한다.

이와 같이 구조물에 요구되는 기능 확인이야 말로 공간문화설계의 의도를 구축하는 전제조건으로서 무엇보다도 우선순위가 높다. 구조물의 기능을 만족시키는 데 어떤 공간문화설계가 가능할 것인가, 새로운 공간문화 중에서 어떻게 검토하는 것이 가능할 것인가 등을 고려할 필요가 있다.

2) 장의 환경에 관한 요건

구조물이 충족할 수 있는 기능 확인에 이어 설계의도의 구축에 필요한 요건은 구조물이 만들어내는 장의 환경이다. 환경조건은 대부분의 경우 변할 수 없는 조건이고, 환경에 어울리는 구조물의 건설을 요구한다. 구조물이 입지한 장의 환경을 확인하여 어떤 구조물이 환경에 대한 영향을 최소로 할 것인가, 그 장소에서 환경을 복원하기 위해서는 어떤 대응이 가능할 것인가 등에 대하여 요건을 명확히 하는 것이 필요하다.

구조물이 입지하는 장소를 확인하기 위한 문헌조사나 현지조사의 목적은 그 환경을 전체적으로 파악하는 데에 있다. 물론 구조물의 지형과의 상세한 상황이나, 구체적인 형태 등을 검토하는 단계는 아니다. 전체적인 공간문화 이미지 등을 어떻게 할 것인가, 그 이미지에서 건설되는 구조물은 어떤 역할을 할 것인가 등의 요건을 확인하는 것이 주목적이고, 전체를 보지 못하는 우를 범하지 않도록 할 필요가 있다.

3) 새로운 공간문화에 관한 요건

설계의도의 대부분은 구조물의 충족해야 할 기능에 관한 요건과, 구조물이 창출하는 장소의 환경에 관한 요건에서 구축된다. 그러나 구조물의 최종적인 형태 이미지는 현황 공간문화와 구조물과의 상대적 관계를 명확히 하여 얻어진다. 결국 설계의도의 구축이란 구조물의 기능과 입지한 장소에서 나타나는 여러 가지 요건을 바탕으로 새로운 공간문화의 전체 모습을 어떻게 할 것인가를 분명히 하는 것이다. 현황 공간문화와 구조물의 관계에서 극단적인 예는 어느 한 쪽을 중요시하여 한 쪽을 차폐하고, 또는 배경으로서의 존재로 하는 것이다. 또한 양자를 동등한 역할로 나타내는 중용의 경우도 있다.

현황 공간문화와 새로운 공간문화 중의 구조물과의 상대적인 관계는 우리의 경험이나 입지 환경에 따라 여러 가지로 변할 수 있다. 또한 이들의 의도는 하나가 아니라 복수의 의도를 동시에 구축될 가능성이 높다고 할 수 있다. 예를 들면 설계 의도를 나타내는 특성으로 다음과 같은 것이 있고, 이들과 현황 공간문화와의 관계에서 보다 구체적인 의도로 발전시킬 수 있다.

- 상징성－지역의 심볼
- 강조성－주변 환경에서 뛰어난 존재
- 독자성－어느 곳에도 없는 참신함
- 지역성－지역의 산업, 역사 등 지역의 이미지
- 조화성－주변 환경과의 일체감
- 동화성－주변 환경에의 순응

3.3 공공시설의 디자인과 정비

(1) 공공시설 디자인의 고려사항

1) 공간문화형성에서 공공시설의 역할

공공사업은 대체로 공원, 도로, 하천, 교량, 하수도 등 공공시설의 정비나 공공건축물의 건설 등 다분야에 걸친다. 이들은 시민의 생활 중에서 일상적으로 이용되는 것도 많고, 공간문화형성의 선도적 역할을 담당하고 있다. 도시의 공간문화계획의 기본목표를 달성함에 있어 대체로 다음과 같은 역할을 담당한다.

표 4 _ 공간문화형성에서 공공시설의 역할

기본목표	공공시설의 역할
1. 도시의 거점, 녹지나 물의 골격으로 지역을 연결하는 공간문화형성	**생활환경의 골격을 형성한다** 공공시설을 통하여 지역간을 연결하고 거점의 상징성을 높이는 역할
2. 지역의 싱립이나 특색을 중요시한 생활환경의 공간문화형성	**지역 커뮤니티의 핵을 형성한다** 지역의 생활활동의 거점이 되는 거뮤니티 시설이나 공원, 도로, 하친 등의 공공시설에서 각각의 성격부여나 지역특성에 따른 정비에 의해 생활환경의 통합을 창출하는 역할
3. 다채로운 공간문화자원을 활용하여 지역의 매력을 높이는 공간문화형성	**지역의 개성을 활용하면서 새로운 스톡을 만든다** 주변의 공간문화자원을 연결하는 것, 또는 공간문화자원으로 각각의 공공시설 디자인의 수준 향상에 의해 생활환경이나 지역 전체의 이미지를 유지·향상시키는 역할
4. 공간·시간·인간을 연결하는 감성에 의한 시가지건설	**공간·시간·인간의 연결을 선도적으로 표현한다** 각각의 공공시설정비에서 도로나 인접지 등과의 공간 관계성, 지역 역사를 보전하거나 발굴하여 지역 내의 네트워크형성 등에 기여하고, 지역의 공간문화형성을 선도하는 역할
5. 시민·사업자가 협력하여 전개하는 공간문화형성	**지역의 공간문화형성에의 참여기회가 된다** 공공시설정비에서 시민·사업자의 참여, 지역의 공간문화형성 활동의 장(미화활동 등)으로서의 공간문화형성에의 참여 기회를 창출하는 역할

2) 유형별 공공시설의 공간문화형성 기본적 고려 사항

공간문화형성에 있어서 행정의 선도적 역할을 효율적으로 발휘하는 정책의 하나로 특히 중요한 시설이나 지역의 공공사업에 대해서는 사업주무처와의 제휴나 시민, 사업자의 협력을 얻으면서 도시공간문화요소에 어울리는 형태나 디자인 등을 목표로 하여 추진한다.

표 5_유형별 공공시설의 공간문화형성 기본적 고려 사항

대상시설			구성의 기본적 고려사항
관련하는 공간문화 10유형	물	물과 녹지의 중심축	하천공간문화의 형성을 위하여 연속성을 가진 천변의 녹지를 유지하고, 육성하며 구성한다.
		친수기능의 도입	정비에 있어 다른 공공단체의 협력을 얻어 호안이나 방조제 등 구조물의 형태나 디자인을 검토한다.
		교량의 디자인	정비에 있어 생활환경의 일부로 각각의 지역에 어울리는 교량의 디자인으로 한다.
		해안이나 천변의 정서적인 공간 확보	관리도로나 시민, 사업자 및 다른 공공단체의 협력에 의해 확보한 용지를 포함하여 정서적인 공간의 확대를 도모한다.
		생활환경과 밀접한 소하천이나 수로, 못과 늪의 존중	소하천이나 수로, 못이나 늪 등 시민의 일상생활에 가까운 수변을 도시공간문화 중에 활용하여 보다 친밀한 수변공간문화를 형성한다.
	도로	보행자 산책로	상가의 몰, 천변이나 녹지·주택지 내의 유보도 등을 유지하고, 육성하며 구성한다.
		기타 보행자 공간	보도의 확장이나 포장, 녹화, 사인의 정비 등을 추진하여 보다 안전하며 쾌적한 도로공간문화를 만든다.
		간선도로 등	간선도로나 자동차전용도로는 그 형태, 디자인 및 색채 등에의 배려와 녹화의 추진을 목표로 한다. 가공선의 지중화나 육교나 사인 등의 디자인 검토를 다른 공공단체의 협력을 얻으면서 진행한다.
	녹지	시설녹지	공원이나 광장, 가로수 등을 시민, 사업자나 다른 공공단체의 협력을 얻어 유지하고, 육성하며 구성한다.
		사면녹지, 농지	귀중한 도시의 녹지를 보전하기 위하여 다른 사업이나 다른 정책과 제휴하여 유지하고, 육성한다.
	거리	공공건축물	지역의 특성이나 문화를 바탕으로 시민에게 친밀한 형태나 디자인, 색채 등을 채용한다. 시민에게 개방된 광장이나 녹지의 확보, 주변과의 연속성에 배려한 경계영역의 연출을 목표로 한다. 역사적 건축물의 공공적 활용, 복원이용 등을 추진함과 아울러 새로이 건설되는 공공시설 등도 지역의 상징을 목표로 한다.
공공사인 등			공공사인은 그 성격이나 대상지역에 따라 도시 전체 또는 지역 이미지와의 조화나 일체적인 이미지의 창출에 이바지하도록 한다. 지역정비에 있어 예술, 스트리트 퍼니처(street furniture) 등을 도시공간문화에 정취적인 요소, 또는 지역 이미지의 향상에 이바지하는 것으로 활용한다. 또한 단일체의 공공시설정비에 있어 지역의 실정에 따라 예술, 스트리트 퍼니처를 채용하는 등 그 지역의 도시공간문화형성을 선도하는 공공시설정비의 역할 향상을 목표로 한다.

3) 단계별 공공시설의 공간문화정비 기본적 고려사항

공공시설의 계획, 설계, 유지관리에 관련하는 디자인 지침을 마련하여 각 사업을 추진하는 데 실마리나 디자인에 관련하는 각 협의에 있어 기본사항으로 한다.

표 6 _ 단계별 공공시설의 공간문화정비 기본적 고려사항

	디자인 지침	
① 계획단계	기능·안전성과 친밀성·쾌적성·아름다움의 양립을 목표로 한다.	·각 시설부문상의 검토·기능에 따라 적절하게 친밀성·쾌적성·아름다움 등의 디자인 이미지를 설정한다.
	주변의 공간문화를 의식한 계획으로 하고, 지역의 특성을 활용한다.	·자연적 특징이나 토지이용, 생활과의 관련을 파악하여 그들에 어울리는 디자인의 방향성을 검토한다. ·지역이나 당해 지역의 역사적 특성을 파악하고, 이들과의 조화나 역사적 특성의 계승 방법을 검토한다. ·공간의 구성 상황을 파악하여 지역의 스케일(도로의 폭, 건축물의 높이나 볼륨 등), 지역의 기조가 되는 식재나 건축물, 외부구조 등의 의장과 조화한 계획으로 한다.
	사람들의 이해와 참여를 도모한다.	·시설의 성격에 따라 이용자, 지역주민 등의 의견수집기회의 창출 등 시민의 참여를 도모한다.
② 설계단계	【기능과의 관계】 기능적 필연에서 디자인을 고려한다.	·형태나 소재는 기능성·안전성과 친밀성이나 쾌적성·아름다움의 양립을 도모한다. ·인프라시설은 건축물을 돋보이게 하는 과잉 디자인 등이 되지 않도록 단순하고 기본적인 디자인에 유의한다. ·공공건축물은 랜드마크로서의 상징성이나 지역 아이덴티티의 표현을 의식하면서 디자인 과잉이 되지 않도록 배려한다. ·정비비뿐만 아니라 유지관리비나 수고를 고려한다.
	【자연과의 관계】 자연을 활용한 디자인으로 시가지에 성서를 부여한다.	·녹지를 보이게 하고 연결한다. ·수변을 가까이에 만든다. ·여러 가지 생물의 서식환경을 보전·육성한다. ·하늘, 자연의 빛이나 바람 등을 느끼도록 한다.
	【도시활동과의 관계】 이용자의 쾌적성을 중요시한다.	·자동차의 원활한 흐름과 보행자의 편리성·쾌적성을 확보한다. ·사회적 약자에 배려한다. ·주변의 공공시설, 사유지와 일체적으로 고려한다. ·주민의 이용형태에 어울리고, 다목적 이용을 도모한다.
	【생활감각과의 관계】 애착과 자랑스런 공공시설을 목표로 한다.	·생활 중의 상징을 중요시한다. ·색·소재의 주변환경과의 조화나 경년변화에 배려한다. ·지역의 공간문화자원을 활용하여 네트워크를 구축한다.
	【공간과의 관계】 지역의 공간문화형성을 선도한다.	·부분과 전체의 조화를 도모한다. ·구조물의 스케일이나 형태를 주위에 친숙하게 한다. ·주변에 어울리고 안전하며 인상적인 야경을 연출한다.

	디자인 지침	
③ 유지관리 단계	계획적인 관리·개수를 행하고, 사용방법에 질서를 부여한다.	·계획적인 관리·개수를 행한다. ·사용방법의 매너를 구축한다. ·관리자, 이용자로 유지관리조직을 만든다. 특히 이용자를 중심으로 한 조직구성에 의해 보다 섬세한 관리나 사용편리성의 향상을 도모한다.

(2) 공공건축물정비의 고려사항

양호한 지역환경을 창조하기 위하여 지자체의 공공건축물정비에 대하여 필요한 사항을 정할 필요가 있다.

공공건축물의 정비에서는 자연과의 조화, 인간에의 우수성 및 지역문화의 전승·창조를 중심으로 하는 기준을 공통의 지침으로 시설의 용도, 입지조건 등에 따라 배려하는 것으로 한다.

공공건축물 정비의 고려사항은 다음과 같이 들 수 있다.

1) 자연과의 조화 추진

❶ 수환경의 보전

① 집합처리구역 외에서 배수처리시설은 질소, 인 등의 제거 등 고도처리에 대응한 시설로 한다.

② 물의 순환기능을 유지하기 위하여 투수성포장 등에 의해 지하수의 함양을 도모한다.

③ 우수를 효율적으로 활용하기 위한 시설을 마련한다.

❷ 수변공간의 창출

우수, 배수 등의 처리수, 용수, 작은 하천 등을 활용하여 정취있는 수변공간을 형성한다.

❸ 녹지 및 오픈스페이스의 확보

① 들새, 작은 동물 등의 서식환경에의 배려에 노력함과 아울러 시민이 편안히 교류할 수 있는 장을 제공하기 위하여 낙엽수 등을 적극적으로 도입한 녹지 및 오픈스페이스를 확보한다.

② 지자체의 녹화수목 선정지침에 의하여 수목을 선정한다.

③ 시설을 이용하는 이용자 스스로가 참여할 수 있는 화단 등의 스페이스를 마련한다.

❹ 지형 등에의 배려

대규모적인 조성을 피하고, 적극적으로 그 지형, 토양, 식생, 수계 등을 활용하도록 함과 아울러 조성 후의 법면은 가능한 한 재래의 식물로 복원한다.

❺ 자원절약 · 에너지절약의 추진 및 신 · 재생에너지의 활용

① 자원절약 · 에너지절약형의 구조 및 설비를 도입한다.

② 태양광발전 및 태양열의 유효이용을 적극적으로 추진한다.

③ 기타 신 · 재생에너지를 적극적으로 활용한다.

❻ 폐기물의 삭감 및 재활용의 추진

① 건설폐자재는 재활용에 노력한다.

② 건설자재는 가능한 한 장기 내구형 또는 재활용형을 선택한다.

③ 분리나 재활용을 추진하기 위한 시설을 정비한다.

2) 인간에게 우수성 추진

❶ 배리어프리의 추진

지자체 복지조례에 의거하여 시민 누구나 사용하기 편리한 시설의 정비를 행한다.

❷ 내구성의 향상 및 안전에의 배려

① 건축물의 설계 · 공법은 내구성이 높은 건자재 및 구조를 채용하여 내용년수의 향상에 노력한다.

② 시설의 목적과 용도에 따른 내신성을 확보한다.

❸ 건강에의 배려

건축재료는 가능한 한 친환경제품을 사용하여 건강에 배려한 실내환경을 확보한다.

3) 지역문화의 전승 · 창조 추진

❶ 지역의 전통문화 및 공간문화를 활용한 시설건설의 추진

① 전통문화 및 주변 환경에 조화한 색채 및 디자인을 채용한다.

② 전통문화를 계승하여 산업을 육성하기 위하여 시설의 용도에 따른 건축물을 건립한다.

❷ 지역의 전통건축기술 및 공법의 활용

① 건축물의 지붕은 구배가 있는 지붕을 기본으로 한다.

② 지역의 전통적인 건축기술 및 공법을 채용한다.

4) 시민참여

시민에게 사랑받고 친숙한 시설로 하기 위하여 계획단계에서부터 적극적으로 시민이 참여할 수 있도록 노력한다.

4. 배리어프리

배리어프리(Barrier free)란 광의의 대상자로서는 장애인을 포함한 노인 등의 사회생활약자, 협의의 대상자로서는 장애인이 사회생활에 참여하는 데 생활의 지장이 되는 물리적 장애나 정신적 장벽을 제거하기 위한 정책, 또는 구체적으로 장애를 제거한 상태를 말한다. 일반적으로는 장애인이 이용하는 데 장벽이 제거된 상태로서 널리 사용되고 있다.

배리어프리 디자인(barrier-free design : 장애없는 설계)은 1960년경부터 형성되어 온 노인이나 장애인을 배려한 설계 개념이나. 그 내용에는 건축적 배리어와 그것을 유지하는 사회적 배리어, 편견과 차별, 의존과 단절, 건축기능의 고도화와 격리, 접근성 결여, 시설·설비의 부족 등의 배리어, 공간적·사회적·심리적 배리어 등이 있다.

배리어프리의 용어는 1974년 6월의 유엔장애인생활환경전문가회의의 보고서『Barrier free Design』에 의하여 널리 알려지게 되었다. 동 보고서의 서언에서 장벽을「물리적 장벽」과「사회적 장벽」으로 분류하고, 사회적인 의식의 변혁이 필요하다고 언급하고 있다. 또한 그와 같은 장벽을 창출하는 원인으로「Mr. Average」라는 가공의 인물을 도시하고, 장벽이 창출되는 요인은 그「실재하지 않은 사람들」의 욕구에 따라 만들어지고 있기 때문이라고 지적하고 있다. Mr. Average는 육체적으로 가장 잘 적응할 수 있는 장년기에 있는 남성(여성은 아니다)의 상징이고,「통계적으로는 소수의 사람만이 이 범주에 속한다」로 되어 있다. 즉 배리어프리라는 것은 결코 장애인이나 노인만을 대상으로 하고 있는 것은 아니고, 더구나 배리어의 존재를 전제로 하고 있는 것은 아님을 밝히고 있다.

일반적으로 배리어프리는 물리적인 해결법을 가리키는 용어로 사용되는 경우가 많은데, 사회생활약자가 용이하게 사회참여할 수 있도록 촉구하는 개념으로서 검토하고 있다. 한국어에서 배리어프리를 의미하는 것으로서 영어권에서는 액세서빌리티(accessibility)가 사용되고, 액세서빌리티의 대표적인 구체 예로서는 물리적인 장에서 접근 · 관공청의 홍보 등을 비롯한 각종 정보서비스에의 접근 · 원활한 커뮤니케이션의 촉진 등이 있다.

5. 유니버설 디자인

5.1 유니버설 디자인의 개념

배리어프리보다도 넓은 개념으로서 1990년대에 들어서 유니버설디자인이라는 개념이 제창되었다. 유니버설디자인(Universal design)이란 체격, 연령, 성별, 장애의 정도 등에 상관없이 누구나 사용할 수 있는 제품이나 환경을 창조하는 것이다. 환언하면, 배리어프리라는 것은 현실적으로 존재하는 배리어를 제거하는 기술인 데 비하여, 유니버설디자인은 유통에서 폐기에 이르기까지의 모든 과정에서 생각되는 문제점을 사전에 상정해 그 문제에 대한 대책을 제품의 개발단계부터 강구하지 않으면 안 된다는 사상이다.

유니버설 디자인은 모든 사람에 의하여 가능한 한 이용 가능하도록 제품, 건물, 환경을 디자인하는 것이고, 디자인 변경이나 특별 시방의 디자인이 필요한 것이어서는 안 된다.

배리어프리의 경우에는 개별시설 또는 부위의 개량이라는 측면이 강하지만, 유니버설 디자인의 경우에는 도시나 지구의 공간적인 연속성 또는 사회시스템을 대상으로 하고 있다. 배리어프리는 원래 건축물의 설계가 발상의 원점에 있기 때문에 건물의 구조 등 하드측면이 강조되는 경향이지만, 유니버설 디자인의 경우는 건축물은 물론 물건, 표시, 도시건설, 공간, 이벤트 등 여러 가지를 포함한 것이다.

North Carolina 주립대학의 유니버설 디자인센터 소장인 Ronald. L. Mace(1941~1998)가 1985년에 연구에서 제창하였다. 배리어프리 개념이 발전한 것이다. 「가능한 한 많은 사람이 이용 가능하도록 디자인하는 것」이 기본개념이다. 디자인 대상을 장애인에 한정하지 않은 점이 일반적으로 말하고 있는 「배리어프리」와는 다르다.

유니버설 디자인할 수 없는 경우에는 다양한 선택을 할 수 있는 것, 부가 · 조절할 수 있는 것, 그 점에서도 무리한 경우만 배리어프리하는 것도 필요하다. 또는 생활필수품이나 여러 사람들이 사용하는 공공공간이나 교통기관이 모두 유니버설 디자인이 된다면 애초부터 배리어프리로 할 필요는 없다.

따라서 「애초 장애 없는 세계를 처음부터 구축하는 것」을 목표로 하는 것이 유니버설 디자인의 진실한 목표이고, 배리어프리는 그 세계에의 이행기간 중에서 어디까지나 임시조치임을 인식하는 것이 중요하다.

유니버설 디자인을 구체적으로 전개하기 위해서는 국민각층의 「참여 · 제휴 · 계속의 틀(과정으로서의 유니버설 디자인)」이 중요하다. 많은 사람의 이용을 염두에 두고 여러 사람의 욕구나 문제를 조사하고, 깊이 생각하고, 해결점을 찾아내고, 여러 가지 특성을 가진 사용자와 제작자의 각종 사업자 · 행정과의 풍부한 커뮤니케이션(collaboration), 유니버설 디자인화에의 강한 의지와 착실함에서 계속적인 노력, 개선이 중요하다. 유니버설 디자인은 「모두를 이어주는 디자인」이기도 하다.

이와 같이 유니버설 디자인은 평균보다 다원성을 존중하는 '포용'의 패러다임이다. 디자인된 환경과 제품이 인간의 복지, 삶의 질을 향상시키는데 인간의 요구에 순응되고, 인간관계를 풍요롭게 만드는데 기여하고 있는가를 살펴보고자 하는 틀이며, 이를 풀어나가는 접근방법이다.

이 전신이 된 개념은 접근 가능한(Accessible) 또는 무장애 디자인(Barrier-free Design)이다. 액세서블은 일반적으로 접근 가능한 주택(필요한 것에 용이하게 손이 닿고, 움직이기 편리하고, 사용하기 편리한 주택)을 위하여 필요한 요소를 갖춘 주거의 의미에 이용된다. 구체적으로는 폭이 넓은 문, 휠체어가 움직이기 편리한 여유있는 공간, 낮은 카운터 부분, 레버나 둥근 핸들이나 철물, 손잡이, 카운터나 싱크대 밑의 무릎이 들어가는 공간, 청각/시각 양쪽으로 감지할 수 있는 신호, 손이 닿는 위치의 스위치나 제어장치, 계단이나 단차이가 없는 입구, 주호 내의 어디에도 갈 수 있도록 설계된 통로 등이다. 이들의 특징은 그 곳에 붙박이가 되고, 고정되어 분별할 수 있는 것이다.

미국에서는 1990년 7월에 시행된 ADA법(Americans with Disabilities Act)에 의하여 액세서블 또는 배리어프리 설계는 공공공간에서 의무화되고, 무시할 수 없는 설계요소가 되어 있다. 그와 아울러 그 때까지의 액세서블 디자인은 만인이 생활하기 편리한 유니버설 디자인의 보급과 그 목표가 높아졌다. 그 결과 액세서블 디자인과 유니버설 디자인의 실천적 방법으로 수용 가능한 디자인(Adaptable Design)이 추진되고 있다.

어댑터블(Adaptable : 적합한)이란 주호를 개개인의 욕구나 선호에 적합하게 하기 위하여 설비의 부가나 제거를 간단히 할 수 있다든지, 조절을 할 수 있는 것을 의미한다. 어댑터블 주거는 액세서블한 특징이 부여된 주호와 마찬가지로 모든 액세서블한 특징을 가지는데, 그 특징은 필요한 때가 오기까지 설치되지 않거나 은폐되어 있기 때문에 외견상은 일반의 주거와 다르지 않고, 보다 양호하게 거주하고자 하는 개개인의 욕구에 적합하다.

따라서 어댑터블한 주거에서는 폭이 넓은 복도, 단차이가 없는 것, 무릎이 들어가는 공간, 스위치나 제어장치가 손이 닿는 위치, 손잡이를 위한 벽 보강이나 다른 통행을 위한 특징이 부여되어야 하는 것이다.

유니버설 디자인은 인간의 일생을 통한 능력의 여러 가지 범위를 이해하고, 검토하는 것이 필요하다. 이와 같은 개념을 효과적으로 부품이나 건축에 적용하면 여러 레벨의 장애인, 건강인을 막론하고, 대부분의 사람이 사용하기 편리한 것이 되고, 비용을 절약할 수 있으며, 공간이 병원이나 특수시설과 같이 보이는 것도 아니다. 대부분의 액세서블과 어댑터한 특징은 누구라도 사용하기 편리한(universal usable) 것이다.

5.2 유니버설 디자인의 특징

유니버설 디자인은 표 7과 같이 7원칙에서 고려하는 것이 이해하기 쉽다.

유니버설 디자인의 원칙은 건축가나 공업 디자이너, 기술자, 환경디자인 연구자 등으로 구성되는 그룹이 협력하여 정리한 것이다.

이것은 환경, 제품, 커뮤니케이션 등을 포함하여 디자인에 관련되는 폭넓은 분야에서의 방향성을 명확히 하고 있다. 이 7원칙은 기존의 디자인 평가나 디자인 과정의 방향 제시뿐만 아니라 사용하기 편리한 제품이나 환경과는 어떠해야 하는가를 디자이너뿐만 아니라 소비자들 계몽하기 위해서도 활용할 수 있을 것이다.

이 유니버설 디자인 7원칙은 누구라도 이용 가능한 디자인이라는 관점을 중심으로 하고 있다. 그런 실제의 디자인은 사용하기 편리함 이상의 것에도 배려가 필요하고, 디자이너가 디자인하는 과정에서 경제성이나, 기술적 조건, 문화적 요건, 남녀차이나 환경에의 영향 등 관련하는 제조건을 고려하여야 한다. 이 7원칙은 가능한 한 많은 사람들의 요구에 대응할 수 있는 특징, 이상적인 디자인을 목표로 한 디자이너에의 지침이다.

- 어떤 사람도 공평하게 사용할 수 있을 것(Equitable use)
- 사용상 자유도가 높을 것(Flexibility in use)

- 사용방법이 간단하여 곧 이해할 수 있을 것(Simple and intuitive)
- 필요한 정보를 곧 알 수 있을 것(Perceptible information)
- 무심코 한 잘못이 위험으로 이어지지 않을 것(Tolerance for error)
- 신체에의 부담을 주지 않을 것(약한 힘으로도 사용할 수 있을 것) (Low physical effort)
- 접근이나 이용을 위하여 충분한 크기와 공간을 확보할 것(Size and space for approach and use)

표 7_유니버설 디자인의 7원칙

기본항목	원 칙	내 용	사 례
평등	① 공평성	사용자에게 불리하게 되지 않을 것	자동도어
사용하기 편리	② 자유도	가변성(자유도)이 있을 것	좌우 어느 쪽에서도 사용하는 가위, 상하 어느 쪽에서도 꽂는 열쇠
	③ 단순성	사용방법이 간단하여 곧 알 수 있을 것	그림에 의한 설명, 움직이는 보도
	④ 이해 용이성	필요한 정보를 곧 이해할 수 잇을 것 불필요한 것을 생략하여 단순하며, 직감으로 알 수 있는 디자인일 것	역이나 공항 등의 디자인시스템, 멀리에서 보이는 역 · 버스 정류장 등
	⑤ 안전성	디자인이 원인인 사고가 아닐 것 무심코 한 잘못이 위험으로 이어지지 않는 디자인일 것	잘못을 간단히 고칠 수 있는 컴퓨터 소프트
	⑥ 체력절약	무리한 자세가 아니고 지나친 힘을 사용하지 않고 적은 힘으로도 사용할 수 있을 것	필요한 것반 점등하는 소병기구
공간 확보	⑦ 스페이스확보	접근하기 편리한 스페이스의 넓이와 충분한 크기를 확보할 것	역에서 폭넓은 개찰구, 마음편한 화장실

6. 노멀라이제이션

노멀라이제이션(Normalization : 정상화)은 1960년대에 북유럽제국에서 시작한 사회복지를 목표로 한 사회이념의 하나이다. 장애인과 비장애인과는 서로가 특별히 구별되지 않고, 사회생활을 함께 하는 것이 정상이고, 본래의 바람직한 모습이라는 것이다.

약자를 사회적으로 보호하는 틀이 복지인데, 역사적으로 장애인 정책은 시설의 건설에서 시작하는 경우가 많고, 장애인이나 다른 대상자(어린이 등)에 의하여 보호가 당사자의 요구에 부응하지 못하고, 사람으로서의 존엄이 유지되지 않은 상황(장애인의 시설수용 · 아동시설 등)이 가끔 발생하였다. 또한 복지를 명목으로 대상자의 격리가 이루어지는 경우도 많았다(한센환자시설 등). 또한 한국에서의 복지정책은 행정조치에 의해 이루어지고, 대상자의 의지가 존중되는 경우는 드물었다.

이에 대하여 제창된 것이 「장애인을 배제하는 것이 아니라 장애를 가지고 있더라도 건강한 사람과 균등하게 당연히 생활할 수 있는 사회가 노멀라이제이션 사회이다」라는 고려 방식이다. 이러한 사회를 실현하기 위한 틀을 노멀라이제이션이라고 한다. 즉 배리어프리화의 추진에 의한 장애인이 받는 부자유 · 참여 제약의 완화이다. 이 개념은 덴마크의 Neils Erik Bank-Mikkelsen에 의해 최초로 제창되고, 스웨덴의 벤트 니르제(B.A.Nirge)에 의해 세계에 널리 확대되었다. 그리고 그는 1969년에 이 개념을 처음으로 체계적으로 다룬 논문을 발표하였다. 또한 1968년에 이스라엘의 에루살렘에서 개최된 국제정신지체자원호단체연맹의 제4회 대회에서는 노멀라이제이션 개념에 기초하여 정신지체자인권선언이 채택되었다. 이 선언은 1971년의 제26회 유엔총회에서 결의된 「정신지체자의 권리선언」에 포함되고, 1975년의 유엔총회에서 채택된 「장애인의 권리선언」으로 발전하였다.

이와 같이 北歐에 기원을 둔 노멀라이제이션의 원리는 W.Wolfensberger에 의하여 그 개념이 北美에 소개되고, 북미의 사회적 문화적 문맥 가운데 재구성되며, 정신지체인 뿐만 아니라 장애인복지에 대한 개념으로 확대된 것은 1970년 전후이다. Bank-Mikkelsen과 Nirge가 정신지체인의 주거시설과 그 서비스 및 생활조건을 문제로 하고 있는 데 비하여 Wolfensberger는 그 측면도 포함한 보다 넓은 인간관리(human management)에 노멀라이제이션의 원리 적용을 심노한 섬에 특싱이 있다.

이와 같이 노멀라이제이션의 개념에서 알 수 있는 바와 같이 이 개념의 대상은 장애인이나 노인뿐만 아니라 그들의 「생활」, 「일상생활의 양식이나 조건」, 「환경」, 「행동이나 특성」, 「행동 · 개관 · 이해」, 「생활상태」 등이다. 그것을 가능한 한 통상의 상태로 나타낸 것이 노멀라이제이션이다.

21세기의 초부터 본격적인 고령화사회의 도래를 맞이하여 재가에서의 생활을 지원하는 정책의 충실이 요구되고 있으므로 앞으로의 노인 주택정책의 기본이념으로 노멀라이제이션을 실현하는 주택정책의 전개를 설정하도록 한다.

모든 노인이나 그 가족이 거주에 익숙한 지역에서 지역민들과의 교류를 유지하면서 안심하고 생활할 수 있는 노멀라이제이션의 실현을 위해서는 복지 분야에서 재가복지정책 등의 충실이 요구되고 있는 것이다. 따라서 복지정책과 아울러 주택정책도 중요한 역할을 담당하는 것이고, 이들이 제휴하는 것이 요구되고 있다. 그리하여 주택정책의 측면에서도 노멀라이제이션의 실현을 위한 정책을 전개하는 것이 중요하다.

2006년 현재, 이 방향에서의 가장 진전된 법적인 정비의 대표적인 사례는 미국의「장애를 가진 미국인법」(ADA법)이다. 또한 미국에서 노멀라이제이션은「흑인과 백인의 대등한 권리」를 말하는 측면에서 이용되고, 장애인과 비장애인 사이의 울타리 철폐에 대해서는「main-stream」(주류화)이라는 표현을 사용한다. 따라서 오해를 피하기 위하여 영어판 Wikipedia의 이에 대응하는 기사명은「Normalisation(people with disabilities)」와 애매회피의 코멘트가 부가되고 있다. ADA법의 특징은 차별 금지로 일관되어 있다. 한국에서도 일반화하여 온 설비나 교통기관의 배리어프리화 등 하드웨어의 개량 외에 직능훈련 등에 의하여 사회에서 자립할 수 있는 제도의 충실도 포함된다.

노멀라이제이션의 이념은 노인과 젊은이, 장애인과 그렇지 않은 사람이 함께 살아갈 수 있는 사회야말로 정상적인 사회이며, 노인이나 장애인의 시설을 만들고 그들을 먼 곳에 격리 또는 분단시키는 사회는 비정상적(abnormal society)이라는 것이다. 이는 장애인이나 노인이 각종 의사결정에 참여하게 하는 것은 물론, 장애인용 공공시설의 설치 등을 포함하는 하나의 복지이념이다. 오늘날에는 이와 같은 이념이 확대되어 노인주택의 아파트화 및 지역사회 보호서비스의 중시, 지역복지의 확충, 의료 및 교육과 복지의 통합화 등 여러 동향으로 나타나고 있다.

7. 건축 디자인의 평가

(1) 지역적 특성

고온지역에서는 일사를 적극적으로 피하고 외부의 열풍 침입을 피하기 위하여 벽체가 두껍고 개구부가 작은 건물이 많다. 이에 대하여 고온다습한 기후조건에서는 인간의 체감으로 습도의 영향력이 매우 크기 때문에 외기와의 환기가 대단히 중요하다.

한편 한랭지역에서는 내부의 열이 손실되지 않도록 하고, 일사열을 가능한 한 많이 도입하며 눈이나 바람에 대한 대책 등이 중요하다. 일사열을 얻는다는 것은 유리가 일반화하기 이전에는 그다지 중요시되지 않았으므로 중심적인 대책은 개구부를 작게 하여 환기 · 틈새바람에 의한 열손실을 최소한으로 하고, 벽체를 두껍게 하여 관류열손실을 작게 했을 것이다.

이들 주거내부의 환경은 현재 우리가 향유할 수 있는 기계적으로 제어된 환경의 레벨과 비교하면 쾌적하다고는 할 수 없는 경우가 많았는지도 모른다. 그러나 자연과 조화하면서 환경조절을 검토하고 어느 수준의 만족을 얻어 생활하고 싶은 것은 사실이다.

(2) 국제건축양식의 특성

교통과 통신 등 교류 수단의 발달로 각 민족, 국가, 지역 상호간의 문화적 교류가 활발해지면서, 민족 고유의 문화가 붕괴되고 인류 공동체 문화가 형성되기 시작하였다. 또, 산업 혁명 이후 기계화와 공업화를 생활양식의 전반에 수용하는 기능주의적 · 합리주의적 생활관이 형성되었다. 이러한 사회적 배경과 함께 건축에서도 각 나라마다 철, 유리, 콘크리트 등 기계적, 인공적 재료를 바탕으로 부재를 규격화, 표준화하여 공통적인 공법에 의해 건설함에 따라 건축 양식도 상호 유사하게 되었는데, 이를 국제 양식(international style) 건축이라고 한다.

국제주의 양식의 특성은 다음과 같다.

1) 볼륨으로서의 건축

원, 삼각형, 사각형 등의 유클리드 기하학적인 단순한 형태의 윤곽을 지니는 기하학적인 형태로 환원시켜 보다 완벽한 추상형태를 추구하였고, 이러한 순수한 볼륨은 필로티의 구사, 반지하층의 구사, 데크의 첨가, 기단설정의 방법 등으로 강조되었으며 유리와 플라스터로 마감된 깨끗한 표면, 규격화된 벽돌과 일관된 모듈의 개구부의 패턴으로 투명성과 연속성을 창출시켰다.

2) 대칭성으로의 건축

국제주의 양식은 일정한 규칙성을 통하여 이루어지는데 이는 볼륨의 표현처럼 미학적 근거이기보다는 규칙적인 구조 시스템으로 건축물의 부재를 기능의 복잡성과 변화에 대응시키기 위한 경제적인 방법이다.

3) 부가된 장식의 배제

고전건축의 권위적 장식을 배제하고 구조 자체에 내재하는 상징성을 통해 순수한 장식을 제공하며 내외부 공간을 연속시키는 구성요소를 사용하여 각 공간의 가식성과 볼륨으로서의 효과를 증가시킨다.

(3) 환경을 고려한 건축

시대적으로 보아 국제양식건축이 현재만큼 인공환경의 혜택을 받고 있었다고는 말하기 어렵지만, 환경측면에 한정하면 이것은 지역적 환경조건에 적응한 건축설계를 부정하였다는 점에서 적지 않은 문제를 지니고 있었다고 할 수 있다. 구체적인 예를 들어본다.

"유리의 집"이라고 할 수 있는 2가지 주택이 있다. 건축가 미스 반 데어 로에(Ludwig Mies van der Rohe, 1886.3.27~1969.8.17)의 작품인 Farnsworth House와 건축가 필립 존슨(Philip Johnson, 1906.7.8~2005.1.25)이 설계한 자택이다(그림 4~5). 근대건축의 특징인 철과 콘크리트와 유리로 만들어졌다고 형용되는데, 이 양자도 유리상자와 같은 외관은 아주 비슷하다. 그러나 실내의 환경에 배려하고 있는가 그렇지 않은가라는 점에서는 크게 다르다. Farnsworth House는 문 이외에 개폐할 수 있는 개구부가 없고, 일사를 차폐하는 커튼도 없기 때문에 프라이버시가 결여될 뿐 아니라 여름에는 견디기 힘든 혹서에 부딪친다. 그리하여 건축주인 Farnsworth박사가 설계자 미스를 소송하는 상황에까지 이르렀다(결과는 박사가 졌다고 한다). 필립 존슨 주택에서는 충분한 개구부, 일사와 시선을 차단하는 수목 등으로 실제 거주할 수 있는 유리집을 실현하고 있다. 이와 같이 형태뿐만 아니라 환경을 조절하는 성능 측면에서의 건축 평가라는 관점도 중요시한 것이다. 반드시 「국제건축양식=에너지낭비적」이라고는 할 수 없지만, 존슨주택과 같은 교묘한 설계는 드문 것 같다.

▲그림 4_Farnsworth House

▲그림 5_필립 존슨의 주택

한편 F.L. 라이트(Frank Lloyd Wright, 1867.6.8~1959.4.9)는 국제건축양식파와는 구별되는 건축가이다. 그는 국제건축양식의 일정한 규칙이나 법칙에 따르지 않고, 환경조건에 배려한 독창적인 설계를 행하였다. R.반함(Peter Reyner Banham, 1922.3.2~1988.3.19)은 종래의 건축사학은 형태 · 양식에 편중되어 있지만, 환경조절 등의 역사에도 주목할 것을 주장하였는데, 라이트의 작품, 특히 프레이리(Prairie)시대의 주택건축(그림 6)을 환경조절이라는 측면에서 매우 높이 평가하고 있다. 한편 저명한 건축가였던 코르뷔지에(Le Corbusier, 1887.10.6~1965.8.27)는 건축의 환경조절에 관하여 배려가 모자라는 예로 소개되고 있다. 코르뷔지에의 작품인 구세군회관(그림 7)은 큰 유리면의 퍼사드가 디자인적으로 훌륭하다고 평가되었는데, 태양으로부터의 일사에 대한 실내에의 유입을 차단하지 못하므로 여름에는 혹독한 더위에 노출되어 나중에 다른 건축가의 손에 의해 일사 차단장치가 설치되었다(그러나 코르뷔지에는 이와 같은 실패의 경험을 살려 그후 브리즈 솔레이유(Brise-Soleil)라는 햇빛차단 스크린을 개발하였다).

▲그림 6 _ 라이트의 로비주택

▲그림 7 _ 코르뷔지에의 구세군회관

환경에 대한 부하 측면에서 건축을 볼 때 환경부하가 큰 디자인은 역시 문제가 되고 있다. 건축 평가는 순수한 예술작품과 같이 형태에만 치우치지 않는다. 그러나 집객을 목적으로 하는 상업건축에서는 사람을 유인하는 기발함이나 표면적인 매력만이 중요시되고, 지구환경에 어느 정도의 부하를 주는가 하는 것은 그다지 문제가 되고 있지 않은 것이 현상이다. 건축의 외관이나 실내공간의 시각적 · 공간적인 쾌적문제와 마찬가지로 환경에 미치는 부하를 작게 하는 지구환경의 부하도 고려해야 할 것이다.

Chapter 13

전시공간 디자인

전시공간으로서 박물관은 자료를 보관하고, 전시하여 교육적 배려하에 공중의 이용에 이바지하며, 필요한 사업을 행하고 아울러 자료에 관한 조사연구를 하는 기관이다. 여기서 "박물관자료"로 말해지는 핵으로 되는 것으로는 장소로서의 시설이 있고, 사람으로서의 전문적인 "학예원"이 있으며, 이들이 일체가 되어 공중을 위하여 활동하는 것에 의하여 비로소 박물관으로서의 목적이 달성되는 것이다.

미술관은 미술작품의 감상과 학습을 통하여 사람들의 미적정서를 높이고, 미술에 관한 자료를 수집 · 보관 · 전시하여 사람들의 풍부하며 윤택한 삶을 창조하기 위한 시설이다.

전시공간에서의 자료는 형태가 있는 모든 분야가 대상이며, 원칙적으로는 실물로 영구히 보존되고, 학술자료로서도 가치가 높은 것이어야 한다. 이와 같은 자료는 그것이 공개되는 것에 의하여 비로소 정보를 제공하게 되는데, 그리하여 자료의 연구가 필요하고, 따라서 공중을 위한 시설뿐만 아니라 사물을 소재로 한 연구를 추진하는 시설로도 되고 있다.

그러나 그와 같은 귀중한 학술자료도 공개된 경우 직접 얻어지는 정보에는 한계가 있으므로 여기에 전문직원으로서의 학예원이 개재하는 것에 의하여 많은 관련정보를 전달할 수 있다. 또한 박물관은 자료를 통하여 정보를 제공할 뿐 아니라 전문직원이나 학식경험자 등이 지도하는 교육적인 보급사업에 의하여 폭넓은 정보를 제공하는 장소로도 되고 있다. 이와 같이 하여 불특정다수의 사람들이 보는 것에 의하여 지식을 축적하게 되는데, 개인에 의하여 이해도는 다르더라도 스스로 판단하여 새로운 지식을 창조할 수 있는 장소이기도 하다.

1. 박물관의 기능

박물관이란 「박물관 및 미술관 진흥법」의 제2조에서 문화 · 예술 · 학문의 발전과 일반 공중의 문화향유 증진에 이바지하기 위하여 역사 · 고고(考古) · 인류 · 민속 · 예술 · 동물 · 식물 · 광물 · 과학 · 기술 · 산업 등에 관한 자료를 수집 · 관리 · 보존 · 조사 · 연구 · 전시 · 교육하는 시설을 말한다.

박물관의 내측에서 기능 조직을 본 경우 내용적으로 다음과 같이 고려할 수 있을 것이다. 즉 그것은 먼저 제1차 기능과 제2차 기능의 2가지로 대별하여 검토한다.

제1차 기능으로 분류되는 것은 박물관 기능의 기초가 되는 것인데, 그것은 실내기능(=In-door 기능) 및 실외기능(=Out-door 기능)의 어느 쪽에서라도 박물관에 있어 자료로 규정하는 이념에 변화가 없는 이상 어떠한 「자료」에 대해서도 자료의 수집, 정리, 보관, 조사, 연구는 같은 작용이 이루어져야 한다. 따라서 이 제1차 기능은 하나의 물질, 또는 하나의 자료를 박물관자료(=「자료」)로 하기 위하여 매우 기초적인 작용을 하는 것이다.

제2차 기능은 제1차 기능을 받아 어떻게 자료를 활용 · 이용하는가를 고려하는 기능이다. 자료의 활용기능에서 보면 박물관 내 · 외에서 「자료」의 보급 이념은 동일하더라도 그 방법이 다른 점에 유의되어야 한다. 여기에도 In-door 기능과 Out-door 기능의 이면성이 있다.

이와 같이 박물관의 조직기능을 분류하여 보면 일반 박물관 활동의 현상에서 어떤 기능 분야에 중점을 두는가에 따라 그 박물관의 특성이 이루어지는가를 알 수 있다. 예를 들면 자료의 수집, 보관에 활동의 중점을 두면 수장고의 영역을 탈피할 수 없을 것이고, 조사 · 연구기능을 첨가하더라도 단순한 자료관의 기능이나 연구소의 기능으로 끝나버릴 위험이 있다. 오늘의 박물관에 대한 기대와 방법은 수장자료 이용기능의 작용에 어떻게 달려있는가에 따라 박물관의 사명 및 가치가 결정되는 것이다. 하나의 학문을 검토하여 보면 연구의 목적에서 자료의 수집활동으로 분류학적 작업이 이루어지는데, 거기에서 끝나버린다면 그 학문은 대성될 수 없는 것과 마찬가지이다. 학문의 성과는 사람과의 관계중에 결과가 도출되어 비로소 대성될 것이다. 이와 같은 점에서 박물관의 기능을 밝히면 다음과 같다.

• 제1차 기능(기초기능)

  자료의 수집활동－정리 · 보관활동－조사연구활동

• 제2차 기능(활용기능)

Ⅰ. In-door 기능

① 교육보급기능(관내 전시활동 · 각종 강좌 · 체험학습활동 등)

② 정보제공센터로서의 기능

Ⅱ. Out-door 기능

• 교육보급기능(관외 전시활동 · 조사수집회 · 야외체험학습활동 등)

제1차 기능에서 제2차 기능을 확립하는 것이야 말로 현대박물관 본래의 기능이라고 할 수 있다.

박물관은 ① 자연물, 문화유산을 수집하고, ② 정리 · 보관하고, ③ 조사연구하고, ④ 실물 전시를 중심으로 한 교육보급활동 등 각 기능을 지니고, 이들이 상호 유기적으로 관련하는 것에 의하여 다른 활동에는 보이지 않는 독자적 특징을 가진다.

이러한 점에서 박물관에 어느 특정 지역사회 가운데 공간적으로 존재하지만, 그 활동하는 분야나 목적에 따라 박물관이 규정하는 지역사회는 반드시 일정한 것은 아니다. 즉 이념상으로는 박물관의 특성에 의하여 박물관을 둘러싸는 복수의 지역사회가 존재하는 것이다.

2. 박물관의 종류

(1) 종합박물관

종합박물관이란 서로 다른 2개 분야 이상의 박물관자료를 취급하는 박물관이다. 종합박물관은 개별의 제과학을 다만 나열(병렬)하는 것이 아니라 박물관의 목적에 따른 관련 제과학의 결합에서 「자료」를 매개로 한 개념 · 관념 · 판단을 형성하고, 교육 · 보급활동을 하는 데 있다.

(2) 역사박물관

박물관의 목적을 역사적 자료를 바탕으로 그 민족의 기원이나 변천을 밝히는 데 주안을 두는 박물관을 역사박물관이라고 한다. 역사박물관은 관의 내용과 학문적 분류에 의하여 역사 · 민속 · 민족 · 고고 · 문화사의 5가지 종류로 대별된다.

역사에 대해서는 이상의 5가지 분류 중에서 가장 많은 내용을 포괄한 박물관이라 할 수 있고, 그 수도 많다. 취급 자료가 이른바 역사자료가 되면 그것이 의미하는 내용, 취급범위에서 자연히 다종다양으로 되지 않을 수 없다. 역사박물관, 향토관 및 향토박물관, 향토자료관, 사물 · 인물기념관, 산업사박물관, 사료관, 사적관 등의 명칭을 가진 박물관이 이에 해당한다.

민속에 대해서는 한국민족이 전승하여 온 유형 · 무형의 민속자료를 소재로 하여 사회, 문화의 역사적 유래나 성격, 본질을 밝히는데 목적을 가지고 있다. 민속박물관, 민속자료관, 민예관, 민속촌 등이 이 민속박물관에 해당한다. 그러나 역사박물관, 역사민속자료관, 향토관 등은 반드시라고 말할 정도로 민속자료를 수장 · 전시하고 있고, 특히 지방에 설치되어 있는 향토관이나 자료관일수록 민속자료의 무게가 커서 민속박물관적 성격이 강하다. 단독으로 민속박물관이라는 명칭을 지닌 박물관은 매우 적다고 할 수 있다.

민족에 대해서는 민속박물관과 같은 목적을 가지고 있는데 대상으로 하는 것이 세계 민족이라는 점에 큰 차이가 있다. 한국에서 민족박물관의 경우는 아직 없다.

고고에 대해서는 출토된 고고자료에 의하여 주로 원시 · 고대의 사회나 문화를 밝히는 박물관을 말한다. 고고박물관, 고고자료관, 유적자료관 등이 이에 해당한다. 그러나 이들의 명칭을 지닌 고고박물관이 적은 것은 민속박물관과 마찬가지이며, 대부분 역사민속자료관, 향토관 등에서 고고자료를 취급하고 있는 것이 지적된다.

문화사박물관은 이 5가지 분류에서 그 성격이 고정되어 있지 않지만, 일반적으로는 계통된 수집 · 진시에 구애되지 않고, 문화재적 자료를 가지는 사칠 등을 가리키는 경우가 많다.

이 역사박물관은 역사적으로 오래된 도시나 대도시에 대부분 집중되어 있는 경향에 있는데 최근 지방의 활성화를 부르짖고 있는 가운데 각 지역 각각의 핵이 되는 시설로서 주목되기 시작하여 그 역할은 매우 커지고 있다.

(3) 미술박물관

미술관이라 함은 「박물관 및 미술관 진흥법」의 제2조에서 문화 · 예술의 발전과 일반 공중의 문화향유 증진에 이바지하기 위하여 박물관 중에서 특히 서화 · 조각 · 공예 · 건축 · 사진 등 미술에 관한 자료를 수집 · 관리 · 보존 · 조사 · 연구 · 전시 · 교육하는 시설을 말한다. 따라서 미술박물관이란 특정분야의 박물관자료를 전문적으로 취급하는 박물관의 일종으로 미술관과 박물관의 기능을 별개로 아울러 가지고 있거나, 미술관으로서의 기능을 가지거나, 미술관과 박물관의 기능을 아울러 가지고 통괄하는 경우로 구분할 수 있다.

(4) 자연사계박물관

자연사박물관이란 자연계의 모든 사물의 현상을 관찰하고, 아울러 자료 · 표본을 수집하고 보존하고, 조사 · 분류 후에 전시하고, 자연보호 또는 자연의 이용을 위한 제언이나 경고를 할 수 있는 시설로 볼 수 있다. 자연사박물관은 비교적 일찍부터 개설되어 유럽에서는 1793년 파리의 왕립식물원이 국립자연사박물관으로 출발하고, 프랑스에서 학술연구의 중심을 이루고 있고, 1880년경 런던의 대영박물관의 자연사박물관이 분관으로 독립하고, 또 1903년에는 미국에서 워싱턴의 스미소니언기구에 속하는 국립자연사박물관이 개설될 정도로 18세기 후반부터 수많이 탄생하고 있다.

박물관의 부지 내에 지역사회의 지학관계자료를 배치하여 자연을 이해시키는 것으로서 지학원은 일반적으로 학교의 부지 일부를 이용하는 학교원(school garden)에 설치되고 있는 경우가 많다.

지학의 학습은 학교의 교실 내에서 교사로부터 교과서에 의한 수업을 받는 것만으로는 좀처럼 이해할 수 없다. 이를 보충하기 위하여 많은 학교에서는 지학원을 필요로 하는데 지역과의 관계, 교과내용 등을 고려할 필요가 있다.

(5) 동식물원 · 수족관

1) 동물원과 식물원

동물원과 식물원은 개념적으로 다른 것으로 고려된다. 공통된 점은 주로 야외에서 전시시설이다는 것, 생물을 대상으로 하고 있는 것, 따라서 육성－동물에 있어서는 사육 · 사양, 식물에 있어서는 재배－등 기술이 수반하는 것 등인데, 실태에 있어서는 양자는 그 성격이 상당히 다르다고 할 수 있다.

동식물원이라 칭하는 시설은 그 내용은 동물원과 식물원이 인접하고, 또는 지역상 모자익적으로 병설되고 있는 것이 대부분이고, 양자가 기능상 합체하여 있는 예는 적다. 동물원 중에 경관으로서 식물을 채용하고, 거기에 해설을 붙이고 있는 경우나 식물원 가운데 장식적으로 동물을 배치하고 있는 예도 있는데, 이들도 그 실태에 있어서 어느 쪽이 주체가 되어 있거나 한편으로 분류되어 있다. 최근은 바이오파크, 즉 생물공원이라 칭하는 시설에 동물원과 식물원을 기능적으로 합체하도록 하는 시도도 이루어지고 있다.

2) 수족관과 동물원

수족관은 동물원의 한 시설로서 발생하였다. 1828년에 동물학(zoology)을 기초로 하여 창설된 런던 동물원에 있어 모든 目, 모든 科에 속하는 동물을 수집하는 것을 목표로 정하고, 동물원에 있어 주류를 이루는 포유류와 조류로 구성되고, 육지에서 서식하는 파충류의 사육전시를 위하여 육조(terrarium)를 설치하며, 물에서 서식하는 어류나 양생류의 사육전시를 위한 수조(aquarium)를 설치한 것은 그 좋은 예이다.

(6) 설치별의 종류

1) 국립박물관

국가가 설립 · 운영하는 박물관

2) 공립박물관

지방자치단체가 설립 · 운영하는 박물관

3) 사립박물관

사립박물관에는 개인이 설립하여 관리, 운영하는 박물관과 법인 · 단체가 설립 · 운영하는 박물관과의 2가지로 대별된다. 전자는 개인이 오랜 세월에 걸쳐 수집한 인문 · 자연 · 미술계의 컬렉션을 모체로 설립되고, 입관료를 주된 수입으로 한 독립채산제에 의한 경우가 대부분이다. 최초는 취미로 특정의 것을 수집한 데 비롯된 바 세월이 지나 컬렉션의 양이 증가하면 보존에서 공개로 발상이 전환하여 소규모이면서도 박물관을 설립하게 된다. 수장자료 중에는 우수품이 자주 눈에 띈다.

3. 박물관의 전시

3.1 전시의 종류

(1) 옥내의 전시

일반적으로 박물관의 전시라고 하면 이 옥내의 전시를 이미지한다. 박물관을 건설하는 행위는 「자료」를 모은 장소를 만들고, 또한 조사, 연구한 성과를 전시하는 장소를 만드는 것이므로 자연히 그것은 옥내에서 보존조건이나 전시조건을 갖춘 장소에서 행하는 경우가 많은 것은 당연하다. 특히 태양의 직사광이나 풍우에 직접 노출되어 옥외에 두는 것에 의하여 자료의 손상이 일어날 가능성이 있는 것은 모두 옥내에서 전시하게 된다. 수집한 것이 흩어져 없어지지 않도록 보관하는 것도 화재나 도난으로부터 자료를 지키는 것도 옥내가 최적이다.

자료가 옥외에 있던 것, 또는 옥외에서 사용되고 있던 것, 예를 들면 대영박물관의 그리스 건축풍의 부조(알긴 대리석)나 루브르미술관의 그리스 로마의 석상군, 시카고의 사이엔스와 인더스트리 박물관의 독일의 U보트, 밀라노의 레오나르도 다 빈치 과학박물관의 기관차군이나 범선, 모스크바의 크렘린의 무기고의 궁전마차 등 원래가 견고한 소재로 이루어져 있는 것도 보존상 옥내에 전시할 필요가 있는 것이다.

하물며 풍우는 물론 자외선, 적외선(열선), 가스, 온습도, 충해, 미생물의 해 등의 영향을 받기 쉬운 미술품(동양화, 판화, 서양화, 염직, 칠기, 투구와 갑옷, 석검 등)에서 역사자료(고문서, 고지도 등) 중의 종이제품, 민속자료 중의 종이 · 짚제품, 농기구, 공구 등은 옥내에서의 온 · 습도를 조절한 수장고, 전시실, 또는 전시케이스(기밀형 케이스) 내에서 전시를 행하여야 한다.

옥내전시의 장점은, ① 도난방지, ② 화재방지, ③ 우천에도 관람가능, ④ 조명의 조절가능, ⑤ 전력 · 급수 등의 편리, ⑥ 온 · 습도의 조절가능, ⑦ 유지관리의 용이, ⑧ 케이스내의 보기 쉬움, ⑨ 관련시설에 이동하기 쉬움 등을 들 수 있다.

특수한 예로서는 바이킹의 선박과 같이 해중에서 인양된 오래된 선재(목질)의 건조를 방지하는 동시에 보존처리도 할 수 있고, 그 상황을 사람들에게 보일 수 있으며, 수용성의 P.E.G 등을 항상 선체에 분무하고 있다.

캘리포니아의 아카데미 오브 사이엔스에서는 박물관과 수족관이 토킹하고 있어 그 안의 악어의 생태전시라든가, 사육 · 재배전시가 있다. 악어의 수조는 개방형식인데 악어의 서식지에는 어떤 식물이 생육하고 있는 것인가도 동시에 알 수 있다. 여기서는 옥내의 일반조명은 식물의 생육을 위하여 좋지 않은 점에서 천장에서 태양광(자외선, 가시광선, 적외선)을 옥내에 도입하여 식물들의 생생한 모습을 보전하고 있다. 이와 같이 사육 · 재배형의 전시에는 일반 박물관자료에 대한 조명과는 상반하는 점도 나타날 수 있다.

(2) 옥외의 전시

옥외의 전시는 박물관 부지 중에서 관내에 너무 커서 들어갈 수 없는 것, 옥외에 두는 편이 판별하기 쉬운 것, 또는 미술관에서의 조각의 야외전시 등 박물관의 건축본체와 밀접하게 관련하는 것, 이른바 야외박물관이라고 하는 것이다. 야외박물관은 고고학, 역사학상의 유적을 그대로 보인 것, 결국 자료가 원래 그곳에 있었던 것을 이동시키지 않고 보이는 것이다.

야외박물관의 일종으로 종래의 박물관상과는 근본적으로 다른 새로운 박물관인 「에코 뮤지엄」은 국제박물관회의(ICOM)의 전 사무국장 헨리 리벨(프랑스인)에 의하여 1971년에 제창된 에코뮤지오로지(생태박물관학)의 이념에 의거한 전혀 새로운 형의 박물관이다.

하나의 생활문화권을 구성하는 규모를 가진 지역사회 사람들의 생활과 그곳에 자연 및 사회환경의 변화 · 발달 과정을 사적으로 연구하고, 자연 및 문화유산을 현지에서 보존하고, 거기에 대응하는 당해 지역사회의 적응 · 발달의 연구를 통하여 지역사회의 발전에 기여하는 것을 목적으로 지역사회를 대상으로 박물관으로서 조직화된 광대한 야외박물관이다.

종래의 박물관과는 발상의 기반 자체가 다르고, 자료의 수집을 부정하고, 보일 뿐인 전시를 부정하고, 분야별 연구를 부정하며, 박물관과 주민 사이의 벽을 만드는 것을 부정하는 박물관을 목표로 하고 있다. 이 전혀 새로운 박물관은 15여년의 실험기간을 거쳐 지금 각 대륙에서 착실히 정착하여 개화가 계속되고 있다.

이 박물관은 행정과 주민이 일체되이 발상하고, 형성하고, 운영하는 박물관으로 규정하고, 행정은 예산과 기술을, 주민은 지혜(아이디어 · 비전 등)를 상호 제공하는 것에 의하여 성립한다.

(3) 자연 그대로의 전시

전시를 광의로 해석하면 자연계의 현상에 대해서도 전시하게 된다. 자연계에 인정되는 전시의 예에 닭의 때를 알리는 울음소리, 동물의 구애의례, 봄의 들에 피는 꽃, 장대한 구름, 번개, 천둥의 향연, 눈사태, 화산의 폭발 등이 있다.

이들의 현상에는 모두 극적인 배려가 있고, 동시에 그 배려가 하나의 이유가 되어 무엇인가의 가르침을 받으면 우리가 느끼는 이러한 자연계의 현상을 우리는 전시(exhibition)라고 부르는 것이다.

자연계에서 인간은 정신면에서 영향을 수많이 받고, 자연계를 관찰하고, 실험하고, 정리하고, 천연자원을 찾아 그것을 인간 생활에 이용하여 왔다. 산업활동의 확대에 수반하여 자연의 파괴도 현저해지고, 사회문제로까지 발전하여 오고 있다. 인간의 한없는 욕망에서 경관이 뛰어난 자연이나 야생동물의 서식환경, 귀중한 식생, 해중경관 등을 보호하기 위하여 자연공원으로서 정부나 공공단체가 법적으로 보호를 하고 있다.

그 대규모적인 것은 국립공원(national park)이고, 미국의 존 뮤어 등의 제창에 의하여 1872년, 이에로스톤 국립공원이 제정된 것을 계기로 이 국립공원의 아이디어는 세계 각국에 계승되고, 국가에 따라 여러 가지 형태로 발전하여 왔다.

국립공원의 국제적 정의는 1969년 뉴델리에서 개최된 국제자연보호연합의 제10회 총회에서 다음과 같은 국립공원에 관한 정의가 채택되었다.

국립공원은 비교적 광대한 지역이고, ① 그 지역은 하나 내지 수개의 생태계기 인간의 개발이나 점유에 의하여 현저히 변화하지 않을 것, 또는 동식물의 종류나 본바탕, 지형 등에 특별한 과학적, 교육적, 레크리에이션적 중요성이 있을 것, 또는 자연경관에 위대한 아름다움이 있을 것, ② 권한을 지닌 국가의 중앙정부기관이 그 지역 전체를 가능한 한 빠르게 개발과 점유로부터 지키는 수단을 강구하고, 공원설정의 동기가 된 생태학적 · 지형학적 · 미적 가치가 있는 개소를 효과적으로 보호관리하는 시책을 강구하고 있을 것, ③ 이용자가 특별한 상황하에서 영감이나 교육, 문화, 레크리에이션 등의 목적을 위하여 그 지역에 들어가는 것을 허용하고 있을 것 등이다.

우리나라에서는 2008년에 자연공원의 지정 · 보전 및 관리에 관한 사항을 규정함으로써 자연생태계와 자연 및 문화경관 등을 보전하고, 지속가능한 이용을 도모함을 목적으로 「자연공원법」을 마련하였다. 동법 제2조에 자연공원은 국립공원 · 도립공원 및 군립공원으로 정의하고 있다. 국립공원은 우리나라의 자연생태계나 자연 및 문화경관을 대표할 만한 지역으로서 지정된 것이고, 도립공원은 특별시 · 광역시 · 도 및 특별자치도의 자연생태계나 경관을 대표할 만한 지역으로서 지정된 것이며, 군립공원은 시 · 군 및 자치구의 자연생태계나 경관을 대표할 만한 지역으로서 지정된 공원을 말한다.

3.2 전시의 형태

(1) 개별적 전시

개별적 전시는 전시하는 자료의 단위가 1개체로 완성된 전시형태를 나타내는 것을 말한다. 미술관의 전시나 역사계, 과학계의 박물관에서도 자주 보이는데, 그 경우에는 특별히 귀중한 것, 특별히 큰 것, 특별히 진기한 것, 특별히 아름다운 것 등이 이 종류의 전시품 대상으로 선정되는 경우가 많다. 결국 그 박물관의 심볼이 될 수 있을 정도의 희소가치와 대중이 충분히 이해할 정도로 일반성을 겸비한 자료가 개별전시에 해당할 것이다.

과학관에서 참여형의 실험장치는 단순한 기구에서 복잡한 시스템의 구조체까지인데 전시장치로서는 1점이고, 인접하는 다른 장치와는 전혀 관련이 없는 경우에는 이것도 개별전시라고 할 수 있다.

기계의 전시에서는 그 기계가 복수의 세트가 되고, 비로소 작용하는 경우가 아니라 단체로 완결하고 있는 것, 예를 들면 시계, 자전거, 비행기와 같은 것은 개별전시되어도 해설방식에서 전시로 성립하지만, 일반적으로 개별전시는 전시기획이나 작업은 단순하지만, 단순한 「진열」로 끝나는 경우가 많고, 정보전달의 면에서는 그 자료가 지닌 의미를 숙지하고 있는 사람이 감상하는 데는 충분하지만, 그 의미를 연구자나 호사가 이외의 일반인들에게 전하는 것은 상당히 곤란하다.

미술관에서 평소 행하고 있는 전시는 예술작품은 그 자체로 하나의 세계관을 나타내고 있는 독립된 것이 많고, 이들은 개별로 진열되고 있다.

(2) 분류 전시

분류전시는 일정의 기준이나 분류학의 체계 등에 의거하여 자료를 분류 · 정리하여 배열하는 전시를 말한다. 학문분야별로 분류기준이 있으므로 박물관에서도 거기에 따르는 것이 바람직하다. 분류학은 박물관의 학예원에 따라서는 특히 주요한 연구분야가 될 것이다. 결국 자료에 대한 정확한 검증이 이루어지지 않으면 분류전시는 이루어질 수 없게 된다.

이 전시는 일반시민에 대해서는 그다지 흥미를 자아내지 않지만 전문 연구자나 그 분야에 대한 관심이 깊은 학습자에 의해서는 대단히 편리한 전시이다. 이 전시를 보는 것을 첫 번째의 목적으로 오는 사람은 극히 제한된 소수에 한정되지만 그 요구농도는 가장 높은 사람들이다. 결국 그 분야의 연구자나 학습자로 이미 지식을 가지고 있는 사람들과 말하자면 차이를 이해하는 사람들에 대하여 유효하다. 이 전시법은 자연사계의 박물관에서 많이 볼 수 있다.

화석, 암석, 금속광물, 비금속광물, 형화식물, 음화식물, 지의류, 소태류, 포유류, 조류, 어류, 파충류, 양서류, 곤충, 벌 등 각각이 개별로 상세한 분류학을 가지고 있다.

인문계 박물관에서도 형식분류되어 있다. 구석기, 신석기, 청동기, 농경기 등 시대의 구분과 토기의 형태와 문양 등의 분류에 의한 전시, 도검, 갑옷과 투구, 의상, 민구, 농기구 등 여러 가지로 이 전시는 이루어지고 있다.

분류는 박물관 독자적인 분류, 정리도 있을 것이다. 자연사 분야만큼의 미시적 분류학이 확립되어 있지 않은 분야에서도 시대별, 지역별 등으로 분류되어 이용자의 편리를 도모하고 있는 경우가 많다. 일반적으로 분류전시를 행하는 데는 분류전시실 또는 부문전시실 등을 갖추고, 상당한 스페이스가 주어지지 않으면 분류전시는 만족될 수 없다.

(3) 생태적 전시

생태전시는 1815년 런던의 바로크박물관에서 시도되고, 그후 사우스켄진돈의 대영자연사박물관이 도입하여 관중에게 깊은 감명을 줌에 따라 널리 보급된 전시로 원지그룹진열(habitat group)이라고 불리게 된 것이다.

생태전시는 자연사박물관에서 탄생하고, 그후 인문계박물관에 영향을 주었는데 종래의 분류전시만의 전시에 충격적 영향을 주었다. 이 전시는 동물, 식물, 지학의 벽을 깨뜨리고 3자를 종합한 것이라고 할 수 있다.

3.3 전시계획

(1) 전시구성의 의의

전시는 전시자료를 이용하여 의도에 따라 그 가치를 제시함과 함께 전시기획자의 구상이나 주장을 표현 · 설명함에 의하여 널리 일반시민에 대하여 감동과 이해 · 발견과 탐구를 관람자가 무심히 즐기도록 최대한의 배려를 하고, 자료의 보존에 유의한 공간을 구축하는 행위라고 한다면 어디까지나 상기의 전시행위는 전시가 어느 공간에서 작용하는 것을 첫째로 인식할 필요가 있다.

신설박물관의 경우에도 이상으로 하는 공간의 확보는 건축조건, 경제조건에 영향되는 경우가 자주 있고, 하물며 기존 박물관이나 신설 박물관에서도 건축주도형 박물관에서는 고정적, 제약적 공간 가운데 상기의 행위를 할 수 없다.

전시구성은 전시시나리오(전시계획서)가 개념적으로 설명하고 있는 전시내용을 회장(공간)에 따른 전체계획으로 만든다. 결국 구상에서 시작하여 주어진 상황 가운데 시간, 공간, 경제상의 희망조건을 만족시키는 적절한 방법을 적어도 하나 발견하는 것과 같다.

박물관에서 전시에 관련된 공간은 박물관 전체 공간의 수분의 1에 지나지 않고, 박물관 전체의 운영상에서 본 전시공간을 확정하면 동선으로서는 이용자동선(전시관람, 학습, 강습회 참여, 이벤트 참여 등)의 외에 직원동선, 자료의 동선, 식당, 매점, 유지관리의 동선, 외래연구자 동선 등 전체적으로 종합적 견지에서 검토하며, 전시에 관련된 공간 구성을 고려하여야 한다.

또한 박물관 본체의 건축 외측에 야외전시(조각, 대형산업기계, 가옥, 암석원, 식물원, 연못, 식당 등)를 포함한 범위까지 확대하여 배치, 동선의 검토를 하며, 전시구성을 연구하고, 특정하는 경우도 있다. 이들은 전시공간에 관련된 문제를 넘어 전체의 운영계획, 운영자세의 개념에 직접 관련된다.

이와 같이 작은 소테마에서 크게는 박물관역 전체에 미치는 전시구성의 대상범위는 다양하고, 전시구성의 대상범위의 특정에 의하여 그 검토 내용은 크게 신축되는 것이다.

전시시나리오가 완성되는 것은 전시자료의 확인이 조건짓기 시작하여 가능하게 되므로 전시시나리오를 기다리지 않고, 전시구성이 선행할 수도 없고, 선행되어서도 안 된다.

(2) 전시시나리오

박물관에는 「건축주도형」과 「메시지주도형」의 2종류가 있다. 건축주도형은 건축계획이 선행하고, 전시실은 건축가가 정한 제약의 범위 내에서의 공간 조건하에서 이루어지는 전시가 많다. 건축설계자는 실 분할이나 그것을 연결하는 동선에는 관심을 나타내지만, 그 실 안에서의 전시장치(전시유닛)야말로 「메시지를 전달하는 박물관의 가장 중요한 주역, 결국 얼굴」 역할을 지니고 있는 사실을 간과하고, 또한 전시장치를 배치하여 그것을 연결하는 전시실 내의 동선에도 관심을 나타내지 않는다.

「메시지주도형 전시」에서는 그렇게 간단하지 않다. 전시는 메시지주도형인 것이다. 「자료를 전시하는」 것이 아니다. 「자료로 전시하는」 것이다. 메시지주도형 전시는 전시선행형의 박물관이라고 할 수 있다.

전시시나리오의 집필자 · 전시계획자는 기본구상위원도 아니고, 영상의 시나리오 작가도 아니고, 전시프로듀서도 아닌 학예원이다.

(3) 전시시나리오의 구조

전시시나리오의 최소 구조는 소테마(항목) 내용을 가리키고, 그것은 결국 소테마를 표현한 최소 단위의 전시장치(전시유닛)의 구조를 나타낸다.

전시는 전시자료(실물자료, 복원자료, 모형자료, 사진자료, 영상자료, 음성자료, 도해자료, 해설자료)의 전달형식을 포함하여 전시장치(전시유닛)로 제시하는 것이고, 이용자가 그 장치 앞에 서 있는 것에 의하여 비로소 전시 본래의 작용이 이루어지는 것이다.

이 경우의 전시시나리오의 구조는 크게 분류하여 다음 3가지를 구비할 필요가 있다.

① 전시의 목적을 명확히 특정한다.

② 그 목적을 가장 좋은 형으로 달성하기 위하여 전시자료를 선정하고 조합한다.

③ 전달형식(미디어)을 선정하고 표현방법을 지시한다.

하나의 전시장치의 전시목적을 문장화하고, 그 유닛 내에 자료명, 종류, 전시방법, 수량, 비고(자료의 소속, 기초자, 제작자 등)를 열기한 리스트로 표현방법을 나타낸 것이다. 또한 이 전시유닛의 기획에 있어 백 데이터, 인용문헌명 등도 명시해야 한다.

전시시나리오 원안의 작성은 학예원이나 학예담당직원이 직접 해야 한다. 그때 담당자의 전문영역의 경우는 대단하지는 않으나 전문외의 문제일 때는 조직외의 연구자나 전문가의 협력을 구하여야 한다. 학술적인 면은 연구자에게, 표현기술의 곤란한 문제는 전시전문가 등에게 협력을 구하여 시나리오 전체를 완성해야 한다.

전시시나리오 전체의 구조는 최소단위의 소테마(항목)의 전시장치(전시유닛)이고, 그것이 집합하여 중테마(사항)가 논리적으로 구축되고, 중테마가 집합하여 테마(주제)가 구축되는 것이 바람직하다. 전시자료를 그룹핑하여 묶어 두는 것에 의하여 작은 개념(소테마 · 항목)이 되고, 소개념이 집합하여 그 상위개념이 구축되는 것이 중요하다.

(4) 전시자료의 취급방법

전시자료의 종류는 복잡다기에 걸치고 있다. 자료 중에서도 주의를 요하는 것은 그 자료가 물리적으로도 화학적으로도 약한 자료의 취급이다. 자료를 전시에 이바지하는 것은 사람에게 보이는 것이고, 가능한 한 자료를 손상하지 않고 보이는 것이 가장 중요하고, 자료에 대하여 물리 · 화학적으로 영향을 주기 때문에 자료 파손이나 열화를 촉진하는 것은 극력 피해야 한다.

자료의 보존면에서는 항온항습실의 수장고에 넣어 암실에 자료를 놓고, 자료를 움직이지 않는 것이 가장 좋다. 그러나 사람에게 보이는 것은 관찰 가능한 빛에 자료를 두어야 하고, 사람의 손에 의하여 운반하고, 적절한 위치에 둔다든지, 걸어두어야 한다.

설비면에서는 온습도를 공조에 의하여 자료의 보존을 도모하는 경우가 있다. 그 경우에 전시 케이스 내(대물공조)와 전시실(대인공조)을 같은 계통에서 행하고, 야간은 공조를 정지하는 예가 있다. 온습도의 기록 그래프는 주야간 큰 기복을 나타내고 있다. 이것은 공조를 행하기 때문에 오히려 자료에 대하여 악영향을 미치게 된다. 전시 케이스 내 공조는 수장고와 연동하여 24시간 공조하여야 한다.

공조는 공기를 보내는 것, 결국 움직임에 의하여 온습도의 안정을 얻도록 하는 것이고, 엄밀히는 케이스 내 공기의 흐름에 의하여 자료가 지니고 있는 수분의 증발을 촉진하는 것은 약한 자료에 따라서는 좋지 않다고 말해지고 있다.

전시 케이스 내의 온습도를 공조에 의하지 않고 일정하게 유지하는 방법으로 기밀형의 전시 케이스가 있다. 이것은 말하자면 밀폐식의 케이스이며, 그 안에 조습제를 넣어 그 성질에 따라 일정의 습도를 유지하는 방법이고, 이것은 에너지절약으로도 되고, 자료의 성질에 따라 적절한 습도가 간단히 얻어진다.

빛의 면에서는 자료에 비추는 빛에서 특히 자외선이나 적외선의 제거가 필요하다. 가시광선의 양측에 있는 이들의 빛은 사람의 눈에는 보이지 않은 빛이고, 그것은 보이더라도 아무런 도움이 되지 않는다. 또한 자료에 대하여 열화를 촉진하는 해가 있어 전혀 도움이 없는 빛이다.

(5) 관람동선

관람자의 관람동선은 복수의 전시실을 가진 박물관건축에 대해서는 관람자가 도입부문에서 전시공간으로 들어가 각 전시실을 순회하는 실 사이의 동선과, 각각의 전시실 내에서 진열품을 관람하는 실내의 동선을 분리하여 검토할 필요가 있다. 다만 실 사이의 동선과, 실내의 동선은 대체로 동일방향로 동일방향으로 각 실의 출입구를 고려한다. 박물관건축의 전시부문의 특징으로 복도 기타의 통로는 계단, 엘리베이터를 제외하고 거의 무용하며, 관람자에 대해서는 오히려 없는 편이 적절하다. 전시공간의 교통부문도 전시실의 연장된 전시공간으로 고려한다.

1) 전시공간동선

관람자에 따라서는 입장절차 후 현관홀, 로비에서 바로 눈에 띄는 전시실이 어디에 위치한가가 안내되어 직행할 수 있는 것이 바람직하다. 그리고 홀과 각 전시실을 직결시킨다. 소규모 박물관건축에서는 그것은 가능하지만, 전시실을 다수 가지고 있는 경우에는 홀의 면적이 커지고, 연락통로가 길어지는 등 제한된 총면적 중에서 그것을 채용하는 것은 오히려 부적당한 경우도 있다. 전시공간을 단락적 경로로 연결하고, 불필요한 개소를 생략하는 것은 관람시간의 단축화와 피로를 방지하기 위해서도, 자료의 이동거리 단축, 그 안전을 위해서도 필요하다. 그리하여 전시실 사이의 동선은 전시목적, 전시물의 내용, 전시방식과 아울러 검토하여 결정한다. 전시공간의 순회방식은 다음과 같은 방식이 있다(그림 1).

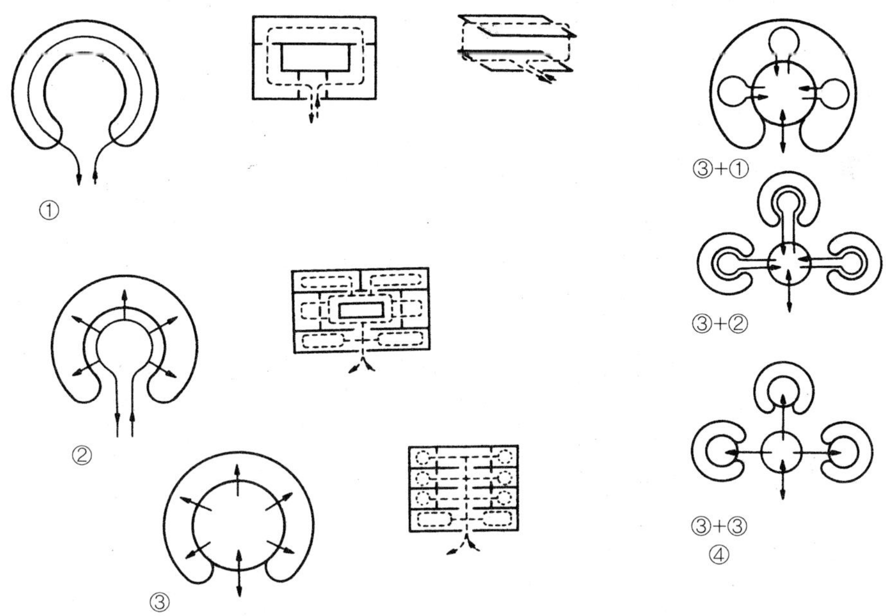

▲**그림 1** _ 전시공간의 순회방식
출처 : 半澤重信, 博物館建築, 鹿島出版會, 209, 1994.

① 접실동선방식(비가역방식)

실을 연결하여 동선을 만드는 것으로 단순함 및 공간절약의 의미에서 장점을 가진다. 다만 1실을 닫으면 동선이 막힌다. 비교적 소규모 박물관에는 적합하다. 관리 및 경비상 손쉬운 방법(shortcut)이 가능하다.

② 복도접속방식(반자유방식)

이 형식은 각실에 직접 들어갈 수 있고, 필요한 실을 폐쇄할 수 있다. 또한 복도를 전시공간으로 하는 것도 가능하다. 복도가 중정을 둘러싸 회랑을 구성하는 경우도 많다. 또한 중앙의 큰실에 높은 천장을 마련하여 고창에서 채광한 형식이 많다.

③ 중앙홀형식(자유방식)

이것은 중심이 되는 큰실에 각실이 접속하는 형태이다.

④ 기타(복합방식)

③+① 방식 : 전체의 구성은 ③이지만, 그 중에 ①방식의 전시실을 포함하는 방식.

③+② 방식 : 전체의 구성은 ③방식이고, 그 중에 ②방식을 포함하는 방식.

③+③ 방식 : 전체의 구성은 ③방식이고, 그 중에 ③방식의 전시실을 포함하는 방식.

(6) 전시실 내 관람동선

전시실의 전시자료는 오른편에서 왼편으로 그 스트리트를 전개하는 것이 원칙이다. 관람자의 관람동선도 그림 두루마리나 고문서, 병풍그림 등의 내용의 진전과 아울러 이동할 수 있도록 왼쪽으로 도는 것으로 정할 수 있다. 관람자는 왼편으로 돌면서 오른편을 보고 걷는다. 그

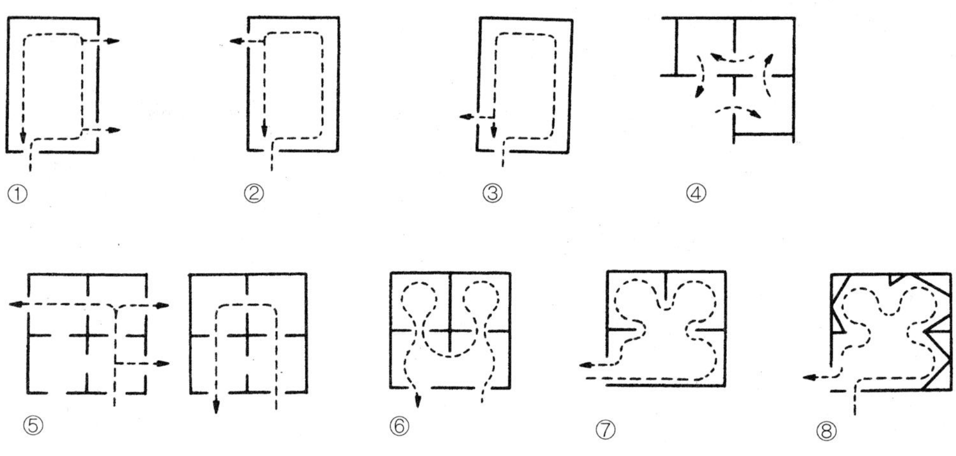

① 출입구의 개수가 많고, 위치도 관객의 소통을 초래하기 쉽다.
② 벽면의 일부분은 보지 않고 나와버린다.
③ 강제적으로 순회하는 출입구의 위치. 다만 입구에서 출구에 지름길을 가져 빠져나올 가능성이 있다.
④ 구석까지 사람을 끌어들이는 칸막이의 설치한 예
⑤ 자유로운 통로가 지나치게 많아 불충분한 보는 방법이 될 가능성이 있다.
⑥ 건너뛰며 볼 가능성이 있다. 전부 보고 걷는 데에는 상당히 매력적인 전시물이어야 한다.
⑦ 상당히 걷기 쉬운 예
⑧ 전시벽면을 관객의 움직임에 어울린 예. 보기 쉬워 자연스럽게 걸으며 도는 발전한 예.

▲**그림 2**_동일 공간에서의 전시방법의 비교
출처 : 半澤重信, 博物館建築, 鹿島出版會, p.210, 1994.

해설이나 표시류도 왼편에서 오른편으로 읽으며 나아가도록 마련한다.

전실 내의 관람동선은 실내의 체류시간을 늦추게 하고, 동일 실내에서 반복하여 다시 순회하기 용이하게 하며, 동선에 서 있어 다른 관람자의 보행을 방해하지 않는 것을 골자로 계획한다. 이를 결정짓는 것은 입구의 위치이다. 이것은 다른 전시실의 관람에도 영향을 주어 관람자의 관내 체류시간을 길게 하는 원인이 된다.

전시용 고정벽의 위치에 따라서는 애써 전실의 면적을 크게 확보하면서 전시공간으로 전혀 직접 도움되지 않는 사공간(dead space)을 만들 수 있으므로 주의가 필요하다. 전시실 출입구의 위치의 고찰 및 동일 공간에서의 전시방법의 기본형은 그림 2와 같다.

4. 박물관 건축의 시설 및 설비

4.1 건축 · 설비의 전체계획

(1) 박물관 건축의 기본조건

박물관 건축은 문화시설 · 사회교육시설의 전형으로 생각되고 있고, 형식적 이념을 내건 것만으로도 주민의 안이한 문화적 무드나 비교적 혜택된 건설비 보조행정 등에 편승하여 큰 저항 없이 건설되는 경향이다. 이 때문에 일부 문화인 · 건설관계자의 이익을 충족시키는 것만으로 끝나버리고, 건설후의 주민에의 박물관 활동이 형해화 · 정체화하고 있는 경우도 적지 않다. 이 현상의 인식이 모든 출발점으로 될 필요가 있다.

먼저 박물관에서 행하는 기능이나 박물관에서 하게 되는 고유의 기능을 명확히 하는 것이 필요불가결하다. 특히 공적 박물관의 건설기획에 있어서는 사회적 요구를 적확히 파악하고, 지역적으로는 전국적 · 국제적 시야에서, 내용적으로는 박물관 이외의 제시설 기능과의 관련에서 담당해야 할, 또 담당할 수 있는 목적 · 기능을 명확히 하여야 한다.

박물관과 유사한 시설, 예를 들면 각종 학교교육시설이나 사회교육시설(공민관 · 문화관 · 도서관 · 민간교육센터 등)이나 각종 전시시설(공민관 · 전시장 · 백화점전시시설 · 민간화랑 등)이나 레크리에이션 이벤트시설 등의 다양화 · 확충화는 눈부신 점이 있다. 이것은 박물관의 문화 · 사회교육시설로서의 상대적 위치나 가치를 변화시키면서 박물관의 존재의의를 재검토해야 할 시기에 있다.

박물관의 주체는 설립자나 경영자나 직원만이 아니라 오히려 중심은 일반주민이다. 따라서 기획 · 계획에 앞서 이용주체인 일반주민의 실태와 요구를 정확히 파악하여야 한다.

(2) 입지환경과 부지이용계획

박물관이 사람들에 의하여 가깝고, 친밀한 시설이기 위해서는 박물관의 존재가 사람들에게 항상 명확히 인식되고 있는 것이 바람직하다. 그 제1보는 시설의 소재위치의 인식이다. 사람들은 가까이 이용하는 시설(학교 · 우체국 · 은행 · 구청 · 병원 · 슈퍼마켓 · 백화점 · 역 등)의 소재위치는 곧 지적할 수 있다. 박물관의 이름을 들었던 것만으로 사람들이 바로 박물관의 위치를 지도상에 지적할 수 있다면 이상적이다.

박물관 입지의 제1조건은 그 인식되기 쉬움, 결국 아이덴티티의 확보에 있다. 그리하여 부지가 적어도 많은 사람들의 눈에 띄는 위치(교통요소, 쇼핑 몰, 공공광장 등)에 있고, 부지내외에 경승지 · 사적지 · 공원 등의 특수성 · 독자성이 있고, 흡인력이 큰 다른 시설(이벤트 홀, 백화점, 스포츠시설, 유원지 등)이나 다른 문화시설(공민관, 문화회관, 극장, 도서관 등) 등과 더불어 건설되고, 집적효과에 의한 아이덴티티의 향상이 도모되는 것 등이 유효한 조건으로 된다.

박물관의 유형 · 규모 · 설립주체 · 설립목적 등에 따라 입지조건에는 일정의 경향이 있다. 특히 주민측의 접근성의 양부가 이용상황에 크게 영향하고 있다. 관광 · 레크리에이션 목적의 리조트 입지 · 사적입지 등 이외는 교통기관, 특히 일상의 통근 · 통학 · 구매 등에 이용하는 교통기관과의 관계가 깊다. 이 관점에서 보면 주민에게 밀착한 적극적인 일상활동을 행하기 위해서는 조용한 자연환경을 확보할 수 있다하더라도 교외의 교통불편지의 경우는 특별하지 않는 한 정당화될 수 없다. 한편 터미널 역에 인접 내지 근접한 박물관이나 쇼핑 몰에 면한 박물관 등의 계획은 이용 촉진상 매우 바람직하다.

기존 박물관의 부지면적은 매우 널리 분포하고 있고, 일정의 경향은 파악하기 어렵다. 이것은 부지의 확보가 계획적 · 합리적으로 행해지고 있지 않은 것을 나타내고 있다. 특히 대도시권에서는 지가가 높고, 합목적적인 공지는 매우 적어 박물관 건설의 큰 장애가 되고 있다. 현상에서는 부지가 먼저 확보되어 거기에 적합한 건물 규모를 결정하는 예조차 많다.

부지 내에서는 기본적으로 먼저 어프로치를 사람과 차, 사람과 물건에 의하여 분류할 필요가 있다. 자동차에는 개인이용자용 자가용이나 단체이용자용 버스의 외 자료 · 전시보조기재나 관리 · 활동을 위한 제물품을 비롯하여 이용자 서비스(매점 · 식당 · 끽연 등)의 제물품이나 에너지원 · 폐기물류의 반출입용 자동차 등이 있고, 이들의 통로와 주차 스페이스의 확보가 필요하다.

보행자의 어프로치는 박물관 건축에 이르는 서곡이고, 시각 · 청각을 비롯하여 사람들의 오감에 유쾌하여야 한다. 이것은 주차장에서 차에 내린 보행자의 어프로치에 대해서도 마찬가지이다. 어프로치의 분위기를 파괴하는 한 요인에 단체이용자가 있다. 이들의 승강 · 집합 · 대합 등의 스페이스를 당초부터 확보하지 않으면 건물 출입구 부근에 모이게 된다. 또한 심신장애인을 위한 승강 · 이동에 대한 배려는 어프로치에도 당연히 필요하다.

부지이용계획 중에서 녹지의 확보는 매우 중요한 요소이다. 박물관의 안정된 풍부한 환경을 창출하며, 정원계획에는 충분한 배려가 필요하고, 단순히 건물 주변의 정원뿐만 아니라 옥내정원 · 옥상정원 등도 포함한 종합적 설계가 필요하다. 특히 박물관 피로의 해소를 위해서도 외부조망의 확보나 외기에 접하는 외부산책 스페이스나 옥외휴게공간의 확보는 중요하다.

옥외를 전시공간으로 이용하는 것도 바람직하다. 시각예술계에서의 옥외조각전시, 생활 · 인류학계에서의 옥외민가 · 민구 · 사적전시, 응용과학 · 산업계에서의 교통기관 · 거대장치전시 등등 적극적인 옥외이용을 도모하는 것도 필요하다. 또한 옥내체험학습의 연장으로서 옥외 테라스 등을 이용한 옥외체험학습 스페이스도 바람직하다. 각종 옥외 이벤트 스페이스도 앞으로는 필요할 것이다.

(3) 박물관 건축의 성장 · 변화계획

박물관 건축의 기획 · 설계에 있어 신축건물이 5~10년 후에 크게 증개축하고, 때로는 면적이 배 내지 수배로 변모하는 경우를 예측할 수 있는 설립자 · 설계자는 적다. 건물이 2~수배로 확대하는 것은 당초의 건물원형을 벗어나는 변화이고, 당초부터 장래 있을 수 있는 모습을 예측하고 있지 않은 설계는 초기의 설계의도 · 기능 · 디자인을 파멸상태로 유도한다. 뿐만 아니라 증개축에 이르는 동안 시대에 적합하지 않은 건물은 박물관 활동을 저해하고, 직원을 고생시키게 된다.

박물관 건축은 일반적으로 면적적 성장변화 뿐 아니라 항상 건물 내부공간에 기능적 변화를 일으키고 있다. 그리하여 건물 내부공간은 당초부터 가변성이 풍부한 구성으로 하여야 한다. 특히 전시공간은 전시내용 · 방법에 따라 항상 변화하기 때문에 특별하지 않는 한 매우 가변성이 있는 공간으로 할 필요가 있다.

(4) 기본적 조닝과 동선계획

박물관의 각 공간은 일반적으로 용도별로는 크게 전시부문 · 수장보관부문 · 교육보급부문 · 조사연구부문 · 관리부문 · 레크리에이션부문 · 서비스부문 · 기타 공통부문 등으로 분류되는 경우가 많다. 그러나 시점을 바꾸면 기능상의 조닝이 이루어지고, 이것이 평면계획의 기초가 된다.

박물관은 일반이용자에게 공개하는가 아니하는가에서 크게 공개 존과 비공개 존으로 분류된다. 일반이용자 공개 존은 일반이용자가 평소 이용하는 존이며, 일반이용자 출입구 공간 · 전시공간 · 교육보급공간 · 일반이용자 서비스공간 등이 포함된다. 일반이용자 비공개 존은 직원이나 기타 이용자(각종 업자 · 봉사자 · 외래연구자 실습생 · 다른 박물관직원 등)만이 출입 · 이용하는 존이며, 수장보관공간 · 조사연구공간 · 관리공간 · 에너지 서비스공간 등이 포함된다. 관리상 · 활동상 이 2가지의 존은 건축계획적으로도 명확히 분류될 필요가 있다.

또 하나는 사람과 물건에 의한 조닝이며, 인간생활 존과 자료보존 존과 기계적 서비스 존의 3가지로 분류된다. 인간생활 존은 인간생활공간으로서 쾌적하여야 하는 존이며, 일반이용자 출입구공간 · 전시공간 · 교육보급공간 · 일반이용자 서비스공간 · 조사연구공간 · 관리공간 등이 포함된다. 자료보존 존은 자료(주로 실물자료)의 보존에 적합한 물리적 환경이나 안전성이 확보되어야 하는 존이며 수장보관공간이나 전시공간이 포함된다. 기계적 서비스 존은 공조 · 전기 · 급배수 등의 설비 중심의 존이다.

이 3가지의 존은 각각 완전분리할 수 있다면 건축계획상은 양호하지만 그림 2에 나타난 바와 같이 부분적으로는 동일 용도공간이 둘 이상의 조닝에 걸치는 경우가 나타난다. 특히 전시공간은 인간생활 존과 자료보존 존의 2가지로 완전히 오버랩하고, 이것이 전시공간의 방식과 구체적 설계방법을 어렵게 하고 있다.

(5) 박물관 피로의 개선

박물관의 전시관람은 많은 이용자들이 만족감과 동시에 큰 피로감을 느낀다. 가깝고, 즐겁고, 밝은 박물관을 기대하고, 때로는 지적인 레크리에이션이나 오락도 요구하는데, 이용자들의 피로감은 박물관계획에서 개선하여야 할 중요한 과제의 하나이다. 박물관 피로(museum fatigue)라는 말이 정착하고 있는 것은 이것이 항상 문제되고 있으면서 개선되고 있지 않음을 나타내고 있다.

박물관 피로의 원인은 대부분이 전시계획과 건축계획에 관한 문제이며, 이들이 해결되면 자연히 해결될 것이다.

장시간 서서 걷는데 대해서는 앉아서 관상하고, 누워서 관람하고, 때로는 전시자료가 관람자 쪽으로 움직이고, 관람의 부분마다 앉아 휴식할 수 있고, 보행동선거리를 단축하고, 이동보도를 설치하며, 바닥마감재를 부드러운 재료로 하는 등 만족된 계획이 필요하다.

또한 장시간의 긴장연속이나 연속숙시에 대해서는 전시방법의 검토와 함께 그때그때의 긴장개방 · 시력회복을 위한 전시 브레이크와 정신적 · 육체적 휴식이 필요하다. 일반적인 전시 · 해설에 대한 수동적 관람이나 불충분한 정보제공에 대해서는 이용자의 참여 · 응답형의 전시 · 해설의 고안, 전문해설원이나 박물관교사에 의한 개별해설이나 지도의 충실 등이 불가결하다. 전시물의 과다나 전시의 무초섬 · 무감동성 등에 대해서는 전시기획이나 전시연출로서 항상 배려하여야 하는 문제이다.

최후로 인공무창공간에 의한 장시간의 외계차단이나 전시공간의 균질성 · 비인간성에 대해서는 복제(replica) 사용에 따른 인간적 전시공간의 부활, 균일 · 무성격공간의 반성, 바닥마감재의 소프트화, 옥내 · 옥외를 포함한 적시 · 적소의 휴식 · 환담 · 산책공간배치, 충분한 각종 서비스공간의 설치가 필요하다. 항상 이용자측에 입각한 전시기획 · 전시기법 · 건축계획이 필요하며, 특히 감성적 · 심리적 효과에 대한 충분한 배려가 박물관에는 불가결하다.

4.2 건축공간의 구체적 설계

(1) 출입공간의 계획

일반이용자 가운데 일반관람자와 연수 · 실습참여자는 이용공간이 다르고, 이용시간대가 다른 경우도 많다. 이리하여 양자의 출입동선은 일반적으로는 분리하는 편이 좋다. 또한 소규모 박물관에서는 동일 출입구로 어쩔 수 없는 경우도 있으나, 중 · 대규모 박물관에서는 전시시간외의 일반이용자 출입구를 전시시간 내 일반이용자용과 분리하는 편이 좋다. 연수 · 실습참여자의 출입공간은 전시공간과는 직접 관계가 적고, 오히려 전시시각 종료 후에도 출입을 체크하기 쉬운 위치이어야 한다.

일반이용자의 출입구에 외기가 직접 박물관내에 유입되지 않도록 방풍 · 방진 · 방열 · 방습을 위한 풍제실이 필요하다. 이 경우 출입시 전후의 도어는 지그재그로 배치하는 편이 좋고, 실내공기조절은 플러스압에 의한 편이 좋다. 전후의 도어 거리가 너무 짧으면 단체가 왔을 때 전후의 도어가 동시 개방상태가 되어 방풍의 의미가 없어진다. 또한 신체장애인의 출입에 대한 건축적 · 설비적 배려도 충분히 행할 필요가 있다.

매표실은 안내 팸플릿의 전달을 동시에 겸한 경우도 많고, 그 대응은 이용자에의 첫 번째 인상의 장이 되어 중요한 의미를 지니고 있다. 입관권 판매의 건축형식은 폐쇄형식, 반개방형식, 개방형식의 3가지로 분류된다.

반개방형식이나 개방형식의 경우 사무실 등과 동일공간 내지 인접하는 경우는 사무실내 등이 이용자로부터 훤히 보이지 않도록 카운터 배면에 칸막이 등 시선을 차단하는 장치가 필요하다.

이용자 출입구에 가까운 입구 홀에 안내 카운터 내지 안내 데스크를 설치하는 것이 바람직하다. 그러나 현상의 소 · 중규모 박물관에서는 전임의 안내원을 확보하는 것이 곤란한 경우가 많아 항상 직원부재의 안내공간이 되기 쉽다. 따라서 이러한 박물관에서는 입관권매장을 충실히 하여 안내를 겸하는 것이 현실적인 경우도 많다.

휴대품보관소는 개방 카운터형식으로 배부에 코트걸이나 보관선반이 이용자에게 보이지 않도록 은폐하는 형식이 양호하다. 그러나 이 경우는 보관소에 전임직원이 상주할 필요가 있고, 인원 배치상의 검토가 필요하다.

코인 로커 형식이 채용되는 경우는 특히 넓은 스페이스에 무표정인 로커를 나열하기 쉽다. 따라서 코인 로커용 공간은 출입구에 가까운 독립실로 다른 곳과 완전히 분리하는 외 로커를 컬러 풀로 착색도장하는 등의 배려도 필요하다.

일반이용자용 입구 홀은 박물관의 출입구 공간의 가장 중심적인 공간이며, 이용자에게 박물관 내를 먼저 인상짓는 결정적인 공간이기도 하다. 동시에 이용자를 전시공간이나 교육 · 보급공간 등으로 유도하는 공간이기도 하다. 대부분의 경우 정보 · 휴대품보관소 · 대합 · 휴게 · 용변 · 전화 · 탁아 등의 공간이 인접하는 공간이기도 하다. 또한 박물관의 유형이나 규모에 따라서는 자료실, 뮤지엄 숍, 커피숍, 식당 등도 인접하는 경우가 많다.

소규모 박물관에서는 정보공간이나 대합 · 휴게공간 · 전화부스 · 뮤지엄 숍 등을 홀의 알코브를 이용하여 일체적으로 구성하는 경우도 있다. 다만 이와 같은 경우 이용자 동선의 교차나 단체객에 의한 혼잡 등 관리상의 지장이 발생하지 않도록 배려가 필요하다. 동시에 입구 홀의 조형미를 훼손하지 않도록 계획하는 것도 필요하다.

(2) 전시공간의 일반계획

전시공간의 증가는 사람들의 종합적 · 통사적 내지 실증적 · 구체적인 전시 · 해설요구에 대한 필요전시자료의 증가와 필요공간의 증가, 또 복제 · 디오라마 등의 2차자료에 의한 전시 · 해설의 증가와 필요공간의 증가, 수장실물자료의 경년적 증가에 의한 전시품 증가와 필요공간의 증가, 감동적 · 감각적 전시요구에 대한 연출효과개선과 필요공간의 증가 등 여러 가지의 요인에 의하여 일어난다.

전시교체에 의한 전시자료의 성격이나 수량의 변화, 전시기법이나 전시형태의 변화 등에 대응하기 위하여 전시공간은 평면적으로도 단면적으로도 가변성 있는 것이 바람직하다. 결국 전시실의 고정된 구체구조상의 벽 · 바닥 · 천장과 전시용의 벽면 · 바닥면이나 전시공간 구성상의 천장면은 분리되는 것이 바람직하다.

전시공간은 가동칸막이 · 가동현수패널 · 각종 자립패널 · 가동전시케이스 · 가동네트 · 가동현수천장 · 가동바닥 등으로 자재로 변화시키고, 조형적인 변화가 얻어져 연출효과를 높일 필요가 있다.

관람자와 전시자료의 거리는 작은 물품에서 1~2m, 큰 물품에서 4~5m 정도는 필요하며, 초대형이 되면 6~10m 필요한 경우도 있다. 일반적으로 작은 물품의 전시나 소품서화 전시의 경우 바닥면적 2~4m^2당 벽면 길이 1m 정도가 설정되기 쉽고, 보통의 중간 물품의 전시나 대작을 제외한 일반서화의 경우는 바닥면적 4~6m^2당 벽면 길이 1m 정도가 설정되기 쉽다.

전시실의 기본적 고정천장은 원칙적으로 자유로운 전시공간을 만들기 위하여 가능한 한 일반적인 형식이 좋고, 여기에 각종 가동칸막이 · 현수패널, 네트, 현수천장 등이 자유로이 설치되는 동시에 조명 · 공조 · 화재탐지 · 소화 · 음향 · 감시 · 방범 등의 설비가 전시공간의 변화에 항상 기능하도록 하여야 한다. 그러나 이 정도로는 기능적 · 균일적이며, 인간적 따뜻함이나 변화에 결여된 천상이 되기 쉽다. 그리하여 별도로 전시공간에 필요한 연출용 가동천장을 설치하여 인간적 공간의 재구축을 도모한다. 이 종류의 가동현수천장은 중량적으로도 커질 가능성이 있고, 기본적 고정천장에는 내중량성의 후크나 가이드레일이 필요하다.

여러 가지의 전시에 견딜 수 있기 위한 천장고는 예상되는 최대전시자료보다 최소한 1m 이상 높을 필요가 있다. 보통으로는 작은 물품 전시에 3~4m 정도, 일반 전시실에서 4~5m 정도, 큰 물품 전시에 5~6m 정도가 필요한 경우가 많다. 다만 생활 · 인류학계의 구축물이나 응용과학 · 산업계의 생산장치나 교통기관, 자연 · 순수과학계의 참여형 실험장치나 각종 대형 디오라마 등에는 종횡 10~20m, 높이 6~10수m에 달하는 것도 있다.

전시준비실과 전시보조용구실은 기능이 다르고, 별도로 설치되는 것이 바람직하다. 그러나

소 · 중규모 박물관에서는 양자를 별도로 설치하는 것이 곤란한 경우도 있고, 간이칸막이에 의한 1실화도 어쩔 수 없는 경우가 있다. 또 전시실마다 전시준비실이나 보조용구실의 중간에 배치하여 복수로 공용하면 좋다.

전시에 부수하여 몇 개의 공간이 필요하다. 비디오 부스도 그 하나이다. 비디오 부스는 전시공간의 일부에 포함되는 경우 외 입구 홀, 휴게실, 학습실 등에 설치되는 경우도 많은데 일반전시 관람자나 학습자에게 방해되지 않는 배려가 필요하다. 특히 음향적 격리 내지 음향억제가 필요하다. 전시실내의 해설보조 비디오의 상영은 일반적으로 1회당 3~5분이 한계이며, 이 이상의 것은 도중에서 아무도 보고들을 수 없는 소음원이 된다. 또한 전시에 관련된 제작기술이나 생활행위 실연을 위한 공간이나 설비의 배려도 필요하다. 관외의 단체 · 기관 등이 주최하는 특별전의 경우 관외자와 협의하여 교섭할 수 있는 특별전시용 협의실이 있으면 좋다.

옥내전시와 옥외전시의 공간은 양자가 서로 보완할 수 있는 관계에 있도록 한다. 특히 옥내전시에 의한 피로의 해소에 옥외전시공간은 뛰어나고, 옥외를 산책하고 외기에 접촉하면서 편안하게 관람 · 감상의 조화를 도모한다.

다만 옥외의 경우 특히 도시지역에서는 옥내전시와 옥외전시물에 대한 공해대책이 필요하며, 풍우 · 열에 의한 파손 · 발청 · 새의 분뇨에 의한 오염 · 부식 등의 외 진애 · 낙숫물에 의한 오염이나 유독가스에 의한 부식 등에 주의를 요한다. 또 옥외전시공간은 관람로를 포장하고, 신발의 흙을 털고 관내에 들어가도록 할 필요가 있다.

(3) 전시공간의 물리적 환경계획

물품을 보는 최량의 빛은 자연광이고, 시시각각 빛의 변화는 자연의 리듬이고, 물품의 보는 방식에도 때로는 아름다운 변화를 초래한다. 또 에너지절약 측면에서도 자연채광을 이용하는 것이 바람직하다. 박물관의 유형이나 전시자료 내용에 따라 또는 부분적 · 중점적으로 자연채광을 적극적으로 채용하면 좋은 경우가 있다.

그런데 건축적 대응으로 직사일광을 방지하기 위해서는 발이나 루버에 의한 조절이나 반사광에 의한 채광을 이용한다든지, 자외선차단이나 열차단에 대해서는 채광면에 자외선차단유리 · 열선반사유리 · 열선흡수유리 등을 이용할 필요가 있다. 또한 광량조절을 위해서는 자동개폐셔터 · 자동조절블라인드 등을 채광창의 외측에 설치(옥내측에 설치하면 열을 차단하기 어렵다)하고, 실내천장면에도 자동조광블라인드나 자동조광교축장치 등을 이용하는 경우도 있다. 균일한 조도를 얻기 위해서는 확산유리 · 확산루버 · 지광성유리를 이용한다든지, 변화가 큰 동면이나 서면에서의 채광을 피하는 등의 배려도 필요하다.

휘도의 균일화를 도모하기 위해서는 바닥마감재의 선택도 중요하며, 천창 채광이나 측창 채광의 경우 바닥이 미끄러운 면이면 바닥면 휘도가 전시벽면휘도에 대하여 지나치게 커지는 경우가 많다. 또 측창 채광의 경우 일반적으로 채광개구와 주변전시벽면의 휘도차가 커져 매우 보기 어렵게 되는 경우가 많다.

인공조명이 발생하는 자외선 · 적외선에 의한 문화재적 전시자료의 열화방지는 매우 중요한 문제이다. 동일전시자료의 열화 정도는 照射量에 비례하므로 관람자 부재시는 감광 또는 소등하는 것이 원칙이며, 센서에 의한 자동조광 · 점멸장치는 유효하다. 자외선에 대해서는 무자외선광원을, 석외선에 대해서는 냉광원을 이용하고, 전시케이스 내에서는 차열필터나 반사판을 이용한다든지, 케이스 내 온도를 낮추기 위하여 강제환기나 간접적 공조 등이 필요하다.

음향계획으로서 천장은 흡음성이 높은 재질, 바닥은 신발음이 작은 재질을 선정한다. 음성해설도 이용자 개인별이 원칙이며, 해설음이 이웃 관람자의 감상방해가 되어서는 안 된다. B.G.M은 감상방해가 되므로 특별한 경우 이외는 사용하지 않는다.

온습도가 문제되는 경우는 실물자료의 보존에 적절한 물리적 환경이 관람자에 따라 적절한 환경으로 이루어지지 않는 데 있다. 전시실내에 관람자가 들어가면 인체발열에 의한 온도상승, 인체호흡에 의한 다습화, 움직임에 의한 진애 등이 발생하고, 자료에 악영향을 준다. 자료를 전시케이스 내에 두고 케이스내만을 공조하는 경우도 검토할 수 있는데, 일반적으로 케이스내에서는 열용량이 적고, 다수가 들어오면 인체복사열로 전시품 표면온도가 급변한다든지, 케이스 내 기류가 전시자료 열화를 촉진하는 등의 문제도 일어난다. 그리하여 결국 전시실 전체를 공조하는 것이 필요하다. 이 공조를 자료 중심으로 행할 것인가, 인간 중심으로 행할 것인가는 원칙적으로 자료 내용에 의한다. 일반적으로 표준온도 20～25℃, 표준습도 50～60% 사이에서 계획하는 경우가 많다.

전시실에서의 발화는 일반적으로 적지만, 전시자료보전상 스프링클러는 사용할 수 없고 소화기에 의한 할로겐 가스소화나 질소가스소화가 이용된다.

지진에 대해서는 자료를 훼손하지 않고 관람의 장애가 되지 않도록 고정 · 긴결법이나 면진장치를 이용한 전시케이스 · 전시대의 면진화를 검토한다. 방범에 대해서는 전시품의 고정이나 감시인 · TV 감시장치의 채용이나 개구부 개폐감지장치 · 적외선센서 · 초음파센서 · 무선발신콘택트 등을 이용한다. 적외선센서 · 초음파센서는 폐관 · 휴관시 등 이용자가 없을 때 이용한다.

(4) 교육보급공간의 계획

교육보급공간은 크게 강당 · 집회실을 중심으로 한 공간과 영사실 · 시청각실을 중심으로 한 공간, 세미나실 · 체험학습실을 중심으로 한 공간, 자료실 · 도서실을 중심으로 한 공간의 4가지로 분류된다. 박물관의 유형이나 규모나 설립목적 등에 의하여 차이가 있고, 소규모의 경우에도 집회실 · 학습실 · 자료실 등은 필요하고, 중 · 대규모의 경우에는 제실을 가능한 한 확보하는 방향으로 나가야 한다. 특히 연수실이나 체험학습실은 활동내용에 따라 여러 가지이고, 목적에 따라 복수실이 필요하다.

자료실은 가능한 한 전용실인 것이 바람직하고, 의자에 앉아 필요한 자료를 테이블 위에 펴 놓고 전문직원이 대응하면 좋다. 그리하여 자료실용 2차자료나 경우에 따라서는 예비적 실물자료도 준비할 필요가 있고, 다른 박물관 정보 등도 여기서 서비스하면 좋다. 자료실의 위치는 일반이용자의 입구 홀에 인접한 눈에 띄는 위치로 친숙하기 쉽고 밝은 인테리어인 것이 필요하다.

도서실에 설치하는 자료는 전시에 관련된 서적뿐만 아니라 정기간행물(신문 · 잡지 · 관보 · 팸플릿류 등)이나 사진 · 슬라이드 · 비디오테이프 · 비디오디스크 · 녹음테이프 · 녹음디스크 등도 수장하고, 이용자의 요망에 따라 열람 · 시청할 수 있을 필요가 있다.

세미나 · 학습공간은 일반이용자가 스스로 문화적 교양이나 지적 학습을 행하는 장소이고, 박물관으로서 적극적으로 일반주민에게 작용하는 중요한 장소이다. 특히 생애학습을 지향하는 앞으로의 박물관에 체험학습공간과 함께 그 충실성이 필요한 공간이다. 여기서는 전시관련의 2차자료를 조사하고, 고문서 · 역사서 · 과학서를 비롯하는 일반적 2차자료를 펴서 읽고, 전시관련실물자료나 표본자료 등을 연구하고, 개인 컴퓨터나 작업계획의 지견을 확인하는 등 주로 데스크 워크가 중심이 되고, 박물관교사의 지원하에 이들이 효과적으로 이루어지는 것이 중요하다. 따라서 세미나 · 학습실은 도서실, 자료실, 시청각실, 박물관교사실 등과 근접한 배치가 바람직하다.

체험학습은 이용자 자신이 자주적 · 체험적으로 학습하고, 이에 따라 전시의 이해를 깊이할 뿐 아니라 스스로의 지견이나 감성을 높이기 위한 것이다. 일반적으로는 워크숍이라고 불리는 학습 · 실습 · 창작 · 체험 등의 공간과 그를 위한 준비 · 기재나 임원의 공간, 참여자의 휴게 · 갱의 등의 공간의 3가지로 이루어지고 있다.

강연회 · 각종 강좌 · 연구회 · 토론회 등을 위한 공간은 특별한 경우(종교적 성격 · 관광적 성격의 박물관이나 극소규모 박물관 등) 이외는 원칙적으로 필요하다. 일반적으로는 강당이나 복수의 소집회 등이 필요하며, 강당은 영사회 · 음악회 등도 행하면 좋다. 강당 · 집회공간이 단체이용자의 오리엔테이션이나 휴대품 일시보관소를 겸하는 경우도 있다. 강당은 소규모 박물관에서 75～150석 정도, 중규모 박물관에서 250～500석 정도, 대규모 박물관에서는 500～1,000석 정도 필요한 경우가 많다. 집회실은 10～50인 정도로 복수이면 좋다.

시청각자료의 용도는 일반적으로, ① 기록자료로서의 용도, ② 전시품 해설을 위한 이용, ③ 감상작품으로서의 용도, ④ 배경영상이나 B.G.M으로서의 용도 등이 있다. 용도에 따라 전시공간이나 학습 · 체험학습공간 등에도 이용되지만, 이들과는 별도로 기록자료나 감상작품으로서의 이용을 위해서 별도로 영사실 · 감상실 등이 필요하다. 자료제작을 위한 편집실 · 시청실 · 믹싱룸 · 자료보관실 · 기재실 등의 제실도 필요하다.

(5) 조사 · 연구공간의 계획

일반적인 조사 · 연구공간은 데스크워크 중심의 공간, 작업 · 실험 등의 공간, 자료 · 정보처리의 공간의 3가지로 대별된다. 그러나 그 구체적 내용은 박물관 유형에 따라 다르고, 연구분야에서도 미술 · 고고 · 민속 · 자연과학 · 사회과학 등등이며, 필요한 공간도 설비도 다르다.

수집된 실물자료는 일반적으로 조사연구에 앞서 클리닝 · 분류 · 기록되는 경우가 많다. 클리닝공간은 일반적으로 반출입구 주위에 설치되고, 조사연구공간에 가까울 필요가 있다. 소규모관 등에서는 수세 · 오손제거 등의 클리닝을 옥외에서 행하는 경우도 있지만, 우천 · 한랭시 등의 작업을 고려하면 옥내공간이 바람직하다. 이들 공간은 시각예술계, 기타 예술계, 종교계, 사회현상 · 사회문제계 등에서는 특별한 경우 이외는 불요 내지 다른 공간과 겸용할 수 있다.

사진촬영실은 실물자료 중심으로 고려하여 피사체자료는 가까운 출입구 부근에, 촬영자 · 카메라는 안쪽에 설치하는 것이 바람직하다. 천장고는 보통 4m 정도 이상 필요하지만, 자료내용에 따라 5～6m 이상 필요한 경우도 있다. 피사체자료는 복수, 장기간 체류할 수도 있고, 그동안의 안전에의 배려도 필요하다. 독립환기가 완비된 암실을 부설하는 것이 필요하지만, 출입시에 암실내의 발생가스가 촬영실내의 자료를 열화시키는 경우가 있어서는 안 된다. 시청각자료의 편집공간도 촬영실 · 암실 주변에 확보하면 좋은 경우가 많다.

실물자료의 분석 · 실험공간은 박물관의 유형이나 규모에 따라서도, 교육보급 중심이나 조사연구 중심의 박물관 성격에 따라서도, 자료내용이나 연구분야에 따라서도 다르고, 크게 물리적 · 화학적 · 생물적 · 지학적인 분석 · 실험으로 분류할 수 있다.

해체 · 보수 · 복원공간은 작업대 · 작업책상의 작업뿐만 아니라, 예를 들면 동양화 · 고문서 복원과 같이 평탄한 넓은 목제의 바닥 스페이스나 대형민속자료나 건조물 복원과 같이 대공간을 필요로 하는 경우도 있다. 해체 · 보수 · 복원은 일반적으로 장기간을 요하고, 따라서 자료보전을 위하여 이 공간은 원칙적으로 전시 · 수장보관에 가까운 온습도와 방진 · 방재 · 방범대책이 필요하고, 직사일광 등은 피하여야 한다.

표본작성 · 모형작성공간에 대해서는 표본제작의 경우 주로 과학종합계, 자연 · 순수과학계 등으로 이루어지고, 동물표본, 식물표본, 광물표본 등이 있다. 표본에는 전시용표본과 분석실험용표본이 있다. 모형의 경우는 복제모형의 복제를 비롯하여 동식물생태모형, 인체모형, 과학모형, 공업제품 · 기계모형, 건조물 · 건축 · 도시모형, 지리 · 지학모형 등이나 각종 디오라마 등이 있는데 전문업자에 의한 것이 많고, 관내에서 행해지는 것은 특수한 경우에 한정되고 있다.

(6) 수장 · 보관공간의 일반계획

실물자료수집방법에는 구입 · 기증 · 기탁 · 차입 · 발굴 · 채집 등이 있는데 기증에 의뢰하는 비율이 매우 높다.

수장공간의 계획에서는 무엇보다 자료수집계획과 장래의 자료수 예측의 확립이 건축계획상 필요불가결한 조건이다.

박물관의 유형이나 규모, 결국 자료내용이나 자료점수에 따라 특수한 박물관 유형(종교계, 사회현상 · 사회문제계 등)이나 자료 증가가 예상되지 않은 박물관(개인기념적 성격의 박물관) 이외는 원칙적으로 수장공간의 면적을 당초부터 박물관 건축연면적의 20~25% 이상 확보할 필요가 있는 것으로 보면 좋다. 특히 생활 · 인류학계, 인문 · 과학종합계, 자연 · 순수과학계 등은 일반적으로 자료수도 많고, 증가율도 높으므로 주의가 필요하다.

문화재의 안전상 · 온습도 관리상 수장실(고)는 원칙적으로 무창공간으로 도어는 1실 1개소를 원칙으로 하고, 전실을 설치하는 것이 필요하며, 방범상 관리공간에 근접한 위치로 하는 것이 바람직하다.

수장공간은 자료의 학문분야별 · 형태별 · 재질별 · 귀중도별 · 보존방법별 등에 따라 각각 적합한 환경의 독립공간인 것이 가장 바람직하다. 그러나 자료내용이 비교적 균일하며 보존

방법이 유사한 관이나 소 · 중규모 박물관 등에서는 세분화하여 다수의 작은 수장실(수장고 포함)을 설치하여도 자료내용의 변화나 수량 증가에 대응할 수 없고, 오히려 분류 수장하기 어려워진다. 따라서 이들 박물관에서는 소수의 수장실내에 配架방식으로 분류한 편이 현실적이다.

수장공간의 필요한 층고는 자료내용에 따라 통상 천장고 3.0~4.5m 이상이 필요하며, 수장자료의 최대치수 +1m 이상의 천장고가 필요하다. 특히 민속자료 · 조각 · 건축물 · 교통자료 · 산업자료 등에는 대형인 것도 많으므로 유의를 요한다. 2층의 적층덱식 수장선반의 경우는 천장고가 4.5m 정도 이상 필요하다. 통상 도어의 높이는 3.0m 정도 이상으로 천장까지로 하고, 도어 폭은 2.5m 정도 이상 필요하다.

(7) 관리공간의 계획

관리공간에는 일반사무실 · 정보처리실 · 관장실 · 응접실 · 회의실 · 직원갱의휴게실 · 작업원갱의휴게실 · 수위실 · 숙직실 · 휴양실 · 전화교환실 · 물품고 · 탕비실 · 화장실 등이 필요하며, 필요에 따라 방송실 · 인쇄 · 복사실 · 운전사실 · 차고 등도 설치하는 것이 바람직하다.

이 가운데 작업원갱의휴게실은 관내업무위탁업자나 봉사자 등을 위한 갱의휴게실이고, 휴양실은 직원용이라기보다 오히려 기분이 좋지 않아진 이용자를 위한 휴양실이다. 정보처리실은 컴퓨터를 중심으로 한 실이다.

관리공간은 박물관내의 각 존과 밀접한 관계에 있고, 특히 일반이용자 출입구 주변이나 조사연구공간과 관계가 깊다. 그러나 관리공간은 외부와의 직접 출입이 많아 전용의 출입구가 필요하며, 일반이용자 입구 홀이나 전시공간 · 수장자료 · 조사연구공간을 거치지 않고 직접 외부에서 관리공간으로 들어갈 수 있어야 한다.

4.3 조 명

박물관 · 미술관 등의 전시 스페이스의 조명은 전시내용에 따라 조명방법이 변한다. 일반적으로 박물관에서는 관찰 · 조사연구, 미술관에서는 감상이 주가 된다. 관찰 · 조사연구를 목적으로 하는 경우에는 전시물의 형, 색, 질감을 바르게 표현하는데 대하여, 감상을 목적으로 하는 경우는 전시물을 잘 표현하는데 주의할 필요가 있다. 목적에 따른 쾌적한 시환경을 창출하기 위하여 조도, 시야내의 휘도분포, 반사글레어, 그림자나 모델링, 광원의 광색과 연색성 등의 검토가 필요하다.

또한 박물관·미술관의 조명은 일반 조명과 달리 전시물의 보호, 손상방지가 가장 중요하고, 그 손상은 열선, 자외선, 온도, 습도, 공기오염 등이 원인으로 발생하는데, 귀중한 전시물의 손상을 방지하기 위하여 적어도 조명에 관한 열선·자외선의 영향을 충분히 고려한 조도의 결정이 필요하나.

전시 스페이스에 채광을 도입할 때는 특히 주의를 요한다. 태양 직사광의 손상계수 16.5%에 대하여 청공·천정의 천공광, 결국 청공의 반사광은 100.0%로 직사광의 6배에 해당하고, 담천의 천공광에서도 31.7%이며, 직사광의 2배이다. 손상의 주역은 자외선이다.

전시실의 설계에서 채광의 도입을 계획하는 경우에는 반사글레어를 일으키지 않는 범위의 전시실의 상부 고위치에서의 도입과 함께 자외선차단유리 또는 자외선차단필터를 유리면에 부착하는 등으로 유해한 빛을 차단할 수 있다.

전시물을 유리 케이스에 둘 필요가 있는 경우 또는 액자의 전면에 유리가 끼워져 있는 것을 전시하는 경우에는 전시실의 천장등도 반사글레어를 일으켜 감상, 관찰에 현저한 방해를 하므로 천장고를 충분히 확보하거나, 조명기구의 커버를 하여 전시물의 유리에 광원이 비치지 않도록 배려해야 한다.

이상은 건축설계상 수용하는 조건이지만, 직접전시에 관한 조명에서는 회화, 패널, 지도,

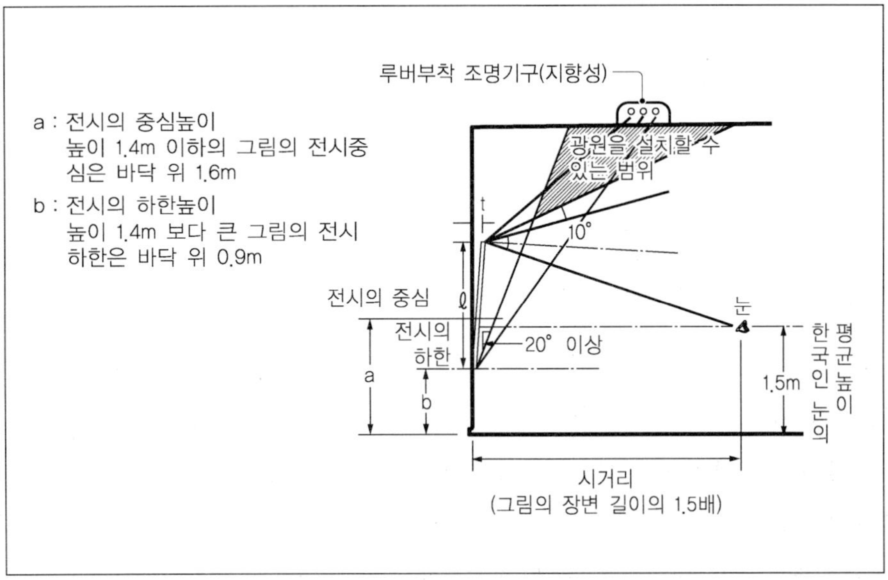

▲**그림 3**_ 광원의 위치와 시선의 관계

전시벽 등 평면적인 것에 대해서는 조도의 불균일이 없도록 전시면의 조도균제도에 주의할 필요가 있다. 광택이 있는 화면, 유리가 끼워진 액자나 유리 케이스에 든 전시물은 전시물에 대하여 낮은 각도에서 입사하는 광선은 그림의 표면에 그림자를 만들고, 감상자의 눈에 정반사광이 들어가는 위치에 광원이 있으면 눈부심(반사글레어)을 준다.

따라서 광원은 그림 3의 범위에 설치한다.

열선 · 자외선에 의한 손상은 照射된 빛의 양(조도X조사시간)에 비례한다. 표 1의 박물관 · 미술관의 전시물에 대한 각국의 권장조도기준에 의하면 (A) 빛에 대하여 민감한 것은 50lx, (B) 비교적 민감한 것은 150~180lx, (C) 민감하지 않는 것은 300lx를 초과할 필요는 없는 것으로 되어 있다. 백화점 등의 상업공간에서는 1,000lx를 초과한 경우가 자주 있는데, 이것은 박물관 · 미술관에서는 위험한 조도이다. IES에서는 연간의 조사시간의 틀을 정하고 있다.

표 1 _ 박물관· 미술관의 전시물에 대한 각국의 권장조도기준

		ICOM* (불) (1977)	IES** (영) (1970)	IES*** (미) (1987)
(A) 광방사에 매우 민감한 것	직물, 의상, 수채화, 인쇄나 소묘품, 우표, 사본, 디스템퍼그림, 벽지, 염색, 피혁 등	50lx 가능한 한 낮은 편이 좋다 (색온도 : 약 2900K)	50lx	120000lx · h/年 (50)
(B) 광방사에 비교적 민감한 것	유화, 템페라그림, 천연피혁, 뿔, 상아, 목제품, 칠기 등	150~180lx (색온도 : 약 4000K)	150lx	180000lx · h/年 (75)
(C) 광방사에 민감하지 않은 것	금속, 돌, 유리, 도자기, 스테인드글라스, 보석, 법랑	특별한 제한없음. 다만 300lx를 초과하는 조명을 행할 필요는 거의 없다		200~500lx

*ICOM : International Council of Museum
**IES : Illuminating Engineering Society, London
***IES : Illuminating Engineering Society, New York

KS에서는 표 2와 같이 조도기준을 정하고 있다. 광원에 의해 전시물에 대한 손상의 정도는 다르지만, 분광특성에 의하면 300~380nm의 자외선이 95%, 400~780nm의 가시광선이 5%의 손상작용이 있다고 한다. 결국 400nm 이하의 파장이 가장 유해하다.

표 2_ 박물관·미술관의 조도기준(KS-1993)

조도(lx)	분 류
600 - 1,000 - 1,500	모형, 조형물, 조각(돌, 금속)
300 - 400 - 600	매점, 서양화, 연구실, 조사실, 입구홀, 조각(플라스틱, 나무, 종이)
150 - 200 - 300	공예품, 동양화, 일반진열품, 교실, 소강당, 화장실
60 - 100 - 150	계단, 복도, 미술품진열실전반, 박제품, 표본, 식당
30 - 40 - 60	수납고

표 3은 청공 · 천정의 천공광을 100으로 했을 때 단위조도당의 각종 광원의 손상도를 나타내고, 400nm 이하를 제외했을 때의 손상계수도 병기되고 있다. 채광보다 형광등의 손상도가 낮은 것을 알 수 있고, 그 중에서도 400nm 이하, 결국 자외선을 차단한 자외선방지용 형광등을 사용하든가, 형광관을 자외선차단필터로 커버하든가 하여 손상의 정도를 낮게 억제하는 방법이 강구되어야 한다.

표 3_ 단위조도당의 손상계수

광원의 종류	단위조도당의 손상계수 상대치[%]	400nm 이하를 제외했을 때의 단위조도당의 손상계수 상대치[%]
청공·천정의 천공광	100.0	8.5
담천의 천공광	31.7	5.1
태양의 직사광	16.5	4.0
주광색형광등	6.9	2.9
백색형광등	4.8	2.5
온백색형광등	4.5	3.0
자외선방지용형광등	2.4	2.4
자연백색 박물·미술관용형광등	3.5	3.5
연색AAA전구색 박물·미술관용형광등	1.3	1.3
백열전구(3,200K)	5.2	1.2
백열전구(2,856K)	3.1	1.4

전시실에 이용되는 주광을 천창 또는 높은 측창(앙각 45° 이상)의 천공광으로 색온도는 6,000~10,000K이다. 이에 대하여 사용되는 인공광은 주광에 가까운 것보다는 오히려 색온도가 낮은 따뜻함이 있는 광색이 바람직하다. ICOM에서도 표 1에 나타난 바와 같이 전시물에 대한 권장조도와 아울러 사용광원의 색온도의 권장치를 정하고 있고, 허용조도가 낮은 전시

물의 조명에는 색온도 2,900K의 램프를 권장하고 있다.

광색, 결국 색온도는 물체가 가열되어 발하는 색으로 짙은 적→등→분홍→백→청백→청으로 온도의 상승으로도 되어 청에 가깝게 되고, 쾌청의 청공은 11,000K가 되고, 대단히 어두운 날은 1,800K가 된다.

Chapter 14

사무소건축 디자인

사무소(Office)란 사업목적을 수행하기 위하여(일반적으로는 사람이 모이는) 비즈니스정보의 창조 · 가공 · 전달 · 축적 · 처리를 하는 시설을 말한다. 사무소, 사무실 등과 함께, 영어의 office는 「집무실」(임원이나 변호사 등이 사무를 보는 작은 방)을 의미하기도 하지만, 한국어에서는 관련되는 용법은 드물다. 제조공장이나 점포 등 상업시설 등에서도 그 지원을 위하여 사무작업을 하는 장소는 사무소이다. 사무소에서 일하는 것을 사무소작업 또는 사무작업이라고 한다. 사무소작업하는 것을 주목적으로 건축된 건물을 사무소건축, 사무소를 설계하는 것을 사무소 디자인이라고 한다.

사무소에는 이상과 같이 장소나 공간 시설을 나타내는 형태적 의미와 비즈니스 정보처리를 행하는 등 기능면을 나타내는 개념적 의미도 있다. 정보통신기술이나 컴퓨터의 발전에 수반하여 정보처리가 「언제라도」 「어디에서도」 행할 수 있기 때문에 컴퓨터상에 창출되는 개념적 사무소를 버추얼 사무소(Virtual Office · 가상사무소)라고 한다.

사무소 환경의 변화는 사회적 변화를 반영하고 있다. 사회적 변화는 사무실 내 구성원간의 조직구조의 변화, 작업과정의 변화, 사용하는 기기와 기술의 변화를 불러오고 있다. 산업사회의 사무소가 출현한 뒤 20세기 초 대량의 사무처리 작업이 강조되는 상황에서 20세기 중엽부터는 사무능률을 고려한 오피스 랜드스케이핑과 자동화 오피스로 발전하였다.

20세기 말 이후 정보사회는 기술과 조직의 변화에 부응하는 사무소를 필요로 하고 있다. 이에 따라 사무소 환경은 정보통신기술을 효과적으로 이용하고 네트워크형 조직을 관리할 수 있도록 조성되고 있다.

1. 사무소건축의 전개

(1) 투자대상으로서의 사무소건축

사무소건축을 투자대상으로 본 경우 초기투자(initial cost)가 되는 토지구입비나 건설비 등을 임대료수입과 운영비, 유지관리비(running cost)의 차액에 의해 회수하게 된다. 초기투자가 리스크가 큰 투자라고도 하는데, 최근에는 하나의 사무소건축의 소유권을 증권으로 분할하여 소량화하여 자금조달을 용이하게 하는 기법도 모색되고 있다.

임대건축의 소유주는 전국에 다수의 건물을 소유하는 기업에서부터 건물 한 동을 소유하여 일부를 자택으로 사용하는 개인까지 여러 가지이다.

自社건축에서도 기업활동에 의해 발생되는 이익의 일부에 의해 초기투자를 회수하는 것이고, 임대료수입이라는 형태에 의존하지는 않지만 운영방침은 크게 다른 것은 아니다. 다만 自社건축의 경우 건축이 기업의 이미지를 담당하게 될 가능성도 있고, 설계에도 영향을 미친다.

(2) 건축물로서의 사무소건축

일반적으로 수익력을 중요시하여 최대의 면적을 확보하는 것이 우선되기 때문에 건물의 형상은 부지조건에서 결정되는 점이 크다. 구체적으로는 사선제한, 일영규제, 용적률, 건폐율의 허용 최대의 볼륨을 채택한다. 또한 임대비를 최대로 하기 위하여 평면계획도 자연히 종동선(계단실이나 엘리베이터실, 피난설비 등)과 전기, 공조, 위생 등의 설비배관 등을 모은 코어를 가진 형상이 전형이 된다. 평면구성요소로서는 집무실에 코어, 화장실, 세면소, 탕비실 등의 서비스공간을 추가한 단순한 것이 된다. 현관이 있는 1층을 포함한 저층부와 사선제한 등을 받아 형상이 다른 상층부를 제외하고 중층부는 거의 동일한 평면형상이기 때문에 이들의 층을 일반적으로 기준층이라고 한다. 기준층의 임대비율은 통상 75~85% 정도이다.

사무소로서의 이용가치가 높은 사무소가에서는 지가 상승이 현저하고, 고층화가 추진되었다. 최근 초고층 공동주택도 많이 보이게 되었는데, 초기 초고층건축의 대부분이 사무소건축이었던 배경에는 지가의 영향을 무시할 수 없다. 행정에서는 건축법이 정한 용적률의 완화 등을 통하여 지역이나 조건을 한정하여 고층화를 환영하고 있다.

소규모 사무소건축에서도 평면구성요소는 거의 변하지 않는다. 다만 평면 내에 차지하는 코어의 비율은 필연적으로 높아지기 때문에 임대비는 불리하게 되지 않을 수 없다. 1층에는 특히 로비와 같은 것을 마련하지 않고, 엘리베이터와 계단을 마련하는 것만으로 하고, 나머지의 면적을 점포로 배치하는 경우가 많다. 또한 최상층에 소유주가 거주하는 예도 적지 않다.

(3) 사무소건축의 기능

사무소건축에 요구되는 기능은 한국에서는 종래 그다지 중요시되는 경향은 아니고, 적당한 면적(1인당 5~8평방미터 정도라고 한다)이 확보되면 좋다고 하여 왔다. 그러나 최근에는 집무의 실상에 적합한 기능이 요구되고 있고, 임대료에도 영향을 미치고 있다. 특히 근대적인 설비를 갖춘 사무소건축은 인텔리전트빌딩이라 하고, 임대가 높은 평가를 받는 경우도 있다.

특히 OA화의 영향은 집무 실태를 크게 변화시키고, 사무소건축에도 대응이 촉구되었다. 1990년대 이후 OA 플로어, 또는 이중바닥구조(free-access floor)라고 하는 시스템을 설치하는 것에서 OA기기의 배선을 바닥밑에 장착하는 스펙이 보급되었다. 현재에는 많은 직장환경에서 채용되고 있다. OA플로어의 바닥은 내가중(耐加重)의 구조체 위에 50cm각의 패널 바닥재를 깔고, 일부에만 배선하여 수선도 용이하고, 기기의 세대교대, 네트워크의 재구축 등 구조체에 대하여 매우 짧은 전기통신설비의 교환사이클에 대응가능하게 되고 있다. 소급하여 OA플로어 보급 이전의 사무소건축에는 천장고가 낮은 것이 많고, 시장평가로서도 단순한 건축년수의 영향 이상으로 고전이 강요되는 사례도 보인다.

(4) 장래의 전망

실제에 얼굴을 마주보고 의사소통을 행하는 장소를 제공하는 역할, 개인적인(private) 시간 · 공간과 분리하는 역할 등 네트시대에서도 사무소건축의 필요성이 감소되는 것은 결코 아니다. 근무시간자유선택제(flextime)를 폐지하는 기업이 증가하고 있는 것도 이를 뒷받침하고 있다. 그러나 집무의 실상은 금후 더욱 속도를 증가하여 변화할 것으로 예상되고, 그에 대한 대응의 가부가 금후 사무소건축의 가치를 좌우할 것이라는 상상은 어렵지 않다.

2. 사무소의 형태

(1) 복도식 사무소(Corridor Style Office)

복도(Corridor)에 의해 구획된 형태를 가진 사무소. 개인사무소에서는 각 방에의 접근을 용이하게 하기 위하여 중앙에 통로를 마련하여 그 양측에 방 배치를 하는 방식이다. 임원실 플로어나 폐쇄사무소에서 그 원형을 볼 수 있다. 사람이나 물건의 움직임을 원활하게 하고, 안전성을 고려하여 복도나 통로를 중심으로 그 주변에 개인실이나 집무공간을 배치한다.

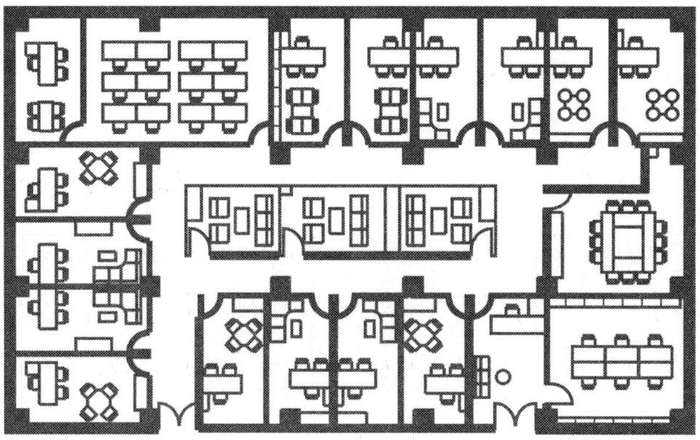

▲그림 1 _ 복도식 사무소의 예

(2) 불펜 사무소(Bullpen Office)

테일러(Taylor)의 과학적 관리법에 의한 생산성 향상의 기법을 활용하여 사무작업을 흐르

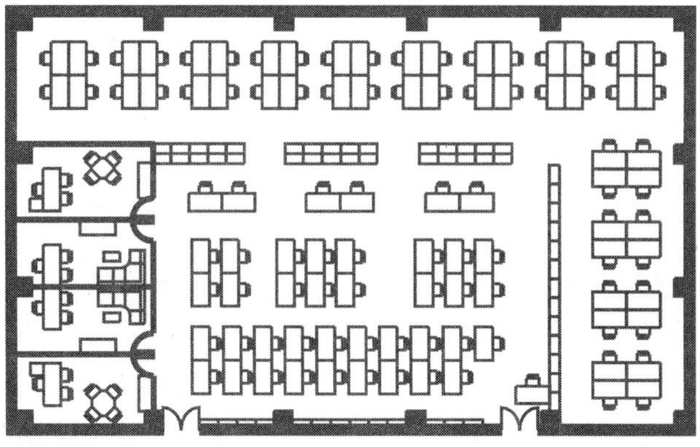

▲그림 2 _ 불펜사무소의 예

는 작업으로 파악하여 거기에 대응한 배치를 가진 미국에서 오래된 형식의 사무소이다. 신속한 처리가 이루어지도록 근로자의 작업을 세분화하여 작업의 흐름에 따라 테이블을 학교식(同向式 배치)을 중심으로 배치하여 작업의 관리 용이성과 부드러운 흐름을 중요시한 대방형의 사무소 형태이다.

(3) 폐쇄형 사무소(Closed Office)

작은 공간으로 구획되고, 거기에 그룹단위나 소인수의 근로자가 입주하고, 또는 개인실로 사용하는 사무소를 말한다. 건축기술이 발달하고 있지 않은 시대에는 지주와 벽에서 물의 강도를 유지하고 있기 때문에 작은방이 되지 않을 수 없는 사정이 있고, 한국에서는 관공청 등 오래된 건물에 이 형태가 많고, 유럽의 사무소에서는 현재에도 채용되고 있다. 폐쇄형 사무소는 부문단위에서의 높은 프라이버시가 있고, 기밀성이 유지되는 이점이 있고, 또한 업무특성에 따른 내장을 시공할 수 있고, 공조나 조명도 개별화할 수 있기 때문에 소단위의 환경구성을 가능하게 한다. 한편, 부문간이나 개인간(개인실의 경우)의 커뮤니케이션이 부족하고, 부문의 인수에 의해 복수의 공간이 분할되고, 조직의 변화에 유연하지 않고, 공간에 쓸데없는 부분이 생기기 쉬운 등의 결점이 있다. 또한 현재에는 건축기술의 발달에 의해 기둥 없는 공간의 건축물에 의해 넓은 공간에 자유로운 배치가 가능해져 한국에서는 거의 보이지 않고 있다. 기밀성을 필요로 하는 부서나 프로젝트 팀 등에 적합하다.

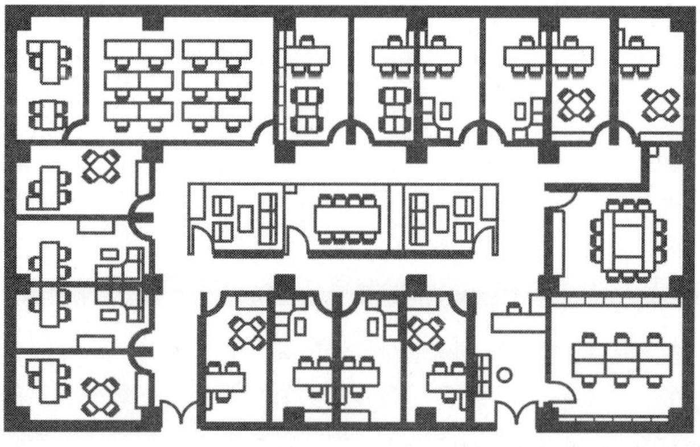

▲그림 3 _ 폐쇄형 사무소의 예

◆개인 사무소(Private Office)

폐쇄형 사무소의 개인실 형식의 사무소를 말한다. 일의 특성으로 기밀성이나 프라이버시가 요구되는 경우 개방 공간이 아니라 개인실 상태에 칸막이된 사무소를 말한다. 임원실에서는 잘 보이고, 기업에 따라서는 관리자에게 개인 사무소가 보인다. 변호사사무소, 회계사사무소, 자문가사무소 등 기업특성에 따라서는 전 사원이 개인사무소(개인실)의 경우도 있다.

(4) 사무소 랜드스케이프(Office Landscape)

독일의 경영 자문가인 Quickbomer팀(지명에서 붙여진 명칭)에 의해 1958년에 제창된 과학적인 사무소 계획기법이며, 현재 근대적인 사무소 구성의 근원이 되고 있다. 지금까지 유럽의 사무소는 그 건물구조에서 작은 방으로 구획된 폐쇄형 사무소가 기본이었다. 근로자의 지적 생산성이 요구되고 커뮤니케이션이 중요시되어 왔다. 사무소의 생산성을 높이기 위해서는 조직을 그대로 배치하는 것이 아니라 조직이나 개인간의 커뮤니케이션이나 정보의 흐름 등을 기본으로 하여 과학적으로 분석하여 배치에 반영시켰다. 한편 개방화한 공간 중에서도 프라이버시가 확보되도록 고려되고 있다. 배치의 특징은 테이블을 기하학적이 아니라 커뮤니케이션과 프라이버시를 조절할 수 있도록, 일견 무작위 배치하는 방법을 채용한 것이다. 이에 따라 작업효율의 개선, 공간의 유효활용, 조직변화에의 유연성, 근로자의 동기부여(motivation)나 성실성(loyalty)의 향상이 도모되는 효과가 기대되었다.

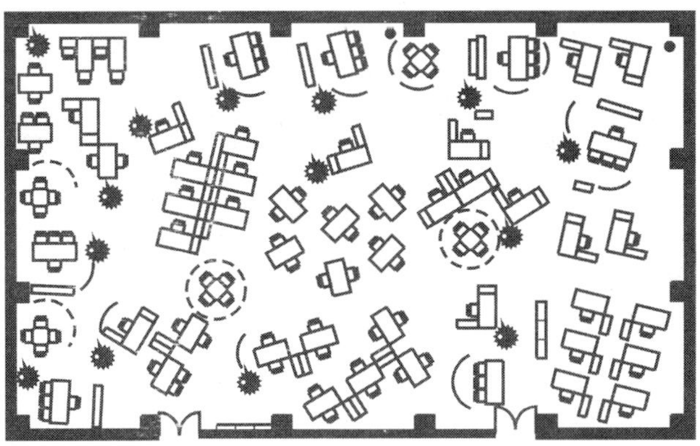

▲그림 4 _ 사무소 랜드스케이프의 예

(5) 개방형 사무소(Open Planed Office)

독일의 사무소 랜드스케이프에서 시작하여 미국에 건너가 발전한 과학적인 사무소 계획기법(사무소시스템)이다. 그 때까지 미국의 사무소는 테일러(Taylor)의 과학적 관리법에 의한 정형적인 업무를 행하는 장소(불펜사무소나 convention Office)로서 파악되고 있었지만, 조직에서 개인의 재량이 인정되고, 창조적인 업무로 변화, 조직의 거대화, 다양화에 의한 커뮤니케이션의 중요시, 조직의 신설, 변경 등에 유연하게 대처하기 위한 경제성의 중요시 등에서 넓은 공간에 유연성이 있는 사무소 건축을 하는 것이 필요하게 되었다. 미국 Herman Miller 社에 의하여 사원이 사용하는 작업장(workstation)의 선정, 커뮤니케이션과 프라이버시의 조절, 근접관련도에 바탕하여 작업장의 배치 등 상세한 사무소조사와 분석에 기초하여 이루어지는 Action Office의 기법이 제창되어 현재의 사무소건축의 기초가 구축되었다. 한국에서는 업무특성이나 일의 기능에 의한 구별은 이루어지지 않고, 공간이나 집기비품을 관리하는 일이 많고, 배치, 가구 등이 획일적이고, 이 기법의 활용에 미흡하다.

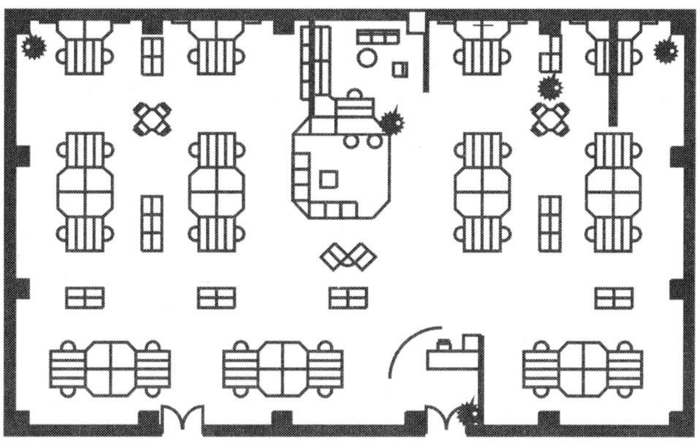

▲그림 5 _ 개방형 사무소의 예

◆컨벤셔널 사무소(Conventional Office)

미국에서 전통적이고 고전적인 사무소 형태를 말한다. 사무소가 공장의 후처리 장으로 파악되어 어떻게 합리적으로 사무처리를 할 수 있는가를 고려한 사무소이다. 그때까지 작은 공간에 가두어져 있던 부문을 건축기술의 발전도 있고, 큰 공간에 작업의 흐름에 따라 부문을 배치한다. 이른바 큰 방형 사무소이다.

(6) 조합사무소(Combination Office)

개인사무소나 폐쇄형 사무소와 같이 구획된 공간과 개방형 사무소가 조합된 사무소 형태이다. 집무공간에서 일반 근로자가 그 일의 특성에서 프라이버시를 필요로 하는 경우에는 분할

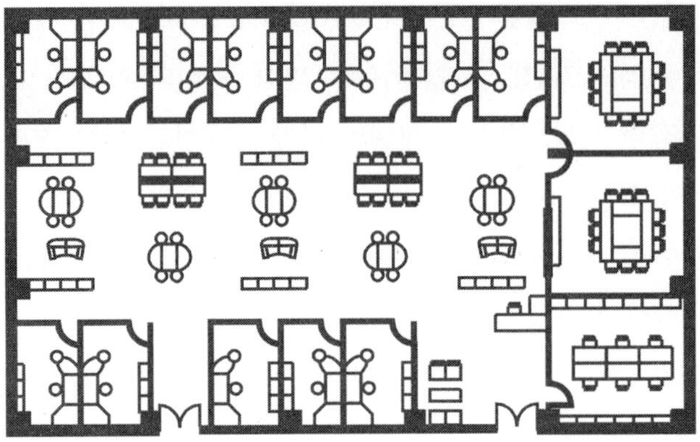

▲그림 6_콤비네이션 사무소의 예

된 공간으로 하고, 커뮤니케이션을 필요로 하는 경우에는 개방형의 공간으로 한다. 근대사무소에서는 커뮤니케이션을 중심으로 한 사무소 구성이 일반적이지만, 프라이버시를 확보하는 집무공간을 폐쇄형 사무소로 칸막이, 공간절약을 목적으로 한 프리 어드레스 사무소와 같은 공용공간을 개방 형태로 하여 이것을 조합시켜 프라이버시와 커뮤니케이션을 적절하게 사용하는 새로운 사무소 시스템으로 활용되고 있다.

3. 대체 업무(Alternative Officing)

오피스를 선택하면서 일하는 새로운 업무 방식을 말한다. 원래 미국에서 종래의 사무소에 대체하는 사무소를 모색하는 개념으로 사용된 용어이지만, 현재에는 고도정보통신을 활용한 재택근무(Telework)에 의하여 출현하는 홈오피스, Satellite Office(기업 또는 단체의 본거에서 떨어진 곳에 설치된 오피스), Mobile Office 등 다양한 일터를 사원이 가장 적절한 시간과 장소를 선택하여 일하고, 또는 종래의 사무소에 대체한 장소를 제공하는 것을 말한다. Alternative Officing이라고도 한다. 여기서는 선택적으로 일을 하는 장소로서 새로운 오피스시스템과 종래의 집약형 오피스가 변화한 센터 오피스에 대하여 검토한다.

(1) 가상 사무소(Virtual Office)

버추얼이란 「가상」이고, 정보기술에 의해 만들어지는 시간, 공간을 넘은 「정보공간사무소」

를 말한다. 기본적으로는 컴퓨터상에 만들어진 가상사무소이며, 근로자 개인(복수의 경우도 있다)이 컴퓨터와 그 네트워크를 활용하여 근로자가 있는 장소가 어디에 있든지, 마치 그곳이 사무소공간과 같은 장을 창출하는 상태를 말한다. 예를 들면 TV회의는 상대방이 같은 장소에 있지 않아도 상관없이 거기에 존재하는 것처럼 실제적으로 화상이 상대방을 비추기 시작하여 쌍방향으로 회의를 진행시킬 수 있다. 모바일 컴퓨터와 무선통신에 의해 공원의 벤치에서도 사무소와 마찬가지의 일이 가능해지는 등이 그것이다.

(2) 분산형 사무소

고도정보통신 네트워크의 발전에 의해 시간과 공간을 넘어 정보 교환을 할 수 있게 되고, 모든 사무소 근로자가 종래의 집약형 사무소에서 일을 할 필요가 없어지고, 분산형사무소의 형태를 출현시킨다. 직접적인 정보나 시장이 필요한 근로자나 통괄적인 업무에 관계하는 근로자 이외는 대부분 반드시 도심에 위치한 집약형 사무소에 통근할 필요가 없어지고, 여러 개인이나 소단위의 조직, 기능으로 분산하는 사무소에서 일하는 것이 가능해진다. 직주일체를 목적으로 한 SOHO, 직주근접을 목적으로 하는 위성사무소, 조직이나 기능단위에서 분산하는 로컬사무소 등이 있다.

(3) 모바일 사무소(Mobile Office)

이동하면서 일을 하는 사무소를 말한다. 정보통신의 발달에 의해 공간을 이동하면서 일을 하는 형태를 말하고, 실내(indoor), 실외(outdoor)를 구분하지 않는다. 전형적인 모바일 사무소는 열차, 항공기, 자동차 등으로 이동하면서 그 시간을 유효하게 사용하여 일을 하는 경우이며, 공공교통기관의 외에 전용의 이동공간을 준비하는 경우도 있다. 최근에는 모바일 컴퓨터, 이동형 전화, FAX 등을 무선으로 네트워크를 구성하여 어디에 있더라도 사무소와 같은 일을 할 수 있는 시스템이 출현하고 있고, 모바일 사무소의 가치가 인정되고 있다. 이 경우 정보장비의 경중, 근무제도, 산재보장, 24시간화, 비용부담 등이 문제가 된다. 최근에는 이동하는 가구나 정보기기를 사용하여 가변적으로 사무소 안을 이동하여 가장 일에 적합한 장소나 기능을 선택하는 사무소에 대해서도 모바일의 개념이고, 근무형식을 크게 변화시키는 근원이 되고 있다.

(4) 중앙사무소(Central Office)

분산형 사무소에 대하여 그 통괄적인 역할을 담당하는 핵(core)이 되는 사무소를 말한다. 일반적으로는 현재 본사사무소가 거기에 가깝다. 가까운 장래에 분산형 사무소가 증가하면 그것을 통괄하여 정보수발신 등의 코어가 되는 사무소가 필요해진다. 대부분은 본사로서의 기능(소재지의 등록, 조직체의 상징 등을 포함한다)을 담당함과 아울러 분산화 사무소에 근무하는 근로자의 커뮤니케이션(공식적/비공식과 함께)의 장, 복리후생을 비롯한 각종 서비스 등을 제공하는 장 등이 중요한 기능으로 추가된다.

(5) 비영역 사무소(Non-Territorial Office)

프리어드레스(Free address)시스템으로서 프리어드레스는 일본에서 최초에 도입된 공간절약을 위한 사무소 시스템인데, 미국에 건너가 분산형 사무소의 보급과 아울러 합리적인 사무소로서 연구 · 개발되어 많은 기업이 채용하고 있다. 매사추세츠 공과대학(MIT)의 Thomas Allen이 최초 사용한 용어이며, 새로운 사무소시스템의 총칭이지만, 분담사무소(Shared Office)라고도 하고, 또한 호텔식(Hoteling : Hotelling Office에서 복수로 공유하는 개인실이나 공용공간 등의 작업공간이 준비되어 호텔처럼 사용하고자 할 때에 예약하여 이용하는 오피스 형태)이나 방랑자(nomade)식 사무소 등으로 발전하고 있다. 개인별로 테이블이나 공간을 고정하지 않고, 복수의 인간이 공동으로 사용하는 방식을 말한다. 원칙적으로는 어느 부문이나 팀도 활동적이고 자유로이 사용하는 공간과 부문이나 팀별로 할당한 공간이 있다. 비영역 사무소(Non-Territorial Office)를 도입하는 경우 테이블이나 의자, 정보기기 등의 도구류를 공용하기 때문에 평균재실률이 40% 이하인 것이 바람직하고, 또한 최대재실률을 감안하여 출근인수가 최대가 되었을 때의 1인당 작업면의 확보에 유의하는 것이 필요하다.

(6) 케이브와 커먼(Cave & Common)

사무소 근로자에게 생산성이 요구됨에 따라 프라이버시와 커뮤니케이션이 보다 중요한 기능이 된다. 케이브와 커먼(Cave & Common)은 유럽에서 제창된 개념으로 「동굴과 공유지」라는 의미이고, 하나의 work station에서 일에의 집중이 가능한 폐쇄된 공간과 커뮤니케이션이 가능한 개방된 공간을 동시에 실현할 수 있도록 고려된 방식이다. 작업장은 문 또는 이에 상당하는 칸막이가 있고, 개인실로서 밀폐할 수 있지만, 문을 열면 거의 개방된 공간에 가까운 상태가 만들어진다.

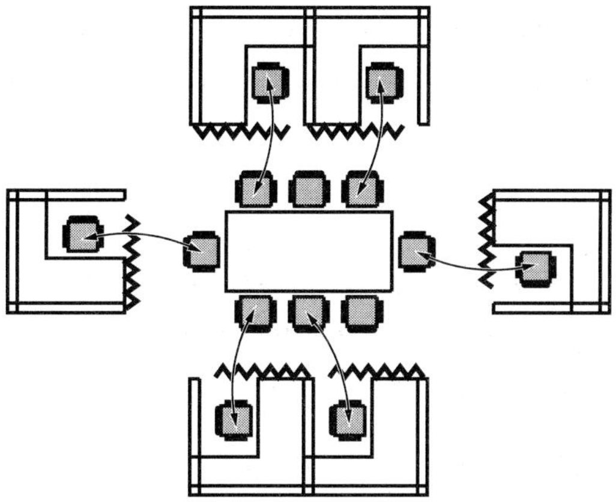

▲그림 7 _ Cave & Common

(7) Activity Setting

미국 하버드대학의 교수가 프랑스 정부의 요청을 받아 개발한 근대사무소 계획의 개념이고, 여러 가지 일의 레벨(정신집중(concentration), 커뮤니케이션, 협동작업(collaboration) 등)에 대응할 수 있도록 다양한 공간과 설비를 갖춘 사무소이다. 하나의 공간에 여러 가지 기능을 합리적으로 배치하여 팀 또는 그룹단위에서 효과적으로 사용하여 공간효율과 업무효율을 향상시키도록 장치한 사무소의 방식이다.

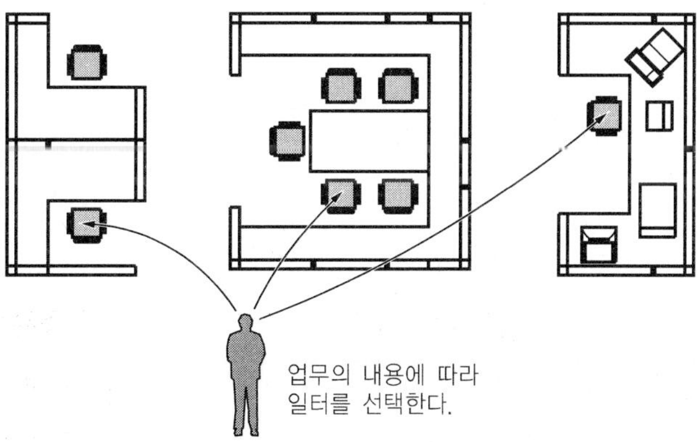

▲그림 8 _ Activity Setting

(8) Spot Office

부동산(토지 · 건물) 구입비용의 경감, 시설운영비(시설임차료가 주)의 삭감 등의 재무면,

지역밀착 등의 업무효율면, 직주근접 등에서 도심에 입지한 센터사무소와는 별도로 교외나 지방도시에 부문단위, 기능단위, 개인단위에서 설치하는 사무소를 말한다.

◆ 위성 사무소(Satellite Office)

직주를 근접시켜 고객과의 밀착을 도모하는 것을 목적으로 정보통신 네트워크에 연결하고, 분산화하는 오피스이다. 근로자의 주거를 몇 개의 존으로 분류하여 거기에 분산사무소를 설치하고, 근로자는 자택에 가까운 사무소에 출근한다. 센터사무소에 대하여 위성(Satellite)형으로 배치되는 것에서 이 명칭이 붙여지고 있다. 위성 사무소는 홈오피스를 구성하는 공간이 없고, 작업에 필요한 정보장비나 통신장비가 없고, 작업 환경이 불충분하는 등의 이유에서 재택근무를 할 수 없는 근로자를 주거에 근접하여 집약하기 때문에 기능단위나 조직단위의 사무소가 아니라 개인단위인 점이 특징이다.

◆ 지역 사무소(Local Office)

교외사무소, 지방사무소라고 불린다. 센터사무소가 도심에 입지하는 데 대하여 분산형 사무소를 의미한다. 도심의 지가, 임대료 등의 시설관련 코스트가 높기 때문에 도심에 위치하는 것이 필연인 근로자나 작업 기능 이외에는 지가가 저렴한 교외나 지방도시에 분산되는 것을 목표로 하고 있다. 이 경우 도심사무소와의 정보교환을 위하여 정보기기와 통신네트워크가 충분히 장착되어야 한다.

(9) SOHO(Small Office & Home Office)

소사무소(Small Office), 홈오피스(Home Office)의 약어로 재택근무나 소규모 사무소 형태를 나타낸다. 고도 정보통신 네트워크에 의해 집약형 사무소에 일상적으로 통근하는 것이 아니라 자택이나 원격지의 소규모 사무소에서 일을 하여도 그 성과를 충분히 올릴 수 있는 경우에 재택근무가 가능해진다. 이 양자의 차이는 명확하지 않고, 동의어로 사용되는 경우가 많지만, 소사무소는 독립한 개인(자영업)이 재택근무를 한다든지, 작은 사무소를 만들어 일을 하는 것을 말하고, 홈오피스는 조직체에 속하는 근로자가 자택을 이용하여 사무소를 가지고, 재택근무를 하는 것을 말하는 경우도 있다. 어느 경우에서도 집무환경, 정보장비, 통신설비가 작업에 대하여 장비가 갖추어지는 것이 기본조건이다.

◆ 홈오피스(Home Office)

정보기술의 발달과 함께 자택에서 업무를 보고도 집약형 사무소에 출근하는 것과 마찬가지의 생산성이 확보될 수 있는 것에서 자택을 사무소로 한 재택근무형태를 가리킨다. 홈오피스는 사회적으로는 통근의 감소에 의한 에너지절약, 지역의 활성화, 주부나 고령자 등의 고용기회 확대 등의 이점, 기업은 통근비의 삭감, 센터사무소의 공간축소에 따른 시설 운영비의 압축, 우수한 인재 확보 등의 이점, 근로자측에서는 통근시간의 삭감, 직주일체에서 가정이나 지역과의 밀착, 자신을 위한 시간 등 라이프스타일의 확립이나 건강 유지 등의 이점이 있다. 미국에서는 정보 인프라의 정비에 수반하여 자동차 통근의 억제, 라이프스타일의 확보 등의 견지에서 공적 기관이 가정사무소를 장려하여 세제우대조치나 보조금제도 등을 마련하고 있다. 경영측면에서도 급여체계, 업적평가제도, 재량노동시간제, 노동재해보장, 집무환경정비나 정보장비 등에의 지원을 하고, 많은 근로자가 가정사무소로 이행하고 있다.

홈오피스는 풀타임, 파트타임, 유연성 등 크게 3가지 형태로 분류되고, 그에 따라 필요한 장비가 다르다.

◆ 소사무소(Small Office)

소사무소의 해석은 정해진 것이 없고, 홈오피스와 동의어로 사용된다. 불황시대에 기업의 구조조정(Restructuring) 등에 의해 조기퇴직자들이 자영업으로 독립했을 때 자택을 사무소로 사용한 것에서 홈오피스에 대하여 소사무소라고 부른 것이 일반적인 해석이다. 따라서 ① 조직체에 속하지 않은 개인이 재택근무하는, 예를 들면 자영업, 작가, 하청업 등이 자택에서 고도정보통신을 활용하여 외부와의 원거리 전기통신(telecommunication)을 행하는 경우, ② 자영업의 근로자가 주거에 근접하여 소인수로 구성하는 소규모 사무소의 경우의 2종류가 있다.

(10) 공공사무소(Public Office)

공공을 위하여 이바지하는 제시설을 사무소 기능으로 활용하는 개념을 총칭하여 공공사무소라고 한다. 공공사무소는 그 자체 독자적으로 존재할 뿐 아니라 위성사무소, SOHO, 모바일사무소 등 근로자가 분산하여 일을 하는 것을 지원하는 시설로 보면 이해하기 쉽다. 구체적인 공공시설에는 호텔, 공항이나 역의 대합실, 도서관 등이 있고, 편의점(convenience store), 카페, 은행, 우체국 등도 금후 공공사무소로서의 기능충실이 이루어질 것으로 생각된다. 또한 비즈니스센터, 원격근무센터(telework center), 비즈니스 편의점(business convenience shop)

등의 사무소와 같은 시설을 일시단위로 임대하는 임대사무소서비스도 넓은 의미의 공공사무소이다. 현재 여러 가지 공공공간에서 원격근무가 가능해지는 환경이 갖추어지고 있다.

4. 근무 형식

(1) 직장(Workplace)

직장은 사무소가 「일터」인 데 대하여 「지금 일을 하고 있는 공간」을 나타내는 용어인데 적절한 역어는 아니다. 광의로는 일을 하는 시설의 토지 · 건물 · 공간 및 그 환경의 모두(토털 직장의 개념)를 가리키고, 협의로는 사람이 일을 하고 있는 장소를 말한다. 예를 들면 회의실에서 일을 하고 있으면 그곳이 직장이고, 전차 안에서 휴대전화로 업무의 이야기를 하고 있다면 그곳이 직장이 된다. 사무소가 일을 위한 물리적 용기인 데 대하여 직장은 지적생산을 위한 공간기능과 환경의 단위를 말한다. 고도정보화에 의하여 사무소 형태가 다양화하고 있고, 사무소 근로자는 그 때 업무의 내용이나 처리하기 위한 도구 또한 근무상태 등에 적응되어 여러 가지 사무소를 선택할 수 있다. 이와 같은 경우 사무소는 근로자에게 가장 적합한 지적생산이라고 하는 일에 맞는 기능과 환경을 선택하게 되고, 선택한 공간이 직장이 된다. 이와 같이 사무소와는 다른 개념이 되고, 근로자 주체의 장이라는 고려방식이다.

(2) 협동작업(Collaboration)

공동작업으로 번역하는데, 최근에는 협동작업이라고 한다. 프로젝트팀과 같은 연속한 공동작업이 아니라 창조나 창출을 목적으로 한 인적 협업관계와 같은 개념이다. 여러 가지 배경을 가진 인간이 어느 목표를 향하여 협력하여 새로운 아이디어를 창안하는 것이다. 특히 컴퓨터 네트워크를 이용하여 종래에 없는 발상을 얻는 것을 말한다. 다른 분야의 전문적인 지식이나 능력을 가진 사람들이 개개의 발상에서 서로 보완할 뿐 아니라 다른 관점에서 새로운 관점을 찾아내고, 새로운 고안을 창출하는 일의 방식이다. 협동작업(Collaboration) 사무소에서는 근로자가 자연스럽게 협조, 협력하여 일을 할 수 있도록 상의하달의 테이블 배치가 아니라 커뮤니케이션의 용이성을 가지고, 공동작업이 가능한 테이블의 배치나 사고와 발상에 어울리는 환경, 논의하기 편리한 가구, 컴퓨터와 그 네트워크에 대응하는 설비 등이 필요하다.

(3) 원격근무(Telecommuting)

조직체에 속하는 피고용자가 재택근무나 원격지에서 근무하는 일의 형태를 가리킨다. 통근지옥에서의 해방이나 에너지 절약의 관점에서 집합사무소에 출근하는 대신에 컴퓨터와 정보네트워크를 활용하여 통신하면서 자택이나 원격지에서 일하며 근무한다. Commuting이란 통근하는 것에서 통신시스템을 활용하여 정보교환을 하는 것이며, 사람이 통근하는 대신에 정보가 통근하는 것을 원격근무라고 한다. 일부의 정부나 지방자치체에서는 생활복지나 공해저감을 위하여 적극적으로 원격근무를 추진하고 있다. 또한 정보통신수단을 활용하는 이 일의 방식은 기업부문에서 토털사무소 코스트 삭감이 기대되고, 사회적으로는 에너지절약(CO_2 삭감) 등 지구환경대책에서도 금후 보급이 예상되고 있다.

(4) 텔레커뮤니케이션(Telecommunication)

정보통신을 활용하여 정보교환을 하는 것이며, 디지털 데이터, 음성, FAX, 음향, 비디오 등 모든 정보형태를 전기통신회선을 이용하여 원격지로 전송한다. PC의 보급으로 금후는 점점 텔레커뮤니케이션이 중요한 역할을 연출하게 된다. 사무소에서는 텔레커뮤니케이션을 활용하여 재택근무(telework)를 한다든지, 또한 원격근무가 가능해지고, 사회 요구에의 대응, 경영방식, 사무소 근로자의 근무형식에 큰 영향을 주고, 사무소 형태나 사무소 시스템을 변화시키는 원동력이 된다.

(5) 재택근무(Telework)

고도정보통신을 활용하여 원격지에 있는 사람과 일을 하는 방식을 말한다. 정보 네트워크에 의해 종래 사람과 사람이 마주 보고(face-to-face), 결국 얼굴을 맞대고 커뮤니케이션하여 정보교환을 수행하였는데, 앞으로의 사무소는 원격지에서도 정보통신을 활용하면 마치 그곳에 사람이 있는 것처럼 정보교환을 할 수 있다. 최근에는 결재사항이나 메일의 교환 등을 할 수 있게 되고, 재택근무나 위성사무소 등 원격지에 사무소를 구축하여 재택근무(Telework)에 의해 일의 처리를 하는 것이 가능해졌다.

(6) 재택근무자(Teleworker)

고도정보통신를 활용하여 일을 하는 사람, 결국 재택근무(Telework)를 하는 사람이다. 재택근무자는 종래의 집합식 사무소에서 분산하고 있는 사람은 물론 그 지원을 하기 위하여 종래형 사무소에 근무하는 사람들에게도 해당한다. 그 이외에 조직체에 속하지 않은 자영업의 사람들에게도 고도정보통신을 활용하여 원격지의 사람과 텔레커뮤니케이션하여 일을 하고 있는 경우도 재택근무자라고 한다.

(7) 지적노동자(Knowledge Worker)

지적노동자라고 한다. 물건을 만드는 근로자 대신에 정보를 바탕으로 「知」를 생산하는 사람들이 증가하고 있고, 사무소 근로자의 70% 이상이 「知의 생산」에 관련되어 있다고 한다. 정보기술의 발달과 아울러 사무소 근로자는 시간, 공간에서 개방되어 일하는 장소를 선택할 수 있게 되어(alternative), 모든 곳에서 고도한 자기재량과 협조의 능력이 요구된다. 또한 커뮤니케이션이나 협동에 의해 생산성을 향상시키고, 보다 높은 성과가 요구된다. 이와 같이 정보기술을 활용하여 장소, 시간, 일의 방식 등에 자기재량 중에서 지적 생산성을 수반하는 새로운 근로자이다.

5. 사무소의 공간 원형

오피스에서 사원은 여러 가지 행동을 한다. 서류를 작성하고, 전화를 걸고, 상사나 부하와 섬세한 조절을 하고, 회의나 접객으로 자리를 뜨는 경우도 있다. 또한 개인의 성격이나 습관, 입장에 의해서도 오피스에서의 행동은 큰 차이가 있다. 1985년에 교섭 가능한 환경(Negotiable Environment)이라는 조사보고서가 미국의 FMI(Facility Management Institute)에서 발표되었다(그림 9).

이것은 융파라는 심리학파가 인간의 성격을 분석한 4가지의 개념(외향성과 내향성, 상식성과 직감력, 사고성과 감성, 판단력과 이해력)에서 약 200명의 성격과 그 오피스 공간을 조사하여 그 결과에 바탕하여 4가지의 오피스 공간 원형을 제안하고 있다.

1) 협력자를 위한 오피스(비서용)

비서와 같이 타인에게 협력하는 업무를 하는 사람의 오피스이다. 주위에 대하여 개방적이며, 테이블의 주변에는 가정에서 가져온 자질구레한 물건도 놓고, 누구라도 가까이 접근하기 쉽고, 일을 맡기기 쉬운 공간이다.

2) 실무가를 위한 오피스(현실가용)

현재 직면하고 있는 업무과제에 대응하여 활동적으로 일을 하는 사람을 위한 오피스이다. 작고 아담하다. 실적표 등의 목표와 현상에 관한 관리문서가 벽에 붙여 있는 경우도 많다. 개인적인 자질구레한 물건을 둔다든지, 개성을 표현하는 것은 허용되지 않는다.

① 협력자를 위한 사무소

개방적이고 작으며 넓다.
가정에서 가져온 자질구레한 물건이 있다.
가정적인 분위기이며,
협동하기 쉽고 컴퓨터 등으로
누구라도 접근하기 쉽다.

② 실무가를 위한 사무소

작고 아담하며 개인적이다.
벽에는 실적표와 같은 게시물이 있고,
개성은 표면에 나타내지 않고,
사적이 증가함에 따라 안정이 도모되어
상위등급에 가까워진다.

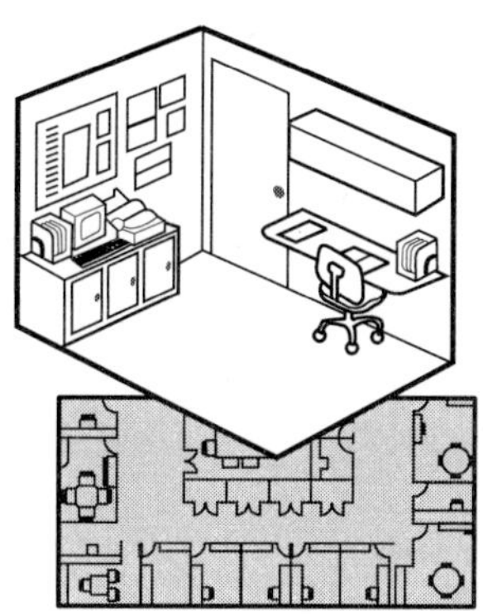

③ 컨설턴트를 위한 사무소

벽의 게시에 업무와 개인적인 것이 혼재하고
개인적인 의미가 많고, 함부로 버리지 않는다.
테이블이 있으면 타인과 함께 멋지게 일한다.
약간 높은 칸막이(Partition)로 프라이버시를
보호하고 특히 집중할 필요가 있을 때 적용한다.

④ 고고파를 위한 사무소

책이 많고, 관계있는 모든 정보를 필요로 하고,
참고 데이터의 풍부함은 업무의 목표가 됨에 틀림없다.
고도한 프라이버시가 필요하며 타인을 장기계획에
필요한 것으로 보지만, 때로는 계획이 형식도 필요하다.

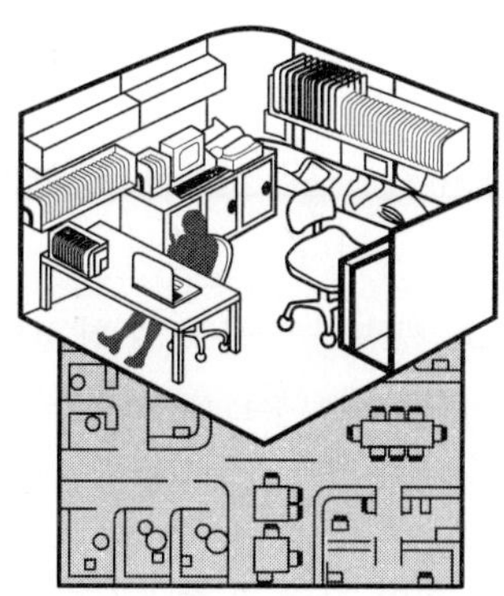

▲그림 9 _ 교섭 가능한 환경의 4가지 전형 사무소

3) 컨설턴트를 위한 오피스(코디네이터용)

사람과 사람, 아이디어와 아이디어, 사람과 아이디어를 연결하여 새로운 발상을 전개하는 사람을 컨설턴트(Consultant)라고 한다. 이 사람의 주변에는 타인에서 보면 의미가 없는 것이 본인에게는 발상의 힌트로 중요한 의미를 가진다. 개인적인 것과 업무의 공적인 것이 혼재한다. 때로는 프라이버시가 요구되고, 반대로 커뮤니케이션의 기능도 필요하다.

4) 고고파를 위한 오피스(비전추구가용)

현재 직면하고 있는 일에는 관심이 낮고, 장래의 비전이나 목표설정, 장기계획입안에 열중하는 타입을 위한 오피스이다. 책이나 각종 통계자료가 모아지고, 테이블은 그 분석이나 해석의 업무에 사용된다. 사내의 커뮤니케이션은 빈번하지 않고, 프라이버시가 높은 공간이 요구된다.

이들 4가지의 원형은 전형이고, 한 사람의 인간이 때로는 다른 성격의 업무를 본다. 그러나 직위나 직종과는 별도의 관점에서 개인개인에게 적합한 오피스 공간을 실현하는 것은 앞으로의 과제라 하겠다.

6. 사무소의 환경

사무소 환경은 실내의 공기 · 음 · 빛 · 냄새의 상태나 테이블이나 수납가구의 크기, 근무자 1인당의 점유면적, 배치, 실의 면적, 천장높이 등이 관련된다.

양호한 환경이란 백색을 기조로 한 청결한 느낌의 테이블, 컬러 코디네이터된 칸막이와 카펫, 분재와 그림이 장식된 인테리어, 최신예 OA기기가 빛나기 때문이라기보다는 근무자가 일을 효율적으로 처리할 수 있고, 즐거운 분위기이고, 경영자 측면에서는 사무를 계획적으로 운영 관리하는 것이 중요하다.

바람직한 사무소 환경의 창출을 위해서는 기획이나 관리 담당자 및 경영자는 사무공간이 단순히 일하는 장으로서의 기능적 · 면적 · 공간적 측면이 아니라 근무자가 일상적으로 일하고, 시간을 보낼 수 있는 생활의 기반을 목표로 해야 한다.

사무소 환경을 「일하기 위한 환경」과 「생활하기 위한 환경」으로 대별하면, 전자는 자기의 능력을 마음껏 발휘할 수 있고, 아이디어를 사고하기 위한 환경과 효율적인 작업이 추진될 수 있는 환경이 요구된다. 후자는 하루의 생활 대부분을 차지하는 사무소 생활을 보다 풍요롭고 쾌적한 공간 · 시간으로 하기 위한 환경이 요구된다. 따라서 장시간 사무소 내에서 보내며 느끼는 신체적, 정신적 불쾌감의 요인을 하나하나 해결하는 것이 중요하다.

공조빌딩의 사무소에 코가 멤, 콧물, 눈의 따끔거림, 목의 갈증, 나른함, 두통, 천식과 같은 숨이 가쁨을 호소하는 사람이 늘어나고 있다. 물론 이들 증상은 어느 곳에서도 보이지만 근대적인 밀폐형의 인텔리전트 빌딩에서 일하는 사람들에게 특히 많다.

빌딩증후군(sick building syndrome)의 원인은 빌딩의 공조에 관계하고 있다. 복사형 난방만으로 창을 열어 환기하는 빌딩에 비하면 공조빌딩은 중앙식의 공조이든지, 개별식이든지 2배 이상의 높은 발증빈도를 나타낸다.

가장 건강한 사무소는 가습도 냉방도 않는 자연환기방식이나 기계환기방식의 빌딩에 보이고, 인텔리전트 빌딩의 사무소는 건강하지 못한 경향에 있다고 할 수 있다.

공조기는 공기를 가습한다든지, 냉각한다든지 한다. 특히 가습기의 물은 세균, 곰팡이 또는 원생동물에 오염되기 쉬워 이 미생물 오염이 알레르기 반응을 발생시키거나 미생물이 죽어 독성물질이 유리되어 나오는 내독소의 메커니즘이 빌딩증후군의 직접적인 원인이 된다.

사무소 근무자를 위해서는 먼저 가습기, 냉동기, 덕트의 미생물 오염이 방지되어야 한다. 같은 오염은 냉동기에도 발생한다. 특히 유닛방식의 냉동기는 중앙기계실보다 천장이나 벽과의 위치관계에서 손질이 곤란한 것이 보통이다.

최근 들어 눈의 피로를 호소하는 사람들이 늘어나고 있다. 이것은 VDT의 조작시간이 긴 사람일수록 눈의 피로도가 높아지는데, 시각장애에 특히 주목된 것은 백내장 문제이다. 백내장은 눈의 수정체가 혼탁해서 발생하는 증상인데, CRT를 이용한 일반 표시장치를 사용하는 작업자에게는 방사선성백내장이 보인다. CRT는 전자총에서 전자를 방사하여 브라운관 전면의 유리내측 형광막에 가시광선을 여기하는 것인데, 그 전자선에 의한 방사성백내장을 발생할 위험이 경고된 것이다.

다음에 주목되는 것은 목덜미, 어깨, 상지, 허리의 피로이다. 이들 피로는 키보드의 위치가 너무 높다든지, 의자가 부적당한다든지 등 작업자세가 좋지 않은 경우에는 영향이 현저히 증대하는 경향에 있다.

따라서 경견완부위의 누적외상성 장애(반복되는 미세한 외상에 의한 근골격계 장애, 기존의 VDT증후군이 포함됨) 발생이 증가하고 있다. 이 누적외상성 장애는 의학적으로 "적어도 1주일 이상 또는 과거 1년간 적어도 한달에 한번 이상 지속되는 상지의 관절부위(목, 어깨,

팔꿈치, 손목)에서 하나 이상의 증상(통증, 쑤시는 느낌, 뻣뻣함, 뜨거운 느낌, 무감각 또는 찌릿찌릿한 느낌)이 존재하는 경우"로 정의되고 있다.

전화교환원들이나 은행창구근무자들에 대한 역학적 연구결과 남자보다 여자에게서 많고, 좌측보다는 우측이, 신체 부위로는 목 부위가 가장 흔한 것으로 알려져 있다.

경견완부위의 누적외상성 장애의 위험요인은 주로 반복되는 작업의 빈도수가 높은 경우와 작업시의 부적절한 자세, 그리고 작업단위당 가해지는 힘인 것으로 알려져 있다.

컴퓨터 작업과 관련하여 발생하는 누적외상성 장애를 예방하기 위해서는 키보드 위치의 높이가 작업자 체형에 알맞게 설치되거나 높이 조절이 가능해야 한다. 모니터는 작업자의 수평시선이 모니터의 상단 또는 15도 이내 하단으로 향할 수 있도록 높이를 조절해야 한다. 의자는 작업자의 등이 의자등받이에 기대어질 수 있게 하기 위해 등받이까지의 깊이가 적절하도록 한다. 연속작업자의 경우 등받이가 작업자의 머리부위까지 지지할 수 있어야 한다. 작업대에는 모니터, 키보드, 마우스, 전화, 필기구 등을 적절히 배치할 수 있도록 작업대 면적이 충분한 것이 좋다.

사무소는 고도정보화시대의 산업 중추로서의 책무가 기대되고 있다. 정보처리와 생산의 효율화를 촉진하기 위하여 기술개발이 전개되고, 사무소 근무자에게 점점 새로운 노력이 요구되며, 스트레스가 증가된다. 사무소의 활동에 비인간적 요소가 현저히 증대하는 것은 필연적인 추세라고 할 수 있다. 인간의 본질에 입각한 쾌적한 사무소를 요구하는 것은 현대문명의 과제라고 할 수 있을 것이다.

인텔리전트빌딩은 OA화뿐만 아니라 수많은 설비 기술의 발달과 함께 실현되고 있다. 그 기본에는 인간공학이 있는데, 인간의 근로환경은 심리, 또는 육체적인 면에 적합하지 않으면 안 된다는 것이다.

그 개념을 구체화하는 항목으로는 먼저 공간 디자인(space planning)이 있다. 단순한 상자 같은 공간으로서의 사무소에서 쾌적한 환경을 창출하기 위한 배치나 OA화에 대응한 구법, 사무소 근무자를 위한 창조적인 시설의 계획 등으로 대응한다(표 1).

또한 빌딩관리의 자동화기술이 있다. 공조, 조명 등의 운전제어 등으로 에너지 절약, 자원 절약, 인력절감화를 도모하고, 앞으로 점점 관심이 높아질 것으로 예상되는 안전(security) 등이 중심이다.

인텔리전트빌딩 특유의 기능인 사무자동화나 의사소통의 기기나 설비는 중요한 분야이다. 그것을 이용하여 근무자에게 서비스를 제공하는 업무가 이들 인텔리전트빌딩의 내용이나 형

표 1 _ 인텔리전트빌딩의 구성기능

분 야	구성기능
사무자동화 (사무업무의 자동화·기계화)	· 확실하며 효율적인 외부통신과의 송수신 · 고규격의 기간설비 · 경제적으로 사용할 수 있는 공용설비 · 편리하며 효율적인 단말기기
사무소관리의 자동화	· 설비기기의 정밀한 운전제어 · 자원절약, 에너지절약, 인력절감시스템 · 인명, 재산, 정보기밀의 보전 · 예방보전중시의 설비유지관리
공간계획	· 인간성을 추구한 공간구성 · 쾌적하며 대응성이 뛰어난 공조, 조명 · OA기기 배치에 적합한 배선방식 · 기기가중, 내진의 대책
사무소 서비스 (공용서비스공급)	· 정보제공서비스 · 임대회의실 등의 제공 · 집기비품의 대여 · 업무대행서비스

출처 : 日本建築學會編, 快適なオフィス環境がほしい, 彰國社, p.34, 1994.

태를 변화시킨다.

기술의 발전이나 여러 가지 입장의 사람들의 의식변화가 사무소를 변하게 한다. 기술개발의 흐름으로서는 개인을 존중하고, 현상이나 요구의 차이에도 부응하는 것(personalization)이 큰 조류이다. 의자의 자세조절이 각 개인에게 이루어지거나, 공조의 제어범위를 세분화하는 것도 개인화이다.

사무소건축 전체의 기능이나 성능, 효율 및 개인의 자유도를 양립시키기 위하여 공간구성, 신소재, 센서의 소형화나 고성능화, 마이크로컴퓨터에 의한 제어기술의 고도화 등이 해결의 수단으로 기대되고 있다.

7. 하이테크와 인텔리전트 빌딩

근대건축의 조형을 유도한 이념은 결국 기능의 즉물적인 표현 방식이었다. 그때까지의 양식적인 구성법은 건축의 내용을 속이는 것으로서 배제되고 있었다. 고대나 중세의 양식을 도입한 건축은 근대의 기능을 나타내는 것으로 검토되지 않은 것은 물론이고, 그러한 형태 자체에 무엇인가의 존재감도 현실감도 느껴지지 않았던 것이다.

근대건축은 이미 시가의 대부분을 차지하고, 이미 시가지의 기본이 되고 있다. 일찍이 시가지에 드문드문 보였던 것이 지금은 완전히 시가지를 뒤덮고 있는 것이다. 거기에 건축에 있어 근대혁명이 성립한다. 전에는 단념했던 근대적 건물의 설계행위는 지금은 가장 당연한 행위가 되어버린 것이다.

물론 근대건축의 표현을 추진하는 태도가 보이지 않은 것은 아니다. 초기 근대건축의 조형을 의식적으로 재구성하는 시도의 예가 보이고, 현대의 공법에 적합한 근대성을 추구하는 태도도 결코 끝난 것은 아니다. 그렇지만 근대성을 극한까지 추구한다면 이미 그것은 근대성 범주에서 벗어나 다른 종류의 건축 경향이 되어 현대의 상황은 아닌 것으로 생각된다. 「하이테크」(high tech)는 그 일례이다.

「하이테크」는 하이테크 산업 측면에서 상상되는 것은 첨단기술(advanced technology)인데, 건축에서는 「high style technology」에서 연유한 것이라고 한다.

「하이테크」는 일상의 디자인에 첨예적인 공업제품의 조형을 채용한 형태이고, 공업기술을 극한에까지 구사한 디자인을 또한 그렇게 의미한다. 그것은 이미 근대건축의 기능주의를 초월한 기능이고, 기능의 표현이라기보다 이미 기능의 필요성을 초월한 표현이라고 할 수 있다. 기술이 매우 높은 수준에 도달하고, 일상의 건축에 필요한 기능조건은 거의 자재로 획득할 수 있게 되면 단순한 기술의 구사, 단순한 기능 표현은 일상성의 범위를 넘은 건축표현은 얻을 수 없게 된다. 거기에 「하이테크」가 생겨나는 바탕이 있다.

이와 같은 경향은 최근 건물이 여러 가지로 다양한 기술을 갖추어 통신기능이나 컴퓨터화를 도입하는 가운데 각광을 받아왔다. 건축의 자동화를 채용한 건물을 인텔리전트 빌딩이라고 하는데, 이러한 경향과 하이테크의 표현은 얼마나 관련이 깊은 것일까.

인텔리전트 빌딩(intelligent building)은 미국 어느 기업의 캐치프레이즈이고, 미국에서는 이러한 빌딩을 스마트 빌딩이라고 한다.

통신기기, 컴퓨터, 사무기기의 출현과 다양화에 수반하여 사무소건축의 중장비화가 추진되는데, 이것은 한 사람당의 건축면적, 설비수준을 크게 바꾼다. 당연히 그것은 건축의 형태에도 영향을 미치는데, 「인텔리전트」화가 곧 건물의 표현으로 연결되는 것은 아니다. 밖에서 보면 지금까지의 사무소 건축과 거의 구별할 수 없음에도 불구하고, 어느 빌딩은 매우 인텔리전트화가 추진된 스마트 빌딩이라고 할 수 있는 것이다. 이것이 「인텔리전트」의 특징이다.

「인텔리전트」이라는 용어를 한국에서 활발하게 사용하고, 「스마트 빌딩」이라는 용어를 그

다지 사용하지 않은 것은 그것이 빌딩의 외관에 직결되어 있지 않은 성능이기 때문일까. 스마트라는 말은 우리에게는 아무래도 외견의 훌륭한 모습에 연결되어 이미지되기 때문이다.

현대의 기능은 점점 눈에 띄기 어려워지고 있다. 인텔리전트 빌딩이라는 고도로 기능적인 사무소 건축은 이미 눈에 띄지 않은 기능을 지닌 건축인 것이다. 또한 이러한 사정은 다른 건축, 공장이든, 터미널 빌딩이든, 학교이든 거의 모든 건축에 적합하게 된다. 새로운 의료체제를 완비한 첨단병원은 그 새로움의 대부분이 건축표현에 직결하지 않은 것으로 존재하고 있다. 밖에서 본 것만으로는 어느 건물이 어느 정도 고도의 기능을 내장하고 있는가는 거의 알 수 없는 것이다.

「인텔리전트」이라는 말에서 이러한 불가시화 하는 건축기능이 건축에 내장되어 있는 경향이다. 스타일을 기능에 대하여 정직하게 주어지더라도 기능 그 자체가 이미 불가시화 하는 것, 이 경향이 현대의 특징이고, 이것은 앞에서 설명한 여러 가지 조형의 경향 전체에 대하여 무언의 압력을 가하는 것이다. 탈공업화사회의 건축, 정보화사회의 건축이라고 하는 것은 이러한 기능의 불가시화 시대의 건축인 것이다.

어떤 건축표현이 나타나는 데에는 시대의 조류가 작용하는 것이고, 어느 건축이 건설되기 위해서는 그 지역에 그러한 건물을 낳는 역사가 있다. 문제는 그것을 어떻게 독해하고 어떤 미래로 향하여 표현할 것인가이다.

건축이 시간과 공간의 표현이라고 하는 것은 그러한 의미에서이다. 그때 건축은 자연스럽게 도시에 관련성을 지니고, 역사 흐름 중에 태어나는 것으로 이해될 수 있다.

8. 사무소 건축의 새로운 모습

철과 유리로 건축되는 초고층빌딩을 철과 유리의 건축으로 나타내기 위하여 건축가 미스 반 데르 로에(Mies van der Rohe)는 최대한의 주의를 기울려 건물의 구조를 눈에 보이도록 하였다. 철골은 화재가 발생하면 엿처럼 휘어지므로 철저하게 내화피복을 시공하지 않으면 초고층빌딩에는 사용할 수 없다. 그런데 피복으로 은폐한 경우에는 철과 유리의 고층건물은 밖에서 보았을 때 어떤 구조인가를 알 수 없다.

그리하여 그는 건물의 외장에 가느다란 강재를 일부러 장식처럼 이용하여 수직부재 형태를 나타낸다. 이에 의하여 눈에 보이지 않은 내화피복 중의 철골을 상징적으로 외부에 나타내는 것이다. 현대건축이 추상적 공간을 창출하는 것처럼 됨에 따라 건축가는 추상성을 다시 눈에 보이는 구체적 조형으로 표현하게 된다. 그는 그러한 건축의 진로를 스스로 정확히 걸었던 것이다.

그렇지만 그러한 방향은 1970년대부터 서서히 변질되어 간다. 그 변화를 보기 위해서는 빌딩의 내측 칸막이나 공간에 대하여 살펴볼 필요가 있다.

제2차 세계대전전의 고층건물(skyscraper)은 건물의 중심부분에 몇 대의 엘리베이터를 갖추고, 거기에 화장실이나 계단실이나 급탕서비스실 등도 집중시킨 코어 시스템 평면계획에 의하여 설계되어왔다. 사무소의 집무공간은 그러한 코어의 주위에 설치되고, 밖의 광경이 바라보이는 창으로 마감되고 있었다.

코어를 중심으로 한 사무소 건축에서 이 코어를 둘로 분리하여 두 개의 코어에 의하여 샌드위치된 중간부분을 자유로운 집무공간으로 하는 더블 코어 시스템 평면계획이 대두된다.

더블 코어는 코어 사이의 공간 확대를 코어 상호의 거리확보에 의하여 자유로이 변화시키는 것으로 그때까지의 코어 주위에 집무공간을 배치하여 한 바퀴 돌게 하는 배치방식보다도 공간의 자유도를 증가시킨 것이었다. 사무소의 공간은 가능한 한 기둥이 적고, 이론적으로는 무한히 넓을 수 있다는 한정성이 극소한 방향으로 향하여 발전이 추진된 것이다.

그렇지만 시대의 흐름은 초고층빌딩 가운데 변화를 찾아 2층 이상의 높이에 걸쳐 큰 실을 설치하는 방향으로 나아간다. 아트리움은 고대 고마주택에 보이는 중정인데, 아트리움 건축은 대형 빌딩의 내부에 중정적인 외부공간을 채용한 것이라고 할 수 있는 것이다. 아트리움 건축의 선구는 미국의 포드재단 빌딩 등이고, 세계의 동향도 그러한 외부공간을 채용한 빌딩으로 향하였다.

20세기의 후반에 사무소 건축의 공간은 외부공간을 채용한 것에, 환언하면 도시공간을 그대로 내장한 빌딩으로 이루어졌던 것이다. 현재는 사무소 건축의 내부에 여러 가지 상업시설이 채용되고, 외부공간이 그대로 내부화된 예는 수많이 발견된다. 그리하여 사무소건축은 유니버설 스페이스의 획득과제를 달성하는 동시에 빌딩 전체를 도시화하는 방향으로 나아가고 있는 것이다. 이것은 거대한 사무소 건축 가운데 대부분의 도시기능을 향유하는 방향으로의 발전이다.

찾아보기

(ㄱ)

가구 233
가묘건축 304
가상 사무소 412
가제 126
감각척 173
강골마을 279
개방형 사무소 410
개별적 전시 379
거주환경 344
건축 양식 28
건축 23
건축계획 336
건축비례 160
건축설계 338
계측론 188
고래 244
고령화사회 198
공간지각 177
공공디자인 352
공공사무소 417
공포 233
관람동선 384
구들 245
국사당 140
굴피 266
귀틀집 266
기념물 290
기단 229
기독교문화 18
기둥 230
기와 237
기와집 263
까치구멍집 267

(ㄴ)

낙안읍성 277
너와집 265
노멀라이제이션 364
노인 207
노인보호전문기관 224
노인복지시설 221
노인여가복지시설 223
노인의료복지시설 222
노인주거복지시설 222
노인주택 216

(ㄷ)

닭실마을 278
담 235
대문 236
대지예술 60
도교문화 15
도시성 79
동굴주택 283
동식물원 · 수족관 375
동제 126
득수법 102

(ㅁ)

마당 236
맞배지붕 234
모듈러 166
모바일 사무소 413
목재 238
목재문화재 319
목조건축 292
무속 128
무신 125
무신제 125
무형문화재 290
문명 13
문화 12
문화재 290
문화환경 20
미술박물관 374
민가 323

민간신앙 127
민속문화재 290

(ㅂ)
박물관 372
방범시설 329
배리어프리 360
벅수 135
벽 231
벽사진경 128
보행척 170
복도식 사무소 408
분류 전시 380
분산형 사무소 413
불교건축 299
불국사 308
불상 297
불펜 사무소 408
비례론 188
비영역 사무소 414

(ㅅ)
사래 233
사무소건축 406
사무 랜드스케이프 410
사부학당 301
사합원 282
산성비 93
상량제 259
샛집 265
생태직 진시 381
생활공간 197
생활성능 210
샤머니즘 122
서낭당 138
석굴암 309
석조문화재 322
성균관 300
성읍마을 277
세계문화유산 306
소사무소 417
솟대 137
수살 140
수원화성 312
시간척 176
신당 141
신체척 165
실존공간 146

(ㅇ)
애니미즘 123
양기풍수 100
양동마을 276
여제단 139
역사박물관 373
예술 46
온돌 241
옻골마을 280
왕곡마을 272
외암마을 278
우진각지붕 234
움집 268
원격근무 419
위성 사무소 416
유교건축 300
유교문화 17
유니버설 디자인 361
유형문화재 290
음악 양식 51
인간척도 164
인식적 공간 153
인지거리 181
인텔리전트 빌딩 425
입체각량 187

(ㅈ)
자연사계박물관 375
잡상 293
장소 144
장승 135
장풍법 101
재가노인복지시설 223
재실건축 304
재택근무 419
재택근무자 419
전돌 237
전시시나리오 382
전시자료 383
전통주택 109
정려건축 305

정혈법 102
조합사무소 411
종묘 307
종합박물관 373
주거복지 201
주택 196
중앙사무소 414
중정 107
지각공간 145
지구온난화 89
지구환경 343
지리적 공간 149
지붕 234
지역 사무소 416
지역 78
지역성 78
지역형주택 80
지적노동자 420
직장 418
정신문화 14

(ㅊ)
창덕궁 311
창호 230
척도론 188
천장 232
초가집 264
초석 229
추상적 공간 154
치매노인 220
친환경건축 342

(ㅋ)
컨벤셔널 사무소 411
케이브와 커먼 414

(ㅌ)
탑파 296
택리지 104
텔레커뮤니케이션 419
토신제 256

(ㅍ)
팔작지붕 235
폐쇄형 사무소 409
푸젠토루 282
풍토 76
프리츠커 건축상 39

(ㅎ)
하이테크 426
하회마을 272
한개마을 276
한옥 226
해저마을 281
향교건축 302
협동작업 418
형국론 102
호지마을 280
홈오피스 417
환경예술 57
황금비 166
흙 237

(A)
Activity Setting 415

(B)
BIM 340

(S)
SOHO 416
Spot Office 415